CPEC

国家级实验教学示范中心联席会
计算机学科组规划教材

Oracle 21c
数据库基础入门 微课视频版

沈泽刚 赵绪辉 主 编

刘允峰 赵 震 副主编

清华大学出版社
北京

内 容 简 介

本书以 Oracle 21c 数据库为基础,系统、完整地介绍 Oracle 应用开发与系统管理的基础知识。全书共分 15 章,内容包括 Oracle 起步入门,表及其管理,使用 SELECT 查询,常用内置函数,模式对象管理,PL/SQL 编程基础,函数、过程、程序包和触发器,Oracle 体系结构,用户与权限管理,事务与并发控制,Oracle 存储管理,备份与恢复,闪回技术,多租户体系结构,最后介绍一个项目开发案例,附录中给出了 SQL Plus 的常用命令及使用说明。

本书结构编排合理,内容循序渐进,语言通俗易懂,讲解了 Oracle 数据库核心基础知识。本书通过大量精选例题和实践练习,使读者快速掌握知识并提升动手实践能力。本书可作为高等院校学生学习 Oracle 数据库应用开发及数据库课程的辅助教材和教学参考书,也可作为 DBA 的入门参考资料。

图书在版编目(CIP)数据

Oracle 21c 数据库基础入门:微课视频版/沈泽刚,赵绪辉主编.—北京:清华大学出版社,2023.8
国家级实验教学示范中心联席会计算机学科组规划教材
ISBN 978-7-302-63524-6

Ⅰ.①O…　Ⅱ.①沈…②赵…　Ⅲ.①关系数据库系统－高等学校－教材　Ⅳ.①TP311.132.3

中国国家版本馆 CIP 数据核字(2023)第 087480 号

责任编辑:闫红梅
封面设计:刘　键
责任校对:申晓焕
责任印制:宋　林

出版发行:清华大学出版社
　　　　网　　　址:http://www.tup.com.cn,http://www.wqbook.com
　　　　地　　　址:北京清华大学学研大厦 A 座　　　邮　　编:100084
　　　　社 总 机:010-83470000　　　　　　　　　　邮　　购:010-62786544
　　　　投稿与读者服务:010-62776969,c-service@tup.tsinghua.edu.cn
　　　　质量反馈:010-62772015,zhiliang@tup.tsinghua.edu.cn
　　　　课件下载:http://www.tup.com.cn,010-83470236
印 装 者:三河市君旺印务有限公司
经　　销:全国新华书店
开　　本:185mm×260mm　　印　张:24.75　　　　字　　数:602 千字
版　　次:2023 年 10 月第 1 版　　　　　　　　　　印　　次:2023 年 10 月第 1 次印刷
印　　数:1~1500
定　　价:69.50 元

产品编号:099722-01

前　言

Oracle 数据库是美国甲骨文公司开发的以分布式数据库为核心的一组软件产品,是流行的客户/服务器体系结构的数据库。它是世界上应用较为广泛的数据库管理系统。作为一个通用的数据库系统,它具有完整的数据管理功能。

本书基于新版 Oracle 21c 数据库软件,详细介绍 Oracle 数据库的基础知识,重点介绍 Oracle SQL 的使用和 Oracle 数据库的管理知识。

主要内容

本书第 1～7 章介绍 Oracle 基础知识,第 8～14 章介绍 Oracle 数据库管理基础,第 15 章介绍一个基于 Oracle 数据库的应用项目。

第 1 章介绍 Oracle 21c 数据库软件安装及常用工具的使用,包括 SQL Plus、SQL Developer 以及 Database Express 的使用,最后介绍使用 DBCA 管理数据库。

第 2 章介绍用户与模式的概念,数据类型,表的创建、修改、删除,约束定义以及表的更新操作等。

第 3 章介绍使用 SQL 的 SELECT 实现数据查询,包括简单查询、带分组函数的查询、连接查询、子查询及复合查询等。

第 4 章介绍 Oracle 数据库的常用内置函数,包括数值函数、字符函数、日期时间函数、转换函数及条件函数等。

第 5 章分别介绍视图、索引、序列和同义词等模式对象的创建和使用,还介绍了数据字典和动态性能视图。

第 6 章介绍 PL/SQL 的块结构、常量和变量、各种数据类型、控制结构、游标和游标变量、PL/SQL 异常处理等。

第 7 章主要介绍用 PL/SQL 编写各种程序,包括函数和存储过程、程序包和触发器的开发和使用。

第 8 章介绍 Oracle 的体系结构,包括实例的内存结构、进程结构,Oracle 数据库的物理存储结构和逻辑结构,数据库实例管理及网络管理等。

第 9 章介绍 Oracle 用户账户的创建与管理、权限管理、角色管理、配置文件管理等。

第 10 章介绍事务与并发控制,包括事务的概念及 ACID 特性、事务与还原管理、锁与并发控制的概念。

第 11 章主要介绍 Oracle 的存储管理，包括表空间与数据文件、重做日志文件以及控制文件的管理。

第 12 章介绍备份与恢复的基本概念，重点介绍使用 RMAN 工具备份数据库、数据文件、表空间等以及如何恢复数据库。本章还介绍了数据传输与加载。

第 13 章介绍 Oracle 的常用闪回技术，包括闪回查询、闪回表、闪回删除、闪回数据归档和闪回数据库等。

第 14 章介绍 Oracle 的多租户体系结构，包括容器数据库和可插入数据库的连接、管理等。

第 15 章通过一个电力系统营销人员技能竞赛项目的案例，讲解如何使用 Oracle 作为后端数据存储开发的一个 Web 应用。

附录中给出了 SQL Plus 的常用命令及使用说明。

本书特点

本书以新版的 Oracle 21c 为基础，介绍 Oracle 数据库的基本知识。书中通过大量精心设计的例题和实践练习，深入浅出地介绍了 Oracle 应用开发方法和相关技术。

本书结构安排合理，用通俗易懂的语言、简短精练的示例代码，力求让读者快速入门。书中除第 15 章外每章均提供若干实践练习和习题供读者学习、提高综合应用能力。

读者对象

本书可作为高等院校学生学习 Oracle 数据库应用开发及数据库课程的辅助教材和教学参考书，也可作为 DBA 的入门参考资料。

教学资源

为便于教学，本书提供丰富的配套资源，包括教学大纲、教学课件、程序源码、习题答案和微课视频。

资源下载提示

课件等资源：用手机扫描封底的"课件下载"二维码，在公众号"书圈"下载。

视频等资源：用手机扫描封底的文泉云盘防盗码，再扫描书中相应章节中的二维码，可以在线学习。

致谢

本书由沈泽刚、赵绪辉任主编，刘允峰、赵震任副主编，刘中杰、孙蕾、赵立双、胡斌等参加了本书的编写工作。本书写作参考了大量文献，向这些文献作者表示感谢。由于作者水平有限，书中难免有不足之处，恳请同行和读者批评指正。

编　者

2023 年 5 月

目 录

第1章

Oracle起步入门

数据库技术是计算机科学技术中发展最快的领域之一,也是应用最广的技术之一,它已成为计算机信息系统与智能应用系统的核心技术和重要基础。近年来,随着大数据、人工智能和互联网技术的迅速发展,数据库技术也得到了蓬勃发展,出现了多种新技术和广泛应用。

本章首先介绍关系数据库和 SQL 的基本概念,然后介绍 Oracle 21c 数据库软件的安装,接下来介绍数据库操作的常用工具,最后介绍使用 DBCA 管理数据库。

1.1 关系数据库

不管你是否意识到,我们每天都在与数据库打交道。去银行存款、去网上或超市购物、出行购买机票或高铁票,我们就与数据库发生了联系。所有这些业务在后台都是由某种数据库支持的。数据库的应用非常广泛,下面是一些具有代表性的应用。

- 银行业:用于存储客户的信息、账户、贷款以及银行的交易记录。
- 铁路、航空业:用于存储铁路车次、航班和订票的信息。航空业是最早以地理上分布的方式使用数据库的行业之一,分散于世界各地的终端通过电话线或其他数据网络来访问中央数据库系统。
- 大学:用于存储学生的信息、课程注册和成绩的信息。
- 信用卡交易:用于记录信用卡消费的情况和产生的每月清单。
- 电信业:用于存储通话记录,产生每月账单,维护预付电话卡的余额和存储通信网络的信息。
- 金融业:用于存储股票、债券等金融票据的持有、出售和买入的信息。
- 销售业:用于存储客户信息、产品和购买的信息。
- 制造业:用于管理供应链,跟踪工厂中产品的产量、仓库(或商店)中的产品的详细清单及产品的订单。
- 人力资源:用于存储员工、工资、所得税和津贴的信息,并生成工资单。

由此可见,数据库已经成为当今几乎所有企业不可或缺的组成部分,它不仅存储大多数企业都有的普通的信息,也存储各类企业特有的信息。

尽管用户界面隐藏了访问数据库细节,大多数人甚至没有意识到他们正在和数据库打交道,然而访问数据库已经成为当今几乎每个人生活中不可缺少的一部分。

1.1.1 关系术语

关系数据库目前仍然是数据库技术的基础,它包含关系模型、关系规范化、数据库设计、软件系统等技术。关系数据库基于关系模型,使用一系列表来存储数据以及这些数据之间的联系。本节简单介绍关系模型的几个基本概念。

简单地说,一个关系数据库是**表**(table)的集合。表是由实体-联系模型的实体和联系转换来的。每个表有多**列**(column),也称为**字段**(field),每个字段有唯一的名字。一个表有多**行**(rows),每行称为一个**记录**(record)。表 1-1 和表 1-2 给出了一个人力资源数据库的部门表(DEPARTMENTS)和员工表(EMPLOYEES)。

表 1-1 **DEPARTMENTS 表**

DEPARTMENT_ID	DEPARTMENT_NAME	LOCATION	PHONE
1	财务部	北京	13050451167
2	人力资源部	上海	22233344
3	销售部	广州	88888888
4	IT 部	深圳	0755-676767

表 1-2　EMPLOYEES 表

EMPLOYEE_ID	EMPLOYEE_NAME	GENDER	BIRTHDATE	SALARY	DEPARTMENT_ID
1001	张明月	男	1980-2-28	3500	2
1002	李清泉	女	1981-10-10	8000	3
1003	艾丽丝	女	1980-12-31		3
1004	杰克刘	男	1981-5-18	3000	1
1005	欧阳清风	男	1980-2-1	2800	

DEPARTMENTS 表中有 4 列,DEPARTMENT_ID 表示部门号,DEPARTMENT_NAME 表示部门名,LOCATION 表示部门所在地,PHONE 表示部门电话。在 EMPLOYEES 表中有 6 列,EMPLOYEE_ID 表示员工号,EMPLOYEE_NAME 表示员工名,GENDER 表示性别,BIRTHDATE 表示出生日期,SALARY 表示工资,最后的 DEPARTMENT_ID 是该表的外键,表示员工所属的部门号。

DEPARTMENTS 表中的每一行记录一个部门信息,EMPLOYEES 表中的每一行记录一名员工信息。

在关系数据库中,主键和外键是两个非常重要的概念。表中的某列或列的组合,如果它的值能唯一标识一行,则这个属性或属性组称为**候选键**(candidate key)。在一个关系表中,可能存在多个候选键,可以从中选择一个作为**主键**(primary key)。在 DEPARTMENTS 表中,DEPARTMEN_ID 属性是主键,它的值唯一标识一个部门;在 EMPLOYEES 表中,EMPLOYEE_ID 属性是主键,它唯一标识一名员工。在关系模型中,每个表都应该有一个主键。

在关系数据库中,表不但用来存储数据,数据之间的联系也使用表存储。比如,反映员工所在部门的信息,通过 EMPLOYEES 表的 DEPARTMENT_ID 列存储,它是该表的**外键**(foreign key)。

在关系模型中,可以定义关系上的各种运算,比如选择、投影、连接、并、交、差等。这些操作是面向集合的,操作对象和结果都是表行的集合。在具体的数据库中,这些操作使用 SQL 语言实现。

1.1.2　数据库软件

数据库系统(DBS)由互相关联的数据集合和一组访问数据的程序组成。这个数据集合通常称为**数据库**(database),其中包含了关于某个企业的信息。管理数据的软件称为**数据库管理系统**(DBMS),它和操作系统一样是计算机系统的基础软件,是一个大型的软件系统。它主要实现对数据库的建立与维护,数据的定义和创建,数据有效地组织、运行、分析和管理。

Oracle 是世界上最大的数据库软件公司,它提供的 Oracle 数据库是世界上最复杂、功能最强、可移植性最好、使用方便的数据库软件,适用于各种软硬件环境,在数据库领域一直处于领先地位。此外它还提供多种开发工具。目前在大数据、云体系结构、商业智能等领域快速发展。

1.1.3　SQL 数据库语言

SQL 是 Structured Query Language 的缩写,称为**结构化查询语言**,它是每种数据库系统都提供的数据库操作语言。SQL 可以分成如下几类。

1. 数据定义语言

数据定义语言(Data Definition Language,DDL)用于定义、修改和删除数据库、模式、表、视图、索引等数据库对象。大多数数据库对象都可以使用 CREATE、ALTER 和 DROP 命令创建、修改和删除。使用 DDL 语言定义数据库对象时,会将其定义保存在数据字典(或数据目录)中。

- CREATE 语句,创建数据库对象。例如,CREATE TABLE 用于创建表,CREATE USER 用于创建数据库用户。
- ALTER 语句,用于修改数据库对象。例如,ALTER TABLE 语句用于修改表定义。
- DROP 语句,用于删除数据库对象。例如,DROP TABLE 语句用于删除表。
- RENAME 语句,用于更改表名。
- TRUNCATE 语句,用于删除表的全部内容。
- FLASHBACK 语句,用于恢复表或数据库的较早版本。
- PURGE 语句,从回收站中删除数据库对象,此操作不可撤销。

2. 数据操纵语言

数据操纵语言(Data Manipulation Language,DML)用于查询、插入、修改和删除表中记录,DML 语句有下面几种:

- SELECT 语句,用于检索数据库表或视图中的数据。
- INSERT 语句,用于向表中插入记录。
- UPDATE 语句,用于修改记录的内容。
- DELETE 语句,用于删除记录。
- MERGE 语句,在单个语句中执行 INSERT、UPDATE 和 DELETE 语句的组合。

3. 事务控制语言

事务控制语言(Transaction Control Language,TCL)用于将对行所做的修改永久保存,或者取消这些修改操作。TCL 语句有 3 种:

- COMMIT 语句,提交事务,永久性地保存对记录所做的修改。
- ROLLBACK 语句,回滚事务,撤销对记录所做的修改。
- SAVEPOINT 语句,定义一个保存点,可以将对记录所做的修改回滚到此处。

4. 数据控制语言

数据控制语言(Data Control Language,DCL)用于修改数据库对象的操作权限。DCL 语句有两种:

- GRANT 语句,授予某个用户对指定的对象访问权限或系统访问权限。
- REVOKE 语句,回收某个用户所具有的对象权限或系统权限。

Oracle 数据库提供了 SQL Plus 和 SQL Developer 工具,使用它们可以执行 SQL 语句并将其发送到数据库服务器执行,并获取从数据库返回的结果。当然,在这两款工具中还可以执行包含 SQL 语句的脚本程序。

此外,SQL 语句还可以在 PL/SQL 程序中开发数据库上运行的函数和过程等;也可以将 SQL 嵌入到 Java 等高级编程语言程序中。

1.2　Oracle 21c 数据库安装

学习 Oracle 数据库需要理论与实践相结合,最快的学习方法是多实践。在学习之前读者要首先学会安装 Oracle 数据库软件,并创建数据库,学会使用基本的数据库管理工具。本节首先介绍安装 Oracle 的环境要求,然后详细介绍它的安装过程。

1.2.1　Oracle 21c 环境要求

Oracle 是一个大型软件系统,在安装它之前应该明确系统的需求。Oracle 数据库软件可安装在 Windows、Linux 等不同操作系统平台上。对不同的平台,不同版本的 Oracle 数据库软件对系统硬件要求不同,下面是 Oracle 21c 数据库对硬件的最低需求。

- 物理内存(RAM)最小 4GB,推荐 8GB。
- 虚拟内存为物理内存的 2 倍。
- Intel 兼容处理器。
- 256 色视频适配器。
- 显示器分辨率最小 1024×768 像素。

【提示】　从 2017 年 7 月开始,Oracle 改变了以往的数据库软件发布流程,采用年度发布和季度更新的策略,将之前的多年一发布更改为每年一发布。

1.2.2　安装 Oracle 21c 数据库软件

到 Oracle 官方网站下载 Oracle 21c 数据库软件,Windows 系统下的安装文件只提供 64 位的 ZIP 压缩文件,文件名为 WINDOWS. X64_213000_db_home. zip。

Oracle 软件采用的目录结构称为**优化灵活体系结构**(Optimal Flexible Architecture, OFA),它要求将 Oracle 产品安装在 Oracle **主目录**中(ORACLE-HOME),主目录存放在 Oracle **基目录**中(ORACLE-BASE),在安装 Oracle 软件前应建立这些目录。

实践练习 1-1　安装 Oracle 21c 数据库软件

下面在 Windows 10 系统上安装 Oracle 21c 数据库软件并创建一个 Oracle 数据库,具体步骤如下。

(1)安装 Oracle 软件首先要规划一个磁盘。假设要将 Oracle 安装在 d 盘,首先创建 Oracle 基目录 d:\app\lenovo,它是 Oracle 系统的根目录。在基目录中创建 Oracle 主目录 d:\app\lenovo\product\21.0.0.0\db_home,主目录存放 Oracle 软件,将下载的 ZIP 文件解压到 Oracle 主目录。

(2)右击 Oracle 主目录中的 setup. exe 文件,选择"以管理员身份运行",启动安装程序。首先显示一个命令提示符窗口,几秒钟后显示如图 1-1 所示的窗口。这里有两个选项,仅安装 Oracle 软件和安装软件同时创建一个启动数据库。这里选中"创建并配置单实例数据库"单选按钮。

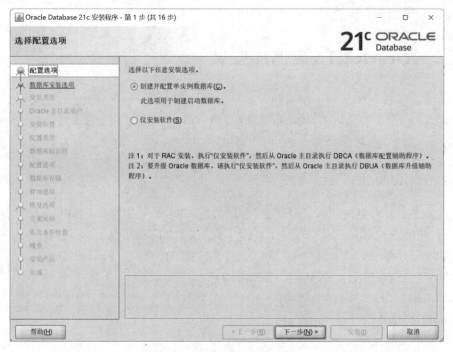

图 1-1　"选择配置选项"窗口

（3）单击"下一步"按钮进入"选择系统类"窗口，如图 1-2 所示。其中包括"桌面类"和"服务器类"，我们在桌面系统中安装 Oracle，这里选中"桌面类"单选按钮。

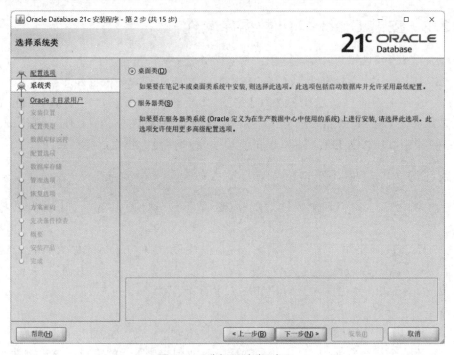

图 1-2　"选择系统类"窗口

（4）单击"下一步"按钮，进入"指定 Oracle 主目录用户"窗口，如图 1-3 所示。这里需要指定标准 Windows 用户账户来安装和配置 Oracle 主目录以增强安全性。此账户用于运行 Oracle 主目录的 Windows 服务。可以创建新的 Windows 用户，也可以使用 Windows 内置账户。这里选中"使用 Windows 内置账户"单选按钮，即安装 Oracle 的用户。

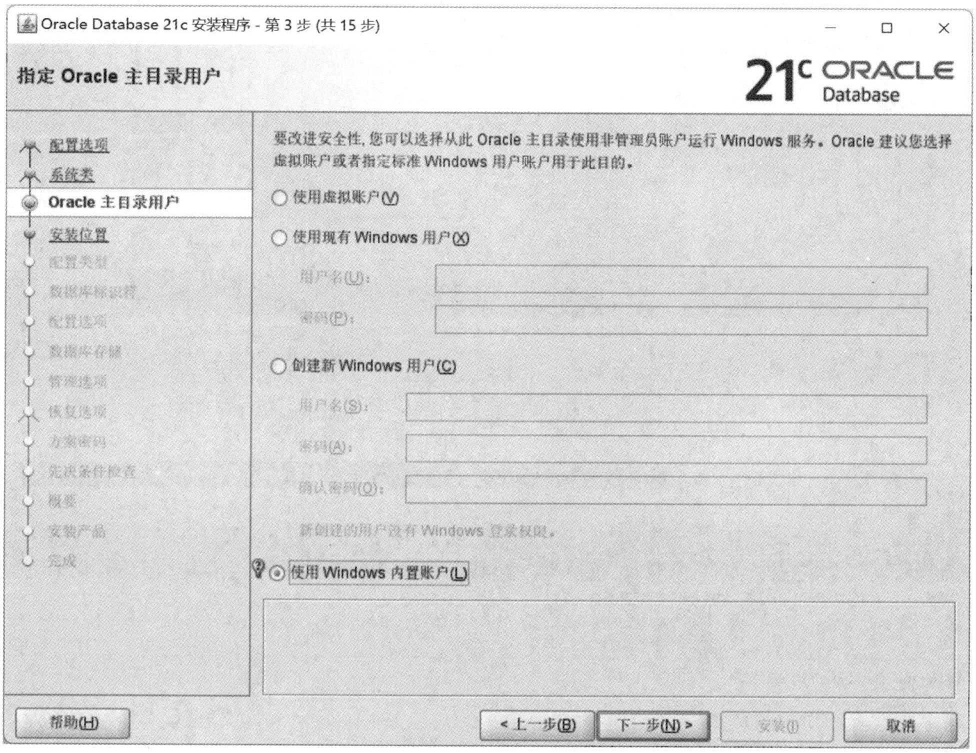

图 1-3　"指定 Oracle 主目录用户"窗口

（5）单击"下一步"按钮，进入"典型安装配置"窗口，如图 1-4 所示。这里需要指定新建数据库的各种参数，包括 Oracle 基目录、软件位置、数据库文件位置、字符集（选择"操作系统区域设置"）、全局数据库名称（这里输入 oracle）、密码（输入 oracle123）。全局数据库名用来唯一标识 Oracle 数据库。Oracle 数据库至少由一个 Oracle 实例引用，该实例由 Oracle 系统标识符（SID）唯一标识。

注意，从 Oracle 20c 开始，Oracle 采用多租户体系结构，也就是默认情况下创建的数据库为**容器数据库**（Container Database，CDB），在 CDB 中可以创建一个或多个**可插入数据库**（Pluggable Database，PDB）。这里在全局数据库 oracle 中创建一个名为 salespdb 的可插入数据库。关于多租户体系结构，请参阅本书第 14 章内容。

（6）单击"下一步"按钮，安装程序首先进行先决条件检查，检查通过后显示"概要"窗口。这里显示了待创建数据库各种信息，如图 1-5 所示。检查各种信息是否正确，如果不正确可以单击"上一步"按钮返回上一步进行修改。

【提示】　在执行先决条件检查时，如果电脑不满足要求，也可以忽略检查结果继续安装。

（7）单击"安装"按钮，系统开始安装，安装时间长短与系统的性能有关。安装过程将显示安装进度，如图 1-6 所示。

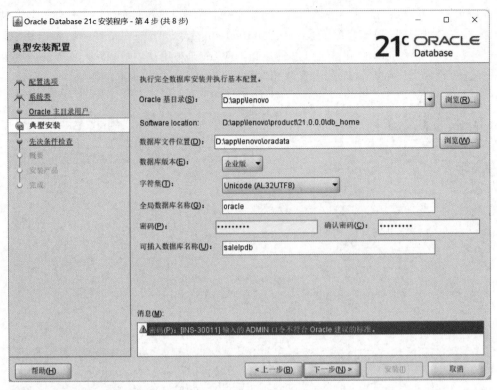

图 1-4　"典型安装配置"窗口

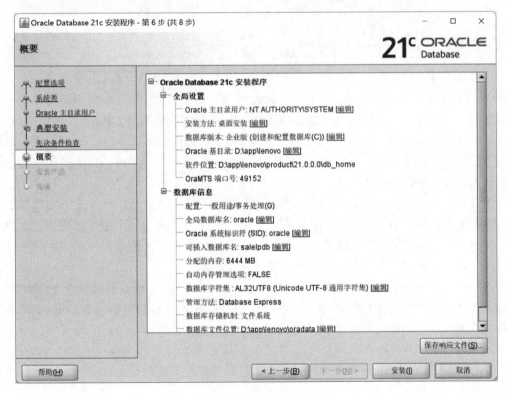

图 1-5　"概要"窗口

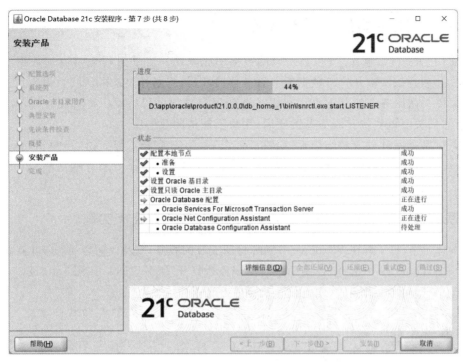

图 1-6　"安装产品"窗口

（8）Oracle 软件安装结束后，安装程序自动启动数据库配置助手 DBCA 创建并配置启动数据库，最后显示如图 1-7 所示的窗口，这里显示了 Oracle 企业管理器 Database Express URL 地址：https：//localhost：5500/em。最后单击"关闭"按钮结束安装。

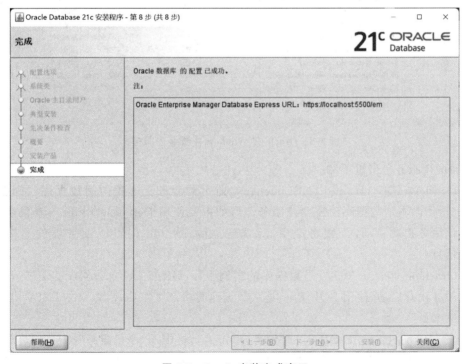

图 1-7　Oracle 安装完成窗口

1.2.3　服务器的启动和关闭

在使用 Oracle 数据库之前，必须启动数据库服务器。启动过程包括启动数据库实例、将数据库装载到该实例并打开数据库。服务器启动后，应用程序才可访问数据库。

也可以关闭服务器使其不可用。服务器关闭与启动过程相反：关闭数据库，从实例中卸载它，然后关闭该实例。服务器关闭后，用户不能访问数据库。

Oracle 数据库软件安装结束后，会在 Windows 中安装若干服务，打开 Windows 的"服务"窗口可以看到这些服务。数据库实例被安装为一个服务，这个服务默认随 Windows 系统启动而启动。

实践练习 1-2　通过 Windows 服务启动和关闭数据库实例

在本练习中，将了解在 Windows 中 Oracle 所安装的服务，以及如何启动和停止这些服务。

（1）在 Windows 中选择"控制面板"→"服务"，打开"服务"窗口，如图 1-8 所示。查看其中以 Oracle 开头的服务名，确定它们是启动状态还是停止状态。

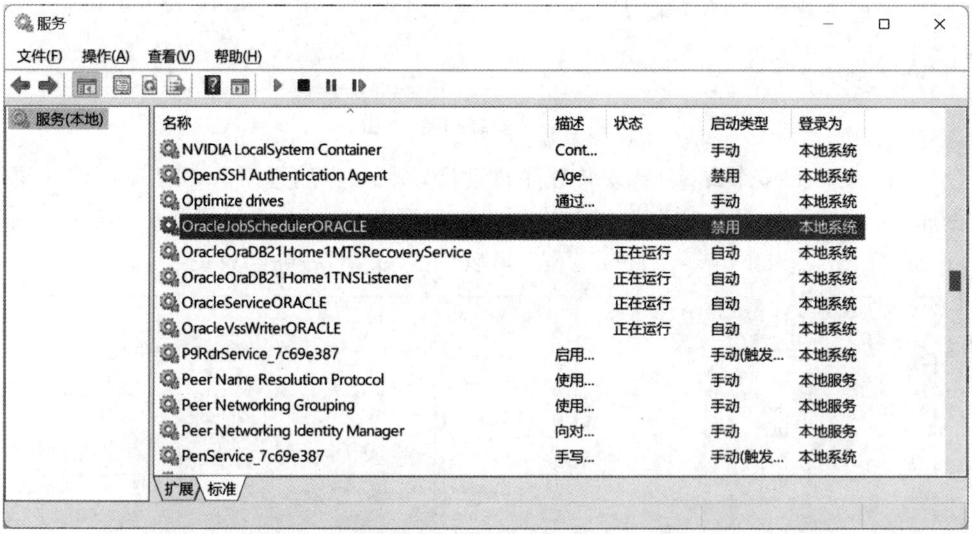

图 1-8　Oracle 在 Windows 中安装的服务

下面两个服务是最重要的。

- OracleOraDB21Home1TNSListener 是监听器服务。远程访问数据库时需要该服务，访问本地数据库不需要该服务。但如果要使用 Database Express 访问数据库，该服务必须启动，否则将产生"无法建立到 localhost：5500 服务器的连接"错误信息。
- OracleServiceORACLE 是数据库的实例服务（ORACLE 是数据库实例名），如果该服务没有启动，使用 SQL Plus 连接数据库时将产生"ORA-12560：TNS：协议适配器错误"。

（2）选中 OracleServiceORACLE 服务，单击工具栏中的"停止服务"按钮可以停止该服务，用户不能连接该数据库。单击"启动服务"按钮，该服务状态变为启动状态，该数据库实例就是可用的,用户就可以连接到数据库。

还可以在命令提示符下使用 NET START 命令启动 Oracle 服务,如下所示。

C:\Users\lenovo\> net start OracleOraDB21Home1TNSListener

使用 NET STOP 命令可以停止 Oracle 服务,如下所示。

C:\Users\lenovo\> net stop OracleServiceORACLE

【提示】 数据库管理员(DBA)在 SQL Plus 中可以使用 STARTUP 命令启动、装载和打开数据库,使用 SHUTDOWN 命令关闭数据库。

(3) 选中 OracleServiceORACLE 服务,右击鼠标,在打开的快捷菜单中选择“属性”命令,在打开的“属性”对话框中可以设置服务的启动类型。如果服务被设置为“手动”启动类型,则在 Windows 启动时不自动启动该服务;如果设置为“自动”,则在 Windows 启动时自动启动该服务。

1.2.4　卸载 Oracle 数据库软件

Oracle 数据库软件占用非常大的磁盘空间和内存空间,因此在不需要使用 Oracle 时应将其卸载。卸载 Oracle 软件分为卸载单个的 Oracle 产品和删除主目录。删除主目录需使用 DEINSTALL 工具。

实践练习 1-3　卸载 Oracle 数据库软件

下面是卸载 Oracle 21c 软件的具体步骤。

(1) 卸载 Oracle 组件之前,必须先停止所有的 Oracle 服务。在 Windows 中打开“服务”窗口,将 Oracle 安装的 5 个以 Oracle 开头的服务停止。

(2) 以管理员身份启动命令提示符窗口,进入 Oracle 主目录的 deinstall 目录,执行 deinstall 命令,如图 1-9 所示。

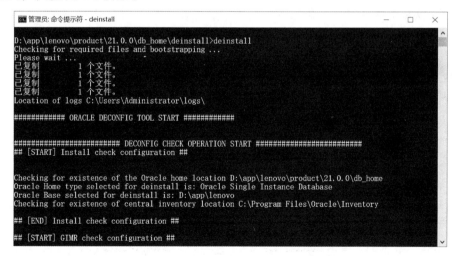

图 1-9　执行 deinstall 卸载 Oracle 数据库软件

在执行 deinstall 命令过程中,需要用户回答几个问题,如监听器名和数据库名等,需要正确回答这些问题。根据计算机配置不同,卸载 Oracle 的时间不同。

（3）清除注册表中信息。选择"开始"菜单，在搜索框中输入 regedit 命令，打开 Windows 的注册表编辑器，删除与 Oracle 有关的内容，如下所示。

- HKEY_LOCAL_MACHINE\SOFTWARE\ORACLE 目录。
- HKEY_LOCAL_MACHINE\SYSTEM\CurrentControlSet\Services 节点下以 Oracle 开头的键。
- HKEY_LOCAL_MACHINE\SYSTEM\CurrentControlSet\Services\eventlog\ Application 中以 Oracle 开头的键。

（4）删除相应的环境变量。打开"环境变量"窗口，在"系统变量"区中找到 PATH 中的 Oracle 路径设置，将其删除。

（5）删除"开始"菜单中所有的 Oracle 程序组。

（6）删除所有与 Oracle 相关的目录，最后重新启动计算机。

1.3　SQL Plus 客户工具

SQL Plus 是 Oracle 的一款功能强大的管理工具，DBA 和开发人员都可以使用它连接和操作数据库。历史上，在 Windows 系统下有两个版本的 SQL Plus：字符版和图形版。Oracle 21c 仅支持字符版，它的可执行文件是 sqlplus.exe，存放在主目录的 bin 目录中。在 Windows 上被安装为"开始"菜单中的一个快捷方式。

SQL Plus 是用 C 语言编写的用户程序，它在一个数据库实例上建立会话，使用 Oracle Net 协议连接到数据库。使用 SQL Plus 可以执行 SQL 语句、SQL Plus 命令和 PL/SQL 程序，格式化查询结果和管理数据库。

1.3.1　用 SQL Plus 连接数据库

要访问 Oracle 数据库必须在数据库中有一个合法的账户，并用账户名和口令建立与数据库的连接。在创建数据库时，系统自动在其中创建了一些账户，其中 SYSTEM 和 SYS 是两个数据库管理员账户。我们可以使用这两个账户登录数据库。

在 Windows 系统中，使用 SQL Plus 十分简单，既可以从"开始"菜单启动 SQL Plus，也可以从命令提示符启动 SQL Plus，它们都指向 sqlplus.exe 可执行文件。

【**例 1.1**】　通过"开始"菜单快捷方式启动 SQL Plus。

（1）选择"开始"→"所有程序"→Oracle-OraDB21Home1→SQL Plus 可以启动 SQL Plus 工具。

（2）在打开的如图 1-10 所示窗口中，首先显示 SQL Plus 的版本以及程序启动时间，然后是登录提示。输入用户名和口令。如果用户名合法且口令正确将显示 SQL>提示符。

【**提示**】　SYS 用户不能用这种方式登录，而只能以 SYSDBA 权限登录，即指定用户名时需要带/ AS SYSDBA 选项。

（3）在 SQL 提示符下可以执行 SQL 语句、SQL Plus 命令和 PL/SQL 程序块。执行 SQL 语句必须以分号结束，执行 SQL Plus 命令，不必以分号结束。下面 SELECT 语句返回当前系统日期。

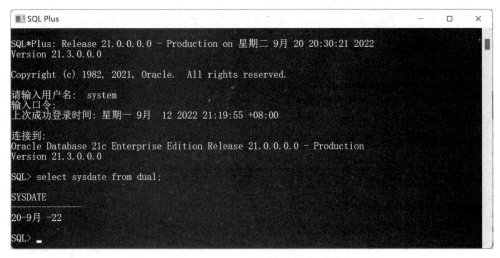

图 1-10　SQL Plus 窗口

```
SQL > select sysdate from dual;          ◄──── SQL语句必须以分号结束
SYSDATE
-------------
20 - 9 月 - 22
```

SYSDATE 是 Oracle 的一个内置函数,它返回当前日期。

【提示】　DUAL 是 Oracle 数据库创建时自动创建的表,它只有一行一列,列名是 DUMMY,数据类型是 VARCHAR2(1),其中只有一行数据:'X'。该表是 SYS 模式下的一个表,但可被所有用户访问,在 SELECT 语句中测试函数、计算常量表达式、获得序列值等常使用 DUAL 表。

(4) 当连接到数据库时,SQL Plus 维护一个数据库会话。当断开数据库时,会话结束。若要断开当前用户与数据库的连接,可以使用 DISCONNECT 命令(简写为 DISCONN),该命令可以结束当前会话,但保持 SQL Plus 运行。

```
SQL > disconnect;
SQL >
```

(5) 使用完 SQL Plus 后,可在 SQL 提示符下输入 EXIT 或 QUIT 命令断开与数据库的连接并退出 SQL Plus。

```
SQL > exit;
```

要从命令行启动 SQL Plus,还可以使用 SQLPLUS 命令。SQLPLUS 命令的一般格式如下:

```
SQLPLUS [ user_name [/password] [@connect_identifier] ]
[ / AS SYSDBA] [/NOLOG]
```

语法说明如下:
- user_name,连接的数据库用户名。
- password,用户的口令。
- @connect_identifier,指定要连接的数据库。
- AS SYSDBA,以系统管理员 SYS 身份连接到数据库。

- NOLOG,表示只启动 SQL Plus,不连接数据库。之后可以使用 CONNECT 命令连接。

【提示】 命令格式中的方括号表示可选项,即命令中可以不包含这部分内容。

在 SQL Plus 的 SQL>提示符下,可以使用 CONNECT 命令连接数据库,格式如下:

```
CONN[ECT] [user_name [/password] [@connect_identifier] ]
[/ AS SYSDBA] [/NOLOG]
```

【例 1.2】 在命令提示符下以 SYSDBA 身份启动 SQL Plus 并连接到默认数据库。

```
C:\Users\lenovo > sqlplus / as sysdba    ◄——| 反斜杠后有一个空格
SQL >
```

实践练习 1-4 使用 SQL Plus 连接到数据库

在本练习中,将在命令提示符下启动 SQL Plus 连接到数据库。要成功完成本练习,必须保证 Oracle 服务已启动。

(1)从命令提示符窗口启动 SQL Plus,同时连接到数据库。以 SYSDBA 身份(SYS 账户)启动 SQL Plus,并连接到默认数据库,如图 1-11 所示。

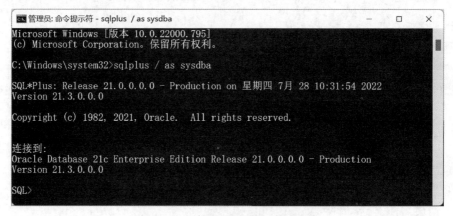

图 1-11 从命令行启动 SQL Plus

(2)还可以先启动 SQL Plus,然后使用 CONNECT 命令连接到数据库。在提示符下输入下面命令启动 SQL Plus。/NOLOG 选项表示仅启动 SQL Plus 但不连接到数据库。

```
C:\Users\lenovo > sqlplus /nolog
SQL >
```

(3)在 SQL>提示符下,使用 CONNECT 命令连接到数据库。下面以管理员 SYSTEM 的身份连接到数据库,oracle123 为用户口令。

```
SQL > connect system/oracle123
SQL > show user    ◄——| 显示当前用户名
USER 为"SYSTEM"
```

SQL Plus 没有任何方式来存储数据库连接信息。每次用户希望连接数据库时,都必须告诉 SQL Plus 自己的身份和数据库的位置。标识用户最常见的方式是提供用户名和密码。标识数据库有两种常用的连接标识符形式:一种是提供一个别名,别名会解析为完整的信息;另一种是输入完整信息。

在命令提示符下,使用下面命令可直接启动 SQL Plus,作为 C## SCOTT 账户进行连接,密码是 tiger:

```
C:\Users\lenovo> sqlplus c##scott/tiger@oracle
C:\Users\lenovo> sqlplus c##scott/tiger@127.0.0.1:1521/oracle
```

第一个示例使用别名 oracle 来标识数据库。它必须解析为完整的连接信息,这个名称解析的常见技术是使用本地存储的文本文件 tnsnames.ora,该文件一般包含在 ORACLE_HOME 的 network\admin 子目录中。

第二个示例提供了完整的连接信息,包括运行数据库实例的主机名(若连接本地主机可使用 localhost 或 127.0.0.1)、Oracle Net 数据库监听器的 TCP 端口号和数据库服务名。

实践练习 1-5　创建一个数据库用户

在本练习中,首先以 SYSDBA 数据库管理员身份连接到数据库,然后使用 CREATE USER 命令创建一个用户,之后以该用户身份连接到数据库。

(1) 从操作系统的命令提示符窗口以 SYSDBA 身份(SYS 账户)启动 SQL Plus,并连接到默认数据库。

```
C:\Users\lenovo> sqlplus / as sysdba
SQL>
```

(2) 使用 CREATE USER 命令创建一个公共用户 C## WEBSTORE,并为该用户授予相应的权限,其中 CREATE SESSION 权限用于连接数据库、RESOURCE 角色包含创建表权限,如下所示。

```
SQL> create user c##webstore identified by webstore;
SQL> grant create session, resource to c##webstore;
```

【提示】　在容器数据库中创建的用户名需带"C##"前缀,在可插入数据库中创建的用户名没有这个限制。

(3) 为 C## WEBSTORE 用户分配在 USERS 表空间中无限制使用配额。

```
SQL> alter user c##webstore quota unlimited on users;
```

(4) 以 C## WEBSTORE 身份连接到数据库,如下所示。

```
SQL> connect c##webstore/webstore;
```

(5) 使用 SHOW USER 命令显示当前用户名。

```
SQL> show user;
USER 为"C## WEBSTORE"
```

现在,用户就可以在自己账户下创建表、视图等模式对象。

(6) 在 SQL>提示符下执行 webstore.sql 脚本文件,该脚本在 C## WEBSTORE 模式中创建 6 个表并插入一些数据。假设该文件存储在 D 盘根目录下。

```
SQL> start d:\webstore.sql        ←── 执行脚本webstore.sql代码
```

(7) 输入下列 SQL 语句,查询当前模式下的表名。

```
SQL> select table_name from user_tables;
```

1.3.2　SQL Plus 连接错误

使用 SQL Plus 尝试连接有时会出现错误，错误的原因有多种。当出现错误时，SQL Plus 会给出错误号和错误描述信息。根据错误信息可以判断错误原因。下面介绍几种常见错误及原因。

```
SQL > connect c# #webstore/webstore@oracle;
ORA－12541:TNS:无监听程序
```

这里连接给出了正确的连接标识符。错误表明，连接标识符正确解析为数据库监听器的地址，但该监听器实际上没有运行。另一种可能的原因是地址解析出错，把 SQL Plus 发送给错误的地址。解决该错误，需要重新启动监听器。

```
SQL > connect c# #webstore/webstore@wrongalias;
ORA－12154:TNS:无法解析指定的连接标识符
```

该错误的原因是因为给定的连接标识符 wrongalias 不能由 Oracle Net 的 TNS 层解析为数据库连接信息。

```
SQL > connect c# #webstore/webstore@oracle;
ORA－12514:TNS:监听程序当前无法识别连接描述符中请求的服务
```

该错误是监听器生成的。SQL Plus 找到了监听器，但是监听器不能建立与数据库服务的连接。最可能的原因是数据库实例没有启动，所以应该启动数据库服务并再次尝试连接。

```
SQL > connect system/oracle123;
ORA－12560:TNS:协议适配器错误
```

该错误原因一般是数据库服务没有启动。可进入 Windows 的"服务"窗口中找到相应的数据库服务，如 OracleServiceORACLE 服务，启动该服务即可连接到数据库。在 Windows 系统下，该错误也可能是注册表中 ORACLE_SID 名称错误。

```
SQL > connect c# #webstore/wrongpass@oracle;
ERROR:
ORA－01017:用户名/口令无效;登录被拒绝
```

该错误表示用户名或密码无效，登录被拒绝。注意，消息并没有指出是用户名错，还是密码错。这样做是为了不把信息泄露给别人。

1.3.3　SQL 语句编辑命令

前面学习了如何使用 SQL Plus 连接到数据库，下面学习如何执行和编辑 SQL 语句。本书附录中给出了 SQL Plus 的常用命令及使用说明。

【例 1.3】　在 SQL Plus 中执行过的 SQL 语句被保存在缓冲区中，可以通过键盘的上、下箭头键来滚动曾经运行过的 SQL 语句。可以对缓冲区中的最后一条 SQL 语句进行编辑来构建新的 SQL 语句，下面使用 APPEND 命令在原来语句后面加上一个 WHERE 条件。

```
SQL > select * from customers;
SQL > append where balance > 0;        ◀——| 在原语句后添加WHERE条件
SQL > list
```

可以使用 EDIT 命令,将 SQL Plus 缓冲区的内容复制到一个名为 afiedt. buf 的文件中,然后启动操作系统默认的编辑器打开这个文件,并且文件内容能够编辑。在 Windows 系统中,默认的编辑器是记事本(Notepad)。EDIT 命令的格式为:

```
ED[IT] [filename]
```

这里,filename 默认为 afiedt. buf,也可以指定一个其他的文件。注意,命令格式中方括号括起来的内容是可选部分。例如,APPEND 命令可以简写为 A。可以通过输入一个斜杠(/)或 RUN 命令执行缓冲区的 SQL 语句。

```
SQL > edit        ◀——┤打开默认编辑器编辑缓冲区语句
已写入 file afiedt.buf
SQL > run
```

【注意】　使用 EDIT 命令打开记事本编辑的 SQL 语句不以分号(;)结束,而是以反斜杠(\)结束。

在 SQL Plus 中,使用 DEFINE 命令可以改变默认编辑器。其中,editor 是想使用的编辑器的名字。

```
DEFINE _EDITOR = 'editor'
```

1.3.4　脚本文件操作命令

可以把 SQL Plus 中执行的 SQL 语句和 SQL Plus 命令保存到脚本文件中,之后在需要时从磁盘读取脚本文件并执行其中的语句。还可以把语句的输出结果保存到文本文件中。

存储 SQL 语句的文件称为 SQL 脚本文件。使用 SAVE 命令将缓冲区中的内容保存到脚本文件中。

```
SAVE filename [REPLACE|APPEND]
```

若没有提供文件扩展名,系统自动加上扩展名 sql。默认情况下,SAVE 命令不会覆盖现有文件,若要覆盖现有文件可使用 REPLACE 选项。如果要将缓冲区内容追加到文件末尾,可使用 APPEND 选项。默认情况下,脚本文件存放在 Oracle 搜索路径中。

GET 命令把指定的脚本文件的内容读入到 SQL Plus 缓冲区,它的语法格式如下:

```
GET filename [LIST | NOLIST]
```

LIST 选项列出读入缓冲区的语句,NOLIST 不列出。

START 或@命令可以打开并执行脚本文件,它的语法格式如下:

```
START filename 或@ filename
```

【例 1.4】　使用 START 或@命令运行 d:\example. sql 脚本文件。

```
SQL > @d:\example.sql
```

可以使用 SPOOL filename 命令把查询结果存储到文件中。在默认情况下,命令 SPOOL 会生成一个扩展名为. lst 的文件,用户也可以指定扩展名。

【例 1.5】　使用 SPOOL 命令将查询结果保存到 output. txt 文件中。

```
SQL> spool C:\output.txt
SQL> select * from customers;
SQL> spool off
```

SPOOL 之后执行的 SQL 语句以及语句的执行结果都将写到 output. txt 文件中。SPOOL OFF 命令停止向文件进行写输出，只有执行该命令，才将输出缓冲区内容写到文件中。SPOOL OUT 命令用于停止写输出并把输出文件发送到打印机。

实践练习 1-6　SQL Plus 常用命令的使用

在本练习首先以 C＃＃WEBSTORE 账户身份连接到数据库，然后执行本书提供的 webstore. sql 脚本创建 6 个表，练习有关 SQL Plus 命令的使用。

（1）使用 SQL Plus 以 SYSDBA 身份登录到数据库。

```
C:\Users\lenovo> sqlplus / as sysdba
SQL>
```

（2）以 C＃＃WEBSTORE 身份连接到数据库，如下所示。

```
SQL> connect c##webstore/webstore;
```

（3）使用 SHOW USER 命令查看当前用户名。

```
SQL> show user
USER 为"C##WEBSTORE"
```

（4）输入下列 SQL 语句。第 2 行是一个空行，以便将该 SQL 存储在缓冲区中。

```
SQL> select employee_id, employee_name from employees
  2
 SQL>
```

（5）使用 LIST 命令列出缓冲区中的内容。

```
SQL> list
 1* select employee_id, employee_name from employees
SQL>
```

（6）使用 SAVE 命令把缓冲区中的内容存储到 d 盘的名为 example. sql 的文件中。

```
SQL> save d:\example.sql
已创建 file d:\example.sql
SQL>
```

使用该命令可以省略盘符和文件的扩展名，若省略盘符，文件将保存在与 sqlplus. exe 相同的目录中，若省略扩展名，系统自动加上. sql。

（7）使用 EDIT 命令打开该文件进行编辑，把 WHERE salary ＞2500 作为第 2 行添加到 SQL 语句中。

```
SQL> edit d:\example.sql
```

（8）使用 GET 命令把 d:\example. sql 文件的内容导入到缓冲区。

```
SQL> get d:\example.sql
  1  select employee_id,employee_name from employees
  2* where salary > 2500
SQL>
```

（9）使用 CHANGE 命令把工资值 2500 改为 5000。

```
SQL > C /2500/5000
  2 *  where salary > 5000
SQL >
```

（10）把缓冲区内容再次存储到相同文件中。

```
SQL > save d:\example. sql
  SP2 - 0540 "文件 example.sql"已经存在。
  使用"SAVE filename[. ext] REPLACE"。
SQL >
```

系统返回一条出错信息，因为 SAVE 命令在默认情况下不会覆盖原来的文件。使用带 REPLACE 选项的 SAVE 命令可以覆盖原文件。

（11）使用带 REPLCAE 选项的 SAVE 存储该文件。

```
SQL > save d:\example. sql replace
已写入 file d:\example. sql
SQL >
```

（12）使用 START 命令执行脚本文件。

```
SQL > start d:\example. sql
```

1.3.5　格式化列

在 SQL Plus 中执行 SQL 语句时，系统以默认格式输出结果。可以使用 COLUMN 命令对输出的列标题和列数据进行格式化。COLUMN 命令的简化语法如下：

```
COLUMN {column | alias} [options]
```

其中，column|alias 指定列名或列别名。options 指定用于格式化列或别名的一个或多个选项。选项有很多，附录中列出了其中部分选项。

连接到 C## WEBSTORE 模式，使用下面语句查询 EMPLOYEES 表，看一下默认输出格式。

```
SQL > select  *  from employees;
```

【例 1.6】　使用 COLUMN 命令，对 EMPLOYEES 表的输出进行格式设置，employee_id 列设置标题为"员工号"，employee_name 标题设置为"姓名"，宽度为 15 个字符，salary 列标题设置为"工资"，保留 2 位小数，左侧显示美元符号（$），department_id 设置宽度为 5 个字符。

```
SQL > column employee_id heading '员工号'
SQL > column employee_name heading '姓名' format a15
SQL > column salary heading '工资' justify center format $ 9999.99
SQL > column department_id format a5
SQL > select employee_id, employee_name, salary,department_id
2    from employees;
```

使用 CLEAR 选项可以清除列格式的设置：

```
SQL > column employee_id clear
```

使用 CLEAR COLUMNS 命令可以清除所有列格式：

```
SQL> clear columns
```

1.3.6　常用 SET 设置命令

在 SQL Plus 中可以使用 SET 命令进行各种设置，如设置环境变量等。SET 命令的语法格式如下：

```
SET system_variable value
```

比如，用户可以使用 SET TIME ON 命令设置在 SQL Plus 命令提示符"＞SQL"前显示系统当前时间。但需要注意的是，通过 SET 命令设置的环境变量是临时的。用户退出 SQL Plus 环境后，设置的环境参数将失效。常用设置命令见附录。

使用 SET LINESIZE 命令设置一行可以显示的字符数。使用 SET PAGESIZE 设置一页可以显示的行数。输出结果超过这里设置的行数，SQL Plus 将再次显示标题。

【提示】　页面行数大小最大为 50 000，默认值为 14。一行的字符数大小最大为 32 767，默认值为 80。

【例 1.7】　使用 SET 命令将页面大小设置为 60 行，将行大小设置为 110 字符，然后查询 EMPLOYEES 表的信息。

```
SQL> set pagesize 60
SQL> set linesize 110
SQL> select employee_id, employee_name, birthdate,
  2    salary,department_id from employees;
```

1.3.7　使用变量

在 SQL Plus 中，可以使用变量来编写通用的 SQL 语句，在 SQL 语句运行时，为变量提供值，系统就会使用此值替换语句中的变量。Oracle 提供两种类型的变量，即临时变量和已定义变量。

1．使用&符号定义临时变量

在 SQL 语句中，如果某个变量前面使用了 & 符号，那么就表示该变量是一个临时变量。执行 SQL 语句时，系统会提示用户为该变量提供一个具体的值。临时变量只在使用它的 SQL 语句中有效，其变量值不能保留。临时变量也称为替换变量。

【例 1.8】　在语句中使用一个名为 salary 的临时变量。在执行该 SELECT 语句时，SQL Plus 提示输入 salary 值。

```
SQL> select employee_id, employee_name,birthdate,salary
  2    from employees where salary > &salary;      ◄─── 使用名为salary的临时变量
输入 salary 的值:3000
原值  2:from employees where salary > & salary
新值  2:from employees where salary > 3000
EMPLOYEE_ID      EMPLOYEE_NAME        BIRTHDATE        SALARY
---------        -------------        ----------       -------
   1004             杰克刘            18-5 月 -81       8000
```

| 1002 | 李清泉 | 10 - 10 月 - 81 | 4000 |
| 1001 | 张明月 | 28 - 2 月 - 80 | 3500 |

从查询结果可以看出，输入的值 3000 被赋值在 WHERE 子句的 &salary 位置。如果在 SELECT 语句中，一个临时变量同时出现多次，需要多次输入变量值。如果希望只输入一次变量值，SQL Plus 就能替换掉所有的同名变量，那么可以使用 && 符号来定义临时变量。

```
SQL > select employee_id, employee_name,birthdate, &&salary_field
  2  from employees where &&salary_field > 3000;
```

在使用临时变量时，还可以使用 SET VERIFY ［ON|OFF]命令指定是否输出原值和新值的信息，SET VERIFY ON 显示原值和新值，OFF 则不显示。

2. 使用已定义变量

在 SQL 语句中，可以在使用变量之前对变量进行定义。在同一条 SQL 语句中还可以多次使用这个变量。已定义变量会一直保留，直到显式地将它删除、重定义或退出 SQL Plus。

使用 DEFINE 命令定义变量，在使用完变量后，可以使用 UNDEFINE 命令将其删除。此外，还可以使用 ACCEPT 命令，该命令也可以定义变量并为变量指定数据类型和赋值。

DEFINE 命令既可以用来定义新变量，也可以用来查看当前已定义的变量，一般语法格式如下：

```
DEFINE [variable [ = value]];
```

不带选项的 DEFINE 命令显示所有已定义变量，DEFINE variable 命令显示指定变量名称、值和数据类型，DEFINE variable＝value，创建一个 CHAR 类型的变量，并且为该变量赋初始值。

【例 1.9】　使用 DEFINE 命令定义变量。Oracle 系统默认定义了一些变量，使用 DEFINE 命令可以查看这些变量及值。下面使用 DEFINE 命令定义一个 SALARY 变量，并为其赋值为 3000，然后使用 DEFINE salary 查看该变量信息。最后在 SELECT 语句的 WHERE 子句中使用该变量。使用已定义变量，执行 SQL 语句时不提示输入变量值。

```
SQL > define salary = 3000        ◄───┤ 定义名为salary的变量
SQL > define salary        ◄───┤ 查看变量
DEFINE SALARY    = "3000"(CHAR)
SQL > select employee_id, employee_name,birthdate, salary
  2  from employees where salary > &salary;        ◄───┤ 使用变量，带&符号
原值      2:from employees where salary > & salary
新值      2:from employees where salary > 3000
EMPLOYEE_ID     EMPLOYEE_NAME                BIRTHDATE        SALARY
-----------     ------------------          -----------      --------
    1001        张明月                       28 - 2 月  - 80     3500
    1002        李清泉                       10 - 10 月 - 81     4000
    1004        杰克刘                       31 - 12 月 - 80     4000
```

使用 ACCEPT 命令也可以定义变量，并且可以为用户指定一个提示信息。在定义变量

时可以明确指定变量的类型。ACCEPT 命令的语法如下：

```
ACCEPT variable [data_type] [FORMAT format] [DEFAUL default] [PROMPT message][HIDE]
```

语法说明如下：

- variable，用于接收值的变量名。
- data_type，变量的数据类型。可用的类型有 CHAR、NUM[BER]、DATE、BINARY_DOUBLE 等。默认类型为 CHAR。
- [FORMAT format][DEFAULT default]，指定变量的格式和默认值。格式如 A10（10 个字符）、9999(4 位的数字)、DD-MON-YYYY(日期)。
- PROMPT message，指定显示的提示文本。
- HIDE，不回显输入的值。输入密码时可使用该选项。

下面来看几个例子。下面命令定义一个 salary 变量接收用户输入的一个 4 位数。

```
SQL > accept salary number format 9999 prompt '输入工资:'
输入工资:3000
```

下面语句定义一个日期型变量 birthday，接收一个日期型数据。

```
SQL > accept birthday date format 'DD-MON-YYYY' prompt '生日:'
生日:06-10 月-1990
```

下面定义一个名为 v_password 的 CHAR 类型的变量，并使用 HIDE 选项隐藏输入值。

```
SQL > accept v_password CHAR prompt '密码:' hide
密码:
SQL > define v_password
DEFINE V_PASSWORD      = "12345" (CHAR)
```

使用 UNDEFINE 命令可以删除一个变量，下面命令将删除 V_PASSWORD 变量。

```
SQL > undefine v_password
```

🔑 1.4　SQL Developer

SQL Developer 是 Oracle 公司的一种图形界面的数据库管理工具。使用它可以连接 Oracle 数据库和执行 SQL 命令，也可以管理模式对象（表、视图、索引、同义词和序列等）和 PL/SQL 对象（过程、函数和触发器等）。通过菜单和常用的导航功能实现对数据库对象的管理。

可以从 Oracle 官方网站下载最新版本的 SQL Developer。

要安装 SQL Developer，将下载的 ZIP 文件解压缩到一个目录中即可。它的可执行文件是 sqldeveloper.exe，双击该文件即可启动。

1.4.1　SQL Developer 界面

由于 SQL Developer 用 Java 语言编写，运行它需要 Java 环境。用户可以下载带 JDK 的版本，或者计算机上安装有 JDK 都可以。SQL Developer 起始用户界面如图 1-12 所示。

SQL Developer 用户界面布局是：顶部有菜单和工具按钮，左侧是对象列表，右侧窗格

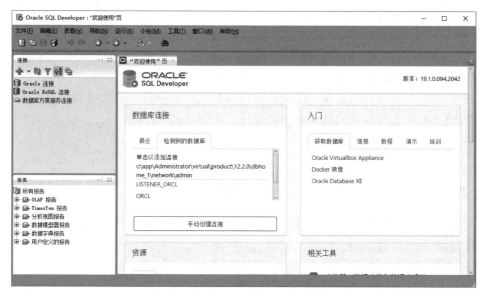

图 1-12　SQL Developer 起始用户界面

用于输入和显示信息。图中，左侧窗格中显示 Oracle 连接等，数据库管理员和普通用户都可以建立连接，然后使用建立的连接操作和访问数据库。

1.4.2　创建数据库连接

要使用 SQL Developer，首先必须创建一个连接。在 SQL Developer 中可以建立两种连接：以普通用户身份的连接和 DBA（数据库管理员）连接。在图 1-12 中左侧窗格"Oracle连接"标签上右击，在弹出的快捷菜单中选择"新建连接"，打开如图 1-13 所示的"新建/选择数据库连接"对话框。

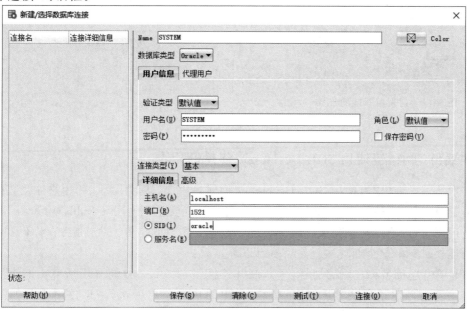

图 1-13　"新建/选择数据库连接"对话框

连接名称可以任意,这里以 SYSTEM 用户身份建立一个连接,连接名输入 SYSTEM。这里还需提供用户名和密码。如果选中"保存密码",则在以后的连接中不需要输入密码。在 Oracle 选项卡的"连接类型"列表框中提供多种连接类型,其中"基本"类型的连接需要提供数据库的主机名、端口号、SID(数据库名),这里不需要填服务名。

单击"测试"按钮可以测试是否能成功连接到数据库。单击"保存"按钮保存该连接。

【提示】 如果在测试连接时出现错误提示,"IO 错误：The Network Adapter could not establish the connection",则说明数据库的监听器没有启动或主机名不正确,主机可能使用了类似 192.168.0.1 的 IP 地址。

实践练习 1-7　使用 SQL Developer 创建连接

在本练习中,将学习使用 SQL Developer 创建数据库连接,然后通过该连接创建一个数据库用户。最后以新建用户身份建立连接。

(1) 进入 SQL Developer 的安装目录,双击 sqldeveloper.exe 文件,启动 SQL Developer。

(2) 在 SQL Developer 中,单击屏幕左侧"连接"选项卡中的绿色加号(＋)按钮,打开创建新连接的窗口。在"连接名"字段中输入连接名称,用于在所有其他连接列表中标识连接。因为要建立系统账户的连接,建议输入 SYSTEM 一词,将来,如果要连接多个数据库,最好将数据库的名称和用户名一起作为连接名称。在"用户名"字段中输入用户名 SYSTEM。在"密码"字段中,输入 Oracle 安装时指定的密码。就是你需要记住的密码。

选中"保存密码"复选框,这样就不需要每次都输入密码。对于连接信息,如果在公司,DBA 通常会提供有关如何连接的信息。要连接到本地数据库,"主机名"中输入 localhost,"端口"中输入 1521,SID 中输入 oracle,它是创建数据库时指定的名称。屏幕结果如图 1-13所示。

【提示】 如果需建立到可插入数据库的连接,应该在图 1-13 中指定服务名。该服务名可以通过列出监听器服务的信息中获得,命令为 lsnrctl status。

图 1-14　列表中新建的连接

(3) 单击"测试"按钮。这将测试与数据库的连接,并检查输入的信息是否正确。如果测试成功,在左下角显示"状态：成功"。

(4) 单击"保存"按钮。新的连接保存到左边的列表中,如图 1-14 所示。

实践练习 1-8　使用 SQL Developer 创建新用户

在本练习中,将学习使用 SQL Developer 创建新用户,然后用新建的用户连接数据库。

尽管可以使用 SYSTEM 账户创建表,但实践中应该避免使用 SYSTEM 账户。应创建一个新用户,该用户用来创建表。在 SQL Developer 窗口的左侧,在"连接"节点下面是刚刚创建的连接。选择这个新连接。然后执行以下步骤：

(1) 单击连接名称左侧的加号(＋),展开连接下的条目。这将显示所有不同类别的对象。滚动到列表底部,右击"其他用户",在弹出的快捷菜单中选择"创建用户",如图 1-15所示。

（2）在出现的对话框中，输入新用户的名称。用户名不区分大小写，但不应该包含特殊字符或保留字。如果不确定要用什么，可以用自己的名字，这里用 C##SCOTT 作为用户名（公用用户名必须以 C## 开头）。在"新密码"和"确认密码"框中输入新密码。在"默认表空间"列表框中选择 USERS，在"临时表空间"列表框中选择 TEMP，保留所有其他复选框为空，如图 1-16 所示。

图 1-15 "创建用户"菜单选项

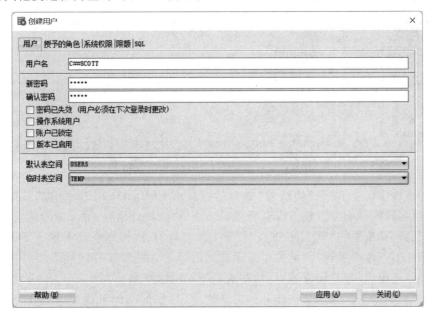

图 1-16　创建用户窗口

（3）单击"授予的角色"选项卡，在出现的可用角色列表中指定 CONNECT 和 RESOURCE 角色，在"系统权限"选项卡中指定 CREATE TABLE 权限。在"限额"选项卡中指定在 USERS 表空间上的"无限制"。最后，单击"应用"按钮。

（4）用新创建的用户创建连接。这与创建 SYSTEM 连接类似，这里设连接名为 SCOTT。创建了新用户连接后，就可以使用它管理数据库对象，如创建表、视图和索引等。

（5）使用脚本创建模式对象。将本书提供的 scott.sql 脚本文件内容粘贴到工作表中，选中所有语句，然后单击"运行脚本"按钮，将执行所有脚本命令，创建有关表并插入若干数据。

（6）展开 SCOTT 连接，展开"表"，可以看到新建的 4 个表，选中表可以查看表结构和表中数据。

1.4.3 SQL Developer 管理模式对象

在 SQL Developer 中建立连接后，就可以通过它访问 Oracle 数据库，操纵该用户的模式对象。在连接名上单击，将打开模式中的数据库对象。可以看到，SQL Developer 列出该连接下的"表""视图""索引""程序包""过程""函数"等项目，可以对这些项目进行管理。通过

"表"节点可以管理表对象。展开"表"节点,会显示出当前用户的所有表。单击 EMPLOYEES 表,在右边的编辑框中显示 EMPLOYEES 表的结构。此时编辑框的标签是"列"(编辑框顶端最左边的标签),如图 1-17 所示。

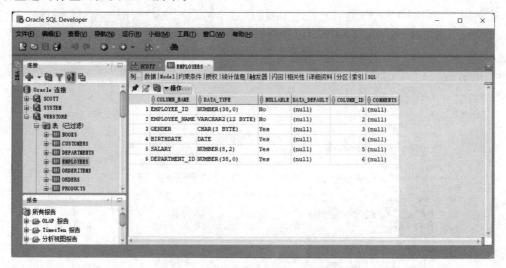

图 1-17　显示 EMPLOYEES 表的结构

　　将编辑框顶端标签从"列"切换到"数据",将显示 EMPLOYEES 表中的数据记录。同样,通过切换编辑框顶端标签还可以查看表的约束条件、统计信息、触发器等的定义。

　　单击"工具"菜单中的"SQL 工作表"打开工作表编辑器,可以在其中输入 SQL 语句,单击左上角绿色的三角图案运行,结果将显示在编辑器下方的"结果"选项卡中。还可以选择"查询构建器"选项卡,打开构建器界面,在这里可以构建查询。

　　本节仅简单介绍了 SQL Developer 工具的使用,如何编辑和调试运行 PL/SQL 程序块,将在后面章节介绍。

　　【提示】　除 SQL Developer 外,还有一个 PL/SQL Developer 工具,它是很多开发员喜欢使用的 Oracle 管理工具。

🔑 1.5　Database Express

　　Database Express 是一个基于 Web 的企业管理器,用户通过浏览器访问该应用程序完成对 Oracle 的运行状态和性能监视工作。该应用程序生成发送给浏览器的 HTML 页面,用户可以通过这些页面来获取信息。Database Express 由在数据库中存储的代码组成,所以它不能用于启动或关闭数据库。Database Express 通过数据库监听器建立连接。

　　使用 DBCA 创建数据库时,在完成页面显示用来访问 Database Express 的 URL,默认情况下地址如下:

```
https://localhost: 5500/em
```

localhost 是数据库所在主机名,5500 是 HTTP 监听器的默认端口。

　　【注意】　用户需要具有 EM_EXPRESS_BASIC 或 EM_EXPRESS_ALL 角色才能登录 Database Express,否则出现"权限不足"错误提示。

打开浏览器,在地址栏中输入 https://localhost:5500/em,进入 Database Express 的登录页面,如图 1-18 所示。

图 1-18　Database Express 登录页面

【提示】　访问 Database Express 要求必须启动数据库监听器,通过 Windows 的"服务"控制台或使用 LSNRCTL 实用程序都可启动数据库监听器。

输入数据库管理员的用户名 SYSTEM 和口令,单击 Login 按钮,进入 Database Home(数据库主目录)页面,如图 1-19 所示。该页面中显示数据库的"状态"和"性能"等信息。

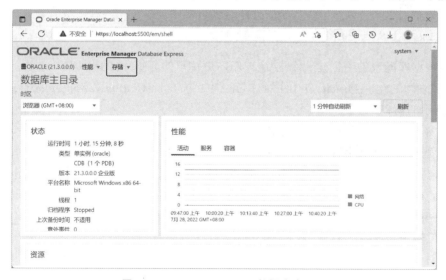

图 1-19　Database Express 数据库主目录

如果浏览器不能连接 Database Express,可使用下列命令查询端口号是否正确:

```
SQL> select dbms_xdb_config.gethttpsport from dual;
GETHTTPSPORT
--------------------
          0        ◄——┤ 输出0表示端口号不正确
```

上面结果说明端口号不正确,可执行下面过程设置端口号:

```
SQL > exec dbms_xdb_config.sethttpsport(5500);
PL/SQL 过程已成功完成。
```

🔑 1.6　使用 DBCA 管理数据库

Oracle 数据库安装时通常创建一个启动数据库,在系统运行中可能还需要创建数据库。创建数据库是 DBA 的职责。DBA 可以在 SQL Plus 中使用 CREATE DATABASE 命令创建数据库,使用命令创建数据库非常复杂,即使你是非常有经验的 DBA,也不推荐使用这种方法。

为了方便 DBA 对数据库管理,Oracle 提供了一款图形界面工具,称为**数据库配置助手**(Database Configuration Assistant,DBCA)。使用该工具 DBA 可以完成下面操作。

- 创建数据库。通过向导带领用户一步一步创建数据库,可以简单地采用典型配置创建数据库,也可以采用高级配置创建数据库。在 Oracle 21c 中,只能创建容器数据库。
- 配置现有数据库。对一个已经存在的数据库进行配置。
- 删除数据库。删除已经存在的数据库。
- 管理模板。可以创建和删除数据库模板。
- 管理可插入数据库。用于创建、删除和取消可插入数据库。

下面练习使用 DBCA 创建一个名为 WEBSTORE 的容器数据库。需要熟悉数据库创建过程中的参数。

实践练习 1-9　使用 DBCA 创建数据库

使用数据库配置助手创建一个名为 WEBSTORE 的数据库的具体步骤如下。

(1) 选择"开始"→Oracle-OraDb21Home1→Database Configuration Assistant,打开如图 1-20 所示的窗口。

在该窗口中选择执行的操作,其中包括:创建数据库、配置现有数据库、删除数据库、管理模板和管理可插入数据库。

(2) 选择"创建数据库",单击"下一步"按钮,打开"选择数据库创建模式"窗口。这里有两种选择:典型配置和高级配置。

- 典型配置。需要指定新创建数据库信息。如全局数据库名、存储类型、数据库文件位置、快速恢复区目录、数据库字符集以及数据库管理员的密码等。默认情况下,"创建为容器数据库"复选框为选中状态,若创建为容器数据库,通常还需指定可插入数据库名。
- 高级配置。选择该模式,用户对创建的数据库有更多的选择,如指定数据库模板,内存的使用等。

这里使用典型配置创建数据库。输入全局数据库名 WEBSTORE 和管理员密码 webstore,在"可插入数据库名"文本框中输入 hrpdb,创建一个可插入数据库,如图 1-21 所示。

【提示】　使用"典型配置"创建数据库只需提供数据库全局名及密码等少数选项,其他

图 1-20　"选择数据库操作"窗口

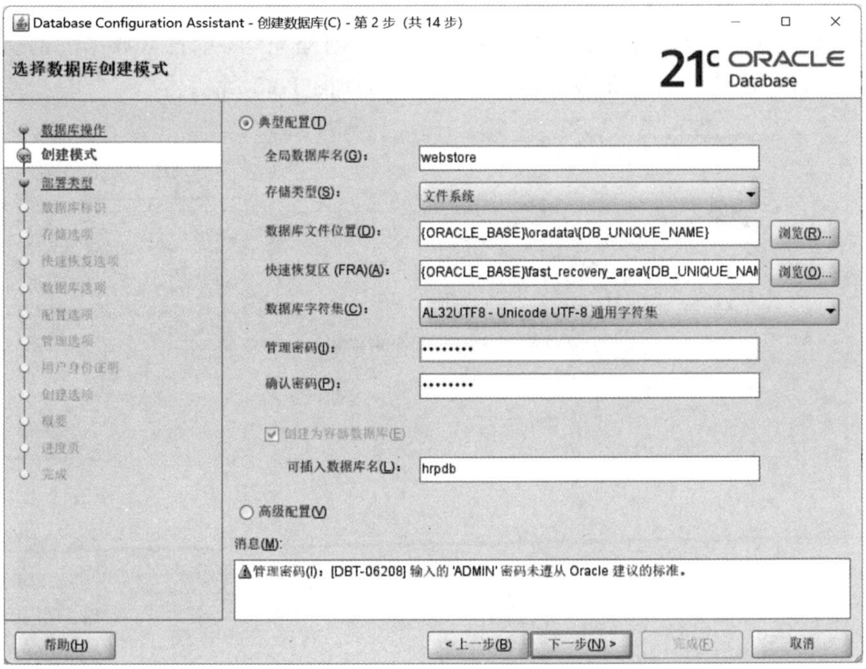

图 1-21　"选择数据库创建模式"窗口

采用默认值即可。如果选择"高级配置"单选按钮,用户需指定许多参数,不建议初学者采用这种方式。

（3）单击"下一步"按钮,DBCA 首先进行先决条件检查,如果系统满足创建数据库的条件,则在打开的窗口中显示创建数据库的概要信息,如图 1-22 所示。如果这些信息无误,单

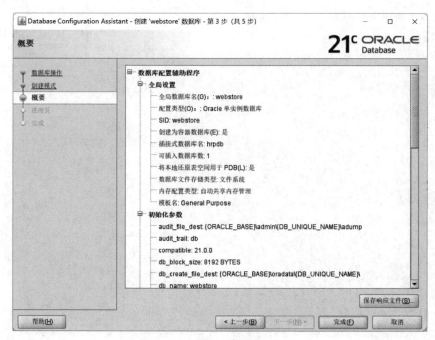

图 1-22   显示数据库概要窗口

击"完成"按钮，DBCA 开始创建数据库。

（4）当数据库成功创建后，DBCA 会提示数据库创建完毕，并显示数据库有关信息，包括全局数据库名、系统标识符和服务器参数文件名，如图 1-23 所示。

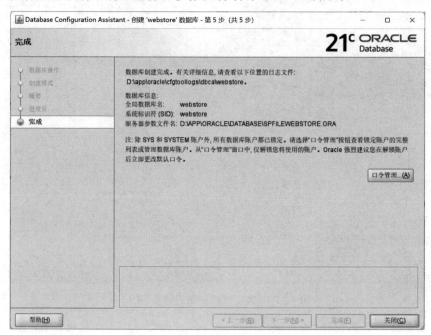

图 1-23   数据库创建完成窗口

单击"口令管理"按钮，可打开"口令管理"对话框。这里可以修改 SYS 和 SYSTEM 账户的密码，可以解锁需要使用的账户。最后，单击"关闭"按钮结束数据库的创建。

（5）删除 WEBSTORE 数据库。重新启动 DBCA，在起始页面中选择"删除数据库"，显示如图 1-24 所示页面，选中 WEBSTORE 数据库，输入 SYS 用户的密码。

图 1-24　选择删除的数据库

在下面的页面中将显示被删除数据库概要信息，最后，单击"关闭"按钮。

本章小结

本章讨论了以下主要内容：
- Oracle 21c 数据库软件的安装，服务器的启动和关闭以及 Oracle 数据库的卸载。
- 使用 SQL Plus 工具连接数据库，编辑 SQL 语句，保存、检索和运行脚本文件，格式化列。
- 使用 SQL Developer 工具连接数据库和管理数据库对象。
- 使用 Database Express 进行状态和性能监视。
- 使用 DBCA 创建、修改和删除数据库。

习题与实践

一、填空题

1. 关系数据库使用_____存储应用数据。
2. 本章中 EMPLOYEES 表的 DEPARTMENT_ID 列称为该表的_____。

3. 本章所安装的 Oracle 软件的基目录是_____，数据库主目录是_____，系统标识符(SID)是_____。

4. 创建一个 Oracle 数据库后，默认的两个用户是_____和_____。

5. 在命令提示符窗口中启动 SQL Plus，只显示 SQL>而不连接数据库的命令是_____。

6. 企业管理器 Database Express 的默认 URL 是_____。

7. 在 SQL Plus 中要执行一个 SQL 脚本文件 webstore.sql，使用的命令是_____。

8. 在 SQL Plus 的 SQL>提示符下采用操作系统验证的方式以 SYS 身份连接到启动数据库的命令是_____。

9. 在 SQL Plus 中要对 EMPLOYEE_NAME 列的输出格式化，要求最大显示宽度为 20 个字符，应该使用的命令是_____。

二、选择题

1. OFA(Optimal Flexible Architecture)描述的是(　　)。
   A. 一种目录结构　　　　　　　　　　B. 分布式数据库系统
   C. 多层处理结构　　　　　　　　　　D. 云计算体系结构

2. 不能在数据库创建之后改变的实例参数是(　　)。
   A. 所有实例参数都能在数据库创建后改变
   B. 如果实例处于 MOUNT 模式下时创建数据库，所有实例参数就能在数据库创建后改变
   C. CONTROL_FILES
   D. DB_BLOCK_SIZE

3. 以下可以将 SQL 语句的运行结果保存到文件中的命令是(　　)。
   A. SAVE file_name　　　　　　　　　B. SPOOL file_name
   C. GET file_name　　　　　　　　　　D. START file_name

4. (　　)服务监听并接收来自远程客户端应用程序的连接请求。这里 *SID* 是实例名。
   A. OracleOraDB21Home1TNSListener　　B. OracleService*SID*
   C. OracleJobScheduler*SID*　　　　　　D. OracleVssWriter*SID*

5. 使用下面命令连接数据库，出现 ORA-12560 错误，产生该错误的原因是下面(　　)服务没有启动。这里 *SID* 是实例名。

```
SQL> connect system/oracle123;
ORA-12560:TNS:协议适配器错误
```

   A. OracleOraDB21Home1TNSListener　　B. OracleService*SID*
   C. OracleJobScheduler*SID*　　　　　　D. OracleVssWriter*SID*

6. 在 SQL Plus 中执行命令 SAVE webstore.sql APPEND，执行结果表示(　　)。
   A. 如果 webstore.sql 文件不存在，则发生错误
   B. 如果 webstore.sql 文件存在，则发生错误
   C. 将缓冲区的内容追加到 webstore.sql 文件中，如果文件不存在，则创建该文件

D. 将缓冲区的内容替换 webstore. sql 文件,如果文件不存在,则创建该文件

7. 在 SQL Plus 中,使用下面( )命令可以将指定文件中的内容检索到缓冲区,但不执行。

  A. SAVE   B. SPOOL   C. GET   D. START

8. 在 SQL Plus 中,如果希望控制列的显示格式,可以使用下面的( )命令。

  A. SHOW   B. DEFINE   C. SPOOL   D. COLUMN

9. 使用 DBCA 不能完成的操作是( )。

  A. 创建数据库   B. 删除数据库

  C. 升级数据库   D. 管理可插入数据库

三、简答题

1. 从命令行提示符如何启动 SQL Plus?

2. 简述使用 SQL Developer 可以管理哪些模式对象?

3. 使用 DBCA 能够完成哪些操作?

四、综合操作题

1. 到 Oracle 官方网站下载最新版本的 Oracle 数据库软件,在你的计算机上安装 Oracle 软件,同时创建一个名为 ORCL 的数据库。熟悉 Oracle 服务器的启动和停止方法。

2. 以 SYS 身份启动 SQL Plus 连接到默认数据库,使用命令创建一个名为 C # # ESHOP 的用户账户,给他授予必要的权限。以 C # # ESHOP 身份连接到数据库,创建 CUSTOMERS 表并插入几条数据。

3. 连接到 C # # ESHOP 账户,对该账户的 CUSTOMERS 表输出格式进行设置。其中,customer_id 列设置标题为"客户号",NUMBER 格式为 99,customer_name 列设置标题为"客户名",标题居中显示,宽度设置为 10 个字符;balance 列设置为带 2 位小数,以 $ 开头且整数部分为 6 位的形式显示。最后查询输出 CUSTOMERS 表的所有信息。

4. 下载并安装 SQL Developer。启动 SQL Developer,以 SYSTEM 账户身份建立一个连接,连接到第 1 题所创建的数据库。通过该连接创建一个名为 C # # SCOTT 的用户,口令为 tiger,默认表空间指定为 USERS,临时表空间指定为 TEMP,为其授予 CONNECT、DBA 和 RESOURCE 角色,授予 CREATE SESSION 系统权限,在 USERS 表空间上使用限额指定为"无限制"。查看生成的 SQL 语句。

第2章

表及其管理

CHAPTER 2

Oracle 数据库是关系型数据库,表是数据库中最重要的对象,它用来存储应用程序数据。表是由行和列组成的,也是重要的模式对象。

本章首先介绍模式和用户的概念,然后介绍表列的常用数据类型,接下来重点介绍表的有关操作,包括创建、修改和删除表,约束管理以及表的更新操作。

2.1　用户与模式

　　要访问 Oracle 数据库,必须在数据库中有一个合法的用户或账户,**用户**(user)是能够登录并访问数据库的人。用户包含用户名、密码、权限等属性。**模式**(schema)是数据库中一个用户拥有的全部对象,可以是数据库对象(如表)或者是程序化对象(如 PL/SQL 存储过程)。用户和模式之间是一对一的关系。当数据库管理员创建一个用户,也就创建了一个模式,并且模式名与用户名完全相同。用户与模式之间的关系如图 2-1 所示。模式由用户拥有的对象组成。模式是表、视图、代码和其他数据库对象的容器。术语"用户""账户""模式"通常可以互换使用。

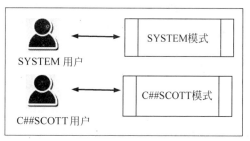

图 2-1　用户与模式的关系

　　在创建数据库时,自动创建很多账户及其相关联的模式,其中最重要的两个账户是 SYSTEM 和 SYS。SYSTEM 是数据库管理员,它具有 DBA 角色。SYS 是数据字典的拥有者,它具有 SYSDBA 角色。SYS 还拥有数百个 PL/SQL 包,它们是为数据库管理员和开发人员提供的代码。管理员还可在数据库中创建其他用户账户。

　　数据对象不能独立于模式存在,它们都必须有所有者,所有者就是用户,比如,表驻留在用户的模式中。表(或者其他模式对象)的唯一标识符是用户名加对象名称。在一个模式中不允许有相同名称的表,但在不同模式中可以有相同名称的表。用户如果要访问不属于自己模式中的表,该用户须具有一定的权限,然后通过模式名称限定对象名称。例如,要访问 C## SCOTT 模式中的 EMP 表,应该使用 C## SCOTT. EMP 限定,如果没有 C## SCOTT 限定只是访问用户本身模式中的 EMP 表。

2.1.1　创建 C## WEBSTORE 模式

　　数据库在模式中组织相关的对象。例如最常用的是在一个模式中组织支持一个应用程序所必需的所有表和其他数据库对象。

　　假设开发一个在线购物应用,数据库设计人员在概念设计阶段首先需要分析实体以及实体之间的联系,构建实体-联系模型,然后将其转换成关系模型。之后使用 SQL 的数据定义语言创建有关对象。这里假设经过分析,得到系统的模式图如图 2-2 所示。

　　根据模式图需要设计 6 个数据表,它们是 DEPARTMENTS(部门表)、EMPLOYEES(员工表)、CUSTOMERS(客户表)、PRODUCTS(产品表)、ORDERS(订单表)和 ORDERITEMS(订单细节表)。这些表应该保存在一个模式中。首先我们创建一个 C## WEBSTORE 用户,给用户授予一定权限,然后使用该账户创建这些表。

实践练习 2-1　创建 C## WEBSTORE 模式

　　本练习以数据库管理员 SYS 的身份连接到数据库,在当前的数据库中创建用户 C##

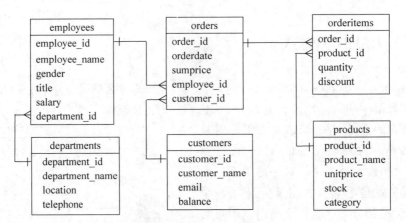

图 2-2　在线购物应用模式图

WEBSTORE(模式)，并给用户授予必要的权限。再使用该用户连接到 C## WEBSTORE 模式并通过执行脚本在模式中创建表。

(1) 使用 SQL Plus，以 SYSDBA 身份连接到数据库。

```
C:\Users\lenovo> sqlplus / as sysdba
```

(2) 假设已完成实践练习 1-5 使用 CREATE USER 命令创建一个公共用户 C## WEBSTORE，并为该用户授予相应的权限。在 Oracle 中创建一个用户实际上就是创建了一个模式，就可以使用账户名连接到数据库。下面代码以 C## WEBSTORE 身份连接到数据库。

```
SQL> connect c##webstore/webstore;
```

(3) 使用下面命令执行 webstore.sql 脚本文件，在 C## WEBSTORE 模式中创建表和插入数据。

```
SQL>@d:\webstore.sql;
```

(4) 执行下面命令查看在模式中创建的表。

```
SQL> select table_name from user_tables;
TABLE_NAME
----------------------
DEPARTMENTS
EMPLOYEES
CUSTOMERS
PRODUCTS
ORDERS
ORDERDETAILS
```

已选择 6 行。

2.1.2　模式对象

在 Oracle 数据库中管理着几十种对象，其中有些对象(如表和视图等)属于数据库用户，称为**模式对象**。SQL 编程人员应该熟悉这些模式对象，其中最常用的模式对象包括：

- **表**(Table)。以行和列的形式存储数据。

- **视图**(View)。是基于表和其他视图创建的对象,它仅仅是一个命名的查询。视图创建后可以像表一样执行查询和更新,视图可以简化用户操作和保证安全性。
- **索引**(Index)。索引是一种存储结构,通过它可以加快对表的查询速度,提高查询效率。
- **同义词**(Synonym)。是表、视图、索引等模式对象的别名,用户可以对同义词执行 SQL 语句。
- **序列**(Sequence)。是一种生成唯一数字的结构。序列按要求有序地发出数字。
- **函数**(Function)。函数是用 PL/SQL 编写的命名程序块,存储在数据库中,它们又被称作**存储函数**。
- **过程**(Procedure)。过程也是用 PL/SQL 编写的命名程序块,经编译后作为模式对象存储在数据库中,因此也称为**存储过程**。
- **触发器**(Trigger)。触发器是一种特殊的存储过程,是与表、视图或数据库事件相关的代码块,在某事件发生时自动执行。触发器通常用于增强数据的完整性约束和业务规则等。

本书后面章节将详细讨论这些模式对象。视图、索引、序列、同义词将在第 5 章讨论,函数、过程、程序包和触发器将在第 7 章讨论。

2.2 数据类型

表由行(记录)和列(字段)组成。字段的数量和顺序是固定的,每个字段有一个名字。记录的数量是不断变化的,它反映在给定时刻表中存储的数据量。

创建表时需要为表的每个字段指定一个名称,同时还必须为表的每个字段指定一个数据类型。下面看一下 2.1.1 创建的 DEPARTMENTS 表的语句。

```
create table departments(
    department_id integer constraint dept_pk primary key,
    department_name varchar2(20) not null,
    location varchar2(20),
    telephone varchar2(14)
);
```

这里为表的每列指定列名外,还为每列指定一种数据类型,比如,department_id 列的数据类型为 integer(整型),location 列的数据类型为 varchar2(20)(可变长度字符类型)。

Oracle 常用的数据类型可分为下列四类:

- 字符型数据类型。
- 数值型数据类型。
- 日期和时间(日期时间)数据类型。
- 大对象(LOB)数据类型。

为某列指定了数据类型后,就限定了该列的取值范围。例如,定义为 DATE 类型的列就不能接受 2 或"HELLO"这样的值。指定一个数据类型后,还可以指定最大值。大多数情况下,定义表时最常使用的类型有 NUMBER、VARCHAR2、DATE 等。

2.2.1 字符类型

字符类型用来存放定长或变长字符串，常用的字符数据类型如表 2-1 所示。

表 2-1 常用的字符数据类型

数据类型名	说　　明
CHAR(n)	存储定长字符串。参数 n 指定字符串的长度，最大值 2000 字节。如果表中列的数据没有达到指定的宽度，以空格补全
VARCHAR2(n)	存储变长字符串。参数 n 指定字符串的最大长度，最大值 4000 字节。如果表中列的数据没有达到指定的宽度，以实际长度存储
NCHAR	只存储定长的 Unicode 字符串
NVARCHAR2	只存储变长的 Unicode 字符串

【提示】　为了与 ISO/ANSI 兼容，创建表时可以使用 VARCHAR 类型，但 Oracle 最终将所有这种类型的列都转换成 VARCHAR2 类型。

字符类型字段用来存储字符串。如姓名、地址、产品说明等需要使用字符类型存储。有些数据看似数字，实际并不用于数学计算，这些数据也应使用字符类型存储，比如电话号码、学号等。

【注意】　如果表的字段需要存储中文，每个汉字占 3 个字符的位置。例如，如果字段最多需要存储 5 个汉字，则字符类型的长度应该设置为 15。

2.2.2 数值类型

数值类型用来存放整数或实数，常用的数值数据类型如表 2-2 所示。

表 2-2 常用的数值数据类型

数据类型名	说　　明
NUMBER NUMBER(n) NUMBER(p,q)	NUMBER 型数据可以存放整数和实数（包括定点数和浮点数）。NUMBER 型数据的定义有左列所示的三种形式
INTEGER	存储整数，相当于 NUMBER 型数据
BINARY_FLOAT	以 IEEE-754 的格式存放 32 位的单精度浮点数。最大值为 3.402 82E+38F，最小值为 1.175 49E−38F
BINARY_DOUBLE	以 IEEE-754 的格式存放 64 位的双精度浮点数。最大值为 1.797 693 134 862 31E+308，最小值为 2.225 074 858 507 20E−308

NUMBER 数据类型可以存储正数、负数和 0，它的绝对值从 1.0×10^{-130}（不包含）～ 1.0×10^{126}。如果指定的表达式的绝对值大于或等于 1.0×10^{126}，Oracle 将返回错误。使用这种数据类型可以保证在不同的 Oracle 数据库平台之间的可移植性。如果存储数值，大多数情况下都可使用 NUMBER 类型。定义数值数据时，还可以指定最大的位数（precision）和小数位数（scale）。如员工表的工资（SALARY）字段就可以定义为 NUMBER(8,2)，表示整数部分最多有 6 位，可带 2 位小数部分。

2.2.3 日期和时间类型

常用的日期和时间数据类型如表 2-3 所示。

表 2-3 常用的日期和时间数据类型

数据类型名	说 明
DATE	用来存储日期时间数据
TIMESTAMP	用来存储时间戳数据
TIMESTAMP WITH TIME ZONE	用来存储带时区的时间戳数据
TIMESTAMP WITH LOCAL TIME ZONE	用来存储带本地时区的时间戳数据
INTERVAL YEAR TO MONTH	时间间隔,单位为年和月
INTERVAL DAY TO SECOND	时间间隔,单位为天和秒

表 2-3 中 DATE 类型的数据是较常用的。例如,在 ORDERS 表中存放订单日期的列就应该使用这种类型。DATE 类型的数据由 Oracle 自动格式化为包含日期和时间两部分。它能够存储世纪、年、月、日、时、分、秒数据。其合法的日期范围是公元前 4712 年 1 月 1 日到公元 9999 年 12 月 31 日。尽管默认情况下,日期和时间信息都存在 DATE 列中,但当检索日期数据时只有日期部分显示。如果要同时显示日期和时间可以通过日期函数实现。

2.2.4 LOB 数据类型

LOB(large objects)数据类型用于存储大型的、非结构化的数据,例如二进制文件、图片文件和其他类型的外部文件。LOB 类型的数据可以直接存储在数据库内部,也可以将数据存储在外部文件中,而将指向文件的指针存储在数据库中。LOB 数据类型如表 2-4 所示。

表 2-4 LOB 数据类型

数据类型名	说 明
BLOB	二进制大对象。用来存储二进制对象,包括图像、音频文件、视频文件。该二进制大对象存储于数据库中
CLOB	字符型大对象(单字节字符数据)。用来存储字符格式的大型对象。该字符型大对象存储于数据库中
BFILE	用来存储二进制格式的文件。BFILE 类型的字段中仅保存二进制文件的指针,它指向操作系统的一个文件

实践练习 2-2 研究 C#WEBSTORE 模式中表所使用的数据类型

在本练习中,使用 SQL Plus 和 SQL Developer 两种方式找出在 WEBSTORE 模式中表使用的数据类型。

(1) 使用 SQL Developer,以用户 C#WEBSTORE 身份连接到数据库。

(2) 使用 DESCRIBE 命令显示某些表所使用的数据类型。

```
describe employees;
describe departments;
```

（3）查询数据字典视图，显示组成 EMPLOYEES 表的列。

```
select column_name, data_type,nullable,data_length,data_precision,data_scale
from user_tab_columns where table_name = 'EMPLOYEES';
```

查询视图 USER_TAB_COLUMNS 将显示当前用户模式中每个表的每一列的详细信息。

（4）使用 SQL Plus 以 C##WEBSTORE 身份连接到数据库，重新完成上述操作步骤。

🔑 2.3 约束条件

约束（constraint）是对插入到表中数据实施的业务规则，它保证表中数据的完整性和正确性。业务规则是指值为 TRUE 或 FALSE 的条件或关系。例如，客户表（CUSTOMERS）中的电子邮件（EMAIL）列的值必须唯一就是一个业务规则。这种业务规则可以在创建表时通过约束来指定。Oracle 支持下面 5 种约束类型。

- NOT NULL，非空约束。
- PRIMARY KEY，主键约束。
- CHECK，检查约束。
- UNIQUE，唯一约束。
- FOREIGN KEY，外键约束。

当在表上定义了约束规则后，表中的所有数据都必须遵循这些规则。使用 SQL 语句插入数据或修改数据时，Oracle 将保证新数据满足约束，而不需要程序做任何检查。如果操作破坏了某个约束将导致错误的发生。

约束规则可以定义在列级，也可以定义在表级：

- 列级约束在语法上是定义在它所约束的列上。
- 表级约束是在表定义的末尾定义的约束，它应用到整个表。

表的约束信息存储在 USER_CONSTRAINTS 数据字典中，可以使用下列语句查询表的约束信息。

```
SELECT table_name,constraint_name,constraint_type
FROM user_constraints WHERE table_name = '大写的表名';
```

2.3.1 非空约束

非空（NOT NULL）约束是列级约束，它要求表中的每行在该列上必须包含一个值。使用 NOT NULL 约束可以实现数据库完整性。例如，如果要求所有的员工必须属于某个部门，则员工表中的部门列应该定义为非空（NOT NULL）。反之，如果一列的值可能不知道或不存在则不能定义为非空。

如果为表的某列定义了非空（NOT NULL）约束，则在向表中添加数据或修改表数据时，该列不能为空，否则系统拒绝插入和修改数据。

【提示】 对主键约束，Oracle 自动为表添加一个非空约束并创建一个唯一索引。

2.3.2 主键约束

主键（primary key）约束用来实施实体完整性规则。主键是指一列或列的组合，其值能唯一标识表中的一行,它保证表中不会出现重复行。主键列上不能出现 NULL 值。每个表只能有一个主键。

为表定义了主键后,当向表中插入数据或修改主键值时,系统都要进行检查,如果数据违反主键约束(唯一、非空),系统拒绝插入或修改。

选择表的主键可以参照下面的原则:

- 选择列值唯一的列作为主键,因为主键用来唯一标识表中的每一行。
- 选择列值从不改变的列作为主键,因为其数据不作为其他用途,如学生的学号。
- 作为主键的列不能包含空值。
- 有时可以人为定义一列作为主键,如 CUSTOMERS 表的 CUSTOMER_ID 列。
- 主键有时由多列组成,如订单明细表(ORDERITEMS)的主键为 ORDER_ID 和 PRODUCT_ID 的组合。
- 在实际应用中,可以使用一个序列对象作为主键。

2.3.3　检查约束

检查(check)**约束**要求表中一列(或列的组合)满足某个条件,它必须是一个布尔表达式。对表中的每行,该表达式的值都必须为真。

当需要通过逻辑表达式实施完整性规则时可以使用检查约束,下面是一些检查约束的例子:

- 在员工表的工资列上实施检查约束,保证工资大于 2000。
- 在学生表的性别列上实施检查约束,保证性别值只能是"男"或"女"。
- 在员工表的工资和奖金列上实施检查约束,保证奖金数不能超过工资数。

2.3.4　唯一约束

唯一(unique)**约束**要求每行的列值必须唯一。该约束与主键约束不同,唯一约束适合于要求列值唯一的情况,如客户表的 EMAIL 列要求必须唯一,但该列一般不作为主键使用。下面是一些唯一约束的例子:

- 员工表的身份证号可以是唯一约束,而主键应该是员工号。
- 汽车牌照号可以是唯一约束,而主键应该是车的编号。
- 客户的电话号码可以作为唯一约束,而主键应该是客户编号。
- 部门名或部门地址可以是唯一约束,而主键应该是部门编号。

2.3.5　外键约束

外键(foreign key)**约束**用来实施参照完整性规则,它用来建立不同表之间的联系。外键约束要求子表中的列值必须在父表中存在。包含外键的表称为子表,被引用的表称为父表。

例如,下面是部门表 DEPARTMENTS 和员工表 EMPLOYEES 的结构:

```
departments(department_id,department_name,location,telephone)
employees(employee_id,employee_name,gender,salary,department_id)
```

DEPARTMENTS 表为父表,EMPLOYEES 表为子表。EMPLOYEES 表的 DEPARTMENT_ID 列即为该表的外键,在该列上取值必须为 DEPARTMENTS 表的 DEPARTMENT_ID 列的某个值。

在 CREATE TABLE 语句中用 FOREIGN KEY 定义外键。

```
FOREIGN KEY (column[, column]...)
REFERENCES [schema.]table [(column[, column]...)]
[ON DELETE {CASCADE|SET NULL}]
```

外键列的类型必须与它所引用的主键的类型相同,列名可以不同。外键列和它所引用的主键列还可以在同一个表中,这被称为自引用完整性。

在为一个表定义外键时,可以指定当删除父表中一行时对外键所在表采取的动作,有下面三种选择:

- 禁止删除(默认值)。当子表中有依赖于父表中的行时禁止删除父表中的相关行。
- 级联删除(ON DELETE CASCADE)。删除父表中的行时同时删除子表中相关的行。
- 删除时设置为空(ON DELETE SET NULL)。删除父表中的行时将子表中相关的行的外键列值设置为 NULL 值。

除上述约束外,在定义外键的表(子表)上进行插入(INSERT)和更新(UPDATE)操作也有一定限制。

- 插入受限。在子表中插入行的外键值必须是父表中的某个主键值或 NULL 值,否则拒绝插入。错误信息为"ORA-02291:违反完整约束条件-未找到父项关键字"。
- 更新受限。更新子表的外键值必须是父表中某个主键值或 NULL 值,否则更新被拒绝。返回的错误信息同上。

🔑 2.4　创建、修改和删除表

创建表使用 CREATE TABLE 命令完成,也可使用 SQL Developer 完成。如果在自己的模式中创建表,要求用户具有 CREATE TABLE 系统权限,如果在其他模式中创建表,则要求用户具有 CREATE ANY TABLE 系统权限。

2.4.1　创建简单的表

创建表时,Oracle 会为该表分配相应的表段。表段的名称与表名完全相同,并且所有数据都会被存放到该表段中。所以要求表的创建者必须在指定的表空间上具有空间配额或具有 UNLIMITED TABLESPACE 系统权限。

创建表的 CREATE TABLE 语句语法如下:

```
CREATE TABLE [schema.]table_name(
    column_name datatype [DEFAULT expression]
    |[CONSTRAINT constraint_name] {UNIQUE|PRIMARY KEY(column [, column]...)}
    |FOREIGN KEY (column[, column]...)
    REFERENCES [schema.]table [(column[, column]...)]
    [ON DELETE {CASCADE|SET NULL}]
```

```
       |CHECK(condition)}
      [,...其他列和约束定义]
);
```

语法说明如下:

- table_ name,创建的表名称,可以通过 schema 指定表所属的模式,如 C＃＃ WEBSTORE. BOOKS 表示在 C＃＃ WEBSTORE 模式中创建 BOOKS 表。
- column_name,表的列名,datatype 指定每个列的数据类型。一个表通常定义多个列,多个列之间用逗号分隔。在定义表时可以指定列的默认值。默认值是在向表中插入一行数据时如果没有为列指定值,系统自动为该列填充一个默认值。
- CONSTRAINT constraint_name,为列定义约束,constraint 为约束名。可以定义非空(NOT NULL)约束、唯一约束(UNIQUE)、主键约束(PRIMARY KEY)、外键(FOREIGN KEY)约束、检查约束(CHECK)等。

创建表时必须考虑以下两方面的内容:

- 表的列,包括列的名称和列的数据类型,它描述了表的结构。
- 表的完整性约束,它描述了表中可接收的数据。

下面假设在 C＃＃ WEBSTORE 模式中创建一个 BOOKS 表,它的结构如表 2-5 所示。

表 2-5　BOOKS 表结构

列序号	字段名	类型	长度	是否 NULL	说明
1	isbn	CHAR	13	主键	书号
2	bookname	VARCHAR2	50	NOT NULL	书名
3	publisher	VARCHAR2	30		出版社
4	price	NUMBER	7,2		价格
5	publish_date	DATE			出版日期

【例 2.1】　设当前用户模式为 C＃＃ WEBSTORE,使用 SQL 语句创建 BOOKS 表。

```
create table books(
    isbn CHAR(13) constraint book_pk PRIMARY KEY,    ◀────┤ PRIMARY KEY指定主键
    bookname   VARCHAR2(50) NOT NULL,    ◀────┤ NOT NULL指定非空
    publisher VARCHAR2(30),
    price NUMBER(7,2) DEFAULT 0.0,    ◀────┤ DEFAULT指定默认值0.0
    publish_date DATE DEFAULT trunc(sysdate)    ◀────┤ 指定默认值是当前日期
);
```

该语句在 C＃＃ WEBSTORE 模式中创建 BOOKS 表。如果是其他用户发出该命令,需要指定 C＃＃ WEBSTORE 模式名。下面解释每一列的含义。

- isbn 表示书号,它由 13 位的数字组成,但应该将它定义为定长字符串类型,PRIMARY KEY 表示该列是主键。
- bookname 表示书名,最多可存储 50 个字符。
- publisher 表示出版社名,最多可存储 30 个字符。
- price 表示书的价格,可以接收数值,最多可达 7 位,小数点左边最多可以有 5 位数字。小数位超过 2 位,将被舍入。
- publish_date 表示书的出版日期,可以接收任何日期,可能包含时间。如果没有提供

值，将当天日期作为默认值。

创建表之后，用下面的语句插入一行并查询结果。

```
SQL> insert into books values ('9787040396638','高等数学(第 7 版)','高等教育出版社',94.60,'1-7
月-14');                                            ─┐  字符串用单引号定界
SQL> select bookname,publisher from books;
```

注意，INSERT 语句中没有指定的列值由 DEFAULT 子句生成。如果表定义中没有定义这些子句，列值为 NULL。还要注意插入 DATE 型数据的格式，它可以用字符串，但格式必须与当前会话的日期格式相同。

2.4.2　使用子查询创建表

除了上述 CREATE TABLE 语句外，Oracle 还支持从子查询创建表，这种方法不但可创建表的定义，还可以将子查询的结果直接插入表中。语法格式如下：

```
CREATE TABLE [schema.]table_name AS <子查询>;
```

【例 2.2】　创建一个与 BOOKS 表结构相同的表 BOOKS_COPY，并且新表中包含原来表中的所有数据。

```
SQL> create table books_copy as select * from books;
```

新表的结构与原来表完全相同，所有非空值和列的检查约束也适用于新表，但主键约束、唯一值约束和外键约束不适用。

子查询可以包含 WHERE 子句限制插入新表的行。要创建一个没有行的表，可以使用 WHERE 子句排除所有行：

```
create table books_copy as select * from books where 1 = 2;
```

WHERE 子句的"1＝2"结果为 FALSE，因此新表中不包含任何行。

子查询的 SELECT 语句可以是任何复杂的查询语句，可以是连接查询的结果，也可以是带子查询的查询。

【例 2.3】　使用连接子查询创建 EMP_DEPT 表，该表包含 EMPLOYEES 表的 EMPLOYEE_ID 和 EMPLOYEE_NAME 字段以及 DEPARTMENTS 表的 DEPARTMENT_NAME 字段。

```
SQL> create table emp_dept as select employee_id, employee_name,
 2   department_name   from employees
 3   inner join departments using(department_id);
```

实践练习 2-3　创建 DEPARTMENTS 表和 EMPLOYEES 表

本练习使用 CREATE TABLE 命令创建 DEPARTMENTS 和 EMPLOYEES 两个表，并为有关的列定义约束。本练习使用 SQL Plus 在 C＃＃ WEBSTORE 模式中创建表。

（1）使用 SQL Plus 以用户 C＃＃ WEBSTORE 的身份连接到数据库。

（2）使用下面语句创建 DEPARTMENTS 表。

```
create table departments(
  department_id integer constraint dept_pk primary key,
```

```
    department_name varchar2(20) not null,
    location varchar2(20),
    telephone varchar2(14)
);
```

（3）使用下面语句创建 EMPLOYEES 表。

```
create table employees(
    employee_id integer constraint emp_pk primary key,
    employee_name varchar2(10) not null,
    gender char(2) check(gender in ('男','女')),
    birthdate date constraint valid_date
            check (birthdate < to_date('2019/01/01', 'YYYY/MM/DD')),
    salary number(8,2) constraint low_salary check (salary > 2000),
    department_id integer constraint emp_fk references departments(department_id)
    on delete set null
);
```

上面代码中指定了 EMPLOYEE_ID 列为主键。为 GENDER 列定义了检查约束，限制输入数据只能是"男"或"女"。BIRTHDATE 列的约束保证出生日期在 2019 年之前。SALARY 列的约束定义了最低工资。最后将 DEPARTMENT_ID 列定义为外键，删除规则是当将该员工所在部门删除时，外键值设置为 NULL。

（4）使用下面代码查询 EMPLOYEES 表的约束信息。

```
select table_name,constraint_name,constraint_type
from user_constraints where table_name = 'EMPLOYEES';
```

2.4.3 修改表的定义

在创建表后，还可以根据需要修改表的定义。使用 ALTER TABLE 语句可以添加或删除列的定义、修改列的数据类型和列名、添加或删除约束等。该语句基本格式如下：

```
ALTER TABLE [schema. ]table_name
[ADD column datatype [DEFAULT expression]]
[MODIFY column [datatype] [DEFAULT expression]]
[RENAME COLUMN old_column TO new_column]
[DROP COLUMN column]
[ADD [DROP] [CONSTRAINT constraint]
    { {UNIQUE|PRIMARY KEY(column [, column]...)
    | FOREIGN KEY (column[, column]...)
    REFERENCES [schema. ]table [(column[, column]...)]
    [ON DELETE {CASCADE|SET NULL}]
| CHECK(condition)}]
[RENAME TO new_table]
```

语法说明如下：
- ADD column datatype，为表添加一个新列。
- MODIFY column datatype，修改表一列的数据类型。
- RENAME COLUMN old_column TO new_column，修改表的列名。
- DROP COLUMN column，删除表中一列。
- ADD CONSTRAINT constraint，为表添加新的约束条件。

- DROP CONSTRAINT constraint，删除表的约束条件。
- RENAME TO new_table，将表改为新的名称。

【提示】 要修改表名称，还可以直接使用 RENAME old_name TO new_name 语句。

为了说明修改表语句的使用，下面创建一个图书作者表 book_author，语句如下：

```
create table book_author(
    author_id char(6) ,
    name varchar2(30) not null,
    email varchar2(50)
);
```

1. 添加列

可以使用 ALTER TABLE 语句的 ADD 子句向表添加新列。

【例 2.4】 向 book_author 表添加一个新列表示作者的电话号码 telephone，语句如下：

```
alter table book_author add telephone number;
```

2. 修改列的数据类型

可以使用 ALTER TABLE 语句的 MODIFY 子句修改列的数据类型。

【例 2.5】 修改 book_author 表的 telephone 的类型，将其从 NUMBER 修改为 VARCHAR2 (13)，语句如下：

```
alter table book_author   modify telephone varchar2(14);
```

注意，要更改列的数据类型，要求修改的列值必须为空，否则产生错误。这是为了避免在更改列的数据类型时导致数据丢失。一般来说，是在该列还没有输入数据时可以更改数据类型，有数据就不允许修改了。

3. 添加主键

在定义 book_author 表时，我们没有为它定义主键。可以使用 ALTER TABLE 语句的 ADD CONSTRAINT 子句为表添加一个主键。

【例 2.6】 为 BOOK_AUTHOR 表添加主键，主键列为 AUTHOR_ID。

```
alter table book_author
add constraint pk_author_id primary key(author_id);
```

这里的 ADD CONSTRAINT 子句表示添加一个约束，PRIMARY KEY 表示主键约束。使用该子句还可以添加其他约束。

4. 添加外键

外键用于建立表与表之间的联系，并实施参照完整性约束规则。比如 books 表和 book_author 就具有引用关系，每本书都应该有一名作者。为了实施这种约束，需要在 books 表中定义一个外键，它引用 book_author 表的记录。

【例 2.7】 使用 ALTER TABLE 语句的 ADD CONSTRAINT 子句为表添加一个外键。首先为 books 表添加一列 author_id，注意它的类型应该与 book_author 表的 author_id

的类型相同,语句如下:

```
alter table books   add author_id char(6);
```

使用下面语句为 books 表添加外键约束:

```
alter table books add constraint fk_author_id
foreign key(author_id) references book_author(author_id);
```

FOREIGN 短语指定外键的列,REFERECES 短语指定外键引用哪个表的哪个列。

5. 修改列名

可以使用 ALTER TABLE 语句的 RENAME COLUMN 短语修改列名。

【例 2.8】　将 book_author 表的 telephone 列名修改为 smartphone,语句如下:

```
alter table book_author
rename column telephone to smartphone;
```

6. 删除列

可以使用 ALTER TABLE 语句的 DROP COLUMN 短语删除列。

【例 2.9】　将 book_author 表的 email 列删除,语句如下:

```
alter table book_author drop column email;
```

该语句也可以写成如下形式:

```
alter table book_author drop (email);
```

如果要删除的列上定义了约束,可以指定 CASCADE CONSTRAINTS 选项,这意味着将删除列和其上的任何约束。

7. 修改表名

可以使用 ALTER TABLE 语句的 RENAME TO 短语修改表名。

【例 2.10】　将 BOOK_AUTHOR 表名修改为 AUTHORS,语句如下:

```
alter table book_author   rename to authors;
```

2.4.4　删除表

删除表使用 DROP TABLE 命令,语法非常简单:

```
DROP TABLE [schema.]table_name [CASCADE CONSTRAINTS];
```

在删除表时,也将删除所有相关联的索引和触发器,约束也将删除。如果删除的表是外键约束的父表,需要指定 CASCADE CONSTRAINTS 选项,否则删除操作将失败。

```
SQL > drop table authors;
drop table authors;
        *
第 1 行出现错误:
ORA - 02449:表中的唯一/主键被外键引用
```

AUTHORS 表的主键 AUTHOR_ID 被 BOOKS 表的外键 AUTHOR_ID 引用,因此

删除失败。

可以先删除 BOOKS 表的所有记录，然后再删除 AUTHORS 表。或者在删除 AUTHORS 表时指定 CASCADE CONSTRAINTS 选项。

```
SQL > drop table authors cascade constraints;
```

实践练习 2-4　使用 ALTER TABLE 修改 EMPLOYEES 表

本练习使用 ALTER TABLE 命令修改 EMPLOYEES 表，为该表添加列、修改列、删除列、修改列名，最后删除该表。假设已经完成实践练习 2-3 创建了 DEPARTMENTS 表和 EMPLOYEES 表。

（1）使用 SQL Plus 以用户 C＃＃WEBSTORE 的身份连接到数据库。

（2）为 EMPLOYEES 表添加 EMAIL 列并指定约束。

```
SQL > alter table employees add email varchar2(30)
  2    constraint email_ck check ((instr(email,'@')> 0 and instr(email,'.')> 0));
```

约束使用 INSTR()函数限制 EMAIL 地址中需要包含@字符和点(.)字符。

（3）将 BIRTHDATE 列改名为 HIREDATE，删除为该列定义的约束 valid_date 并为其指定默认值 SYSDATE。

```
SQL > alter table employees rename column birthdate to hiredate;
SQL > alter table employees drop constraint valid_date;
SQL > alter table employees modify hiredate default sysdate;
```

（4）为 GENDER 添加非空约束，为 EMAIL 列添加唯一约束。

```
SQL > alter table employees modify gender not null;
SQL > alter table employees add constraint email_uq unique(email);
```

（5）删除 HIREDATE 列。

```
SQL > alter table employees drop column hiredate;
```

可以一次删除表中的多列。

```
SQL > alter table employees drop (hiredate, department_id);
```

（6）删除 EMPLOYEES 表上最低工资检查约束 LOW_SALARY。

```
SQL > alter table employees drop  constraint low_salary;
```

（7）删除 DEPARTMENTS 表和 EMPLOYEES 表。

```
SQL > drop table departments;
```

执行该语句会显示如下错误号和消息：

```
ORA - 02448:表中的唯一/主键被外键引用
```

这说明 DEPARTMENTS 表的主键 DEPARTMENT_ID 被 EMPLOYEES 表的外键引用，不能删除 DEPARTMENTS 表。有两种解决方法，一是先删除 EMPLOYEES 表，再删除 DEPARTMENTS 表。二是使用 CASCADE CONSTRAINTS 选项。

```
SQL > drop table departments cascade constraints;
SQL > drop table employees cascade constraints;
```

🔑 2.5　更新操作

数据更新操作有三种：向表中添加若干行数据、修改表中的数据和删除表中的若干行数据。在 SQL 中分别使用 INSERT、UPDATE 和 DELETE 语句。

2.5.1　INSERT 语句插入行

向表中插入数据可以使用 INSERT 语句。可以一次向表中插入一行数据，还可以将一个查询的结果插入表中。简单的 INSERT 语句格式如下：

```
INSERT INTO table_name[(column [,column...])] VALUES(value [,value]...);
```

【例 2.11】　使用 INSERT 语句向 EMPLOYEES 表插入一行。注意，VALUES 子句的值顺序与列表中指定的列必须对应。

```
insert into employees(employee_id,employee_name,
    gender,birthdate,salary,department_id)
    values (1001,'张明月','男','28-2 月-1980', 3500.00,2);
```

在指定列的值时要注意，字符型列的值必须使用单引号定界。日期型值要与当前会话的日期格式一致，可以查询 SYSDATE 函数确定日期格式。日期可以使用字符串表示，如 '28-2 月-1980'，也可以使用 DATE '1980-2 月-28' 的形式表示。

如果没有指定表的列名，必须为每个列提供插入数据，并且数据值必须与表的列对应，数据值之间用逗号分隔。

```
insert into employees values (1002,'李清泉', '男','10-10 月-1981',8000.00,5);
```

如果表上定义了约束，使用 INSERT 语句插入数据时必须满足约束条件。例如，如果向 EMPLOYEES 表中插入一行，该行的 EMPLOYEE_ID 值已经在表中存在，或者 DEPARTMENT_ID 值不匹配 DEPARTMENTS 表中的行，插入就会失败，前者违反了主键约束，后者违反了外键约束。

使用 INSERT 命令可以一次向表中插入多行，这需要提供一个子查询实现，格式如下：

```
INSERT INTO table_name[(column [,column...])]  <子查询>;
```

注意，这里没有使用 VALUES 关键字，而是带一个子查询，将子查询结果插入表中。如果省略列名，子查询必须提供表中所有列的值。

实践练习 2-5　使用 INSERT 命令向表中插入数据

本练习使用 INSERT 命令的各种形式向表中插入数据，同时演示有关约束的限制。假设已经创建了 DEPARTMENTS 表和 EMPLOYEES 表。

（1）使用 SQL Plus 以用户 C##WEBSTORE 的身份连接到数据库。

（2）使用下面语句向 DEPARTMENTS 表中插入 3 行数据。

```
SQL> insert into departments values(1,'财务部','北京','12345678');
SQL> insert into departments(department_id,department_name,
  2 location,telephone) values(2,'人力资源部','上海','22233344');
```

```
SQL > insert into departments values(2,'销售部','北京市海淀区','88888888');
```

前两条 INSERT 语句会被正确执行,但执行第三条语句时,Oracle 会返回下列错误号和消息:

```
ORA - 00001:违反唯一约束条件(WEBSTORE.DEPT_PK)
```

DEPARTMENTS 表的主键约束可防止两行具有相同 DEPARTMENT_ID,本例中第三条语句试图插入一行已经使用的 DEPARTMENT_ID 值的行。将第三条语句的 DEPARTMENT_ID 值改为 3 即可。

（3）使用下面语句向 EMPLOYEES 表中插入数据。

```
SQL > insert into employees values (1001,'张明月','男','28 - 2 月 - 1980', 3500.00,2);
SQL > insert into employees values (1002,'李清泉', '男','10 - 10 月 - 1981',8000.00,5);
```

第一条语句可正确执行,但执行第二条语句时,Oracle 会返回下列错误号和消息:

```
ORA - 02291:违反完整约束条件(WEBSTORE.EMP_FK) - 未找到父项关键字
```

这说明在 DEPARTMENTS 表中不存在 DEPARTMENT_ID 值是 5 的行,因此违反了外键约束。

执行下面插入语句时也会出现错误:

```
SQL > insert into employees values (1003, 'Rose Mary', 'F','31 - 12 月 - 2019', 4000.00,3);
```

该语句给定的性别 GENDER 列值和出生日期 BIRTHDATE 的值都违反了约束。参见实践练习 2-3 中 EMPLOYEES 表的约束。

（4）根据 EMPLOYEES 表创建一个与其结构相同的表 EMP。

```
SQL > create table emp as select * from employees where 100 = 200;
```

该命令称为 CTAS,含义是 Create Table As Select。即根据现有的表创建一个新表,并且可以将查询结果插入到新表中,新表的结构还可以是原表结构的一部分。这里的 WHERE 条件值为假,表示不将查询语句的结果插入新表中。

（5）向 EMP 表中插入子查询结果,使 EMP 表中只包含男员工记录。

```
SQL > insert into emp select * from employees where gender = '男';
```

2.5.2   UPDATE 语句更新行

更新表中的行是指修改数据表中已有的数据。可以修改表中的一行、多行甚至所有行。每列可以单独修改而不影响其他列。修改数据使用 UPDATE 命令,基本语法如下:

```
UPDATE table_name
SET column = value [,column = value...] [WHERE condition];
```

在一个 UPDATE 语句中可以同时修改多列的值。如果指定 WHERE 条件,则只修改满足条件的记录,否则修改所有记录。在 WHERE 子句中还可以使用子查询定义要更新的行的集合。

在 SET 子句的 value 中可以使用常量值或表达式值,也可以使用子查询来提供列要设置的值。使用子查询更新的语法如下:

```
UPDATE table_name
SET column = (子查询)[,column = (子查询)...]
[WHERE column = (子查询) [AND column = 子查询...]];
```

对于 SET 子句中使用的子查询有严格的限制：子查询必须返回标量值。标量值是所需数据类型的单个值：查询必须返回一行，该行只有一列。如果查询返回多个值，UPDATE 语句将失败。

对于 WHERE 子句中的子查询，如果使用等于(＝)、大于(＞)或小于(＜)比较，子查询也必须返回标量值。如果使用 IN 谓词，那么子查询可以返回多个值。

另外，更新表中的行，新行的值必须满足表中定义的约束，如果违反约束，系统将拒绝修改。

2.5.3 DELETE 语句删除行

可以使用 DELETE 命令删除表中的数据。删除数据是以行为单位的。可以指定一个条件删除满足条件的行，也可以删除所有行。如果表定义了主码，可以通过主码指定要删除的特定行。

DELETE 命令的语法如下所示：

```
DELETE FROM table_name [WHERE condition]
```

注意，如果省略 WHERE 子句将删除表中所有行，WHERE 子句中也可以带子查询。DELETE 是 DML 语句，执行该语句后，在事务没有提交(执行 COMMIT 命令)前可以回滚。

还可以使用下面 DELETE 语句删除表中所有记录：

```
DELETE table_name
```

如果希望删除表中所有的行，可以使用 SQL 的 DDL 语句 TRUNCATE 实现，格式如下：

```
TRUNCATE [TABLE] table_name [,...][CASCADE|RESTRICT]
```

该语句的功能是清空一个(或多个)表中的记录。该命令比 DELETE 命令删除记录的速度快。要注意，该语句是 DDL 语句，删除的记录不能被回滚。

实践练习 2-6　使用 UPDATE 和 DELETE 更新和删除表中的行

本练习使用 UPDATE 命令的各种形式更新表中数据，使用 DELETE 命令删除表中的行。假设已经按实践练习 2-4 创建了 DEPARTMENTS 表和 EMPLOYEES 表。

(1) 使用 SQL Plus 以用户 C＃＃WEBSTORE 的身份连接到数据库。

(2) 将 EMPLOYEE_ID 号为 1003 的员工工资修改为 5000。

```
SQL > update employees set salary = 5000 where employee_id = 1003;
```

这里只有一行一列的值被修改。因为在 WHERE 条件中，在主键上使用等于(＝)谓词，所以它能确保最多只有一行受到影响。如果 WHERE 子句不能找到一行，那么不改变任何行。

(3) 给所有女员工工资增加 10％。

```
SQL > update employees set salary = salary * 1.1 where gender = '女';
```

该语句中可能有多行满足 WHERE 条件，因此可以更新表中多行。如果省略 WHERE 子句，更新会应用于表中所有行。

（4）将 EMPLOYEE_ID 号 1005 的员工工资修改为所有员工工资中最高的工资。

```
SQL> update employees set salary = (select max(salary) from employees)
  2   where employee_id = 1005;
```

在 SET 子句中使用子查询要保证它是标量的，即只返回一行一列值。

（5）使用 UPDATE 命令填写 ORDERS 表的 SUMPRICE 字段值。

```
SQL> update orders set sumprice = (select sum(quantity * unitprice)
  2   from orderitems natural join products where order_id = orders.order_id);
```

这里通过子查询计算每个订单的总金额。

（6）删除 EMPLOYEES 表中所有女员工。

```
SQL> delete from employees where gender = '女';
```

（7）删除客户 Smith 所签订的订单信息。

```
SQL> delete from orders where customer_id =
  2   (select customer_id from customers where customer_name = 'Smith');
```

（8）删除 PRODUCTS 表中所有行。

```
SQL> delete from products;
```

2.5.4　事务简介

事务是数据库领域中一个非常重要的概念。本节简单介绍事务的概念及事务操作的 COMMIT 和 ROLLBACK 两条语句的使用。关于事务的详细内容可参阅第 10 章。

事务（transaction）就是一组 SQL 语句，这组 SQL 语句是一个逻辑工作单元。可以认为事务就是一组不可分割的 SQL 语句。其结果应该作为整体永久性地修改数据库的内容，或者作为整体取消对数据库的修改。

例如，某公司在银行有 A、B 两个账户，现在公司想从账户 A 中取出一万元钱，存入账户 B。这就需要定义一个事务，该事务包括两个操作：第一个操作是从账户 A 中减去一万元；第二个操作是向账户 B 中加入一万元。这两个操作要么全做，要么全不做。全做或者全不做，数据库都处于一致性状态。如果只做一个操作，数据库就处于不一致状态。

1. 事务的提交和回滚

要永久地记录事务中 SQL 语句的结果，需要执行 COMMIT 语句。要撤销 SQL 语句的结果，需要执行 ROLLBACK 语句，它将所有行重新设置回开始时状态。

【例 2.12】　下面语句向 CUSTOMERS 表中插入一行记录，然后使用 COMMIT 提交事务。

```
SQL> insert into customers
  2   values (8, '刘明', 'liuming@tom.com',5000);
已创建 1 行。
SQL> commit;
提交完成
```

下面语句将 3 号客户的余额(BALANCE)修改为 500。

```
SQL> update customers set balance = 500
  2  where customer_id = 3;
已更新 1 行。
```

此时执行查询语句可以看到 3 号客户的余额(BALANCE)修改为 500。但这个修改只是在一个事务中的修改。可以执行 ROLLBACK 命令撤销这个修改,这称为事务回滚。

```
SQL> rollback;
回退已完成
```

再次查询 CUSTOMERS 表可以看到 3 号客户的余额(BALANCE)恢复为修改前的值。

2. 事务的开始与结束

事务是用来分割 SQL 的逻辑工作单元。事务既有起点,也有终点。当下列事件发生时,事务就开始了。

- 连接到数据库,并执行一条 DML 语句(INSERT、UPDATE 和 DELETE)。
- 前一个事务结束,又输入另一条 DML 语句。

当下列事件发生时,事务就结束了。

- 执行 COMMIT 或 ROLLBACK 语句。
- 执行一条 DDL 语句,例如 CREATE TABLE 语句。在这种情况下会自动执行 COMMIT 语句。
- 执行一条 DCL 语句,例如 GRANT 语句。在这种情况下,会自动执行 COMMIT 语句。注意,COMMIT 语句被自动加在 DDL 和 DCL 语句前,因此即使 DDL 和 DCL 语句没有成功,也会执行 COMMIT 语句。
- 断开与数据库的连接。如果 SQL Plus 意外终止(如计算机崩溃),就会自动执行 ROLLBACK 语句。
- 执行了一条 DML 语句,但该语句失败了。在这种情况下,会自动为这条 DML 语句执行 ROLLBACK 语句。

【提示】 显式提交或回滚事务是好的编程习惯,因此确保在每个事务后面都要执行 COMMIT 或 ROLLBACK 语句。

2.6 使用 SQL Developer 操作表

使用 SQL Developer 可以更加灵活地创建数据库对象,包括创建表和修改表等操作。

2.6.1 创建表

启动 SQL Developer,假设已经建立名为 WEBSTORE 的连接,以 C ## WEBSTORE 用户身份登录到该连接。下面以在 WEBSTORE 账户中创建 BOOK 表为例说明创建表的具体步骤。

(1) 展开 WEBSTORE 连接的对象列表,右击"表"对象,在弹出的快捷菜单中选择"新建表"命令,打开"创建 表"对话框,如图 2-3 所示。

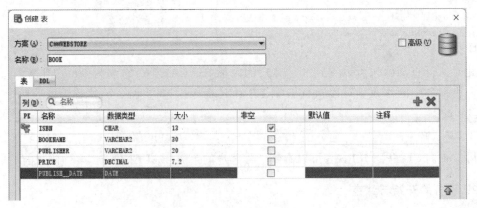

图 2-3 "创建 表"对话框

在"方案"列表框中显示 C##WEBSTORE,表示该表属于当前用户模式,在"名称"文本框中输入要创建的表名 BOOK。

(2) 在窗口中定义表的每列信息,包括"列名"、"数据类型"、"大小"、"非空"和"默认值"。一列定义完后,单击"+"按钮,定义下一列。

(3) 在"创建 表"对话框中单击 DDL 页可以查看 SQL Developer 生成的创建表的语句。最后,单击"确定"按钮完成表的创建。

需要注意的是,在创建表时,如果选中"高级"复选框,进入"约束条件"页面,为表添加约束条件。左侧显示的是约束类型,中间为需要设置的列,右侧为每一种约束的名称、大小等,如图 2-4 所示。在该对话框中可为表定义约束条件、索引和存储等。

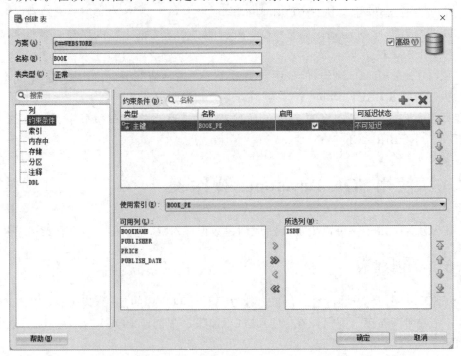

图 2-4 "约束条件"页面

2.6.2　修改和删除表

使用 SQL Developer 可以对表进行修改操作,包括修改表名、添加列、删除列、修改列属性等。在 SQL Developer 中,选择要修改的表,如 BOOK,即可打开如图 2-5 所示的表结构,包括列、数据、约束条件、授权、统计信息、触发器、闪回、分区和索引等选项,在这里可以实现对表的结构、数据、完整性和安全性等方面的设置和维护。

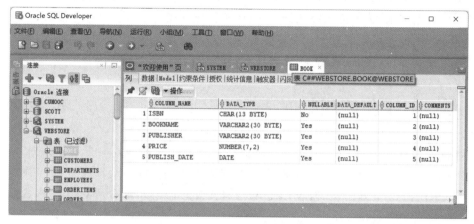

图 2-5　修改表界面

选中表,右击,在弹出的快捷菜单中选择"编辑"命令,打开"编辑表"对话框,该对话框与创建表对话框类似,可以直接在该对话框"表名"文本框中输入新表名。如果选中列,可以实现对列名称、数据类型、大小等的修改。

右击要删除的表,在弹出的快捷菜单中选择"表"→"删除"命令,打开"删除"对话框,单击"应用"按钮即可删除表。

2.6.3　更新表数据

使用 SQL Developer 可以对表数据进行更新操作,包括插入行、删除行和更新行数据。在 SQL Developer 中,选择要修改的表,如 BOOK,在右侧出现表的信息,选择"数据"选项卡,在数据选项卡内就可以进行数据的插入、删除和更新,如图 2-6 所示。

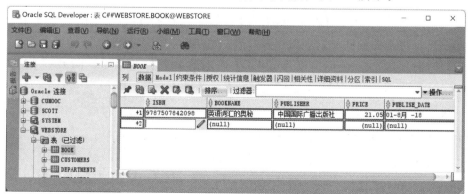

图 2-6　修改表数据界面

要向表中插入行，单击插入行图标 ，在记录显示区域将插入一空白行，双击数据列位置，输入记录内容。在插入数据结束后，单击"刷新"图标 ，打开保存更改对话框，将更改保存到数据库中。可以单击"提交更改"图标 提交插入数据记录，也可以单击"回退更改"图标 回退插入的记录。

要更改数据记录，双击要修改的内容，直接进入编辑状态，在数据记录编辑栏内直接修改数据记录。修改完成后单击"刷新"或"提交更改"图标即可完成更新记录操作。

要删除数据记录，选中待删除数据记录行，单击删除图标 进行删除，然后单击"刷新"或"提交更改"图标即可完成数据记录删除操作。对于数据记录行的选定，既可以选定单行，也可以选定连续多行（按 Shift 键）或不连续行（按 Ctrl 键）。

2.7 创建和使用临时表

在数据库中可以创建临时表，用来临时保存一个会话的数据或一个事务数据。当用户会话结束或事务结束，存储的数据自动消失，临时表占用的空间自动释放。

使用 CREATE GLOBAL TEMPROARY TABLE 命令创建临时表，语法格式如下：

```
CREATE GLOBAL TEMPROARY TABLE table_name(
  column_name data_type, [column_name data_type , ...]
)[ON COMMIT { DELETE| PRESERVE} ROWS];
```

临时表列的定义与普通表相同，也可以通过子查询创建临时表。选项 ON COMMIT DELETE ROWS 表示当前事务结束（COMMIT 或 ROLLBACK），表中数据被自动删除，选项 ON COMMIT PRESERVE ROWS 表示当前事务结束保留表数据，但当会话结束后自动删除表数据。创建临时表时，如果未指定 ON COMMIT 子句，则为事务级别的临时表。

【例 2.13】 下面代码创建一个 DEPARTMENT 临时表。

```
create global temporary table department (
  department_id number,
  department_name varchar2(20),
  location varchar2(20),
  telephone varchar2(14)
) on commit delete rows;
```

临时表创建后，可以使用 DML 或 SELECT 语句操作表，可以为临时表定义索引、约束和触发器；可以在视图或同义词中引用临时表，也可以与其他表连接。

【例 2.14】 向临时表 DEPARTMENT 中插入记录。下面语句在 DEPARTMENT 临时表中插入一行记录。

```
SQL> insert into department  values(4, '项目部', '广州', 3344567);
```

使用下面语句可将 DEPARTMENTS 表查询结果插入临时表中。

```
SQL> insert into department (select * from webstore.departments);
```

若执行 COMMIT 语句，再次查询 DEPARTMENT 表，将不能返回数据，因为该表使用 ON COMMIT DELETE ROWS 选项。

实践练习 2-7　创建和使用临时表

本练习创建用于临时存放员工信息表,使用两个 SQL Plus 会话演示临时表数据是属于每个会话的。

(1) 使用 SQL Plus,以用户 C＃＃ WEBSTORE 的身份连接到数据库。

(2) 使用下面语句创建一个名为 TEMP_EMP 会话级别的临时表。这里使用一个子查询创建表结构。

```
SQL> create global temporary table temp_emp on commit preserve rows as
  2   select * from employees where 1 = 2;
```

(3) 向表中插入部门号为 2 的员工信息,然后提交事务。

```
SQL> insert into temp_emp select * from employees where department_id = 2;
SQL> commit;
```

(4) 以用户 C＃＃ WEBSTORE 的身份连接到数据库,启动第二个 SQL Plus 会话。

(5) 在第二个会话中,确认第一个会话中插入的记录虽已提交,但不可见;然后插入部门号为 3 的员工信息,并提交事务。

```
SQL> select count( * ) from temp_emp;        ◀────┤ 输出结果为0
COUNT( * )
----------
      0
SQL> insert into temp_emp select * from employees where department_id = 3;
SQL> commit;
```

(6) 在第一个会话中将表截断,删除所有记录。

```
SQL> truncate table temp_emp;
```

(7) 在第二个会话中,确认临时表中仍包含其临时数据。

```
SQL> select count( * ) from temp_emp;        ◀────┤ 输出结果为1
```

(8) 在第二个会话中,演示会话终止时并不会清除临时表,但临时表中记录被清空,这需要断开连接并再次连接。

```
SQL> disconnect;
SQL> connect c＃＃ webstore/webstore;
SQL> select count( * ) from temp_emp;        ◀────┤ 输出结果为0
```

(9) 在两个会话中删除表清理环境。在一个会话中删除临时表,其他会话中就不能再用。

```
SQL> drop table temp_emp;
```

🔑 本章小结

本章讨论了以下主要内容:

- 用户和模式的概念。用户是能够登录并访问数据库的人,模式是数据库中一个用户拥有的全部对象的集合。

■ 常用数据类型包括：字符类型、数值类型、日期和时间类型以及 LOB 类型。

■ 使用 CREATE TABLE 命令创建表，也可以使用子查询创建表。

■ 使用 ALTER TABLE 命令修改表结构，使用 DROP TABLE 命令删除表。

■ 表约束包括主键约束、非空约束、外键约束、唯一约束和检查约束。

■ 更新表中数据使用 INSERT、UPDATE 和 DELETE 命令，使用 TRUNCATE 命令截断表。

■ 事务及事务操作命令 COMMIT 和 ROLLBACK。

■ 使用 SQL Developer 可通过图形界面方式操作表等数据库对象，可以创建表、修改表等。

■ 使用 CREATE GLOBAL TEMPROARY TABLE 命令创建临时表。

🔑 习题与实践

一、填空题

1. 为表定义外键使用的关键字是_____，要求在删除父表记录同时级联删除子表记录，在定义外键时使用_____选项。

2. 假设要为性别（gender）列定义约束，要求列值只能取"男"或"女"，应该使用的关键字为_____。

3. 假设表中有一列用于存储电话号码，该列最合适使用的数据类型是_____。

4. 下面 SQL 语句创建"部门"表，并将"部门号"定义为主键：

```
CREATE TABLE 部门(
    部门号 CHAR(1)_____ ,
    部门名 CHAR(16),
    成立日期 DATE
);
```

5. 写出将 EMPLOYEE 表改名为 EMP 表的语句_____。

6. 数据库中数据字典的表和视图存储在_____模式中。

7. 提交事务使用_____命令，回滚事务使用_____命令。

8. 创建 EMPLOYEES 表的副本，但不包含表中的记录，SQL 语句为_____。

二、选择题

1. 关于模式的描述，不正确的是（　　）。
    A. 表或索引等模式对象一定属于某一个模式
    B. 在 Oracle 数据库中，模式与数据库用户是一一对应的
    C. 一个表可以属于多个模式
    D. 一个模式可以拥有多个表

2. 如果在创建表时没有指定它所属的模式，它会在（　　）模式中创建。
    A. 它会是孤表，不属于任何模式　　　　　B. 会在 SYS 模式中创建

C. 会在创建它的用户模式中创建　　　　　D. 会在 PUBLIC 模式中创建

3. 下面只能存储长度不可变值的数据类型是(　　　)。

　　A. BLOB　　　　　　B. CHAR　　　　　　C. NUMBER　　　　D. VARCHAR2

4. 设 EMPLOYEES 表的 SALARY 列的类型是 NUMBER(8.2),在 SALARY 列上不允许出现的值是(　　　)。

　　A. 12345678　　　　B. 123456.78　　　　C. 123456　　　　D. 1234.567

5. 下面(　　　)类型是 Oracle 不支持的。

　　A. FLOAT　　　　　B. STRING　　　　　C. LONG　　　　　D. BFILE

6. 下面(　　　)约束要求使用索引。

　　A. CHECK　　　　　　　　　　　　　B. PRIMARY KEY

　　C. FOREIGN KEY　　　　　　　　　　D. NOT NULL

7. 给定下面创建表的语句,其中的插入语句失败的是(　　　)。

create table test(num number(2,1));

　　A. insert into test values(0.33);

　　B. insert into test values(3.99);

　　C. insert into test values(10);

　　D. insert into test values(9.49);

8. 给定下面语句,其中的插入语句是否能成功?(　　　)

create table tab2(c1 number(1), c2 date);
alter session set nls_date_format = 'yy – mm – dd';
insert into tab2 values(8.8, '20 – 10 – 31') ;

　　A. 插入失败,因为 8.8 数字太大

　　B. 插入失败,因为'20-10-31'是字符串不是日期

　　C. 插入失败,因为日期格式不正确

　　D. 插入会成功

9. 下述 SQL 命令的短语中,(　　　)不是为表的属性定义约束条件。

　　A. NOT NULL 短语　　　　　　　　　B. UNIQUE 短语

　　C. CHECK 短语　　　　　　　　　　　D. HAVING 短语

10. 给定下面语句,语句执行是否能成功?(　　　)

insert into regions(region_id, region_name)
values((select max(region_id) + 1 from regions), '北京');

　　A. 如果为 REGION_ID 生成的值不是唯一的,语句就不会成功,因为 REGION_
　　　　ID 是 REGIONS 表的主键

　　B. 语句有语法错误,因为子查询不能与 VALUES 关键字一起使用

　　C. 语句会执行,不会出现错误

　　D. 如果表 REGIONS 有第 3 列,语句就会失败

11. 下面语句的执行结果如何?(　　　)

update employees set salary = salary * 1.1 ;

　　A. 语句会失败,因为没有 WHERE 子句来限制受影响的行

　　B. 会更新表的第一行

　　C. 如果某行的 SALARY 列为 NULL,就会出现错误

　　D. 每一行都将 SALARY 增加 10%,除非 SALARY 是 NULL

12. 如何删除表中每一行某一列的值?(　　　)

　　A. 使用 DELETE COLUMN 命令

　　B. 使用 TRUNCATE COLUMN 命令

　　C. 使用 UPDATE 命令

　　D. 使用 DROP COLUMN 命令

13. 使用下面(　　　)可删除表中所有的行,且不能被回滚。

　　A. 不带 WHERE 子句的 DELETE 命令

　　B. DROP TABLE 命令

　　C. TRUNCATE 命令

　　D. UPDATE 命令,将各列设置为 NULL,且不带 WHERE 子句

三、简答题

1. 在创建表时可以指定的约束条件有哪些?

2. DML 语句 INSERT、UPDATE 和 DELETE 中都可以带子查询,试说明子查询的使用。

3. 试述使用现有表创建新表的命令语法。

4. 编写一条 UPDATE 语句,使用 ORDERITEMS 表和 PRODUCTS 表中的数据更新 ORDERS 表中的 SUMPRICE 订单总金额的值。

四、综合操作题

1. 在 C##SCOTT 模式中创建一个名为 EMPLOYEE 的表,该表的字段、类型等说明如表 2-6 所示。使用 SQL Plus 写出完成下列操作的 SQL 语句。

(1) 为 EMPLOYEE 表增加一个 BIRTHDATE 列表示员工出生日期,类型为 DATE。

(2) 将 EMPLOYEE 表 MANAGER_ID 字段类型改为 NUMBER(8)。

(3) 删除 EMPLOYEE 表 EMAIL 字段的 UNIQUE 约束。

(4) MANAGER_ID 字段添加外键约束,它引用 EMPLOYEE 表的 EMPLOYEE_ID 字段。

(5) 将 JOB_ID 字段改名为 DEPARTMENT_ID。

(6) 为所有人增加薪资 8%。

(7) 将 EMPLOYEE 表名改为 EMP。

表 2-6　EMPLOYEE 表结构

字　段　名	类　　型	长　　度	是否 NULL	说　　明
EMPLOYEE_ID	NUMBER	6	主键	员工号
FIRST_NAME	VARCHAR2	20	NOT NULL	名
LAST_NAME	VARCHAR2	20		姓
EMAIL	VARCHAR2	25	UNIQUE	邮箱

续表

字 段 名	类 型	长 度	是否 NULL	说 明
PHONE_NUMBER	VARCHAR2	20		电话
JOB_ID	VARCHAR2	10		部门号
SALARY	NUMBER	8,2		薪资
MANAGER_ID	NUMBER	6		经理工号

2. 假设某大学欲开发一个在线教学平台,通过分析建立如下的模式图,这里共包含 7 个表,如图 2-7 所示,图中展示了表之间的一对多联系,在关系模式中通过外键实现。

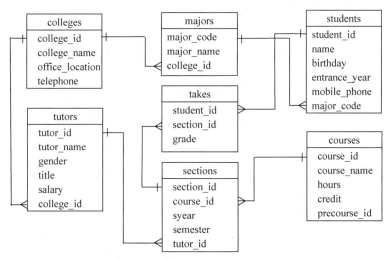

图 2-7　大学在线教学模式图

其中,colleges 为学院表,属性包括学院编号 college_id、学院名称 college_name、办公地点 office_location 和电话 telephone。

majors 为专业表,属性包括专业代码 major_code、专业名称 major_name、所属学院 college_id。

students 为学生表,属性包括学号 student_id、姓名 name、出生日期 birthday、入学年份 entrance_year、移动电话 mobile_phone 和专业代码 major_code。

tutors 为教师表,属性包括工号 tutor_id、姓名 tutor_name、性别 gender、职称 title、工资 salary 和学院号 college_id。

courses 为课程表,属性包括课程编码 course_id、课程名称 course_name、学时 hours、学分 credit 和直接先修课号 precourse_id。

sections 为某学期开设的课程,属性包括开课标识 section_id、课程号 course_id、开设学年 syear、开设学期 semester 和课程讲授教师 tutor_id。

takes 为学生选课表,属性包括学号 student_id、开设的课程号 section_id 以及课程成绩 grade。

请为上述各表属性选择合理的数据类型,设计合理的约束;然后使用 CREATE TABLE 命令创建这些表并插入一些记录。

第3章

使用SELECT查询

数据存储在数据库表中,使用 SQL 的 SELECT 语句从中查询出我们感兴趣的数据。查询是使用较频繁的操作。SQL 的 SELECT 语句提供了强大的查询功能。

本章首先介绍最基本的查询语句,然后介绍带分组函数的查询、连接查询和子查询,最后介绍复合查询。

3.1 SELECT 语句基础

查询是数据库的基本操作。SQL 使用 SELECT 语句从数据库中查询数据。该语句的基本格式如下：

```
SELECT [ALL|DISTINCT] * | expression[AS alias_name][,...]
 FROM table_name [,...]
[WHERE condition]
[GROUP BY expression[,...]][HAVING condition[,...]]
[ORDER BY expression[ASC|DESC][,...]]
```

该 SELECT 语句的含义是，根据 WHERE 子句的条件表达式，从 FROM 子句指定的基本表或视图中找出满足条件的记录，再按 SELECT 子句的表达式，选出记录中的字段值形成结果表。

如果有 GROUP BY 子句，则将结果按指定的表达式的值进行分组，表达式值相等的为一个组。通常会在每组中使用聚集函数。如果 GROUP BY 子句带 HAVING 短语，则只有满足条件的组才予以输出。

如果有 ORDER BY 子句，则结果表还要按指定的表达式的值升序或降序排序。SELECT 语句可以完成简单的单表查询，还可以实现复杂的复合查询、连接查询和子查询。

3.1.1 查看表结构

本章后面的示例假设已经建立了 WEBSTORE 模式，并且创建了有关数据表和插入样本数据。执行 webstore.sql 脚本文件可以创建这些模式对象。

了解表的结构非常有用，因为在编写 SQL 语句时通常需要这些信息。例如，可以知道在查询中要提取的列是什么；可以使用 DESCRIBE 命令来查看表的结构。

【例 3.1】 使用 DESCRIBE 命令查看 DEPARTMENTS 表的结构。注意，SQL Plus 命令的末尾可以省略分号。

SQL > describe departments;

该命令运行结果如图 3-1 所示。

图 3-1 查看表结构

从上面例子中可以看到，DESCRIBE 命令的输出有 3 列，分别如下：

• 名称。列出该表所包含的列的名字。本例中，DEPARTMENTS 表有 4 列，分别是 DEPARTMENT_ID、DEPARTMENT_NAME、LOCATION 和 TELEPHONE。

- 是否为空？。说明该列是否可以存储空值。如果该列值为 NOT NULL，就不可以存储空值。如果该列为空，就可以存储空值。在本例中，DEPARTMENT_ID 和 DEPARTMENT_NAME 列不可以存储空值，而 LOCATION 和 TELEPHONE 列可以存储空值。
- 类型。说明该列的数据类型和大小。本例中 DEPARTMENT_ID 列为 NUMBER（38），LOCATION 列为 VARCHAR2(20)。

【提示】 DESCRIBE 命令可以简写为 DESC，如 DESC employees 命令可以显示 employees 表的结构信息。

在 SQL Developer 中如果要查看一个表的结构，其操作更简单，只需在对象列表面板中选中表，在右侧窗口中就会显示该表的结构。图 3-2 显示的是 DEPARTMENTS 表结构。

	COLUMN_NAME	DATA_TYPE	NULLABLE	DATA_DEFAULT	COLUMN_ID	COMMENTS
1	DEPARTMENT_ID	NUMBER(38,0)	No	(null)	1	(null)
2	DEPARTMENT_NAME	VARCHAR2(20 BYTE)	No	(null)	2	(null)
3	LOCATION	VARCHAR2(20 BYTE)	Yes	(null)	3	(null)
4	TELEPHONE	VARCHAR2(14 BYTE)	Yes	(null)	4	(null)

图 3-2　**DEPARTMENTS 表的列信息**

输出结果包括列名（COLUMN_NAME）、数据类型（DATA_TYPE）、是否可为空（NULLABLE）、默认值（DATA_DEFAULT）、列号（COLUMN_ID）以及注释（COMMENTS）等。

3.1.2　简单查询

一个 SELECT 语句一般返回一个结果集，它由行和列构成。结果集也可以为空。只包含 SELECT 子句和 FROM 子句的查询就是简单查询。SELECT 子句指定要在结果中包含的列名或表达式，FROM 子句指定查询的表。

1. 查询指定列和所有列

在 SELECT 子句中指定要查询的列名。

【例 3.2】 查询部门表的部门号（DEPARTMENT_ID）和部门名（DEPARTMENT_NAME）信息。

```
SQL> select department_id, department_name
  2  from departments;
DEPARTMENT_ID  DEPARTMENT_NAME
----------     ----------------
    1          财务部
    2          人力资源部
    3          销售部
    4          IT 部
```

要查询所有列，需要在 SELECT 子句指定所有列名，或者使用通配符（*）表示该查询从目标表中检索所有的列。

【例 3.3】 查询部门表 DEPARTMENTS 的所有列，这里指定了所有列名。使用这种方式可以改变列输出的顺序。

```
select department_id, department_name,location,telephone
from departments;
```

在 SQL Developer 中运行结果如图 3-3
所示。

如果要检索表的所有列，可以使用通配符
（＊）代替。

```
select * from departments;
```

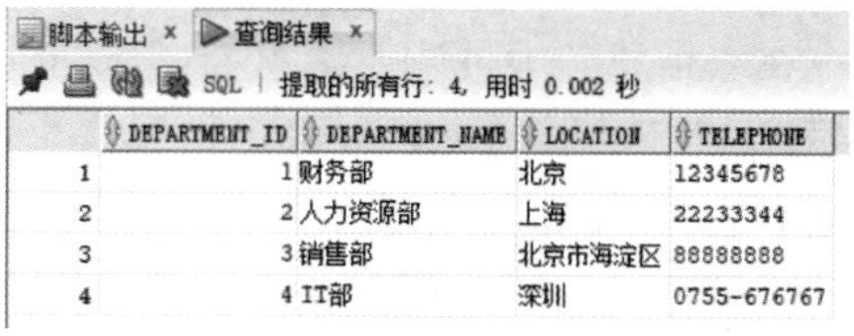

图 3-3　DEPARTMENTS 表信息

2．表达式和列别名

在查询结果列中可以使用表达式，表达式是列、函数、操作符、常量的组合，它可以计算出一个值。我们还可以为表达式取一个别名。表达式通常由在一个或多个列值上实现的运算组成。能够在列值上应用的运算符取决于列的数据类型。数值列主要有加（＋）、减（－）、乘（＊）、除（/）4 种运算符；字符或字符串有连接运算符（‖）；日期和时间列有加（＋）、减（－）运算符。当表达式中有多个运算符时，可以使用括号改变运算次序。

【例 3.4】　查询每个员工的姓名和年工资，同时指定列的别名。

```
SQL> select employee_name as 姓名, salary * 12 as 年工资 from employees;
```

该查询通过将 salary 列乘以 12 计算每个员工的年工资，同时为 EMPLOYEE_NAME 列和计算的列指定一个别名。别名中如果包含空格应加双引号。

可以使用连接运算符（‖）合并列的输出结果，这样可以使输出结果更具有可读性。

【例 3.5】　查询员工姓名和工资，要求显示类似"张明月的工资是 3500 元"这样的输出结果，查询如下：

```
SQL> select employee_name || '的工资是' || salary || '元' as 员工工资
  2  from employees;
```

这里用连接运算符（‖）将列和字面值连接，构成一个表达式。使用该运算符可以连接任何类型的数据，系统自动将它们转换成字符串。

【例 3.6】　查询根据当前日期和出生日期计算员工的年龄。

```
SQL> select employee_name as 姓名, birthdate,
  2  to_char(sysdate, 'yyyy') - to_char(birthdate, 'yyyy') as 年龄
  3  from employees;
```

TO_CHAR(sysdate，'yyyy')函数返回当前的年，TO_CHAR(birthdate,'yyyy')返回出生日期的年。

3．消除重复的行

两个本来并不完全相同的行，投影到指定的某些列后，可能变成相同的行。如果要取消重复的行，可使用 DISTINCT 关键字。

【例 3.7】　查询员工表的部门号（DEPARTMENT_ID）列，结果反映员工来自哪些部门。结果中部门号相同只保留一行结果。

```
SQL> select distinct department_id from employees;
```

3.1.3　用 WHERE 子句限定行

在查询语句中可以使用 WHERE 子句来限定要检索的行,也就是查询满足条件的行。使用 WHERE 子句可以过滤掉结果集中不需要的行。WHERE 子句常用的查询条件和谓词如表 3-1 所示。

表 3-1　WHERE 子句常用的查询条件和谓词

查 询 条 件	谓　　词
比较大小	=、>、>=、<、<=、<>或!=
确定范围	BETWEEN... AND...、NOT BETWEEN... AND...
确定集合	IN、NOT IN、SOME(ANY)、ALL
字符串匹配	LIKE、NOT LIKE
空值判断	IS NULL、IS NOT NULL
逻辑运算符	NOT、AND 或 OR

1. 比较大小

用于比较的运算符包括:=(等于)、>(大于)、>=(大于或等于)、<(小于)、<=(小于或等于)、<>或!=(不等于)。比较运算符可以用在能比较大小的数据类型上,如数值型、字符型、日期型等。

【例 3.8】　查询 1981 年之前出生的员工信息。这个查询涉及日期数据的比较,日期的比较规则是过去的日期小,未来的日期大。首先是日期常量的表示,默认情况下是 DD-MON-YY 的格式,即 2 位的日、3 位的月和 2 位的年。要表示日期数据可以用 TO_DATE 函数将字符串转换为日期。

```
SQL> select * from employees where birthdate < to_date('01-1月-81');
```

这里,TO_DATE 函数将字符串转换为日期类型,再与 BIRTHDATE 比较。实际上也可以直接使用如下形式比较。

```
SQL> select * from employees where birthdate < '01-1月-81';
```

这里,Oracle 自动将 BIRTHDATE 日期类型值转换为字符串,然后与后面的字符串比较。

2. 确定范围

在 WHERE 条件中,使用谓词 BETWEEN ... AND ...或 NOT BETWEEN ... AND ...可以查找属性值在(或不在)指定范围内的行,其中 BETWEEN 后是范围的下限(即低值),AND 后是范围的上限(即高值)。

【例 3.9】　查询工资为 3000~4000(包含)的员工信息。

```
select * from employees where salary between 3000 and 4000;
```

3. 确定集合

可以使用 IN 或 NOT IN 运算符指定某列值在或不在指定的集合中。IN 关键字的格式是 IN(值 1,值 2,...),目标值用逗号分隔。

【例 3.10】　查询工资在 3000、4000 和 8000 这三个值中的员工信息。

```
select * from employees where salary in (3000,4000,8000);
```

可使用 NOT IN 表示指定值不在一组目标值中。另外,这里的值集合还可以是一个子查询的结果。

可以使用 SOME 操作符将一个值与某个列表中的某个值(some)进行比较。此时必须在 SOME 之前添加一个=、<>、<、<=、>或>=操作符。

【例 3.11】　使用 SOME 操作符从 EMPLOYEES 表中查询 salary 列大于 3000、4000 或 7000 中任意值的行。

```
select * from employees where salary > some (3000,4000,7000);
```

【提示】　可以用 ANY 操作符替换 SOME 操作符,但使用 ANY 操作符容易产生歧义,因此建议使用 SOME。

还可以使用 ALL 操作符将一个值与某个列表中的所有值(all)进行比较。此时必须在 ALL 之前添加一个=、<>、<、<=、>或>=操作符。

【例 3.12】　使用 ALL 操作符从 EMPLOYEES 表中查询 SALARY 列大于 3000、4000 或 7000 中所有值的行。

```
select * from employees where salary > all (3000,4000,7000);
```

4．字符串匹配

在 WHERE 条件中可以使用 LIKE 进行字符串匹配。其一般语法格式如下:

```
WHERE field_name [NOT] LIKE '<匹配串>' [ESCAPE '<转义字符>']
```

其含义是查找指定的属性列值与<匹配串>相匹配的元组。<匹配串>既可以是一个完整的字符串,也可以含有通配符%和_,其中:

- %(百分号)代表任意长度(长度可以为 0)的字符串。例如,a%b 表示以 a 开头,以 b 结尾的任意长度的字符串。如 acb、addgb、ab 等都满足该匹配串。
- _(下画线)代表任意单个字符。例如,a_b 表示以 a 开头,以 b 结尾的长度为 3 的任意字符串。如 acb、afb 等都满足该匹配串。

【例 3.13】　使用 LIKE 运算符查询姓名第 2 个字是"明"字的员工信息。

```
select * from employees where employee_name like '_明%';
```

当用户要查询的字符串本身就含有通配符 % 或 _ 时,要使用 ESCAPE '<转义字符>' 短语对通配符进行转义。

【例 3.14】　使用 LIKE 运算符查询以"Lenovo_"开头的商品信息。

```
select * from products
where product_name like 'Lenovo#_%' escape '#';
```

这里,"escape '#'"表示'#'为转义字符。这样匹配串中紧跟在'#'后面的字符'_'不再具有通配符的含义,转义为普通的字符'_'。

5．涉及空值的查询

NULL 是一个特殊的值,它表示一列的值未知。在表中,如果一个值未知,则用 NULL

表示。NULL 值不同于空字符串和数值 0，在它上面执行的任何运算结果也是 NULL。ANSI SQL 标准提供了 IS NULL 和 IS NOT NULL 运算符来确定一列的值是否为 NULL 值。

【例 3.15】 查询 CUSTOMERS 表中 EMAIL 列值为 NULL 的客户信息。

```
select * from customers where email is null;
```

这里的"is"不能用等号（＝）代替。

6. 使用逻辑运算符

SQL 提供了逻辑运算符 NOT、AND 和 OR，可用来连接多个查询条件，构造更复杂的条件。下面代码查询 1980 年以后出生、工资高于 3500 元的员工信息。

```
select * from employees
where birthdate > '01 - 1 月 - 80' and salary > 3500;
```

【例 3.16】 下面是一个稍微复杂一点的查询。查询 1980 年以后出生、工资高于 3500 元的或者部门号是 2 的员工信息。

```
select * from employees
where birthdate > '01 - 1 月 - 80' and (salary > 3500 or department_id = 2);
```

注意，如果一个条件表达式中含有多种运算符，运算符按优先级执行。算术运算符优先级高于比较运算符，比较运算符优先级高于逻辑运算符，其中逻辑运算符的优先级是 NOT、AND 和 OR，即 NOT 优先级最高，其次是 AND，最后是 OR。

3.1.4　行标识符和行号

在 Oracle 数据表中，除了用户定义的字段外，还提供一些列，其中包括 ROWID 和 ROWNUM 列，它们是在定义表时系统自动添加的。ROWID 是表的行标识符，Oracle 内部使用行标识符来存储行的物理位置。ROWID 是一个 18 位数字，采用 BASE-64 编码。可以在查询的选择列表中指定 ROWID 列来查看表中各行的 ROWID 值。

【例 3.17】 查询 CUSTOMERS 表的 ROWID 和 CUSTOMER_ID 列，注意输出结果中 ROWID 的数字采用 BASE-64 编码。

```
select rowid, customer_id from customers;
```

在 SQL Developer 中查询结果如图 3-4 所示。

当使用 SQL Plus 的 DESCRIBE 命令查看 CUSTOMERS 表结构时，命令的输出结果中并没有 ROWID 列。这是因为该列只在数据库内部使用。ROWID 通常称为伪列（pseudo column）。

数据表的另一个伪列是 ROWNUM，它返回每一行在结果集中的行号。查询返回的第一行的行号是 1，第二行的行号是 2，以此类推。

【例 3.18】 查询 PRODUCTS 表，要求查询行时包含 ROWNUM 列。

```
select product_id, rownum, product_name from products;
```

查询结果如图 3-5 所示。

	ROWID	CUSTOMER_ID
1	AAAR7vAAHAAAAC1AAA	1
2	AAAR7vAAHAAAAC1AAB	2
3	AAAR7vAAHAAAAC1AAC	3
4	AAAR7vAAHAAAAC1AAD	4

图 3-4 查询表的 ROWID 列

	PRODUCT_ID	ROWNUM	PRODUCT_NAME
1	801	1	Lenovo_笔记本
2	802	2	华为Mate30手机
3	803	3	小米手环
4	804	4	iPad
5	805	5	外星人电脑

图 3-5 查询表的 ROWNUM 列

3.1.5 查询结果排序

一般来说,表中的行是没有顺序的。但是有时查询输出结果需要按某种要求排序。在 SELECT 语句中可以用 ORDER BY 子句对查询结果按照一个或多个属性列排序,它的一般语法格式如下:

```
ORDER BY expression [ASC|DESC] [,...][NULLS FIRST|LAST]
```

其中,expression 为排序的键,可以是列名或列的序号。ASC 和 DESC 分别表示升序和降序,默认为升序。

【例 3.19】 查询员工信息,要求结果工资 salary 字段值升序(默认)输出员工信息。

```
select * from employees order by salary;
```

【例 3.20】 查询员工信息,要求按工资 salary 字段值降序输出员工信息,这里的 5 是 salary 字段的序号。

```
select * from employees order by 5 desc;
```

默认情况下,如果列值为 NULL,升序排序时排在最后,降序排序时排在最前。即 NULL 将被看作最大值。可以使用 NULLS FIRST 或 NULLS LAST 指定 NULL 值排在最前还是排在最后。

【注意】 NULLS FIRST 或 NULLS LAST 必须与 ORDER BY 短语搭配使用,不能单独使用。

【例 3.21】 按出生日期 BIRTHDATE 字段值升序输出员工信息。

```
select * from employees order by birthdate;
```

在 SQL Developer 中查询结果如图 3-6 所示。可以看到记录输出结果按出生日期从小到大顺序排列。

	EMPLOYEE_ID	EMPLOYEE_NAME	GENDER	BIRTHDATE	SALARY	DEPARTMENT_ID
1	1005	欧阳清风	男	01-2月 -80	2800	2
2	1001	张明月	男	28-2月 -80	3500	2
3	1003	艾丽斯	女	31-12月-80	(null)	3
4	1004	杰克刘	男	18-5月 -81	8000	1
5	1002	李清泉	女	10-10月-81	4000	(null)

图 3-6 对查询结果排序

可以在 ORDER BY 子句中指定多个排序键。比如,假设要求先按性别升序排序,性别相同按年龄升序排序,语句如下:

```
select * from employees order by gender asc, birthdate desc;
```

该语句的运行结果如图 3-7 所示。

	EMPLOYEE_ID	EMPLOYEE_NAME	GENDER	BIRTHDATE	SALARY	DEPARTMENT_ID
1	1002	李清泉	女	10-10月-81	4000	(null)
2	1003	艾丽斯	女	31-12月-80	(null)	3
3	1004	杰克刘	男	18-5月 -81	8000	1
4	1001	张明月	男	28-2月 -80	3500	2
5	1005	欧阳清风	男	01-2月 -80	2800	2

图 3-7   按多列排序

题目要求按年龄升序排序,也就是按出生日期从大到小降序排序。从输出结果看,性别相同的,出生日期从大到小排序。

实践练习 3-1   使用 SELECT 命令完成简单查询

本章实践练习使用大学在线教学平台数据库示例模式(见第 2 章综合操作习题)中的表完成,该模式中共包含 7 个表,这些表通过主键和外键关联。

本练习首先以管理员身份登录到数据库,然后执行本书提供的 umooc.sql 脚本创建模式及数据库表。

(1)使用 SQL Plus 以数据库管理员身份登录到数据库。

```
C:\Users\lenovo> sqlplus / as sysdba
SQL >
```

(2)使用下面命令执行 umooc.sql 脚本。该脚本创建一个名为 C##UMOOC 模式,创建 7 个数据表并插入数据。

```
SQL >@C:\umooc.sql
```

(3)查询教师表(TUTORS)的所有数据,下面两条语句等价。

```
select * from tutors;
select tutor_id,tutor_name,gender,title,salary,college_id from tutors;
```

(4)查询所有教师所属的学院号。

```
select distinct college_id from tutors;
```

(5)查询每名教师的姓名和年工资。

```
select tutor_name as 姓名, salary * 12 as 年工资 from tutors;
```

(6)查询教师表中工资为 5000~8000 元(包含)的教师姓名和工资。

```
select tutor_name,salary from tutors where salary between 5000 and 8000;
```

(7)查询名字中包含"小"字的所有教师信息。

```
select * from tutors where tutor_name like '%小%';
```

(8)查询教师表信息,结果先按职称升序,后按工资降序排序,空值排在前面。

```
select * from tutors order by title, salary desc nulls first;
```

3.1.6   TOP N 查询

对查询结果排序后,可能希望只输出前几条记录或其中的部分记录,比如输出前 5 条记录或第 6~10 条记录。这时可以使用 ORDER BY 的 OFFSET 和 FETCH 子句。这种功能

是从 Oracle 12c 开始增加的,叫作 TOP N 查询,它允许限定查询结果。其语法格式如下:

```
ORDER BY expression [ASC|DESC] [,...][NULLS FIRST|LAST]
OFFSET < offset > {ROW|ROWS}
FETCH [FIRST | NEXT] [< rowcount > | < percent > PERCENT] ROWS
{ONLY | WITH TIES}
```

语法说明如下:

- OFFSET < offset >指定输出起始行的偏移量,使用这个子句可以指定跳过多少行开始输出。省略该子句,默认值是 0,即从第一行开始输出。
- 语句中 ROW|ROWS 关键字和 FIRST | NEXT 都可以省略,它们只是使语义更加清晰。
- FETCH 表示取出多少行。可以指定具体的行数和总行数的百分比。
- ONLY 选项表示精确输出指定的行数,如果使用 WITH TIES,那么拥有和最后一行相同的排序键值的行都会被输出。

实践练习 3-2　使用 Top N 查询

本练习学习 Top N 查询。这里使用 C##UMOOC 模式中的 TUTORS 表数据。

(1) 使用 SQL Plus 或 SQL Developer,以 C##UMOOC 身份登录到数据库。

(2) 查询教师表中工资 salary 最低的 3 名教师信息。

```
select tutor_id, tutor_name, salary from tutors
order by salary asc
fetch first 3 rows only;
```

这里将 FIRST 换成 NEXT 或者将 ROWS 换成 ROW 都没有什么区别,但是保留这些关键字使语义更清晰。

(3) 查询教师表中工资最高的 50%的记录。这需要按工资降序排序。

```
select tutor_id, tutor_name, salary from tutors
order by salary desc
fetch first 50 percent rows only;
```

(4) 查询教师表中工资最高的 50%的记录,最后有工资相同的也输出。

```
select tutor_id, tutor_name, salary from tutors
order by salary desc
fetch first 50 percent rows with ties;
```

这里使用了 WITH TIES,与 50%中最后一行工资相同的记录都将被输出。

(5) 查询教师表中工资最低的从第 4 条到第 6 条记录的信息。

```
select tutor_id, tutor_name, salary from tutors
order by salary asc
offset 3 rows fetch next 3 rows only;
```

该查询实际实现了一种**分页查询**功能。每次从结果中输出一部分(一页,假设 5 行)记录。这在数据库端限制了输出结果,这要比把所有数据发送到应用程序节省网络流量。

【提示】　在 Top N 查询中,偏移量、行数和百分比都可以使用绑定变量,在程序中可以使用参数指定。

3.1.7　使用 CASE 表达式

SQL 与其他编程语言不同,它不包含变量、分支和循环等结构。然而,SQL 确实能够使用条件逻辑。在 SQL 中,可以实现某种条件逻辑,但是做法有点不同。它是通过一种名为 CASE 语句来实现。在 SQL 中,CASE 语句允许在查询中执行"if-then-else"逻辑或条件逻辑。它类似于编程语言中的 CASE 语句。

CASE 表达式的一般形式如下:

```
CASE [expression]
  WHEN condition_1 THEN result_1
  WHEN condition_2 THEN result_2
  ...
  WHEN condition_n THEN result_n
  ELSE result
END case_name
```

语法说明如下:

- expression:可选参数,是一个表达式或条件。
- condition_1:这是表达式的可能结果。可以在 CASE 语句中有任意数量的条件,这取决于想要处理多少个不同的可能值。
- result_1:如果满足上述条件,则应该显示的结果值。它位于 THEN 关键字之后,相当于其他编程语言中 IF-THEN-ELSE 语句的 THEN 部分。
- ELSE result:如果 CASE 语句中的所有条件都不满足,则显示结果值。它等价于 IF-THEN-ELSE 语句的 ELSE 部分。
- case_name:它是一个可选参数,指示在查询中使用列时的列名。它类似于前面章节使用的列别名。

在 Oracle SQL 中,有两种方式使用 CASE 语句:简单的 CASE 语句和搜索的 CASE 语句。简单的 CASE 语句使用 expression 参数。为每个 WHEN condition 行检查相同的表达式。

【例 3.22】　查询 PRODUCTS 表,对 CATEGORY 字段使用简单 CASE 语句。

```
select product_id,product_name,category,
 CASE category
   WHEN 1 THEN '办公用品'
   WHEN 2 THEN '家用电器'
   WHEN 3 THEN '个人用品'
   WHEN 4 THEN '儿童用品'
 END 类别
from products;
```

	PRODUCT_ID	PRODUCT_NAME	CATEGORY	类别
1	801	Lenovo_笔记本	1	办公用品
2	802	华为Mate30手机	3	个人用品
3	803	小米手环	3	个人用品
4	804	iPad	4	儿童用品
5	805	外星人电脑	2	家用电器

图 3-8　简单的 CASE 表达式

查询运行结果如图 3-8 所示。

Oracle 的另一种类型的 CASE 语句是搜索 CASE 语句。搜索 CASE 语句和简单 CASE 语句的区别在于指定表达式的位置。在简单的 CASE 语句中,表达式紧跟在 CASE 关键字之后。在搜索的 CASE 语句中,表达式写在每个 WHEN 子句中。

【例 3.23】　查询 PRODUCTS 表,对 SALARY 字段使用搜索 CASE 语句。

```
select employee_id,employee_name,salary,
 CASE
```

```
    WHEN salary < 3000 THEN '低收入'
    WHEN salary >= 3000 AND salary < 8000 THEN '中等
收入'
    WHEN salary >= 8000 THEN '高收入'
  END 收入
 from employees;
```

	EMPLOYEE_ID	EMPLOYEE_NAME	SALARY	收入
1	1001	张明月	3500	中等收入
2	1002	李清泉	4000	中等收入
3	1003	艾丽斯	(null)	(null)
4	1004	杰克刘	8000	高收入
5	1005	欧阳青风	2800	低收入

图 3-9　搜索 CASE 表达式

查询运行结果如图 3-9 所示。

SQL 中还有另一种处理条件逻辑的方法,那就是 DECODE 函数。另外,在 PL/SQL 程序中也可以使用 CASE 语句。

3.2　带分组函数的查询

分组函数(group function)也叫**聚合函数**(aggregate function),它作用于一组数据,这个组通常由表的若干行组成。可以将表中所有行作为一个组,那么函数将返回一个值,也可以将行分为若干组,那么函数将为每个组返回一个值。

3.2.1　常用分组函数

Oracle 提供了许多分组函数,其中常用的如表 3-2 所示。

表 3-2　常用的分组函数

函　数　名	功　　　能
COUNT(expr)	统计一列中值的个数
SUM(expr)	计算一列值的总和
AVG(expr)	计算一列值的平均值
MAX(expr)	求一列值中的最大值
MIN(expr)	求一列值中的最小值
MEDIAN(expr)	返回一列值的中间两个数的平均值
STDDEV(expr)	返回一列值的标准差
VARIANCE(expr)	返回一列值的方差

1. COUNT 函数

COUNT 函数计算组中的行数,其语法格式如下:

```
COUNT({ * | [ALL|DISTINCT] expr})
```

COUNT(*)计算组中所有行的数量,包括具有空值和重复值的行。COUNT(DISTINCT expr)只计算每个组中 expr 值唯一出现的次数。ALL 关键字是默认值,因此 COUNT(ALL expr)和 COUNT(expr)是等价的。

【例 3.24】　使用 COUNT 函数的查询。

查询 1:select count(*) from employees;
查询 2:select count(distinct salary) from employees;
查询 3:select count(birthdate),count(salary)　from employees;

假设上述查询的是 C#WEBSTORE 模式中的 EMPLOYEES 表。查询 1 计算表中的所有行数,返回值5。查询2返回SALARY值不同的行数,返回结果4。上述查询没有对查询的行分组,系统将表中所有行作为一组。查询3返回5和4,因为表中有5行非空BIRTHEDATE值,有4个非空的SALARY值。

2. SUM 函数和 AVG 函数

SUM 函数返回组中非空数字表达式值的和,AVG 函数返回组中非空数字表达式值的平均值。它们的语法格式如下:

```
SUM( [DISTINCT |ALL] expr)
AVG( [DISTINCT |ALL] expr)
```

使用 DISTINCT 选项只计算 expr 值不同的和与平均值。

【例 3.25】 使用 SUM 函数的查询。下面两个查询可能返回不同的结果。

```
查询 1:select sum(salary) from employees;
查询 2:select sum(distinct salary) from employees;
```

3. MAX 函数和 MIN 函数

MAX 函数和 MIN 函数返回组中表达式 expr 的最大值和最小值,它们的语法格式如下:

```
MAX( [DISTINCT |ALL] expr)
MIN( [DISTINCT |ALL] expr)
```

MAX 函数和 MIN 函数可作用于 NUMBER、DATE、CHAR 和 VARCHAR2 数据类型。当使用 DATE 数据类型时,MAX 返回最近日期,MIN 返回最早日期。

【例 3.26】 使用 MAX 函数和 MIN 函数的查询。

```
查询 1:select min(salary), max(salary) from employees;
查询 2:select min(birthdate), max(birthdate) from employees;
```

查询 1 返回 EMPLOYEES 表中 SALARY 最小值 2800 和最大值 8000。查询 2 返回表中 BIRTHDATE 列中的最小值"01-2 月-80"和最大值"10-10 月-81"。

4. MEDIAN 函数

MEDIAN 函数用于计算一组样本数据中间数或中间两个数的平均值。

【例 3.27】 使用 MEDIAN 函数的查询。

```
SQL > select median(salary) from employees;
MEDIAN(SALARY)
--------------
        3750
```

5. STDDEV 函数和 VARIANCE 函数

STDDEV 函数用于计算一组样本数据的标准差,它是一个统计函数,定义为一组样本数据的偏离程度。

【例 3.28】 使用 STDDEV 函数计算 employees 表中 salary 列值的标准差。

```
SQL > select stddev(salary) from employees;
STDDEV(SALARY)
---------------
    2335.77253
```

VARIANCE 用于计算方差。方差也是一个统计函数,它是标准差的平方。

【例 3.29】 使用 VARIANCE 函数计算 employees 表中 salary 列值的方差。

```
SQL > select variance(salary) from employees;
VARIANCE(SALARY)
---------------
    5455833.733
```

3.2.2　使用 GROUP BY 子句分组

使用 GROUP BY 子句可以将查询的记录按一列或多列的值分组,值相等的为一组,然后在每个组上应用分组函数。带 GROUP BY 子句的 SELECT 语句,一般语法格式如下:

```
SELECT {column | expression | group_function(column | expression [alias]),...}
FROM tables   [WHERE conditions]
[GROUP BY {cols|expr}] [HAVING group_conditions]
[ORDER BY {cols | expr | numeric_pos} [ASC|DESC] [NULLS FIRST |LSAT]];;
```

该子句出现在 WHERE 子句之后,ORDER BY 子句之前。对查询记录分组的目的是细化分组函数的作用对象。如果未对查询结果分组,分组函数将作用于整个查询结果,分组后分组函数将作用于每一个组,即每一组都返回一个函数值。

如果分组后还要求按照一定的条件对这些组进行筛选,最终只输出满足指定条件的组,则可以使用 HAVING 短语指定筛选条件。

【例 3.30】 一个简单的分组例子。假设查询男女员工的工资总和。该查询就需按照性别字段对表中行分组,性别相同的行属于一组,然后在每个组上使用分组函数计算每个组的工资总和。

```
select gender, sum(salary) from employees
group by gender;
GEN     SUM(SALARY)
------  ------------
女             4000
男            14300
```

【例 3.31】 下面考虑对 EMPLOYEES 表的查询,查询每个部门的部门号、最高工资和部门人数,该查询需按部门号分组。

```
select department_id, max(salary), count( * )  from employees
group by department_id  order by department_id;
DEPARTMENT_ID   MAX(SALARY)    COUNT( * )
-------------   -----------    ----------
            1          8000             1
            2          3500             2
            3                           1
                       4000             1
```

本例从 EMPLOYEES 表查询信息,在 DEPARTMENT_ID(部门)列上分组,即

DEPARTMENT_ID 列值相同的行作为一组。从查询结果可以看到，一共分为 4 组。注意，DEPARTMENT_ID 值为 NULL 的行作为一组。对于每个组，输出了部门号、组中最大工资值和该组的行数。结果按 DEPARTMEN_ID 值排序。

使用 GROUP BY 子句将数据集划分为多个组，分组表达式是各组成员共享的公共键。分组表达式通常是单列，但也可能是多列或是一个表达式。注意，当使用 GROUP BY 时，只有分组表达式和分组函数才能出现在 SELECT 子句中。

Oracle 允许将数据集划分为多个组，并且允许使用不同的分组表达式将这些组进一步划分为子组。考虑下面的查询：

```
select department_id, title, sum(salary)
from employees group by department_id, title order by department_id;
```

该查询先按 DEPARTMENT_ID 分组，然后按 TITLE 分组，TITLE 值相同的分为一组，然后计算每一组的 SALARY 之和。

3.2.3　使用 HAVING 子句限制分组结果

使用 GROUP BY 子句可以对数据集分组，在 SELECT 子句中使用分组函数，如果需要限制分组结果，需要使用 HAVING 子句。

【例 3.32】　下面语句查询部门人数在 2 人以上的部门号、该部门员工的最高工资和部门人数。

```
select department_id, max(salary), count( * ) from employees
group by department_id having count( * ) >= 2
order by department_id;
DEPARTMENT_ID     MAX(SALARY)   COUNT( * )
------------- ----------- -----------
            2          3500            2
```

该查询在 GROUP BY 子句中使用 HAVING 子句限制分组的结果，在 HAVING 子句中可以使用分组函数。特别注意，HAVING 子句必须与 GROUP BY 配合使用，不能单独使用。

3.2.4　组合使用 WHERE、GROUP BY 和 HAVING 子句

WHERE、GROUP BY 和 HAVING 子句可以在同一查询中使用。当这样使用时，WHERE 子句首先对返回的行进行过滤，然后 GROUP BY 子句对保留的行进行分组，最后 HAVING 子句对组进行过滤。

【例 3.33】　下面语句查询部门号大于 50，人数在 5 人以上的部门号、该部门员工的最高工资和部门人数。

```
select department_id, max(salary), count( * ) from employees
where department_id > 50        ◄——┤ WHERE子句必须在GROUP BY子句之前
group by department_id having count( * ) > 5
order by department_id;              ◄——┤ HAVING子句不能单独使用
```

查询结果如图 3-10 所示。

	DEPARTMENT_ID	MAX(SALARY)	COUNT(*)
1	80	14000	34
2	100	12008	6

图 3-10　分组后带条件查询

该查询首先使用 WHERE 子句限制 DEPARTMENT_ID 大于 50 的员工，然后在 GROUP BY 子句使用 HAVING 按照 DEPARTMENT_ID 分组，最后保留组中记录数大于 5 的组信息输出。

实践练习 3-3　使用分组函数和 GROUP BY 的查询

本练习学习分组函数的使用和 GROUP BY 子句进行分组查询的使用。

（1）使用 SQL Plus 或 SQL Developer，以 C##UMOOC 身份登录到数据库。

（2）查询课程表(COURSES)中学时超过 70 学时的课程数量。

```
select count( * ) from courses where hours > 70;
```

（3）查询所有教师的总工资和平均工资。

```
select sum(salary),avg(salary) from tutors;
```

（4）查询 COURSES 表中不需要直接先修课的数量。

```
select count( * ) from courses where precourse_id is null;
```

（5）查询不同职称(TITLE)教师的平均工资和工资总和。

```
select title, avg(salary) 平均工资,sum(salary) 总工资
from tutors group by title;
```

（6）查询选修课程门数超过 2 门的学生课程成绩总分。

```
select student_id, sum(grade) 总成绩 from takes
group by student_id having count(section_id)> 2;
```

3.3　连接查询

在数据库中，相关的数据一般被存储在多个表中。可以使用 SQL 的强大功能建立信息之间的联系并且查询相关数据。如果一个查询的结果来自多个表就需要做**连接查询**(join query)。连接查询是指一个查询需要做两个或多个表(也可以是视图)的连接。Oracle 支持两种连接查询的语法：ANSI SQL 标准连接语法和 Oracle 传统连接语法。

使用 ANSI 标准一般语法格式如下：

```
SELECT table1.column, table2.column
FROM table1 [INNER JOIN table2 USING(column_name)] |
[INNER JOIN table2 ON(table1.column_name = table2.column_name)] |
[NATURAL JOIN table2] |
[LEFT | RIGHT | FULL OUTER JOIN table2]
  ON (table1.column_name = table2.column_name)] |
[CROSS JOIN table2]
```

连接查询有多种类型，包括内连接、自然连接、外连接、交叉连接和自连接等。

3.3.1　内连接

内连接(inner join)是两个或多个表按照某种条件建立连接,结果只包含满足连接条件的行。内连接使用 INNER JOIN 或 JOIN 关键字连接表,然后按照两个表的字段值比较进行连接。

内连接遵循 SQL 标准的连接语法,它是在 FROM 短语后指定第一个表,然后使用 INNER JOIN 关键字与另一张表建立连接,同时需要指定连接的条件,其 FROM 子句的一般语法格式如下:

```
FROM < table_name1 > [INNER] JOIN < table_name2 > ON condition
FROM < table_name1 > [INNER] JOIN < table_name2 > USING (columns)
```

其中,table_name1 和 table_name2 表示连接的两个表名,condition 为连接条件,columns 为连接使用的列。关键字 INNER 可以省略。若连接条件涉及的列名不同,必须使用 ON 格式。若连接的表具有同名的列,可以使用 USING 格式,该格式在查询结果中只保留一个同名的列。

【例 3. 34】　要查询每个员工的员工号、姓名和所在部门的名称,该查询需要建立 EMPLOYEES 表和 DEPARTMENTS 表的连接,通过 DEPARTMENT_ID 属性建立连接。语句如下:

```
select employee_id,employee_name,department_name
from employees inner join departments
on employees.department_id = departments.department_id;
```

如果连接的表按两个表同名字段相等的条件连接,可以使用 USING 短语。例如,上述查询语句可以改写如下:

```
select employee_id,employee_name,department_name
from employees inner join departments
using (department_id);
```

【提示】　使用 USING 短语,在查询结果中同名字段只保留一个,因此在 SELECT 子句中引用同名字段时不需要指定表名。

【例 3. 35】　如果查询结果来自两个以上的表,在 FROM 子句中可以写多个 INNER JOIN 短语。要查询每个订单的订单号、订购日期、订购的商品名和数量。该查询需要用到 ORDERS、ORDERITEMS 和 PRODUCTS 表,使用 ANSI 语法如下:

```
select orders.order_id, orderdate, product_name,quantity
from orders inner join orderitems on orders.order_id = orderitems.order_id
        inner join products on orderitems.product_id = products.product_id;
```

该查询建立了 3 个表的连接。从上述语句中可以看到,需要写两个 ON 连接条件。由于连接的条件是同名字段,所以可以使用 USING 短语简化查询的写法,如下所示。

```
select order_id, orderdate, product_name,quantity
from orders inner join orderitems using(order_id)
        inner join products using(product_id);
```

在查询语句中可以为表取一个别名(alias),这有时可以简化查询的写法。为表指定别名的格式如下：

```
FROM table_name  alias
```

其中，alias 为表的别名。为表取别名的一个典型应用是为长表名指定一个短名称，例如：

```
SELECT * FROM some_very_long_table_name s
JOIN another_fairly_long_name a  ON s.id = a.num;
```

如果为表指定了别名，它就成了表的新名称，就不能再使用原来的表名引用表了，因此下面的语句是非法的：

```
SELECT * FROM my_table AS m WHERE my_table.a > 5;
```

要查询每个员工的员工号、姓名和所在部门的名称，下面的语句使用了表别名。

```
select employee_id,employee_name,department_name
from employees e inner join departments d
on e.department_id = d.department_id;        ◄────┤ 用别名引用字段
```

3.3.2　自然连接

自然连接（natural join）使用 NATURAL JOIN，且不需要使用 ON 或 USING 指定条件。自然连接要求连接的表必须有同名字段。自然连接的语法格式如下：

```
FROM < table_name1 > NATURAL JOIN < table_name2 >
```

【**例 3.36**】　查询每个员工的员工号、姓名和所在部门的名称。用如下自然连接语句：

```
select employee_id, employee_name, department_name
from employees natural join department;
```

自然连接是按连接表的同名字段值相等的条件连接，且同名字段在结果中只保留一个。

3.3.3　外连接

两个表做内连接时，结果只包含满足条件的记录，不满足条件的记录都会被舍弃。不满足连接条件的记录可能在左侧表中，也可能在右侧表中。

如果把舍弃的行也保存在结果中，而在其他属性上填空值（NULL），那么这种连接就叫作**外连接**（outer join）。有三种类型的外连接：**左外连接**（left outer join）、**右外连接**（right outer join）和**全外连接**（full outer join）。

在 Oracle 中实现外连接的语法有以下三种格式。

```
< table_name1 >{LEFT|RIGHT|FULL}[OUTER]JOIN < table_name2 > USING (columns)
< table_name1 >{LEFT|RIGHT|FULL}[OUTER]JOIN < table_name2 > ON condition
< table_name1 > NATURAL{LEFT|RIGHT|FULL}[OUTER]JOIN < table_name2 >
```

若进行外连接的两个表字段名相同，可以使用第一种格式；若外连接的两个表字段名不同或使用其他条件，则可使用第二种格式；若表在自然连接的结果上进行外连接，可以使用第三种格式。在每种格式中，OUTER 关键字都可以省略。

1. 左外连接

左外连接（left outer join）是在两个表的内连接的基础上保留左边表不能连接的记录。

【例 3.37】 下面语句查询 CUSTOMERS 表与 ORDERS 表左外连接的结果。

```
select * from customers c left join orders o
on c.customer_id = o.customer_id;
```

执行该查询可以看到，没有签订订单的客户信息也将出现在查询结果中。该查询也可以用下面两种方法写出。

```
select * from customers left join orders using (customer_id);
select * from customers natural left join orders;
```

2. 右外连接

右外连接（right outer join）是在两个表的内连接基础上保留右边表不能连接的记录。

【例 3.38】 下面语句查询 ORDERS 表与 EMPLOYEES 表右外连接的结果。

```
select * from orders o right join employees e
on o.employee_id = e.employee_id;
```

执行该查询可以看到，没有签订订单的员工信息也将出现在查询结果中。该查询也可以用下面两种方法写出。

```
select * from orders right join employees using (employee_id);
select * from orders natural right join employees;
```

3. 全外连接

全外连接（full outer join）是在两个表的内连接基础上保留左右两边不能连接的记录。

【例 3.39】 下面语句查询 CUSTOMERS 表与 ORDERS 表和 EMPLOYEES 表全外连接的结果。

```
select * from customers c
full join orders o on c.customer_id = o.customer_id
full join employees e on o.employee_id = e.employee_id;
```

执行该查询可以看到，没有签订订单的客户和员工信息都将出现在查询结果中。该查询也可以用下面的语句写出。

```
select * from customers natural full join orders
natural full join employees;
```

【提示】 Oracle 传统的外连接使用的操作符是圆括号括起来的加号（＋），这里不做介绍。

3.3.4 交叉连接

交叉连接（cross join）使用 CROSS JOIN 短语，例如：

```
select * from customers cross join orders order by employee_id;
```

交叉连接是 CUSTOMERS 表中的每行都与 ORDERS 表中每行连接作为结果的一行。如果 CUSTOMERS 表中有 m 行,ORDERS 表中有 n 行,则交叉连接的结果有 m×n 行。交叉连接实际就是两个关系作笛卡儿积的结果。

上述语句与下面两条语句等价:

```
select * from customers, orders order by employee_id;;
select * from customers inner join orders on 2 = 2
order by customers.customer_id;
```

3.3.5　自连接

自连接(self join)是一个表与它自己进行连接。为了说明自连接,我们修改 EMPLOYEES 表,为其增加一列 MANAGER_ID 表示一名员工的经理员工号,并为该列填充适当的值。

【例 3.40】　假设要查询员工号、姓名以及他的经理的姓名。实现该查询就需要做 EMPLOYEES 表的自身连接。

```
select e.employee_id, e.employee_name,m.employee_name
from employees e inner join employees m on e.manager_id = m.employee_id;
```

如果一个表要与其自身连接,则必须为表取别名。

3.3.6　Oracle 传统连接

前面介绍的各种 ANSI 连接方法都可以使用传统的 Oracle 连接语法实现。Oracle 连接语法是将需要连接的表列于 FROM 子句后面,而将连接条件写在 WHERE 子句中。例如,要查询每个员工的员工号、姓名和他所在的部门号与部门名。该查询用传统连接语法如下:

```
select employee_id, employee_name, e.department_id, department_name
from employees e, departments d
where e.department_id = d.department_id;
```

【例 3.41】　假设查询结果来自两个以上的表,表名都写在 FROM 子句中,连接条件写在 WHERE 子句中。例如,查询每个订单号、订购日期、订购的商品名和数量。该查询需要建立 ORDERS 表、ORDERITEMS 表和 PRODUCTS 表的连接。

```
select orders.order_id, orderdate, product_name, quantity
from orders , orderitems, products
where orders.order_id = orderitems.order_id and orderitems.product_id = products.product_id;
```

使用传统的 Oracle 自然连接语法,语句如下:

```
select employee_id, employee_name, department_name
from employees e, departments d
where e.department_id = d.department_id;
```

使用 Oracle 连接语法也可以实现外连接,它是通过在连接条件中使用加号(+)实现的。比如,查询 CUSTOMERS 表与 ORDERS 表左外连接的结果,它将加号(+)用在右侧表的连接属性后面,语句如下。

```
select * from customers c, orders o
where c.customer_id = o.customer_id( + );
```

如果要实现右外连接,需将加号（＋）用在左侧表的连接属性后面。下面语句查询 ORDERS 表与 EMPLOYEES 表右外连接的结果。

```
select * from orders o, employees e
where o.employee_id( + ) = e.employee_id;
```

执行该查询可以看到,没有签订订单的员工信息也将出现在查询结果中。

注意,Oracle 传统的外连接的使用有一些限制,只能在连接的一端使用外连接操作符（＋）,而不能在两端同时使用,也就是 Oracle 传统的外连接不能实现全外连接。另外,不建议使用 Oracle 传统语法连接表,因为它需要将连接条件写在 WHERE 子句中,而 WHERE 子句的目的是在结果上施加过滤条件,对于较复杂的连接,使用 ANSI 连接语法可以减少错误,增加灵活性。

实践练习 3-4　使用连接查询

本练习学习 Oracle 支持的各种连接语法。本练习仍然使用大学在线教学平台示例模式中的表完成各种连接查询。

（1）以 C＃UMOOC 身份连接到数据库。

```
C:\Users\lenovo > sqlplus  c#umooc/umooc
```

（2）查询"软件工程"专业的学生学号、姓名和专业名。该查询需要连接 STUDENTS 表和 MAJORS 表,并可使用三种连接方法实现。

使用自然连接实现如下：

```
select student_id,nstudent_ame,major_name from students
natural join majors where major_name = '软件工程';
```

使用 JOIN USING 子句实现如下：

```
select student_id,student_name,major_name from students
inner join majors using (major_code) where major_name = '软件工程';
```

使用 JOIN ON 子句实现如下：

```
select student_id,student_name,major_name from students s inner join majors m
on (s.major_code = m.major_code) where major_name = '软件工程';
```

（3）使用 NATURAL JOIN、JOIN USING 和 JOIN ON 可连接多个表。查询每个学生的姓名、出生日期和所在学院名,该查询需要连接 3 个表。

```
select student_name,birthday,college_name from students s
natural join majors m natural join colleges;
```

（4）使用自身连接查询每门课程的直接先修课名。该查询需要在 COURSES 表上做自身连接。

```
select c1.course_name , c2.course_name from courses c1
inner join courses c2 on (c1.precourse_id = c2.course_id);
```

（5）查询学院名以"信息"开头的学院号、学院名、学院教师号和教师名,结果要求包括还没有教师的学院。该查询需要使用左外连接实现。

```
select c.college_id,c.college_name,t.tutor_id,t.tutor_name from colleges c
```

```
left outer join tutors t on (c.college_id = t.college_id)
where c.college_name like '信息 % ' order by tutor_id;
```

COLLEGE_ID	COLLEGE_NAME	TUTOR_ID	NAME
3	信息科学与技术学院	006012	沈韬
3	信息科学与技术学院	007030	李小丽

（6）查询学生的专业号、专业名，学生的学号和姓名，结果要求包括还没有分配专业的学生信息。该查询需要使用右外连接实现。

```
select m.major_code,m.major_name, s.student_id, s.student_name
from majors m right join students s on (m.major_code = s.major_code);
```

3.4　子查询

子查询（subquery）是嵌套在 SELECT、INSERT、UPDATE 或 DELETE 语句内的一个完整查询语句。子查询为外层语句返回一行或一组行。

SQL 语言允许查询语句多层嵌套。即一个子查询中还可以嵌套其他子查询。子查询使我们可以用多个简单查询构建复杂的查询，从而增强 SQL 的查询能力。

在 Oracle 的 SQL 语句中可以使用子查询的位置如下：

- 在 SELECT、UPDATE、DELETE 的 WHERE 子句中。
- 在 INSERT 的 VALUES 中以及 SELECT 的列表中。
- 在 FROM 子句中和 HAVING 子句中。

3.4.1　带比较运算符的子查询

带比较运算符的子查询是指父查询和子查询之间用比较运算符进行关联。当用户能确切知道内层查询返回单值时，可用＞、＜、＝、＞＝、＜＝、!＝或＜ ＞等比较运算符。它的格式如下：

WHERE <列名> <比较运算符> (<子查询>)

下面是一个带子查询的查询，该查询返回工资最高的员工信息。

```
select * from employees
where salary =   (              ◄——| 父查询
      select max(salary) from employees);   ◄——| 子查询
```

本例中，下层查询块是嵌套在上层查询块的 WHERE 条件中。上层的查询块称为父查询，下层查询块称为子查询。

该查询首先求解子查询，子查询的结果用于建立其父查询的查询条件。这里，子查询的查询条件不依赖于父查询，称为**不相关子查询**。**标量子查询**（scalar subquery）是只返回一个值的查询：只有一行一列。SQL 语句中的许多地方都可以使用标量子查询，在这些地方也可以使用表达式或字面值。

【**注意**】　子查询必须用括号"（）"括起来。另外，子查询中不能包含 ORDER BY 子句。

【**例 3.42**】　下面语句查询工资高于所有员工平均工资的员工信息。

```
select * from employees
where salary > (select avg(salary) from employees);
```

3.4.2　带 IN 运算符的子查询

在嵌套查询中，子查询的结果往往是一个集合。所以谓词 IN 是嵌套查询中经常使用的谓词，它的语法格式如下：

WHERE <列名> [NOT] IN (<子查询>)

其中，子查询必须是仅返回一列的查询。左边的表达式与子查询结果的每个值进行比较，如果有一结果行与表达式值相等，则返回 TRUE；否则返回 FALSE。

【例 3.43】　下面语句查询订购了 802 号商品的订单信息。

```
select * from orders
where order_id in ( select order_id from orderitems where product_id = '802');
```

【例 3.44】　下面语句查询没有订购任何商品的客户号和姓名。

```
select customer_id , customer_name from customers
where customer_id not in (select customer_id from orders);
```

3.4.3　带 SOME 或 ALL 谓词的子查询

子查询返回单值时可以使用比较运算符，但返回多值时要使用 SOME 或 ALL 谓词。SOME 表示某一个，ALL 表示所有的。也可以用 ANY 替换 SOME，但用 ANY 容易产生歧义，故不建议使用。使用 SOME 或 ALL 谓词时必须同时使用比较运算符，其一般语法格式如下：

WHERE <列名> <比较运算符> SOME(<子查询>)

比较运算符与 SOME 和 ALL 的结合及语义如表 3-3 所示。

表 3-3　比较运算符与 SOME 和 ALL 的结合及语义

操 作 符	语 　义
＞SOME(<子查询>)	大于子查询结果中的某个值
＞ALL(<子查询>)	大于子查询结果中的所有值
＜SOME(<子查询>)	小于子查询结果中的某个值
＜ALL(<子查询>)	小于子查询结果中的所有值
＞＝SOME(<子查询>)	大于或等于子查询结果中的某个值
＞＝ALL(<子查询>)	大于或等于子查询结果中的所有值
＜＝SOME(<子查询>)	小于或等于子查询结果中的某个值
＜＝ALL(<子查询>)	小于或等于子查询结果中的所有值
＝SOME(<子查询>)	等于子查询结果中的某个值，即相当于 IN
＝ALL(<子查询>)	等于子查询结果中的所有值（通常没有实际意义）
!＝(或＜＞)SOME(<子查询>)	不等于子查询结果中的某个值
!＝(或＜＞)ALL(<子查询>)	不等于子查询结果中的任何一个值，即相当于 NOT IN

【例 3.45】 查询工资低于某一女员工工资的男员工信息。

```
select * from employees where gender = '男' and
salary < some (select salary from employees where gender = '女');
```

此查询执行时,首先处理子查询,找出女员工的所有工资,构成一个集合(4000,3000)。然后处理父查询,找出所有男员工且工资小于 4000 或 3000 的职工。

本查询也可以用分组函数实现。首先用子查询找出女职工的最高工资(4000),然后在父查询中查出所有工资小于 4000 的男职工信息。SQL 语句如下:

```
select * from employees where gender = '男' and
salary <(select max(salary) from employees where gender = '女');
```

事实上,用分组函数实现子查询比直接用 SOME 或 ALL 查询效率要高。

【例 3.46】 考虑下面查询。查询工资低于本部门平均工资的员工信息,要完成这个查询,对每名员工都需要计算他所在部门的所有员工的平均工资,这时需要将员工的部门号传递给子查询。语句如下:

```
select * from employees p
where p.salary <(select avg(salary) from employees s
            where s.department_id = p.department_id);
```

该查询中,子查询从父查询中引用 p.department_id。这说明,要为父查询中的每一行计算一次子查询。执行这个查询,系统会查找 EMPLOYEES 表的每一行,并使用当前行的 DEPARTMENT_ID 运行子查询。

上述语句的执行步骤如下:

(1) 从 EMPLOYEES 表的第一行开始。

(2) 读取当前列的 DEPARTMENT_ID 和 SALARY 值。

(3) 使用来自第(2)步的 DEPARTMENT_ID 运行子查询。

(4) 比较第(3)步的结果和第(2)步得出的 SALARY,如果 SALARY 小于结果,那么就返回改行。

(5) 继续执行 EMPLOYEES 表的下一行。

(6) 从第(2)步重复开始。

这里,在子查询中引用了父查询表中的字段值(p.department_id),这样在每次求解子查询时需要使用父查询的一个字段值,这样的子查询称为**相关子查询**。

3.4.4 带 EXISTS 谓词的子查询

EXISTS 为存在量词。带 EXISTS 谓词的子查询主要用来判断子查询结果是否存在。它用在外层查询的条件中,一般语法格式如下:

```
WHERE [NOT] EXISTS(<子查询>)
```

使用存在量词 EXISTS 后,若子查询结果非空,则外层的 WHERE 子句返回真值;否则返回假值。

【例 3.47】 下面语句查询已签订了订单的客户信息。

```
select * from customers
```

```
where exists (select * from orders where customer_id = customers.customer_id);
```

由 EXISTS 引出的子查询,其目标列表达式通常使用 *,因为带 EXISTS 的子查询只返回真值或假值,给出列名无实际意义。该查询中子查询使用了父查询的字段(customers.customer_id),因此它是相关子查询。

与 EXISTS 谓词相对应的是 NOT EXISTS 谓词。使用 NOT EXISTS 后,若内层查询结果为空,则外层的 WHERE 子句返回真值;否则返回假值。

【例 3.48】 下面语句查询没有签订订单的客户信息。

```
select * from customers
where not exists (
    select * from orders where customer_id = customers.customer_id);
```

3.4.5　DML 语句中的子查询

在 DML 语句中可以使用子查询,这些语句包括 INSERT、UPDATE 和 DELETE 等。下面语句向 EMPLOYEES 表中插入一条记录。

```
insert into employees values((select max(employee_id) + 1 from employees),
            '张大海', '女', '05 - 10 月 - 92',5600, 3);
```

VALUES 子句中通过一个子查询为插入语句提供字段值,该子查询首先从 EMPLOYEES 表中查询出最大的员工号,然后将它作为插入语句的字段值插入表中。

在 DELETE 语句的 WHERE 条件中可以使用子查询,下面语句删除部门"销售部"的所有员工信息。

```
delete from employees where department_id =
    (select department_id from departments where department_name = '销售部');
```

在 UPDATE 语句的 WHERE 条件和 SET 子句中都可以使用子查询,下面代码将部门"人力资源部"的所有员工工资增加 10%。

```
update employees set salary = salary * 1.1 where department_id =
    (select department_id from departments where department_name = '人力资源部');
```

将员工"张大海"的工资修改为与 1005 的员工相同的工资。

```
update employees set salary = (
    select salary from employees where employee_id = 1005)
where employee_name = '张大海';
```

实践练习 3-5　使用子查询

本练习将学习 Oracle 支持的子查询。本练习使用大学在线教学平台 C## UMOOC 示例模式中的表完成各种子查询。

(1)使用 SQL Developer 或 SQL Plus 连接到 C## UMOOC 示例模式。

```
C:\Users\lenovo > sqlplus c## umooc/unimooc
```

(2)写一个查询,在投影列使用子查询,报告目前的学院数和学生人数。

```
select sysdate 日期, (select count( * ) from colleges) 学院数,
```

```
(select count( * ) from students ) 学生人数 from dual;
日期                    学院数              学生人数
--------------      --------        ----------

06 - 8 月               5              10
```

（3）查询工资低于所有教师平均工资的教师信息。

```
select * from tutors
where salary < (select avg(salary) from tutors);
```

（4）子查询可以多级嵌套，下面语句查询讲授"数据结构"课程的教师信息，这需要 3 层子查询。

```
select * from tutors where tutor_id in
  (select tutor_id from sections where course_id = (
    select course_id from courses where course_name = '数据结构'));
```

🔑 3.5　复合查询

在 Oracle 中可以使用集合运算符将两个或多个 SELECT 语句的结果作为输入，从中生成一个结果集，这就是所谓的**复合查询**（compound query）。Oracle 提供 3 种集合运算符：UNION、INTERSECT 和 MINUS。UNION 可以使用 ALL 限定。

- UNION ALL 返回两个查询的合并行，不排序也不删除重复行。
- UNION 返回两个查询的合并行，排序这些行并删除重复行。
- INTERSECT 只返回同时出现在两个查询结果集中的行，排序这些行并删除重复行。
- MINUS 只返回第一个结果集中的行，这些行没有出现在第二个结果集中，排序这些行并删除重复行。

为实现上述运算需要两个查询结果返回的列数相同，并且对应的列具有兼容的数据类型。复合查询的语法格式如下：

```
query1 UNION [ALL] query2;
query1 INTERSECT query2;        ◄──── 分别返回两个查询结果行的并集、
query1 MINUS query2;                  交集和差集
```

这里，query1 和 query2 是两个查询语句。使用 UNION 是将查询 query2 的结果追加到查询 query1 的结果后面。使用 INTERSECT 将返回既属于查询 query1 又属于查询 query2 的行。使用 MINUS 将返回属于查询 query1 的而不属于查询 query2 的行。默认情况下将消除重复的行，如果要保留重复的行，可使用 ALL 短语。

3.5.1　UNION ALL 运算符

UNION ALL 是将两个查询结果合并为一个结果集。来自两个查询的结果集必须具有相同的列数。两个查询对应的列必须是数据类型兼容的，这些列的名称不一定相同。

【例 3.49】　下面语句查询所有女员工和工资高于 3000 的员工的信息。

```
select employee_id, employee_name,gender,salary from employees
where gender = '女'
```

```
union all
select employee_id, employee_name,gender,salary from employees
where salary > 3000;
```

使用 UNION ALL 运算符不去掉重复的行,因此结果包含两个查询的所有行,结果不排序。

3.5.2 UNION 运算符

UNION 是在 UNION ALL 的基础上去掉重复的行,并且按照结果的第一列的值排序输出。

【例 3.50】 下面语句查询所有女员工和工资高于 3000 的员工的信息。

```
select employee_id, employee_name,gender,salary from employees
where gender = '女'
union
select employee_id, employee_name,gender,salary from employees
where salary > 3000;
```

由于两个查询结果来自同一个表数据,所以上述语句还可以使用下面语句完成,这里使用 OR 运算符构成复合条件。但如果两个查询数据来自不同的表就不能使用这种方法。

```
select employee_id, employee_name,gender,salary  from employees
where gender = '女' or salary > 3000;
```

3.5.3 INTERSECT 运算符

INTERSECT 运算符实现两个查询结果的交集运算,也就是返回两个查询公共的记录。

【例 3.51】 下面语句查询所有男员工并且工资低于 4000 的员工的信息。

```
select employee_id, employee_name,gender,salary  from employees where
gender = '男'
intersect
select employee_id, employee_name,gender,salary from employees
where salary < 4000;
```

由于两个查询各有 2 行是相同的,因此结果返回这 2 行。

3.5.4 MINUS 运算符

MINUS 运算符将执行两个查询,它只返回第一个结果集中的行,但这些行不在第二个结果集中,它实现集合的差运算。

【例 3.52】 下面语句查询所有男员工且不包含工资低于 4000 的员工的信息。

```
select employee_id, employee_name,gender,salary  from employees where gender = '男'
minus
select employee_id, employee_name,gender,salary from employees where salary < 4000;
```

说明:上述几个例子的查询结果都是来自一个表(EMPLOYEES),复合查询的结果也可以来自不同的表,但要求两个查询结果列数相同且对应列的数据类型兼容。

3.5.5　控制返回行的顺序

默认情况下，使用 UNION ALL 复合查询的输出结果不排序，它按列出的查询结果排序。其他集合运算符的输出按所有列的升序排序，从命名的第一列开始。

从语法上说，不能在组成复合查询的单个查询上使用 ORDER BY 子句，这是因为，大多数复合查询的执行必须排列行，这可能与 ORDER BY 子句产生冲突。然而，可以在复合查询的末尾添加 ORDER BY 子句对整个结果进行排序。指定的 ORDER BY 子句可以基于任何列，按任何顺序排列。

【例 3.53】　下面语句对查询结果按工资的顺序升序排列。

```
select employee_id, employee_name,gender,salary from employees where gender = '女'
union
select employee_id, employee_name,gender,salary from employees where salary > 3000
order by salary;
```

🔑 本章小结

本章讨论了以下主要内容：

- 使用 SELECT 实现简单查询、查询指定的列、查询满足条件的记录、对查询结果排序。
- 分组函数作用于一组数据，并且针对每个组返回单个结果。使用 GROUP BY 子句可以将查询结果按一列或多列的值分组，值相等的为一组。如果需要限制分组结果，需要使用 HAVING 子句。
- 连接查询，从多个表中查询数据，包括内连接、自然连接、交叉连接、外连接和自连接等。
- 子查询是嵌套在 SELECT、INSERT、UPDATE 或 DELETE 语句内或者嵌套在其他子查询内的查询。在子查询中可使用多种运算符，如 IN、SOME、ALL 和 EXISTS 等。
- 复合查询可实现将两个或多个 SELECT 语句的结果进行集合运算，可实现并（UNION）、交（INTERSECT）和差（MINUS）运算。

🔑 习题与实践

一、填空题

1. 使用 SQL Plus 查看 CUSTOMERS 表结构的命令是_____，结果包含的列有_____。

2. 在为查询结果排序时，如果要将排序字段含有 NULL 值的行排在最前面，应该使用的关键字是_____。

3. 假设 EMPLOYEE 表中有 10 条员工记录，第一条记录的 SALARY 值为 NULL，其他记录的 SALARY 中为 100。前 5 行和后 5 行的 DEPT_ID 值分别为 10 和 20。执行下面语句返回_____行数据。

```
select dept_id, sum(salary) from employee group by dept_id
having sum(salary) > 400;
```

4. 下面的查询语句使用 Oracle 传统连接的语法为_____。

```
select * from employees e join departments d
on (e.department_id = d.department_id);
```

二、选择题

1. 为了去除结果集中重复的行,可在 SELECT 语句中使用的关键字是(　　)。
　　A. ALL　　　　　　B. DISTINCT　　　　C. SPOOL　　　　　　D. HAVINE

2. 要从 DPARTMENTS 表中查询 DEPARTMENT_NAME 列中包含字符串"er"的行,SELECT 语句是:SELECT DEPARTMENT_NAME FROM DEPARTMENTS,它的 WHERE 子句应该为(　　)。
　　A. WHERE DEPARTMENT_NAME IN ('%e%r');
　　B. WHERE DEPARTMENT_NAME LIKE'%er%';
　　C. WHERE DEPARTMENT_NAME BETQEEN'e' AND 'r';
　　D. WHERE DEPARTMENT_NAME CONTAINS'e%r';

3. 在 Oracle 中,用于限制分组函数的返回值的子句是(　　)。
　　A. WHERE　　　　　　　　　　　　B. HAVING
　　C. ORDER BY　　　　　　　　　　D. 无法限定分组函数的返回值

4. 查询一个表的总记录数,可以使用(　　)统计函数。
　　A. AVG(*)　　　　B. SUM(*)　　　　C. COUNT(*)　　　D. MAX(*)

5. 关于下面的查询,说法正确的是(　　)。

```
select * from employees e
join departments d on (e.department_id = d.department_id)
join locations l on (l.location_id = d.location_id);
```

　　A. 不允许连接 3 个表　　　　　　　B. 生成笛卡儿乘积
　　C. JOIN...ON 子句可用于多表连接　　D. 以上都不对

6. 下面是带子查询的语句,何时执行子查询?(　　)

```
select employee_id, employee_name from employees
where salary > (select avg(salary) from employees);
```

　　A. 在外查询之前执行子查询
　　B. 在外查询之后执行子查询
　　C. 与外查询同时执行子查询
　　D. 子查询为 EMPLOYEES 表中的每一行都要执行一次

7. 下面不从结果中删除重复的行的运算是(　　)。
　　A. UNION　　　　B. INTERSECT　　　　C. MINUS　　　　　D. UNION ALL

8. 如果复合查询既包含 MINUS 又包含 INTERSECT 运算符,那么先执行哪个运算符?(　　)

A．INTERSECT,因为 INTERSECT 比 MINUS 优先级高

B．MINUS,因为 MINUS 比 INTERSECT 优先级高

C．按它们出现的次序执行

D．复合运算不可能既包含 MINUS 又包含 INTERSECT

三、简答题

1．查询 EMPLOYEES 表中工资从低到高排列,要输出第 10～19 条记录,应该如何写该查询语句?

2．ANSI SQL 标准的表连接有哪些类型?

3．SELECT 语句中可以使用子查询,试述子查询允许出现的位置。

四、综合操作题

1．假设已完成实践练习 1-8 创建了 C＃SCOTT 模式,在 C＃SCOTT 模式中完成下面的操作。

(1) 查询部门 30 中的所有员工信息。

(2) 查询所有办事员(Clerk)的姓名、编号和部门名信息。

(3) 查询津贴高于工资的所有员工信息。

(4) 查询津贴比工资高 60％的所有员工信息。

(5) 查询部门 10 中所有经理和部门 20 中的所有办事员的详细资料。

(6) 显示员工的详细资料,按姓名排序。

(7) 显示员工姓名,根据其服务年限,将最老的员工排在最前面。

(8) 对于每个员工,查询他们加入公司的天数。

2．假设已经创建了 C＃UMOOC 模式(见第 2 章综合操作题),建立了该模式中所有表并插入了数据,完成下面的查询。

(1) 查询 2024 年入学的所有学生信息。

(2) 查询"软件工程"专业的所有学生信息(要求分别使用连接查询和子查询实现)。

(3) 查询每个学院的学院号、学院名和该学院的专业数。

(4) 查询比所有教授平均工资高的教师信息。

(5) 查询选修了"数据结构"课程的学生信息。

(6) 查询讲授"数据结构"课程的教师信息。

(7) 查询每个学生学号、姓名、2024 年秋季学期所选课程的总成绩,要求结果按总成绩降序排序,且只显示前 3 名学生信息。

(8) 查询所有开设了课程的教师信息。

(9) 查询每名教师号、教师姓名和所开设课程名,要求没有开课的教师信息也显示出来。

(10) 查询教师名和学生名重名的人。

(11) 查询至少选修了 3 门课的学生信息。

(12) 查询选修了"李小丽"老师所开设课程的学生信息。

3．假设 EMPLOYEES 表中共有 1000 行记录,要分页显示表中记录,要求每页显示 12 条记录。现要显示第 8 页记录和最后一页记录,请分别写出查询语句。

第4章

常用内置函数

CHAPTER 4

函数是 Oracle 数据库提供的一种重要功能，它可以使用户方便地完成各种运算。在 Oracle 中可以使用两种函数：内置函数和用户自定义函数。

本章主要介绍 Oracle 的常用内置函数，包括数值函数、字符函数、日期时间函数、转换函数、条件函数等。

4.1 函数概述

函数（function）是完成某种功能的程序段，它存储在数据库中，需要时通过函数名调用。函数可带 0 个或多个参数，每次调用返回一个值。数据库使用函数完成某些计算和表中的数据操作。Oracle 数据库提供了丰富的内置函数，用户也可以根据需要定义自己的函数，将经常需要进行的计算写成函数。函数可以用在 SQL 命令的表达式或 PL/SQL 程序中。

一个函数有三个重要组成部分。第一是输入参数列表。它指定零个或多个参数，这些参数可以作为输入传递给函数处理，这些参数可具有不同的数据类型。第二是返回值的数据类型。函数每次执行时，返回一个预定数据类型的值。第三是封装函数执行处理的细节，包含可选操作输入参数、执行计算并生成返回值的程序代码。

函数可以作用于多种数据类型，常用的包括字符、日期和数字数据。函数的操作数可以是列或表达式。函数也可以嵌套在其他函数内。

函数广义地分为两大类：单行函数和分组函数。

1. 单行函数

单行函数（single-row functions）用于计算并返回数据集中各行的值。有几种类型的单行函数，包括数值函数、字符函数、日期时间函数、转换函数和条件函数。这些函数每次作用于数据集的一行。如果查询选择 10 行，函数就会执行 10 次，每行一次，并用来自该行的值作为输入。

【例 4.1】 查询 WEBSTORE 模式的 EMPLOYEES 表的两列以及一个对 EMPLOYEE_NAME 列使用 LENGTH 函数的表达式。

```
SQL> select employee_id, employee_name, length(employee_name)
  2   from employees;
```

该查询对 EMPLOYEES 表的每行都要计算 EMPLOYEE_NAME 列值的长度。EMPLOYEES 表共有 5 行记录，因此函数被执行了 5 次，每次返回一个结果。

单行函数的输入值可以是用户指定的常量、列数据、变量或者由其他嵌套的单行函数提供的表达式。函数可依据输入参数返回不同类型的值。前面的查询显示了 LENGTH 函数如何接收一个字符输入参数，返回数字输出。

单行函数除了可以包含在 SQL 的 SELECT 查询列表中外，还可以在 WHERE 和 ORDER BY 子句中使用。

2. 分组函数

顾名思义，**分组函数**（group functions）每次作用于一组行。可以使用分组函数来计算数值列值的和或平均值，或者计算集合中记录的总数。这些函数有时称为**聚合函数**（aggregate functions）或多行函数。

【例 4.2】 查询计算男女员工的工资之和。

```
SQL> select gender, sum(salary) as 总工资
  2   from employees group by gender;
```

4.2　数值函数

数值函数是指函数的输入参数和返回值一般是数值类型，通常完成数值运算。常用的数值函数有三角函数、指数函数、对数函数等。表 4-1 给出了常用的数值函数。

表 4-1　常用的数值函数

函　数　名	功　　能
ABS(n)	返回参数 n 的绝对值
SIN(n)	返回参数 n 的正弦值，n 是弧度值
COS(n)	返回参数 n 的余弦值，n 是弧度值
SIGN(n)	返回参数 n 的符号。若 n 是正数，返回 1；是负数，返回 −1；是 0，则返回 0
SQRT(n)	返回参数 n 的平方根。n 的值应大于或等于 0
EXP(n)	返回 e 的 n 次幂，其中 e 约等于 2.718 281 83
POWER(m, n)	返回参数 m 的 n 次幂
LOG(m,n)	返回以 m 为底 n 的对数
LN(n)	返回以 e 为底 n 的对数
CEIL(n)	返回大于或等于 n 的最小整数值，一般称为天花板函数
FLOOR(n)	返回小于或等于 n 的最大整数值，一般称为地板函数
MOD(m, n)	返回 m 除以 n 后的余数
ROUND(n [,m])	四舍五入函数。m 必须是整数，若大于 0 则将 n 舍入到小数点后第 m 位，若 m 小于 0 则将 n 舍入到小数点左边第 m 位
TRUNC(n [,m])	截短函数。它与 ROUND 函数的区别是不进行四舍五入

数值函数与其他函数的最大区别是它们只接收和返回数值数据。本节重点介绍 MOD、ROUND 和 TRUNC 函数。

1. MOD 函数

MOD 函数用于计算两个数相除运算的余数。该函数需要两个数值参数，第一个参数是被除数，第二个参数是除数。其语法是 MOD(m,n)。参数 m 和 n 都可以是表示数值的数字字面值、列名或者表达式。它们可以是整数，也可以是浮点数；可以是正数，也可以是负数。

【例 4.3】　MOD 函数的使用。

```
查询 1:select mod(6,2) from dual;
查询 2:select mod(8,3) from dual;
查询 3:select mod(7,35) from dual;
查询 4:select mod(5.2,3) from dual;
```

查询 1 返回 6 除以 2 的余数，结果为 0。查询 2 用 8 除以 3，商为 2，余数为 2。查询 3 用 7 除以 35，因为除数大于被除数，商为 0，余数为 7。查询 4 的被除数带小数，5.2 除以 3，商为 1，余数为 2.2。

2. ROUND 函数

ROUND 函数根据给定的小数精度对数值进行四舍五入运算。ROUND 函数有两个参数。其语法是 ROUND(n［,m］)。m 必须是整数,若大于 0 则将 n 舍入到小数点后第 m 位,若 m 小于 0 则将 n 舍入到小数点左边第│m│＋1 位。省略 m 与 m 的值为 0 含义相同,即舍入到整数。

【例 4.4】　ROUND 函数的使用。

```
查询 1:select round(1234.567,1) from dual;
查询 2:select round(1234.567,2) from dual;
查询 3:select round(1234.567, - 2) from dual;
查询 4:select round(1234.567) from dual;
```

查询 1 的 m 值为 1,表示将源数字舍入到小数点后第 1 位,结果为 1234.6。查询 2 的 m 值为 2,表示将源数字舍入到小数点后第 2 位,结果为 1234.57。查询 3 的 m 值为－2,表示将源数字舍入到小数点左第 3 位,即百位,结果为 1200。查询 4 省略 m,表示将源数字舍入到整数,结果为 1235。

3. TRUNC 函数

TRUNC 函数根据给定的小数精度对数值进行截断运算。TRUNC 函数有两个参数。其语法格式是 TRUNC(n［,m］),它与 ROUND 函数的区别是不进行舍入。

【例 4.5】　TRUNC 函数的使用。

```
查询 1:select trunc(1601.916,1) from dual;
查询 2:select trunc(1601.916,2) from dual;
查询 3:select trunc(1601.916, - 2) from dual;
查询 4:select trunc(1601.916) from dual;
```

查询 1 的 m 值为 1,表示将源数字截断到小数点后第 1 位,结果为 1601.9。查询 2 的 m 值为 2,表示将源数字截断到小数点后第 2 位,结果为 1601.91。查询 3 的 m 值为－2,表示将源数字截断到小数点左第 3 位,即百位,结果为 1600。查询 4 省略 m,表示将源数字小数截断,结果为 1601。

实践练习 4-1　使用数值函数

本练习将学习常用数值函数的使用。

(1) 使用 SQL Developer 或 SQL Plus 连接到 C## WEBSTORE 模式。

(2) 执行下列查询,练习 CEIL 和 FLOOR 函数的使用,观察输出结果。

```
select ceil(3.14) from dual;
seelct floor(3.14) from dual;
select ceil( - 3.14) from dual;
seelct floor( - 3.14) from dual;
```

(3) 执行下列查询,练习 MOD 函数的使用。

```
select mod(6,2) from dual;
seelct mod(5,3) from dual;
```

(4) 执行下列查询,练习 ROUND 函数的使用。

```
select round(153.456) from dual;
seelct round(153.456,2) from dual;
select round(153.456, - 2) from dual;
```

(5) 执行下列查询，练习 TRUNC 函数的使用。

```
select trunc(153.456) from dual;
seelct trunc (153.456,2) from dual;
select trunc (153.456, - 2) from dual;
```

4.3　字符函数

字符函数的输入参数是字符类型，返回值可能是字符型或数值型。表 4-2 给出了 Oracle 常用的字符函数。

表 4-2　Oracle 常用的字符函数

函　数　名	功　能
ASCII(str)	返回参数字符串第一个字符的 ASCII 码值
CHR(n)	返回数值参数 n 对应的字符
LENGTH(str)	返回参数 str 字符串的长度，即包含的字符个数
UPPER(str)	将参数 str 字符串中每个字符转换为大写字符返回
LOWER(str)	将参数 str 字符串中每个字符转换为小写字符返回
INITCAP(str)	将参数 str 字符串中每个单词首字母变成大写，其他字母变成小写返回
CONCAT(str1, str2)	将参数 str1 和 str2 两个字符串连接后返回
SUBSTR(str,m[,n])	从字符串 str 中返回一个子串
INSTR(str1,str2[,n[,m]])	返回子串 str2 在源串 str1 中出现的位置
LPAD(str1,n,str2)	左补位函数。在字符串 str1 的左端用 str2 补足到 n 位，str2 可重复多次
RPAD(str1,n,str2)	右补位函数。在字符串 str1 的右端用 str2 补足到 n 位，str2 可重复多次
TRIM(c2 FROM c1)	从字符串 c1 的前后截去 c2 字符串
LTRIM(c1[,c2])	从字符串 c1 的左侧截去 c2 子串。若没有 c2，则截去空格
RTRIM(c1[,c2])	从字符串 c1 的右侧截去 c2 子串。若没有 c2，则截去空格
REPLACE(str1,str2[,str3])	字符串替换函数，返回用 str3 替换 str1 中的 str2 的字符串

字符函数的参数可以是任何字符串字面值、字符型列值、字符表达式或者数字或日期值（数字和日期可被隐式转换为字符串）。

1. LENGTH 函数

LENGTH 函数返回组成字符串的字符数。空格、制表符和特殊字符都被 LENGTH 函数计算在内。LENGTH 函数只有一个参数，其语法格式是 LENGTH(s)。

【例 4.6】　LENGTH 函数的使用。

```
select * from employees where length(employee_name) > 2;
```

该查询用于从 EMPLOYEES 表中查询 EMPLOYEE_NAME 长度超过 2 个字符的员工信息。提示：一个汉字算一个字符。

2. LOWER 函数

LOWER 函数将参数字符串中所有大写字符转换为小写字符。其语法格式是 LOWER(str)。

【例 4. 7】　LOWER 函数的使用。

```
select lower('SQL'), lower(100 + 100)from dual;
```

该查询返回字符串"sql"和"200"。LOWER 函数参数可以是数字类型或日期类型。在执行 LOWER 函数之前,先计算数字和日期表达式,并将结果隐式转换为字符数据。

下列查询在条件中使用 LOWER 函数查找 LAST_NAME 中包含"ur"的记录,不区分大小写。

```
select first_name, last_name, lower(last_name) from employees
where lower(last_name) like '%ur%';
```

3. UPPER 函数

UPPER 函数与 LOWER 函数的逻辑相反,它将参数字符串中所有小写字符转换为大写字符。其语法格式是 UPPER(s)。

【例 4. 8】　UPPER 函数的使用。

```
select * from countries where upper(country_name) like '%R%S%A%';
```

该查询从 COUNTRIES 表中查询 COUNTRY_NAME 中依次包含字母"R"、"S"和"A"的行。

4. CONCAT 函数

CONCAT 函数用于连接两个字符字面值、列或表达式,从而生成一个更大的字符表达式。CONCAT 函数有两个参数,其语法是 CONCAT(s1,s2),其中 s1 和 s2 表示字符串字面值、字符列或字符表达式。

【例 4. 9】　CONCAT 函数的使用。

```
select concat('今天的日期是:',sysdate)  as today from dual;
```

CONCAT 函数第二个参数 SYSDATE 返回系统当前日期。这个值被隐式转换为字符串,第一个参数的字面值连接这个字符串。如果当前系统日期是"06-8 月-24",该查询返回的字符串为"今天的日期是:06-8 月-24"。

还可以使用运算符"||"连接两个字符串,如下所示。

```
select '今天的日期是:'|| sysdate  as today from dual;
```

5. INITCAP 函数

INITCAP 函数将字符串转换为首字母大写的形式。字符串中每个单词的第一个字母都被转换为大写形式,而每个单词的余下字母被转换为小写字母形式。

【例 4. 10】　INITCAP 函数的使用。

```
select initcap('heLLO, wORld') from dual;
```

该查询返回字符串"Hello,World"。

6. INSTR 函数

INSTR 函数查找一个字符串在给定字符串中出现的位置。它返回数字位置,位置从 1

开始。如果查找的字符串不存在,函数返回 0。

INSTR 函数有两个必选参数和两个可选参数。其语法是 INSTR(str1,str2 [,n[,m]])。它查找字符串 str2 在字符串 str1 中第一次出现的位置。n 表示搜索起始位置,m 表示第几次出现。

【例 4.11】 INSTR 函数的使用。

```
查询 1:select instr('1 * 3 * 5 * 7 * 9 * 0', ' * ') from dual;
查询 2:select instr('1 * 3 * 5 * 7 * 9 * 0', ' * ',5) from dual;
查询 3:select instr('1 * 3 * 5 * 7 * 9 * 0', ' * ',3,4) from dual;
```

查询 1 从源字符串的开始位置搜索" * "第 1 次出现的位置,返回结果 2。查询 2 从源字符串的第 5 个字符位置搜索" * "第 1 次出现的位置,返回结果 6。查询 3 从源字符串的第 3 个字符开始搜索" * "第 4 次出现的位置,返回结果 10。

7. SUBSTR 函数

SUBSTR 函数从源字符串中给定的位置开始,提取指定长度的子字符串。SUBSTR 函数有 3 个参数,前两个是必需的。其语法是 SUBSTR(str,m [,n])。m 指定起始位置,n 指定提取的字符个数。默认为 n,则返回从起始位置开始到字符串结尾的子字符串。

【例 4.12】 SUBSTR 函数的使用。

```
查询 1:select substr('Oracle Database',8) from dual;
查询 2:select substr('Oracle Database',8,4) from dual;
查询 3:select substr('Oracle Database', - 6,3) from dual;
```

查询 1 从位置 8 开始提取子字符串,因为没有指定第 3 个参数,所以一直取到源字符串末尾,返回"Database"。查询 2 指定第 3 个参数,即取 4 个字符,返回"Data"。查询 3 的第 2 个参数是负数,表示从源字符串的末尾倒数第 6 个字符开始提取 3 个字符,返回"tab"。

8. LPAD 函数和 RPAD 函数

LPAD 函数和 RPAD 函数也称为左填充和右填充函数,它们分别返回在给定字符串左边或右边填充指定数量的字符后形成的字符串。用于填充的字符串包括字符字面值、列值、表达式、空格(默认)、制表符和特殊字符。

LPAD 函数和 RPAD 函数有 3 个参数。其语法是 LPAD(string,n[,pad_string])和 RPAD(string,n [,pad_string])。其中 string 表示源字符串,n 表示最终返回的字符串长度,pad_string 表示用于填充的字符串。该参数可以缺省,缺省时使用空格填充。使用 LPAD 函数,填充字符串被添加到源字符串的左侧,直到其长度为 n 为止。使用 RPAD 函数,填充字符串被添加到源字符串的右侧,直到其长度为 n 为止。

【例 4.13】 LPAD 函数和 RPAD 函数的使用。

```
查询 1:select lpad('HELLO',10, ' * ') from dual;
查询 2:select rpad('HELLO',10, ' * ') from dual;
```

查询 1 在字符串"HELLO"左侧填充若干" * "字符,直到字符串达到 10 个字符,返回" ***** HELLO"。查询 2 在字符串"HELLO"右侧填充若干" * "字符,直到字符串达到 10 个字符,返回"HELLO ***** "。

实践练习 4-2　常用字符函数的使用

本练习将学习常用字符函数的使用。使用 SQL Developer 或 SQL Plus 连接到 C # # WEBSTORE 模式。

（1）执行下列查询，练习 ASCII 和 CHR 函数的使用，观察输出结果。

```
select ascii('ABCD') from dual;
seelct chr(98) from dual;
```

两个查询的结果分别是 65 和 b。字符 A 的 ASCII 码值是 65，而 98 则表示字符是 b。

（2）执行下列查询，练习 CONCAT 函数的使用。

```
select concat('今天的日期是:', sysdate) from dual;
```

CONCAT 函数的第二个参数是 SYSDATE，它返回当前系统日期。这个值被隐式转换为字符串，第一个参数的字面值与这个字符串连接。

（3）执行下列查询，练习 INITCAP 函数的使用。

```
select initcap('no pains,no gains') as result from dual;
RESULT
------------------
No Pains,No Gains
```

（4）执行下列查询，练习 SUBSTR 函数的使用。

```
select substr('1 * 3 * 5 * 7 * 9 *', 5) from dual;
select substr('1 * 3 * 5 * 7 * 9 *', 5,3) from dual;
select substr('1 * 3 * 5 * 7 * 9 *', -3,2) from dual;
```

第一个查询返回结果是"5 * 7 * 9 *"，第二个查询返回结果是"5 * 7"，最后一个查询的第二个参数是负值，它表示从字符串的末尾向前搜索 3 个字符，然后取出 2 个字符，因此结果是" * 9"。

4.4　日期时间函数

Oracle 数据库能够很好地处理跟日期和时间有关的时态数据。首先，Oracle 提供了多种时态数据类型，如存储日期和时间的 DATE 类型，还有 TIMESTAMP 时间戳类型、时间间隔类型，有时还涉及时区等。Oracle 还提供了日期函数操作日期数据。

日期时间函数看起来有些复杂，首先，在世界不同的地区，日期的格式是不同的。有的地区用"年-月-日"格式，有的地区用"日-月-年"格式。为了统一日期格式，Oracle 使用数据库参数 NLS_DATE_FORMAT 指定所使用的日期格式，也就是默认格式。该参数定义在数据库初始化参数文件中，DBA 可以修改该参数，也可以使用 ALTER SYSTEM 命令对参数 NLS_DATE_FORMAT 的值进行设置。

【例 4.14】　以 SYSDBA 身份连接到数据库，使用下面命令查看 NLS_DATE_FORMAT 参数的格式。

```
SQL > show parameter nls_date;
NAME                          TYPE            VALUE
```

```
------------------    -----------    --------------------
nls_date_format         string         DD - MON - RR     ◄─── 日期默认显示格式
nls_date_language       string         SIMPLIFIED CHINESE ◄─── 日期使用语言
```

从输出结果可以看到,当前默认的日期格式是"DD-MON-RR",即 2 位的日、3 位的月和 2 位的年。关于日期格式字符含义,请参阅表 4-6 说明。日期使用的语言是简体中文。

使用 SYSDATE 函数可查询数据库服务器当前的系统日期和时间。检索数据库服务器日期的查询如下所示。

```
SQL> select sysdate from dual;
```

访问表中的日期信息时,默认显示格式为"DD-MON-RR",即 2 位的日、3 位的月和 2 位的年,如 2023 年 11 月 18 日,显示为"18-11 月-23"。

【例 4.15】 使用 ALTER SESSION SET NLS_DATE_FORMAT 设置当前会话的日期数据显示格式。

```
SQL> alter session set nls_date_format = 'yyyy - mm - dd hh24:mi:ss';
SQL> select sysdate from dual;
SYSDATE
--------------------------
2023 - 11 - 18   20:00:20
```

使用下面语句可以将日期格式设置回默认格式。

```
SQL> alter session set nls_date_format = 'DD - MON - RR';
```

日期数据可以进行简单运算。设 date1 和 date2 是两个日期数据,number 是一个数值。日期可以进行下面运算:

- date1＋number 结果是 date1 加上 number 之后的日期。
- date1－number 结果是 date1 减掉 number 之前的日期。
- date1－date2 结果是两个日期相差的天数。

【例 4.16】 下面语句返回到 2024 年 10 月 6 日还有多长时间,返回值带有小数。

```
select to_date('6 - 10 月 - 24','dd - mon - yy') - sysdate from dual;
TO_DATE('6 - 10 月 - 24','DD - MON - YY') - SYSDATE
------------------------------------------
                              784.673519
```

日期时间函数主要对 DATE 和 TIMESTAMP 类型数据操作,返回新的日期时间或数值数据。常用的日期时间函数如表 4-3 所示。

表 4-3　常用的日期时间函数

函　数　名	功　　能
SYSDATE	返回当前的系统时间。显示格式默认为 DD-MON-YY,可以使用函数 TO_CHAR 转换为指定的格式
CURRENT_DATE	返回当前会话区所对应的日期时间
CURRENT_TIMESTAMP	返回当前会话区所对应的日期时间戳
SYSTIMESTAMP	返回一个 TIMESTAMP WITH TIME ZONE 类型的值,其中包括数据库的当前日期和时间,以及数据库时区
ADD_MONTHS(date, n)	返回日期 date 加上 n 个月后的日期值

续表

函　数　名	功　　能
NEXT_DAY(date，str)	返回指定日期 date 的下一个周几的日期
LAST_DAY(date)	返回指定日期 date 所在月的最后一天的日期
MONTHS_BETWEEN(date1，date2)	返回 date1 和 date2 两个日期值之间间隔的月数
ROUND(date [，fmt])	返回日期数据舍入后的值
TRUNC(date [，fmt])	返回日期数据截短后的值
EXTRACT(date FROM datetime)	从 DATETIME 数据中抽取指定的字段值返回

1. SYSDATE 函数和 CURRENT_DATE 函数

这两个函数都返回当前系统的时间,它们都不带参数。

【例 4.17】　SYSDATE 函数和 CURRENT_DATE 函数的使用。

```
SQL > select sysdate, current_date from dual;
SYSDATE           CURRENT_DATE
-----------       --------------
18 - 8 月 - 22     18 - 8 月 - 22
```

2. ADD_MONTHS 函数

ADD_MONTHS 函数返回一个日期加上若干月后的新日期。ADD_MONTHS 函数有两个必选参数,其语法是 ADD_MONTHS(date,n)。date 是一个日期数据,n 是添加的月数,它可以是负值,还可以是小数,但小数部分将被忽略。

【例 4.18】　ADD_MONTHS 函数的用法。假设当前日期是 02-9 月-22。

```
查询 1:select add_months(sysdate,3) from dual;
查询 2:select add_months(to_date('31 - 12 月 - 2022', 'DD - MON - YYYY'),2.5) from dual;
查询 3:select add_months(to_date('8 - 8 月 - 2022', 'DD - MON - YYYY'), - 12) from dual;
```

查询 1 将当前日期加 3 个月,返回 02-12 月-22。查询 2 中日期使用 TO_DATE 函数将字符串按照指定的格式转换为日期,然后加上 2.5 月。这里,用来指定要添加的月数参数包含小数部分,但小数部分会被忽略,结果是给日期 31-12 月-2022 添加 2 个月,应该返回日期 31-2 月-23,但这个日期不存在,因此返回该月的最后一天 28-2 月-23。查询 3 中添加的月数是-12,所以返回一年前的日期 08-8 月-2021。

3. MONTHS_BETWEEN 函数

MONTHS_BETWEEN 函数返回两个日期之间相差的月数。MONTHS_BETWEEN 函数有两个必选参数,其语法是 MONTHS_BETWEEN(date1,date2)。如果 date1 在 date2 之后,返回正数;如果 date1 在 date2 之前,返回负数。这两个日期之间的差值可能由整数和小数组成。整数表示这两个日期之间相差的月数,相差 31 天为一个月。小数部分表示相差月数之后剩余的天数和时间。

【例 4.19】　下面查询说明了 MONTHS_BETWEEN 函数的用法。

```
select months_between(sysdate,sysdate - 31) from dual;
```

该查询返回 1,因为两个日期相差 1 个月(31 天)。

4. NEXT_DAY 函数

NEXT_DAY 函数返回一个日期下一个星期几的日期。NEXT_DAY 函数带两个必选参数。其语法是 NEXT_DAY(date，week)。week 表示下一个星期几。

【例 4.20】 下面语句返回下星期一出现的日期。

```
select next_day(sysdate, '星期一') from dual;
```

5. LAST_DAY 函数

LAST_DAY 函数返回指定日期所属月的最后一天的日期。LAST_DAY 函数带一个必选参数。其语法为 LAST_DAY(date)。

【例 4.21】 下面查询返回日期为 31-8 月-22。

```
select last_day(to_date('2022 - 08 - 10', 'yyyy - mm - dd')) from dual;
```

6. 日期 ROUND 函数

日期 ROUND 函数根据指定的日期精度格式对日期进行舍入运算。ROUND 函数带一个必选参数和一个可选参数。其语法是 ROUND(date [,fmt])。参数 fmt 指定舍入的精度，缺省该参数，舍入的精度是日。fmt 的值包括世纪（CC）、年（YYYY）、季度（Q）、月（MM）、星期（W）、日（DD）、时（HH）和分（MI）。

日期数据的舍入一般按指定的格式向上或向下舍入。比如按年舍入，如果当前月在 1 到 6 之间，那么日期将舍入到当前年的第一天，如果当前月在 7 到 12 之间，将返回下一年的 1 月 1 日。

【例 4.22】 日期 ROUND 函数的使用。

```
查询 1：select round(sysdate, 'yyyy') day from dual;
查询 2：select round(sysdate, 'mm') day from dual;
查询 3：select round(sysdate, 'dd') day from dual;
查询 4：select round(sysdate, 'hh') day from dual;
```

设当前日期是 2022 年 8 月 3 日。查询 1 返回 2023 年的第一天，查询 2 返回 8 月（2022-08-01），查询 3 返回 2022-08-04，查询 4 返回 2022-08-03 14:00:00。

7. 日期 TRUNC 函数

日期 TRUNC 函数依据指定的日期精度格式对日期值进行截断运算。日期 TRUNC 函数的语法是 TRUNC(date[,fmt])。date 表示任意日期项，可选参数 fmt 指定截取的精度。如果没有指定它，则默认的截取精度是日，也就是将 date 的时间部分设置为午夜，即 00:00:00（00 时、00 分和 00 秒）。在月级别上的截取将日期设置为该月的第一天，年级别上的截取返回当年开头的日期。下面查询将当前日期截取到不同的精度。

【例 4.23】 日期 TRUNC 函数的使用。

```
查询 1：select trunc(sysdate) day from dual;
查询 2：select trunc(sysdate, 'month') day from dual;
查询 3：select trunc(sysdate, 'year') day from dual;
```

假设上述查询在 2022-08-03 14:05:10 时刻运行。查询 1 的结果将把时间部分截断,只保留日期部分。查询 2 将日期截取为当月的第一天。查询 3 将日期截取为当年的第一天。

实践练习 4-3 常用日期函数的使用

本练习中将学习常用日期函数的使用。

(1) 使用 SQL Developer 或 SQL Plus 连接到 C##WEBSTORE 模式。

(2) 执行下列查询,练习 SYSDATE 函数、CURRENT_DATE 函数和 CURRENT_TIMESTAMP 函数的使用。

```
select sysdate from dual;
select current_date from dual;
select current_timestamp from dual;
```

如果要得到一个日期加上若干天后的新日期,可以直接在日期数据上加上一个整数。例如,要想知道从现在起 100 天后的日期,可用下面语句:

```
select sysdate + 100   as new_day from dual;
NEW_DAY
---------------
26-9 月 -19
```

(3) 执行下列查询,练习 MONTHS_BETWEEN 函数的使用。

```
select months_between('8- 3 月 -2008','10- 5 月 -2008') from dual;
select add_months('31-12 月 -2008',2.5) from dual;
```

第一个查询返回值,整数部分表示两个日期相差的月数。小数部分表示两个日期相差的天数以及时、分、秒之间的差值。

第二个查询返回值是 28-2 月-2009。这里第二个参数可以是小数,但小数部分将被忽略 31-12 月-2008 加 2 个月后,应该返回日期 31-2 月-2009,但这个日期不存在,因此返回该月的最后一天 28-2 月-2009。

(4) 执行下列查询,练习 LAST_DAY 和 NEXT_DAY 函数的使用。

```
select next_day(sysdate,'星期三') from dual;
select last_day(sysdate) from dual;
```

假设当前日期是 2018-03-31,第一个查询返回 2018-04-04,它是下个"星期三"的日期。第二个查询返回当月的最后一天的日期。

【注意】 在中文环境下,星期几直接使用中文字符串,如"星期三"。如果使用英文 WEDNESDAY 将出现错误。

(5) 执行下列查询,练习 EXTRACT 函数的使用。该查询从当前日期中检索年、月、日。

```
select extract(year from sysdate) as year,
extract(month from sysdate) as month, extract (day from sysdate) as day from dual;
```

4.5 转换函数

在执行运算时,经常需要将一种数据类型转换为另一种数据类型。这种转换可以是隐式转换,也可以是显式转换。隐式转换是在运算过程中,由系统自动完成的,不需要用户干预,如字符串'55'可以被隐式转换为数字 55。而显式转换则需要调用相应的转换函数来实现。例如,使用 TO_DATE()函数,可以将字符串类型转换为日期类型。

4.5.1　数据类型转换

对于接收字符输入参数的函数使用数字,Oracle 就会自动将它转换为字符形式。但接收数字或者日期参数的函数使用字符值可能需要显式类型转换。

1. 隐式数据类型转换

可以将数据类型与函数所需参数的数据类型不相符的值隐式转换为所需的格式。VARCHAR2 和 CHAR 类型统称为字符类型。字符字段非常灵活,几乎允许存储所有类型的信息。可以方便地将 NUMBER 类型和 DATE 类型转换为字符类型。

【例 4.24】 隐式数据类型转换。

```
查询 1:select length(34567) from dual;
查询 2:select length(sysdate) from dual;
```

这两个查询使用 LENGTH 函数,该函数要求字符参数。但在 LENGTH 函数计算之前,系统将数值 34567 和日期值转换为字符串,然后再求它们的长度。查询 1 返回 5,查询 2 先计算 SYSDATE 函数,假设值为 21-11 月-19,这个日期被隐式转换为字符串"21-11 月-19",最后函数返回 9。

有时还可以将字符数据隐式转换为数字数据类型。这要求字符数据能够表示成一个有效数字。例如,字符串"21.5"可以被隐式转换为数字 21.5,但字符串"21.5.5"就不能转换成数字。

【例 4.25】 将字符类型隐式转换为数值类型。

```
查询 1:select mod('21.5',5) from dual;                  -- 可转换
查询 2:select mod('21.5.5',5) from dual;                -- 不可转换
```

查询 1 将字符串"21.5"转换为数字 21.5,然后计算 MOD 函数,返回结果 1.5,而查询 2 的字符串"21.5.5"就不能转换为数字,语句产生"ORA-01722:无效数字"错误。

2. 显式数据类型转换

尽管可以使用隐式数据类型转换,但使用单行转换函数显式地将值从一种数据类型转换为另一种数据类型更可靠。很多函数可以将值从一种数据类型转换为另一种数据类型,称为显式类型转换函数。

4.5.2　常用的转换函数

SQL 转换函数是单行函数,它们可用来改变列值、表达式或者字面值数据类型的本质。最广泛使用的转换函数包括 TO_CHAR、TO_NUMBER 和 TO_DATE。TO_CHAR 函数将数字和日期信息转换为字符,TO_NUMBER 和 TO_DATE 函数将字符数据分别转换为数字和日期。将字符转换成 NUMBER 或 DATE 要使用格式掩码。表 4-4 给出了常用的转换函数。

表 4-4 常用转换函数

函 数 名	功 能
TO_CHAR(number [,format])	将数字类型数据 number 按照 format 指定的格式转换为字符串返回
TO_CHAR(date [,format])	将日期类型数据 date 按照 format 指定的格式转换为字符串返回
TO_DATE(string [,format])	将字符串 string 按照 format 指定的格式转换为 DATE 类型的数据返回
TO_TIMESTAMP(string [,format])	将字符串 string 按照 format 指定的格式转换为 TIMESTAMP 类型的数据返回
TO_NUMBER(string [,format])	字符串 string 按照 format 指定的格式转换为数值型数据返回
CAST(value AS type)	将 value 转换为 type 所指定的兼容数据类型
SYS_CONTEXT(context,attribute)	返回指定环境 context 中的属性 attribute 的属性值
USER	返回当前登录的用户名

1. 用 TO_CHAR 函数将数值转换为字符串

TO_CHAR 函数用于将数字转换为字符,它返回 VARCHAR2 数据类型的值。其一般语法格式是:TO_CHAR(number [,format])。number 参数是必选的,它必须是一个数字值。可选的 format 参数用来指定数字格式掩码,如宽度、货币符号、小数位和组分隔符等,必须将它们包含在单引号内。此外还有其他一些表示格式的掩码字符,如表 4-5 所示。

【例 4.26】 用 TO_CHAR 函数将数值转换为字符串。

查询 1:select length(to_char(56.55)) from dual;
查询 2:select length('abc'||to_char(56.55, '999.99')) from dual;

查询 1 将数字 56.55 转换为字符串"56.55",返回结果字符串的长度 5。查询 2 在 TO_CHAR 中指定了掩码,返回字符串为" 56.55",查询 2 返回结果字符串的长度 10。

表 4-5 常用数字格式掩码

格式元素	格 式 说 明	数 字	格 式	返 回 结 果
9	指定宽度,前面补空格	45	9999	45
0	字符结果前面补 0	45	0999	0045
.	小数点的位置	030.4	009999.999	00030.400
D	小数分隔符的位置(默认为句点)	030.40	09999D999	00030.400
,	逗号的位置	03040	09999,999	0003,040
$	美元符号	03040	$ 099999	$ 003040
S	前面加上＋或－	03040	S999999	＋3040

2. 用 TO_CHAR 函数将日期转换为字符串

TO_CHAR 函数可以将日期数据转换为字符串。其语法格式为 TO_CHAR(date [,format]),可选的 format 参数指定格式掩码,必须包含在单引号内,并区分大小写。格式掩码指定提取哪些日期元素,是用长名称还是用缩写名称来描述这个元素,还会自动给日和月的名称填充空格。假设当前日期是 14-8 月-2022,常用的日期格式掩码如表 4-6 所示。

表 4-6   常用日期格式掩码

格 式 元 素	元 素 说 明	结　　果
YY	年的最后两位	22
YYYY	4 位数字表示的年	2022
CC	2 位数字表示的世纪	21
RR	2 位数字表示的年	22
MM	两位数表示的月	08
MON、mon、Mon	3 个字符表示的月	8 月
D	一位数字表示的星期几	1
DD	两位数表示的日	23
DAY、Day、day	表示星期几	星期日
HH	表示时间的小时	16
HH24	表示 24 小时制时间	16
MI	表示时间的分	30
SS	表示时间的秒	40

【例 4.27】 用 TO_CHAR 函数将日期转换为字符串。

查询 1:select to_char(sysdate) from dual;
查询 2:select to_char(sysdate, 'YYYY - MM - DD HH24:MI:SS DAY') from dual;

查询 1 没有指定掩码,返回日期的默认格式字符串,结果为"14-8 月-22"。查询 2 使用掩码指定了年、月、日等,输出结果为"2022-08-14 16:30:40 星期二"。

3. TO_DATE 函数

TO_DATE 函数将参数字符串转换成 DATE 类型值。转换为日期的字符串可能包含全部或部分组成 DATE 的日期和时间元素。通常使用格式掩码指定字符串的日期组成。其语法为 TO_DATE(string [,format])。这里,可选的 format 为格式掩码,需要在单引号中指定。缺省格式掩码,string 必须能够按默认格式转换为日期。这里使用的格式掩码含义与表 4-6 相同。

【例 4.28】 TO_DATE 函数的使用。

查询 1:select to_date('25 - 12 月 - 2017') from dual;
查询 2:select to_date('2017 - 12 - 25 18:03:45','YYYY - MM - DD HH24:MI:SS') from dual;

查询 1 将字符串"25-12 月-2017"转换为 DATE 型值 2017 年 12 月 25 日。缺省掩码,系统使用默认的掩码"DD-MM-YYYY"。因为没有提供时间的组成部分,因此将日期的时间设置为午夜或者 00:00:00。查询 2 提供了完整的年、月、日和时、分、秒,将其转换为一个合法日期。

当字符串只包含日期时间的部分元素时,Oracle 使用默认值构造完整的日期。但需要用格式掩码指定字符串包含的内容,请看下面的例子。

select to_date('25 - 12 月', 'DD - MON') from dual;

该查询仅指定月和日,系统自动将当前系统日期的年加上,返回完整的日期。

4. TO_TIMESTAMP 函数

TO_TIMESTAMP 函数将参数字符串转换成时间戳 TIMESTAMP 类型值返回。转换为时间戳的字符串可能包含全部或部分组成 TIMESTAMP 的日期和时间元素。通常使用格式掩码指定字符串的 TIMESTAMP 组成。

【**例 4.29**】　TO_TIMESTAMP 函数的使用。

```
查询 1:select to_timestamp('25 - 12 月 - 2024') from dual;
查询 2:select to_timestamp('2024 - 12 - 25 18:08:28.123000', 'YYYY - MM - DD HH24:MI:SS.FF')
from dual;
```

查询 1 将字符串"25-12 月-2024"转换为 TIMESTAMP 型值"25-12 月-24 12.00.00.000000000 上午"。缺省掩码,系统将缺省部分使用 0 填充。因为没有提供时间的组成部分,因此将日期的时间设置为午夜或者 00:00:00。查询 2 提供了完整的年、月、日和时、分、秒,将其转换为一个合法 TIMESTAMP 型值,输出结果为"25-12 月-24 06.08.28.123000000 下午"。

5. TO_NUMBER 函数

TO_NUMBER 函数用于将字符转换为数字,它返回 NUMBER 类型的值,其格式为 TO_NUMBER(string [,format])。参数 string 是必需的,它是要转换的字符串,如果没有提供格式掩码,string 应该是可隐式转换为数字的值。可选的参数 format 用于指定格式掩码,掩码与表 4-5 的格式掩码相同。

【**例 4.30**】　TO_NUMBER 函数的使用。

```
查询 1:select to_number('$ 8,000.55') from dual;
查询 2:select to_number('$ 8,000.55', '$ 999,999.99') from dual;
```

查询 1 中字符串不能自动转换为数字,因为其中含有美元符号、逗号和点号,因此返回错误"ORA-01722:无效数字"。查询 2 中通过指定掩码,使美元符号、逗号和点号与掩码匹配,字符串就可正确转换为数字。

6. CAST 函数

CAST 函数用于将字符串转换为数字,使用 CAST 函数可以将一种类型转换为另一种兼容类型。

【**例 4.31**】　CAST 函数的使用。下面语句将字符串类型转换为 NUMBER 类型。

```
SQL> select cast('12.345' AS number) + 10 from dual;        -- 输出 22.345
```

下面语句将一个字符串转换为日期数据。

```
SQL> select cast('22 - 10 月 - 2022' AS date) + 3 from dual;
CAST('22 - 10 月 -
---------------
25 - 10 月 - 22
```

实践练习 4-4　常用转换函数使用

本练习将学习转换函数的使用。

(1) 使用 SQL Developer 或 SQL Plus 连接到 C## WEBSTORE 模式。

(2) 执行下列查询,练习 TO_CHAR 函数的使用。

```
select to_char(00001,'0999999') || ' is a special number' from dual;
select to_char(sysdate,'YYYY - MM - DD') || ' is a special time' from dual;
```

第一个查询将掩码"0999999"应用于数字 00001,它将数字 00001 转换为字符串"0000001"。在连接到字符字面值后,返回的字符串是"0000001 is a special number"。

TO_CHAR 还可以将一个日期数据转换为字符串。如果当前日期是 2018 年 8 月 8 日,第二个查询返回的结果是"2018-08-08 is a special time"。这里,"YYYY-MM-DD"用来指定日期的格式。

(3) 执行下列查询,练习 TO_NUMBER 函数的使用。

```
select to_number('$ 2,000.55') from dual;
select to_number('$ 2,000.55','$ 999,999.99') from dual;
```

第一个查询不能将字符串转换为数值,因为其中包含美元符号、逗号字符,因此返回错误"ORA-1722:无效字符"。第二个查询提供了格式掩码,字符串中美元符号、逗号及句点与掩码格式匹配,尽管掩码宽度大于字符串宽度,但返回数字 2000.55。

(4) 执行下列查询,练习 TO_DATE 函数的使用。

```
select to_date('25 - 12 月 - 2024') from dual;
select to_date('25 - 12 月 - 2024 18:38:45','DD - MM - YYYY HH24:MI:SS') from dual;
```

第一个查询使用默认的掩码"DD-MON-YYYY"把字符串转换为日期数据,因为没有提供时间,因此将转换日期的时间设置为午夜或 00:00:00。

第二个查询的字符串包含日期和时间的完整格式,它将转换为一个日期数据。

(5) 执行下列查询,练习 SYS_CONTEXT 和 USER 函数的使用。

```
select sys_context('USERENV', 'DB_NAME') AS dbname from dual;
select sys_context('USERENV', 'SESSION_USER') AS username from dual;
select user as username from dual;
```

🔑 4.6 条件函数

Oracle 提供了一些函数实现条件逻辑,即 IF-THEN-ELSE 逻辑,它表示依据满足某种条件的数据值选择执行路径。这类函数简化了 NULL 值的处理,包括 NVL、NVL2、NULLIF 和 COALESCE 函数,通用条件逻辑由 DECODE 函数和 CASE 表达式实现。常用条件函数如表 4-7 所示。

表 4-7 常用条件函数

函 数 名	功 能
NVL(expr1,expr2)	若 expr1 为 NULL,则返回 expr2 的值
NVL2(expr1,expr2,expr3)	若 expr1 为非 NULL,则返回 expr2;若为 NULL,则返回 expr3
NULLIF(expr1,expr2)	若 expr1 等于 expr2,则返回 NULL;否则返回 expr1
COALESCE(expr1,expr2[,expr3]...)	返回参数列表中第一个非空表达式的结果
DECODE (expr1, comp1, result1 [...], [iffalse])	若 expr1 与给出的某个 compN 相等,则返回给定的 resultN,如果与所有的 compN 都不相等,返回给定的 iffalse 值
GREATEST(expr1[,expr2[,expr3]]...)	返回参数列表中的最大值,参数类型可以是数值、字符和日期
LEAST(expr1[,expr2[,expr3]]...)	返回参数列表中的最小值,参数类型可以是数值、字符和日期

1. GREATEST 函数和 LEAST 函数

GREATEST 函数和 LEAST 函数返回参数列表中的最大值和最小值,这两个函数在某些情况下很有用。不要将它们与 MAX 函数和 MIN 函数混淆,它们的区别如下:

- GREATEST 函数和 LEAST 函数是进行水平比较,它们在行级操作,是单行函数。
- MAX 函数和 MIN 函数是进行垂直比较,它们在列级操作,它们是多行或分组函数。

【例 4.32】　下面例子使用 GREATEST 函数和 LEAST 函数,在三个表达式中选择最大值和最小值。

```
select greatest(12 * 6,148/2,73), least(12 * 6,148/2,73)
from dual;
GREASTEST(12 * 6,148/2,73)   LEAST(12 * 6,148/2,73)
------------------------   --------------------
                   74                       72
```

这两个函数的参数除可以是数值类型,还可以是字符型数据或日期型数据。

2. NVL 函数

NVL 函数的语法格式是 NVL(expr1,expr2)。用于计算一个表达式或列值 expr1 是否是 NULL 值,如果不是 NULL 值,返回 expr1 的值;如果是 NULL 值,返回 expr2 的值。expr1 和 expr2 参数必须是相同的数据类型。函数返回值的类型与 expr1 的类型相同。NVL 可用于将 NULL 数字值转换为 0。

【例 4.33】　NVL 函数的使用。

```
查询1:select nvl(null,1234) from dual;
查询2:select customer_id, customer_name, nvl(email, '未知') from customers;
```

查询 1 的 NVL 函数第一个参数是 NULL 值,因此返回第二个参数的值 1234。查询 2 从 CUSTOMERS 表中查询客户号、姓名以及 EMAIL 地址,如果 EMAIL 列是 NULL 值,结果显示"未知"。

3. NVL2 函数

NVL2 函数是 NVL 函数的增强,该函数有 3 个必选参数,语法格式是 NVL2(expr1,expr2,expr3)。它计算 expr1 的值,如果是非 NULL 值,返回 expr2 的值;如果是 NULL 值,返回 expr3 的值。函数要求 expr2 和 expr3 参数类型相同。

【例 4.34】　NVL2 函数的使用。

```
查询1:select nvl2(null,1234, 5678) from dual;
查询2:select id, ename, nvl2(email, '非空值', '空值') from employees;
```

查询 1 的 NVL2 函数第一个参数是 NULL 值,因此返回第三个参数的值 5678。查询 2 从 EMPLOYEES 表中查询员工号、姓名以及 EMAIL 地址,如果 EMAIL 列是非 NULL 值,结果显示"非空值";否则返回"空值"。

4. NULLIF 函数

NULLIF 函数的语法是 NULLIF(expr1,expr2),它有 2 个必选参数,用来测试 2 个参数值是否相等,如果相等,返回 NULL 值;否则返回参数 expr1 的值。参数可以是任意数据类型。

【例 4.35】 NULLIF 函数的使用。

```
查询 1:select nullif(1234,1234) from dual;
查询 2:select nullif('25 - 12 月 - 2017', '25 - 12 月 - 17') from dual;
查询 3:select nullif(to_date('25 - 12 月 - 2017'), to_date('25 - 12 月 - 17')) from dual;
```

查询 1 中 NULLIF 函数的 2 个参数值相等,因此函数返回 NULL 值。查询 2 中两个字符串参数不相等,因此返回第一个参数值"25-12 月-2017"。查询 3 将两个字符串转换为 DATE 类型值,它们是相等的,所以返回 NULL 值。

5. COALESCE 函数

COALESCE 函数从参数列表中返回第一个非空值。如果所有参数都为空,那么返回空值。其语法格式是 COALESCE(expr1,expr2[,expr3]]...)。COALESCE 函数有两个必选参数和任意数量可选参数,所有参数的类型必须一致。如果找到非空值,COALESCE 函数返回的数据类型与第一个非空参数的数据类型相同。

【例 4.36】 COALESCE 函数的使用。

```
查询 1:select coalesce(null,null,null) from dual;
查询 2:select coalesce(null,null,null, '25 - 12 月 - 2017') from dual;
查询 3:select coalesce(to_date('25 - 12 月 - 2017'), null,to_date('25 - 12 月 - 17')) from dual;
```

查询 1 的所有参数都是空值,所以返回空值。查询 2 中前三个参数是空值,第四个参数是非空字符串,因此返回该字符串值。查询 3 中第一个参数就是非空值,所以返回该日期值。

COALESCE 函数是 NVL 函数的一般形式,如下面两个等式所示。

```
COALESCE(expr1,expr2) = NVL(expr1,expr2)
COALESCE(expr1,expr2, expr3) = NVL(expr1, NVL(expr2,expr3))
```

6. DECODE 函数

DECODE 函数用于将一列值或表达式值与给出的值比较,如果相等返回指定的值。它的语法格式为 DECODE(expr1,comp1,result1[,comp2,result2[,...]] [,iffalse])。该函数至少使用三个必选参数。执行该函数,首先将 expr1 与 comp1 比较,如果相等,返回 result1 结果值。如果 expr1 与 comp1 不相等,expr1 与 comp2 比较,如果相等,返回 result2 结果值,以此类推。如果 expr1 与每一个 compN 都不相等,且定义了 iffalse 参数,则返回 iffalse 参数值;否则返回空值。

【例 4.37】 DECODE 函数的使用。

假设有学生成绩表 STUDENT,其中 ID 列表示学号、SCORE 列表示某一科课程考试成绩。现在要显示每个学生成绩的等级制,要求成绩≥90,显示"优秀";成绩≥80,显示"良好";成绩≥70,显示"中等";成绩≥60,显示"及格";否则显示"不及格"。使用 DECODE 函数就可以实现该功能。

```
select id, decode(trunc(score/10),10,'优秀',9,'优秀',8,'良好',7,'中等',6,'及格','不及格') from
student;
```

⚿ 本章小结

本章讨论了以下主要内容：

- Oracle 提供了大量的内置函数，可以广义地分为两大类，即单行函数和多行函数。
- 数值函数是指输入值和输出值都是数值类型，通常完成数值运算。字符函数的输入参数是字符类型，返回值可能是字符型或数值型。日期时间函数主要对 DATE 和 TIMESTAMP 类型数据操作。
- 转换函数可用来改变列值、表达式或者字面值数据类型，常用的包括 TO_CHAR、TO_NUMBER 和 TO_DATE。条件函数有 NVL、NVL2、NULLIF、COALESCE 和 DECODE 等。

⚿ 习题与实践

一、填空题

1. 返回当前系统日期的函数是_____，返回系统当前日期和时间的函数是_____。
2. 下列语句的输出结果是_____。

```
select initcap('this is a sample string') from dual;
```

3. 下列语句的输出结果是_____。

```
select mod(14,3) from dual;
```

4. 将当前会话的日期显示格式设置为"2024-10-25"这种格式，使用语句为_____。

二、选择题

1. 执行下面语句返回的结果不是 97 的是(　　)。

```
select  ceil(97.342), round(97.342), floor(97.342),
trunc(97.342) from dual;
```

　A. ceil()　　　　　　B. floor()　　　　　　C. round()　　　　　　D. trunc()

2. 执行下面语句返回的结果是(　　)。

```
select substr('this is a sample string',11,4) from dual;
```

　A. a sam　　　　　　B. samp　　　　　　C. sample　　　　　　D. a samp

3. 执行下面语句返回的结果是(　　)。

```
select instr('this is a sample string', 's',5,3) from dual;
```

　A. 11　　　　　　　B. 18　　　　　　　C. 4　　　　　　　D. 7

4. 执行下面语句返回的结果是(　　)。

```
select to_char(1234.49,'999999.9') from dual;
```

　A. 1234.49　　　　　B. 001234.5　　　　　C. 1234.5　　　　　D. 以上都不对

5. 执行下面语句返回的结果是(　　　　)。

```
select next_day('25 - 9 月 - 2018', '星期一') from dual;
```

A. 01-10 月-18　　　　B. 02-10 月-18　　　　C. 星期二　　　　　　D. 以上都不对

6. 如果 SYSDATE 函数返回"25-9 月-2022",那么执行下面语句返回的结果是(　　　　)。

```
select trunc(sysdate,'year') from dual;
```

A. 01-1 月-22　　　　　　　　　　B. 01-1 月-23
C. 01-9 月-22　　　　　　　　　　D. 01-10 月-22

7. 如果 SYSDATE 函数返回"25-9 月-2022",那么执行下面语句返回的结果是(　　　　)。

```
select to_char(to_date(to_char(sysdate, 'DD'), 'DD'), 'YEAR') from dual;
```

A. 2018　　　　　　　　　　　　B. TWENTY TWENTY-TWO
C. 25-9 月-18　　　　　　　　　　D. 以上都不对

8. 要查询被雇佣 3 年以上的雇员信息,下面正确的是(　　　　)。

A. select * from emp where months_between(sysdate,hiredate)/12>3;
B. select * from emp where hiredate<add_months(sysdate,-12 * 3);
C. select * from emp where years_between(sysdate,hiredate)>3;
D. select * from emp where months_between(hiredate,sysdate)>3;

三、综合操作题

假设在数据库中已经创建 C ♯♯ SCOTT 模式,完成下面查询操作。

(1) 查询所有姓名正好有 6 个字符的员工信息。

(2) 查询所有员工的姓名的前 3 个字母。

(3) 查询只有首字母大写的所有员工的姓名。

(4) 查询姓名中不含字母 'R' 的员工姓名。

(5) 查询在一个月最后一天被聘用的员工信息。

(6) 查询在 2 月份(任何年)被聘用的员工信息。

第5章

模式对象管理

Oracle 数据库服务器管理大量的对象,这些对象存储数据库的各种数据。作为数据库管理员和开发人员,必须了解和掌握这些数据库对象的作用和使用方法。

表是 Oracle 数据库的最重要的模式对象,前面章节已经介绍。本章将介绍几种常用数据库对象的管理方法,包括视图管理、索引管理、序列管理和同义词管理,数据字典和动态性能视图。

🔑 5.1 视图

视图(view)是使用 SELECT 语句定义的一个查询,它作为模式对象存储在数据库中。视图的 SELECT 语句可以在一个或多个基本表(或视图)上定义。它与基本表不同,是一个虚表。数据库中只存放视图的定义,而不存放视图对应的数据,这些数据仍存放在原来的基本表中。所以一旦基本表中的数据发生变化,从视图中查询出的数据也随之改变。

视图一经定义,就可以和基本表一样被查询、被删除。也可以在视图上再定义新的视图,但对视图的更新(增、删、改)操作则有一定的限制。

视图具有以下优点:

- 可以将复杂查询编写为视图,并授予用户访问视图的权限,这样可以对用户屏蔽复杂性。
- 限制用户只能访问视图,这样可以阻止用户直接访问基本表,实现一定安全性。
- 视图使用户能以多种角度看待同一数据。适当利用视图可以更清晰表达查询。
- 在应用程序开发中,使用视图还可以简化对象关系的映射。

5.1.1 创建并使用视图

创建视图使用 CREATE VIEW 命令,创建视图的用户必须具有 CREATE VIEW 或 CREATE ANY VIEW 系统权限。创建视图的语法格式如下:

```
CREATE [ OR REPLACE ] [ FORCE ] VIEW [schema.]view_name
[(column1,column2,...)] AS <子查询>
[ WITH CHECK OPTION ] [ CONSTRAINT constraint_name ]
[ WITH READ ONLY ];
```

语法说明如下。

- OR REPLACE:如果存在同名视图,则使用新视图替代已有的视图。
- FORCE:强制创建视图,不考虑基本表是否存在,也不考虑是否具有使用基本表的权限。
- column1,column2,...:视图的列名。列名的个数必须与 SELECT 子查询中的列数相同。如果不提供视图的列名,系统自动使用子查询的列名或列别名。如果子查询包含函数或表达式,则必须为其指定别名。
- <子查询>:用于创建视图的 SELECT 子查询。子查询的类型决定了视图的类型。创建视图的子查询不能包含 FOR UPDATE 子句,并且相关的列不能引用 CURRVAL 或 NEXTVAL 伪列。
- WITH CHECK OPTION:在使用视图时,检查数据是否能通过 SELECT 子查询的约束条件;否则不允许操作并返回错误提示。
- CONSTRAINT constraint_name:用在使用 WITH CHECK OPTION 选项时指定约束名。如果没有提供约束名,Oracle 会生成一个以 SYS_C 开头的约束名,后面是一个唯一的字符串。
- WITH READ ONLY:创建的视图只能用于查询数据,而不能用于更改数据。

要创建视图,用户必须具有 CREATE VIEW 创建视图的权限。下面以 SYSTEM 用户登录系统,并授予 C ## WEBSTORE 用户 CREATE VIEW 权限。

```
SQL > connect system/oracle123;
SQL > grant create view to c ## webstore;
```

1. 创建简单视图

简单视图是指基于单个表建立的,只包含基本表的若干行和若干列,不包含任何函数、表达式和分组的视图。对于简单视图,不仅可以执行 SELECT 操作,还可执行 INSERT、UPDATE、DELETE 等操作。

【例 5.1】　创建一个只包含男员工的视图 MALE_EMP。

```
create view male_emp as
select employee_id, employee_name, gender, birthdate, salary from employees
where gender = '男';
```

在创建视图 MALE_EMP 时,没有为视图提供列名,所以其列名依次对应于 SELECT 子查询中的 EMPLOYEE_ID、EMPLOYEE_NAME、GENDER、BIRTHDATE 和 SALARY。

【例 5.2】　在简单视图 MALE_EMP 上执行 SELECT、INSERT、UPDATE、DELETE 操作。

```
select * from male_emp where employee_id = 1005;
insert into male_emp values(2001, 'Jack','男','12 - 12 月 - 1990',3500);
update male_emp set salary = 4000 where employee_id = 2001;
delete from male_emp where employee_id = 2001;
```

在简单视图上执行的 DML 操作最终都将转换成对基本表的操作。注意,在对视图执行 UPDATE、DELETE 操作必须保证操作涉及的行在视图中,否则操作不成功。下面语句不能修改 1002 号员工的工资,因为该员工不在 MALE_EMP 视图中。

```
update male_emp set salary = 7000 where employee_id = 1002;
```

但向视图中插入数据不受视图条件的限制,下面语句能够成功执行。

```
insert into male_emp values(2002, '马冬梅','女','12 - 12 月 - 1990',3500);
```

2. 创建视图并定义 CHECK 约束

创建视图时,可以指定 WITH CHECK OPTION 选项,该选项用于在视图上定义 CHECK 约束,并可以用 CONSTRAINT 选项指定约束名。在视图上定义了 CHECK 约束后,如果在视图上执行 INSERT、UPDATE 和 DELETE 操作,就要求所操作的数据必须是 SELECT 子查询所能选择出的数据。

【例 5.3】　下面命令重新创建 MALE_EMP 视图,并带 CHECK 约束。

```
create or replace view male_emp as
select employee_id, employee_name, gender, birthdate, salary from employees
where gender = '男' with check option constraint male_emp;
```

在该视图中定义了 CHECK 约束 male_emp。基于该视图执行 INSERT 操作时,GENDER 列的值必须设置为"男"。基于视图 MALE_EMP 执行 UPDATE 操作时,只能修改除 GENDER 列之外的其他列。

下面操作违反 CHECK 约束 male_emp 的示例。具体操作如下：

```
insert into male_emp values(2002, '马冬梅', '女', '12 - 12 月 - 1990', 3500);
```

由于插入行的 GENDER 值为"女"，不满足视图的 CHECK 约束，因此操作被拒绝。出现错误提示"ORA-01402：视图 WITH CHECK OPTION where 子句违规"。

3. 创建只读视图

创建视图时，可以指定 WITH READ ONLY 选项定义只读视图。

【例 5.4】　基于 EMPLOYEES 表创建一个只包含男员工的只读视图。

```
create or replace view male_emp as
select employee_id, employee_name, gender, birthdate, salary from employees
where gender = '男' with read only;
```

只读视图只用于执行 SELECT 语句，而禁止执行 INSERT、UPDATE 和 DELETE 语句。下面语句发生错误。

```
insert into male_emp values(2001, '杰克刘', '男', '12 - 12 月 - 90', 3500);
```

出现错误提示为"ORA-42399：无法对只读视图执行 DML 操作"。

4. 创建复杂视图

复杂视图的查询语句通常具有以下属性：
- 视图是通过多个表(或视图)的连接定义的。
- 视图使用了 GROUP BY 子句分组或包含 DISTINCT 关键字。
- 视图包含函数调用。

使用复杂视图的主要目的是简化查询操作。复杂视图主要用于执行查询操作，执行 DML 操作必须符合特定条件。需要注意，当视图的 SELECT 子查询中包含函数或表达式时，必须为其定义列别名。

【例 5.5】　下面语句定义一个含表达式的视图，查询 EMPLOYEES 表的每个部门员工的平均工资和总工资。

```
create view dept_salary as
select department_id, avg(salary) as 平均工资, sum(salary) as 总工资
from employees group by department_id;
```

创建了上面视图，用户可以使用 SELECT 语句查询该视图，它可返回每个部门员工的平均工资和总工资。

可以创建基于多表连接的视图，即定义视图的 SELECT 子查询是一个连接查询。使用连接视图的主要目的是简化连接查询。

【例 5.6】　下面语句创建一个连接视图，通过该视图可以查询每个订单号(order_id)、订购日期(orderdate)和该订单的客户名(customer_name)。

```
create view order_customer
as select orders.order_id, orderdate, customer_name
from orders inner join customers on orders.customer_id = customers.customer_id;
```

有了该视图,要查询上述信息只需要查询视图即可。但是在该视图上执行 DML 操作是不允许的。可以通过编写 INSTEAD OF 触发器对某些连接视图执行更新操作。

5. 在视图上执行 DML 操作的原则

建立表后,用户可以在表上执行 SELECT、INSERT、UPDATE 和 DELETE 操作,对于简单视图同样可以执行这些操作。需要注意,对表来说,只要数据符合约束规则,用户就可以执行相应的 DML 操作;但对视图来说,执行 DML 操作时,不仅要求数据符合约束规则,还必须满足一些其他原则。具体原则如下:

- 如果视图包含 GROUP BY 子句、分组函数和 DISTINCT 关键字,则不能在该视图上执行任何 DML 操作。
- UPDATE 操作原则:不能更新基于函数或表达式所定义的列,不能更新伪列(ROWID 和 ROWNUM 等)。
- INSERT 操作原则:如果视图不包含表的 NOT NULL 列,则不能通过视图增加数据。

【注意】　在视图上进行的所有 DML 操作(包括 INSERT、UPDATE、DELETE),最终都将在基础表上完成。

5.1.2　修改视图

在对视图进行修改(或重定义)之前,需要考虑如下几个问题:

- 由于视图只是一个虚表,其中没有数据,所以修改视图只是改变数据字典中对该视图的定义,视图的所有基础表不会受到任何影响。
- 如果视图中具有 WITH CHECK OPTION 选项,但重定义时没有使用该选项,则以前的此选项将被自动删除。
- 修改视图之后,依赖于该视图的所有视图和 PL/SQL 程序都将变为 INVALID 状态(失效状态)。

1. 修改视图的定义

创建视图后,可能要改变视图的定义,如修改列名或修改所对应的子查询语句。可以执行 CREATE OR REPLACE VIEW 语句修改视图定义。这种方法代替了先删除后创建的方法,可保留视图的原名,同时也可保留在该视图上授予的各种权限,但与该视图相关的存储过程和视图会失效。

【例 5.7】　下面语句修改 MALE_EMP 视图,新视图只包含员工名、出生日期和工资 3 列。

```
create or replace view male_emp(name, birthdate, salary) as
select employee_name, birthdate, salary from employees where gender = '男';
```

2. 视图的重新编译

当基础表改变后,视图会失效(INVALID)。尽管 Oracle 会在这些视图被访问时自动重新编译,也可以使用 ALTER VIEW 语句重新编译视图。当视图被重新编译后,依赖该视图的对象会失效。

　　与其他模式对象的 ALTER 语句的作用不同，用 ALTER VIEW 语句仅能明确地重新编译一个失效的视图。用户可以直接重新编译其自身模式中的视图，如果要重新编译其他模式中视图，必须拥有 ALTER ANY VIEW 系统权限。

　　若视图 MALE_EMP 已失效，可用下列代码重新编译该视图。

```
alter view male_emp compile;
```

5.1.3　删除视图

　　使用 DROP VIEW 语句删除视图。要删除其他模式中的视图，用户必须具有 DROP ANY VIEW 系统权限。视图被删除后，该视图的定义会从数据字典中被删除，并且在该视图上授予的权限也将被删除。其他引用该视图的视图及过程都会失效。

　　下列语句删除视图 MALE_EMP。

```
drop view male_emp;
```

实践练习 5-1　创建和使用视图

　　在本练习中，使用 C♯♯ UMOOC 模式（见第 2 章综合操作题）中的表创建一些简单视图和复杂视图。可以使用 SQL Developer 或 SQL Plus。

　　(1) 使用 SQL Plus，以 SYSDBA 身份连接到数据库，使用 GRANT 命令为 C♯♯ UMOOC 用户授予创建视图的权限。

```
SQL> grant create view to c♯♯umooc;
```

　　(2) 使用 SQL Developer，以 C♯♯ UMOOC 身份连接到数据库。

　　(3) 在 STUDENTS 表上创建一个视图 STUD_VIEW，使其不包含学生出生日期和电话等敏感信息。

```
create view stud_view as select student_id, student_name,
entrance_year, major_code from students;
select * from stud_view;
```

　　(4) 通过 STUD_VIEW 视图插入一名学生记录。

```
insert into stud_view values(20240301, '马冬梅',2023,'080901');
```

　　(5) 创建一个视图 STUD_GRADE，使得可以从中查询每个学生所选课程的课程名和成绩。该视图需要通过表的连接实现，语句如下。

```
create view stud_grade
as select student_id,student_name,course_name,grade
from students natural join takes natural join sections
    natural join courses;
select * from stud_grade;
```

　　(6) 创建一个视图 TUTOR_COURSE，使得通过该视图可以查询教师在某个年份所讲授的课程名。

```
create view tutor_course
as select work_id,name,syear,course_name
from tutors natural join sections natural join courses;
select * from tutor_course;
```

5.2 索引

数据库数据存储在磁盘的数据文件中,要在应用程序中使用这些数据,需要从磁盘读取这些数据,数据使用完还要写入磁盘,这就需要磁盘 I/O 操作。一般地,磁盘 I/O 是访问表的主要性能瓶颈,访问表数据所需的磁盘 I/O 越少越好。当表的数据量比较大时,查询操作会比较耗时。为加快数据的查询速度,Oracle 提供了索引技术。

5.2.1 索引及其作用

索引是一种与表关联的数据库对象,数据库索引类似于图书索引。建立索引是加快查询速度的有效手段,通过索引能很快定位到需要查询的内容。首先看下面一个查询:

```
select * from employees
where employee_name = '李清泉';
```

该查询带一个 WHERE 条件。如果在员工姓名列上没有建索引,那么系统将采用**全表扫描**的方式查找记录,从表的第 1 行记录开始,一条一条查找满足条件的记录。如果表中的数据量比较大(比如有数百万条记录),则系统要花大量时间检索数据。如果在员工姓名列上建立了索引,就可以加快查询速度。**索引**(index)实际是关键字段值与行号的对照表,如图 5-1 所示。在这个对照表中,关键字段值(如员工姓名)是按某种方式(如 B+树)排序的,因此可快速找到查找关键字(李清泉),这样就可通过行号直接定位到所在行。

图 5-1 姓名与行号对照表

使用索引可以提高数据访问的性能。索引有两个功能:一是实施主键和唯一约束,二是提高性能。索引对于性能而言是至关重要的,它的作用主要表现在三方面。

第一,在执行含有 WHERE 子句的 SQL 语句时,Oracle 必须确定要选择或修改的行。如果 WHERE 子句引用的列上没有索引,唯一的办法是扫描整个表以便找到满足条件的行。如果表的行数较大(数十亿),则将消耗大量的时间。如果相关的列上存在索引,Oracle 将利用索引查找满足条件的记录。索引是键值与行号(ROWID)的对照表,通过键值可快速找到行。

第二,在需要对行排序时使用索引。如果 SELECT 语句包含 ORDER BY、GROUP BY、UNION 等,则需要对表行进行排序。如果有了索引,则可以按正确的顺序返回行,而无须首先对它们排序。

第三,在进行表连接时索引有助于提高性能。例如,在嵌套循环连接(nested loop join)

技术中就使用另一个表上的索引遍历一个表。

索引可以提高数据检索的性能,但也会降低 DML 操作的性能(原因是必须维护索引)。每次在表中插入一行时,必须在表的每个索引中插入一个键,这会给数据库造成很大负担。为此,在事务处理系统中,通常会尽量减少索引数量,而在查询密集系统(如数据仓库)中,创建足够多的索引会起到帮助作用。

5.2.2　索引的类型

Oracle 支持几种不同类型的索引来满足应用程序的各种要求。这里主要讨论两种索引:**B-树索引**(默认索引类型)和**位图索引**。

在 Oracle 数据库中最常用的索引类型是 **B-树索引**(balance-tree index),B-树索引是基于二叉树结构组织并存放索引数据。默认情况下,创建的索引都是 B-树索引。

B-树索引是有索引节点的有序树,每个节点包含一个或多个索引项。每个索引项对应于表中的一行,它包含两个元素:

- 行的索引列值(或数值集)
- 行的 ROWID(或物理磁盘位置)

B-树索引为表中的每行包含一项,除非行的索引项是空值。当使用 B-树索引时,Oracle 顺着索引树的节点向下查找与选择条件相匹配的索引值。当找到匹配时,Oracle 使用相应的 ROWID 值来定位和从磁盘上读取相关的表行数据。

B-树索引并不是对所有类型的应用程序和所有类型的表列都适用。通常,B-树索引最适合于不断插入、更新和删除数据的 OLTP 应用程序。表的主键是使用 B-树索引最好的例子。Oracle 自动为表的主键约束和唯一约束创建 B-树索引。

5.2.3　创建索引

创建索引使用 CREATE INDEX 命令,基本语法格式如下:

```
CREATE [UNIQUE | BITMAP] INDEX [schema.]index_name
ON [schema.]table_name(column [ASC|DESC][,column2[ASC|DESC]...]);
```

语法说明如下:

- UNIQUE 表示创建唯一索引,它要求索引的列或列的组合值必须唯一。默认索引类型是 B-树非唯一索引。
- BITMAP 选项表示创建位图索引,该选项不能与 UNIQUE 选项同时使用。
- 可以在多列上创建索引,这称为复合索引。复合索引是几个列上的索引,复合索引的列数据类型可以不同,这些列在表中也不必相邻。在创建索引的列上还可以用 ASC 或 DESC 指定按列值升序或降序建立索引。

【提示】　如果为表定义了主键和唯一约束,Oracle 将自动创建索引,因此不必在主键列和唯一约束列上建立索引。

1. 单列索引和复合索引

假设很多查询在 WHERE 条件中按员工姓名(EMPLOYEE_NAME)查询,例如:

```
select * from employees where employee_name = '张明月';
```

可以在 EMPLOYEES 表的 EMPLOYEE_NAME 列上创建一个索引。

```
create index emp_name_idx on employees (employee_name);
```

该索引只引用表的一列,因此称为**单列索引**。有了 EMP_NAME_IDX 索引,当查询员工表时,如果 WHERE 子句包含 EMPLOYEE_NAME 列,系统将自动使用索引。

【例 5.8】 也可以在多列上建立索引,这种索引称为**复合索引**。下面语句在性别(GENDER)和工资(SALARY)列上建立索引。

```
create index emp_gender_salary on employees (gender, salary);
```

下面的查询就将使用 EMP_GENDER_SALARY 索引。

```
select employee_id, employee_name from employees
where gender = '男' and salary > 5000;
```

为了加快连接 DEPARTMENTS 表和 EMPLOYEES 表,可以在 EMPLOYEES 表的外键列上建立一个索引,如下所示。

```
create index emp_dept_id_idx on employees (department_id desc);
```

2. 唯一索引

唯一索引要求表中数据在索引列上的值唯一。使用 UNIQUE 关键字创建唯一索引。

【例 5.9】 下面代码在 CUSTOMERS 表的 EMAIL 列上创建一个唯一索引。

```
SQL> create unique index unique_email on customers (email);
```

建立了唯一索引后,如果对表的操作违反了唯一索引,系统将拒绝执行。例如,如果向表中插入一行记录,如果新行的 EMAIL 值与表中某行的 EMAIL 值相同,系统将拒绝插入。

3. 基于函数的索引

基于函数的索引也是 B-树索引,只不过它存放的不是数据本身,而是经过函数处理后的数据。很多查询的 WHERE 条件中带有函数,对这类查询就可以创建函数索引。

【例 5.10】 创建基于函数的索引。例如,查询 1980 年出生的员工信息。

```
select employee_id, employee_name, birthdate from employees
where to_char(birthdate, 'YYYY') = 1980
```

要提高该查询效率,就可以创建一个基于函数的索引 BIRTH_YEAR_IDX。

```
create index birth_year_idx on employees(to_char(birthdate, 'YYYY'));
```

5.2.4　获取有关索引的信息

从 USER_INDEXES 视图中可以获得有关索引的信息,该视图中包括的常用列有INDEX_NAME(索引名)、TABLE_NAME(表名)、UNIQUENESS(是否唯一索引)以及STATUS(状态)。

【例 5.11】 下面例子以 C##WEBSTORE 用户连接到数据库并从 USER_INDEXES

视图中查询 EMPLOYEES 表和 CUSTOMERS 表上的索引信息。

```
select index_name, table_name, uniqueness, status from user_indexes
where table_name in ('EMPLOYEES', 'CUSTOMERS') order by index_name;
```

5.2.5 重建和删除索引

为表建立索引后,随着对表不断进行更新、插入和删除操作,索引中将产生越来越多的存储碎片,这会降低索引的工作效率。这时用户可以通过重建索引来清理碎片。重建索引使用 ALTER INDEX…REBUILD 命令,但它不能修改使用 CREATE INDEX 指定的索引属性,如唯一索引、B-树索引或索引的列。如果要修改这些属性,应该先用 DROP INDEX 命令删除索引,然后再重建索引。使用 ALTER INDEX 命令可以重建索引。

```
alter index emp_dept_id_idx rebuild;
```

使用 ALTER INDEX 命令还可以更改索引名:

```
alter index emp_dept_id_idx rename to dept_idx;
```

通常,索引所基于表上的 DML 操作频繁,随着时间推移,索引效率就越来越低,所以就需要重建索引。当表被移动到另一个表空间时,此表的索引会变无效,也需要重建索引。

索引一经建立就由系统使用和维护,不需用户干预。建立索引是为了减少查询操作的时间,但如果数据增、删、改频繁,系统会花费许多时间来维护索引,从而降低了查询效率,这时可以删除一些不必要的索引。在 Oracle 中,删除索引使用 DROP INDEX 语句。下面语句删除 EMP_NAME 索引。

```
drop index emp_name;
```

5.2.6 监视索引的使用

在为表创建索引后,需要确定索引是否能正常工作。管理员可以从数据库中删除未使用的索引来释放其所占空间和资源。

要监控某个索引的使用情况,可以使用 ALTER INDEX 命令的 MONITORING USAGE 选项打开索引的监控状态。

【例 5.12】 下面语句打开对 EMP_NAME_IDX 索引的监控。

```
SQL> alter index emp_name_idx monitoring usage;
```

启动对索引 EMP_NAME_IDX 的监控后,当用户对 EMPLOYEES 表进行有关查询操作后,系统将使用索引。之后,可以再次使用 ALTER INDEX 语句关闭对索引的监控。

```
SQL> alter index emp_name_idx nomonitoring usage;
```

以 DBA 身份查询 CDB_OBJECT_USAGE 视图可以得到索引使用情况的信息。如果在监视开始后使用了索引,则在 USED 列中值为 YES。

```
SQL> select index_name, table_name, monitoring,used from cdb_object_usage;
INDEX_NAME       TABLE_NAME      MONITO    USED
-------------    -----------     ------    ------
EMP_NAME_IDX     EMPLOYEES       NO        YES
```

其中,USED 字段描述了在监控过程中索引是否被使用。在 CDB_OBJECT_USAGE 视图中还包括 START_MONITORING 和 END_MONITORING 字段,分别记录监视的开始时间和结束时间。每次使用 MONITORING USAGE 打开对视图的监视时,CDB_OBJECT_USAGE 视图都被更新。以前的信息被清除,新的开始时间被记录下来。当使用 NOMONITORING USAGE 关闭监视时,不再执行进一步的监视,该监视阶段的结束时间被记录。

5.2.7　位图索引

位图索引(bitmap index)一般用于数据仓库中,数据仓库是包含大量数据的数据库。数据仓库一般被组织机构用来进行商业智能分析,例如监控销售趋势和研究客户行为。数据仓库中的数据一般使用复杂查询读取,但数据并不经常被修改,而是只在每天或每周的某个时间点更新。

某电器公司数据库存储了一年历史商品销售数据表,它可能包含几个维度,如商品、地区、月份以及销售方式等。每个维度的基数很低,如商品可能有 5 种、地区有 20 个、日期有 12 个月、销售方式有 2 种。这些维度的描述如表 5-1 所示。

表 5-1　某公司商品销售维度

维　　　度	维度的基数
商品种类	有 5 种商品
销售地区	全国有 20 个销售点
日期	记录一年 12 个月的销售数量
销售方式	分为实体店销售和网上销售 2 种方式

通常,在下列情况下应该考虑使用位图索引:
- 列值的基数(不同值的数量)比较少(如性别只有"男""女")。
- 行的数量比较大。
- 需要在逻辑运算(AND/OR/NOT)中使用列。

【例 5.13】　假设使用下面语句创建一个销售数据表 SALES:

```
create table sales(sale_id number,              -- 主键
        product_id number,              -- 商品
        region_id number,              -- 地区
        month_id number,              -- 月份
        channel_id number,              -- 销售渠道
        quantity number);              -- 销售数量
```

该表用于存放商品在不同维度上的销售情况。表中将包含大量的行,但维度列的基数比较低(如商品只有 5 种),在这种情况下,为加快搜索速度,就应该在维度列上创建位图索引。

下面语句在 PRODUCT_ID 列上创建一个位图索引:

```
create bitmap index sales_prod on sales (product_id);
```

假设某些查询经常涉及销售地区和销售渠道,也可以在多个维度列上创建位图索引,下面语句在 REGION_ID 列和 CHANNEL_ID 列上创建位图索引。

```
create bitmap index region_channel_idx on sales (region_id, channel_id);
```

实践练习 5-2　创建和使用索引

在本练习中,对 C♯♯ WEBSTORE 模式中的 EMPLOYEES 表的副本创建索引,可以使用 SQL Developer 或 SQL Plus 完成。

(1) 以 C♯♯ WEBSTORE 的身份连接到数据库。

(2) 创建一个作为 EMPLOYEES 表的副本 EMPS。

```
create table emps as select * from employees;
```

新创建的 EMPS 表上既没有主键,也没有索引、唯一键或外键约束,因为 CREATE TABLE AS 命令没有复制它们。NOT NULL 约束会被复制,通过描述该表可以确认这一点。

```
describe emps
```

(3) 在 EMPLOYEE_ID 列上创建一个唯一索引用于主键。

```
create unique index emps_id_idx on emps(employee_id);
```

(4) 演示唯一索引不能接收重复值。

```
insert into emps(employee_id,employee_name,gender, birthdate)
values(1005, '张三', '男', '01-1月-24');
```

该语句产生"ORA-00001:违反唯一约束条件(C♯♯ WEBSTORE. EMPS_ID_IDX)"错误提示。因为不能在索引中插入第二个 EMPLOYEE_ID 值为 1005 的索引项。

(5) 对可能在 WHERE 子句中使用的列创建索引,对于高基数的列使用 B-树索引,对低基数的列使用位图索引。

```
create index emps_name_i on emps(employee_name);
create index emps_birthdate_i on emps(birthdate);
create bitmap index emps_gender_i on emps(gender);
create bitmap index emps_dept_i on emps(department_id);
```

(6) 修改 EMPS 表定义一些约束。

```
alter table emps add constraint emps_pk primary key(employee_id);
alter table emps add constraint emps_email_uk unique(email);
alter table emps add constraint emps_tel_uk unique(phone_number);
```

(7) 视图 USER_INDEXES 中保存了当前模式中所有索引的细节。显示索引名和它们的类型,结果如图 5-2 所示。

```
select index_name, index_type, uniqueness from user_indexes
where table_name = 'EMPS';
```

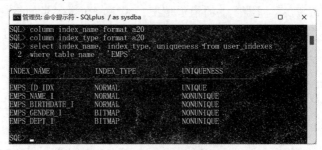

图 5-2　查询 USER_INDEXES 结果

（8）通过删除 EMPS 表进行整理，并确认也删除了所有索引。

```
drop table emps;
select index_name from user_indexes where table_name = 'EMPS';
```

🔑 5.3　序列

序列（sequence）是一种数据库对象，它用于产生唯一数字值。序列又叫序列生成器，它自动生成顺序递增（或递减）的序列号，它可以用来提供唯一的主键值。与视图相似，序列并不占用存储空间，只在数据字典中保存序列的定义。序列独立于事务，每次事务的提交和回滚都不会影响序列。

5.3.1　创建序列

在当前模式中建立序列，要求用户必须具有 CREATE SEQUENCE 系统权限。在其他模式中建立序列，要求用户必须具有 CREATE ANY SEQUENCE 系统权限。使用 CREATE SEQUENCE 命令创建序列，其语法格式如下：

```
CREATE SEQUENCE sequence_name
[START WITH n] [INCREMENT BY n ]
[MAXVALUE n │ NOMAXVALUE ] [MINVALUE n │ NOMINVALUE]
[CYCLE │ NOCYCLE] [CACHE n │ NOCACHE];
```

语法说明如下：

- sequence_name，序列名。
- START WITH n，序列生成的第一个序列号，当序列号顺序递增时默认值为序列号的最小值，当序列号顺序递减时默认值为序列号的最大值。
- INCREMENT BY n，指定序列增量（默认值为 1），如果设置 n 为正整数，则序列号自动递增，反之序列号自动递减。
- MAXVALUE n，指定序列可以生成的最大序列号（必须大于或等于 START WITH，并且必须大于 MINVALUE），最大值可达 1E125，默认为 NOMAXVALUE。
- MINVALUE n，指定序列可以生成的最小序列号（必须小于或等于 START WITH，并且必须小于 MAXVALUE），最小值可达−1E125，默认为 NOMINVALUE。
- CYCLE，指定在达到序列的最大值或最小值之后是否循环，默认为 NOCYCLE。
- CACHE n，指定在高速缓存中可以预分配的序列号个数，默认值为 20。缓存的目的是提高获得序列的速度，但是如果关闭数据库或其他原因，没有使用的预先生成的序列号就会丢失，所以不能保证使用的序列号是连续的。
- NOCACHE，指定不预分配序列号，每次生成 1 个序列号。这样会降低获得序列的速度，但无论是关闭数据库还是其他原因，都能保证使用的序列号是连续的。

【例 5.14】　建立序列时，必须为序列指定名称。序列的其他选项都具有默认值。下面语句创建一个名为 PRODUCT_ID_SEQ 的序列，它可以为 PRODUCTS 表的 PRODUCT_ID 列生成唯一的主键。

```
create sequence product_id_seq start with 9000
increment by 1 maxvalue 1000000000 cache 10;
```

语句创建序列 PRODUCT_ID_SEQ，它的第一个序列号为 9000，增量为 1，最大值为 1000000000，每次生成 10 个序列号。

5.3.2 使用序列

1. 用 NEXTVAL 和 CURRVAL 引用序列

在引用序列时，需要用到序列的两个伪列 NEXTVAL 与 CURRVAL。NEXTVAL 返回下一个序列号，CURRVAL 返回当前序列号。引用方法为：<序列名>.<伪列>。

【例 5.15】 使用序列。下面以序列 PRODUCT_ID_SEQ 为例，说明序列的引用方法。具体操作如下。

```
select product_id_seq.nextval from dual;
select product_id_seq.currval from dual;
select product_id_seq.nextval from dual;
select product_id_seq.nextval from dual;
select product_id_seq.currval from dual;
```

第 1 条语句用于生成初始序列号 9000，第 1 条和第 2 条语句返回 9000，第 3 条语句返回 9001，第 4 条和第 5 条语句返回 9002。

【注意】 在第一次引用 CURRVAL 伪列之前，必须引用过一次 NEXTVAL 伪列，用以初始化序列的值，否则会出现错误提示："ORA-08002：序列 PRODUCT_ID_SEQ. CURRVAL 尚未在此会话中定义"。

2. 在 SQL 语句中使用序列

序列的一种典型用途是用于主键值。在 SQL 语句中可以直接引用序列的值。下面语句使用 PRODUCT_ID_SEQ 序列生成的整数作为 PRODUCTS 表的主键，在表中插入一条记录。

```
insert into products values (product_id_seq.nextval, '华为 Mate30 手机',3900.00,10);
```

语句为 PRODCUTS 表插入一条记录，并且 PRODUCT_ID 列使用 PRODUCT_ID_SEQ 序列所生成的序列号。

3. 序列值丢失（不连续）的问题

在创建序列时如果使用 CACHE n 选项，系统会预先生成 n 个序列号并缓存起来以便发给用户。但如果数据库关闭，所有已生成并缓存但还没有发出的序列号会丢失。下次启动时，序列的当前值是上次生成的数值，而不是上次发出的数值。因此，如果使用默认的 CACHE 10，那么每次关闭然后启动数据库会丢失 10 个数值。

下面演示了 PRODUCT_ID_SEQ 序列值丢失的情况。

```
SQL > select product_id_seq.currval from dual;
```

假设返回序列号是 9002。

使用下列命令重新启动数据库。

```
SQL> start force;
```

再次查看序列值,序列值部分丢失。

```
SQL> select product_id_seq.nextval from dual;
```

输出序列值为 9012,丢失了 10 个序列号。这是因为在序列 PRODUCR_ID_SEQ 的定义中,有一参数 CACHE 10,表示每次缓存 10 个序列值在内存中。但是,当数据库重启时,缓存的序列值将丢失!所以,再次查询序列时,得到序列值不连续。

5.3.3　修改和删除序列

1. 修改序列

要修改自己模式中的序列,用户必须具有 ALTER SEQUENCE 系统权限。要修改其他模式中的序列,用户必须具有 ALTER ANY SEQUENCE 系统权限。

修改序列是使用 ALTER SEQUENCE 命令完成的,语法格式如下:

```
ALTER SEQUENCE sequence_name   [INCREMENT BY n]
[MAXVALUE n | NOMAXVALUE] [MINVALUE n | NOMINVALUE]
[CYCLE | NOCYCLE] [CACHE n | NOCACHE];
```

需要注意,START WITH 选项不能被修改。即除了序列的起始值之外,可以对定义序列时设置的任何选项和参数进行修改。如果要修改序列的起始值,必须删除序列后再重建它。实际上,当一个序列已经投入使用之后,就不应更改起始值。

【例 5.16】　下面语句对序列 PRODUCT_ID_SEQ 修改,最大值修改为 9999,每次递增为 2,缓存值修改为 2。对序列进行修改时,将丢失缓存中的序列值。

```
alter sequence product_id_seq increment by 2 maxvalue 9999 cache 2;
```

2. 修改 NEXTVAL

在使用序列时最有用的是 NEXTVAL,而序列中存在的一个普遍问题是,如何对序列进行修改以更改 NEXTVAL。例如,打算使用某个序列生成的序列号作为某个表的主键,但该表的数据当初是被装载进去的,因此极有可能已经存在的主键值会与该序列的NEXTVAL 值冲突,不允许出现插入已经存在的主键值的情况。

显然,这就需要修改序列的 NEXTVAL 值。但因为 NEXTVAL 是个伪列,尤其不是序列定义中的选项和参数,所以不能简单地使用 ALTER SEQUENCE 命令进行修改。如果要修改序列的 NEXTVAL 值,需要采取下列方法之一:

- 删除序列,然后重新创建该序列。但这会使所有相关的对象失效,并且失去相应的关联。
- 从该序列中选择足够多次 NEXTVAL,使 NEXTVAL 达到所需要的值。
- 先修改 INCREMENT BY 的值,然后从序列中选择 NEXTVAL 使之达到所需要的值,最后再把 INCREMENT BY 的值修改回原来的值。

【例 5.17】　下面以第三种方法为例,介绍如何修改序列的 NEXTVAL 值。假设要将PRODUCT_ID_SEQ 序列的 NEXTVAL 值从当前值修改到 9050,具体操作如下:

(1) 查看序列的下一个值,准备 INCREMENT BY 的值。

```
SQL> select product_id_seq.nextval from dual;
NEXTVAL
-------------
9004
```

现在要将序列的 NEXTVAL 值从 9004 改变成 9050,所以需要将 INCREMENT BY 的值修改为 46,以便选择该序列 1 次后,使该序列的下一个值增加到 9050。

(2) 修改 INCREMENT BY 的值。

```
SQL> alter sequence product_id_seq increment by 46;
```

(3) 选择序列的 NEXTVAL 值,使其达到一个理想的值。

```
SQL> select product_id_seq.nextval from dual;
NEXTVAL
----------
9050
```

(4) 恢复 INCREMENT BY 的值。

```
SQL> alter sequence product_id_seq increment by 1;
```

3. 删除序列

当序列不再需要时,可以执行 DROP SEQUENCE 命令删除序列。删除序列时,它的定义就会从数据字典中删除,该序列的所有同义词保留下来。但引用这些同义词时,会返回错误。

【例 5.18】 删除 PRODUCT_ID_SEQ 序列。

```
SQL> drop sequence product_id_seq;
```

5.3.4 查看序列信息

Oracle 会将新创建的序列信息存放到数据字典中。通过查询数据字典视图可以列出序列信息,有三个数据字典:DBA_SEQUENCES、ALL_SEQUENCES 和 USER_SEQUENCES。

【例 5.19】 下面语句使用数据字典视图 DBA_SEQUENCES 显示 WEBSTORE 用户的所有序列信息。

```
select sequence_name,min_value,max_value,increment_by
from dba_sequences where sequence_owner = 'WEBSTORE';
```

其中,SEQUENCE_NAME 是序列名,MIN_VALUE 是序列最小值,MAX_VALUE 是序列最大值,INCREMENT_BY 是序列的增量,SEQUENCE_OWNER 用于标识序列所有者。

实践练习 5-3 创建和使用序列

在本练习中,创建一些序列并使用它们。需要启动两个并发会话,可以使用 SQL Developer 或 SQL Plus 完成该练习。

（1）以 C##WEBSTORE 的身份连接到 SQL Plus，启动两个窗口，将其中的一次登录作为 A 会话，另一次登录作为 B 会话。

（2）在 A 会话中创建如下序列。

```
SQL> create sequence demo_seq start with 10 nocache maxvalue 15 cycle;
```

NOCACHE 的使用会降低性能。如果指定了 MAXVALUE，那么有必要用 CYCLE 防止到达 MAXVALUE 时出错。

（3）按照表 5-2 给出的顺序，在指定的会话中执行命令，观察 NEXTVAL 和 CURRVAL 伪列的使用以及序列号的循环。

表 5-2　在不同会话中使用序列号

步骤	在会话 A 中执行	在会话 B 中执行
1	select demo_seq.nextval from dual;　　--返回 10	
2		select demo_seq.nextval from dual;　--返回 11
3	select demo_seq.nextval from dual;　　--返回 12	
4		select demo_seq.nextval from dual;　--返回 13
5	select demo_seq.**currval** from dual;　　--返回 12	
6		select demo_seq.nextval from dual;　--返回 14
7	select demo_seq.nextval from dual;　　--返回 15	
8		select demo_seq.**currval** from dual;　--返回 14
9	select demo_seq.nextval from dual;　　--返回 1	
10		select demo_seq.nextval from dual;　--返回 2

（4）创建一个带主键的 DEMOTAB 表。

```
SQL> create table demotab (c1 number primary key, c2 varchar2(10));
```

（5）创建一个序列生成主键值。

```
SQL> create sequence demo_pk_seq;
```

（6）在 A 会话中，向 DEMOTAB 表中插入一行并提交。

```
SQL> insert into demotab values (demo_pk_seq.nextval, '第一行');
SQL> commit;
```

（7）在会话 B 中，向 DEMOTAB 表中插入一行且不提交。

```
SQL> insert into demotab values (demo_pk_seq.nextval, '第二行');
```

（8）在会话 A 中，向 DEMOTAB 表中插入第三行并提交。

```
SQL> insert into demotab values (demo_pk_seq.nextval, '第三行');
SQL> commit;
```

（9）在会话 B 中，执行回滚操作，撤销插入的第二行。然后查看表的内容。

```
SQL> rollback;
```

```
SQL> select * from demotab;
```

(10) 删除有关表和序列。

```
SQL> drop table demotab;
SQL> drop sequence demo_seq;
SQL> drop sequence demo_pk_seq;
```

🔑 5.4　同义词

同义词(synonym)是表、视图、索引等模式对象的别名。使用同义词，一方面可以简化对象访问，如数据字典视图 USER_INDEXES 的同义词为 IND，数据字典视图 USER_SEQUENCES 的同义词为 SEQ；另一方面可以提高对象访问的安全性，如屏蔽对象所有者、对象名和数据库链接名。

在开发数据库应用程序时，应尽量避免直接引用表、视图或其他对象。否则，当 DBA 改变了表的名称或改变了表的结构，就必须重新修改并编译应用程序。因此，DBA 应当为开发人员建立对象的同义词，使他们在应用程序中使用同义词。这样当基础表或其他对象发生了变动，也只需要在数据库中对同义词进行修改，而不必对应用程序做出任何改动。

可以创建两种类型的同义词：**公共同义词**和**私有同义词**。公共同义词是数据库中所有用户都可以直接引用的同义词，这种同义词由 PUBLIC 用户组所拥有。私有同义词被创建它的用户所拥有，这个用户可以控制其他用户对自己的私有同义词访问权限。

5.4.1　创建同义词

创建同义词使用 CREATE SYNONYM 命令，语法格式如下：

```
CREATE [OR REPLACE][PUBLIC] SYNONYM synonym FOR object;
```

语法说明如下：

- PUBLIC 关键字表示创建公共同义词。在创建同义词时，它所基于的对象可以不存在，并且创建同义词的用户也不需要对基础对象有任何访问权限。
- object，同义词的对象。可以创建同义词的对象主要有表、视图、同义词、序列、存储过程、函数、包、Java 类对象。与视图相似，同义词并不占用实际存储空间，只在数据字典中保存同义词的定义。

1. 创建公共同义词

要创建公共同义词，用户必须具有 CREATE PUBLIC SYNONYM 系统权限，否则会产生"ORA-01031：权限不足"的错误提示。

【例 5.20】　下面语句创建基于 C＃＃ WEBSTORE. EMPLOYEES 表的公共同义词 PUBLIC_EMP。

```
create or replace public synonym public_emp for c##webstore.employees;
```

需要注意，如果用户要使用该同义词，必须具有访问 C＃＃ WEBSTORE. EMPLOYEES 表的相应权限。下面语句将查询、更新 C＃＃ WEBSTORE. EMPLOYEES 表的权限授予

C＃＃UMOOC 用户。

```
grant select,update on c##webstore.employees to c##umooc;
```

【例 5.21】　下面语句使用公共同义词 PUBLIC_EMP,进行更新和查询。

```
update public_emp set salary = 10000 where employee_name = '杰克刘';
select employee_name,salary from public_emp where employee_name = '杰克刘';
```

2．创建私有同义词

如果要在自己的模式中创建私有同义词,则该用户必须具有 CREATE SYNONYM 系统权限;如果要在其他模式中创建私有同义词,则用户必须具有 CREATE ANY SYNONYM 系统权限。

【例 5. 22】　在 C＃＃ WEBSTORE 模式的 EMPLOYEES 表上创建私有同义词 PRIVATE_EMP,语句如下:

```
create synonym private_emp for employees;
```

私有同义词的使用可以分为模式用户使用私有同义词和其他用户使用私有同义词。模式用户具有对象的所有权限,可以像使用原对象一样使用该同义词。

C＃＃ WEBSTORE 用户可以直接使用私有同义词 PRIVATE_EMP 进行数据查询,语句如下:

```
select employee_name, salary from private_emp where employee_name = '杰克刘';
```

要使用其他模式的私有同义词,用户必须获得私有同义词的对象权限,然后在私有同义词前加上模式名作为前缀即可引用。

如果 C＃＃ UMOOC 用户要访问 C＃＃ WEBSTORE 模式的私有同义词 PRIVATE_EMP,需要把对 C＃＃ WEBSTORE 的 EMPLOYEES 表的查询权限授予 C＃＃ UMOOC。

```
SQL > grant select on private_emp to c##umooc;
SQL > connect c##umooc/unimooc
SQL > select employee_name, salary from c##webstore.private_emp
  2    where employee_name = '杰克刘';
```

5.4.2　查看同义词信息

建立同义词时,系统会将同义词的信息存放到数据字典中。可以使用 DBA_SYNONYMS、ALL_SYNONYMS 和 USER_SYNONYMS 数据字典视图查询同义词的详细信息。

【例 5.23】　下面语句查询 USER_SYNONYMS 数据字典视图,返回当前模式中的同义词信息。

```
select synonym_name,table_owner,table_name from user_synonyms;
```

其中,SYNONYM_NAME 表示同义词的名称,TABLE_OWNER 表示同义词所指对象所属的模式,TABLE_NAME 用于标识同义词所指的对象。

5.4.3　删除同义词

如果同义词引用的对象(表或视图)被删除,同义词仍然存在。此时试图使用这样的同义词会返回一个错误。如果重新创建对象，那么在使用同义词前必须重新编译。与视图一样，在下次访问同义词时自动重新编译，也可以使用如下语句显式地完成编译：

```
ALTER SYNONYM synonym COMPILE;
```

【例 5.24】 下面语句重新编译同义词 PRIVATE_EMP。

```
alter synonym private_emp compile;
```

当基础对象的名称或位置被修改后，也可以删除之前的同义词，并重新建立同义词。删除同义词后，同义词的基础对象不会受到任何影响，但是所有引用该同义词的对象将处于 INVALID 状态（无效状态）。删除同义词的语法格式如下：

```
DROP [PUBLIC] SYNONYM synonym;
```

PUBLIC 选项表示删除公共同义词，省略 PUBLIC 表示删除私有同义词。删除公共同义词，用户必须具有 DROP PUBLIC SYNONYM 系统权限。删除私有同义词，用户必须具有 DROP ANY SYNONYM 系统权限。

【例 5.25】 下面语句分别删除公共同义词 PUBLIC_EMP 和私有同义词 PRIVATE_EMP。

```
drop public synonym public_emp;
drop synonym private_emp;
```

实践练习 5-4　创建和使用同义词

在本练习使用 C## UMOOC 模式中的对象创建和使用私有同义词。可以使用 SQL Developer 或 SQL Plus 完成本练习。

（1）以 C## UMOOC 身份连接到 SQL Developer 或 SQL Plus。

（2）为实践练习 5-1 中创建的三个视图创建同义词。

```
create synonym stud_v for stud_view;
create synonym stud_g for stud_grade;
create synonym tutor_c for tutor_course;
```

（3）确认使用同义词等同于使用底层对象。

```
select * from stud_v;
select * from stud_g;
```

（4）通过同义词运行下面插入语句来确认同义词有效。

```
insert into stud_v values(20240301, '马冬梅', 2023, '080901');
```

（5）删除同义词依赖的两个视图。

```
drop view stud_grade;
drop view tutor_course;
```

（6）查询已删除视图的同义词，下面查询将出现错误。

```
select * from tutor_c;
```

（7）尝试重新编译被破坏的视图，下面语句同样会失败。

```
alter view tutor_course compile;
```

（8）删除创建的同义词。

```
drop synonym stud_v;
drop synonym stud_g;
drop synonym tutor_c;
```

5.5　数据字典和动态性能视图

Oracle 数据库使用一组系统表和视图来记录元数据，它们称为**数据字典**（data dictionary）或**系统目录**（system catalog）。在 Oracle 实例的运行中，会在数据字典中维护一系列虚拟的表，在其中记录与数据库活动相关的性能统计信息，这些表被称为**动态性能视图**。

5.5.1　数据字典

数据字典是一组数据库表和视图，由 Oracle 数据库自动建立和维护。数据字典中保存的信息完整描述应用程序中的数据库对象，包括表、视图、索引、约束、同义词、序列等。用户在数据库中执行的每条 DDL 语句的执行结果都将记录在数据字典中。这些信息是由 Oracle 系统在用户修改数据库对象及其结构时自动实时维护的。

存储在数据字典中的信息通常包括如下内容：
- 数据库对象名称、拥有者，以及数据库对象的创建时间等。
- 每个表中各列的名称、数据类型、精度以及范围。
- 所有约束信息。
- 视图、索引和序列信息。

数据字典存储的内容通常也被称为"元数据"。术语**元数据**（metadata）是指关于数据的数据。数据字典表和视图都属于 SYS 账户，SYS 拥有这些表和视图的全部权限，其他任何用户都不允许修改 SYS 拥有的数据。

所有数据字典信息都保存在表中，但许多数据字典是通过视图向用户展示的。也就是说，用户不能直接访问数据字典的表，而只能访问视图。视图提供了受限的访问能力，从而保护了数据字典的完整性。

Oracle 提供了大约 2000 个视图，为了区分这些视图，它们的名称通常带一个前缀。主要有 USER_、ALL_、DBA_ 以及 CDB_ 等几种前缀，它们的含义如表 5-3 所示。

表 5-3　数据字典视图常用的前缀

前缀	说　　明
USER_	这种视图包含了查询视图的当前用户拥有的对象。因此，任何两个人看到的内容都不相同。例如，用户 JOHN 查询 USER_TABLES 将看到有关他自己的表信息，你查询 USER_TABLES 将看到你自己的表信息
ALL_	这种视图是所有用户都可以使用的，它存储当前用户模式的特定信息。例如，ALL_TABLES 视图仅包含当前用户拥有权限的表信息
DBA_	这种视图存储数据库中每个对象的行。例如，DBA_TABLES 中存储的是数据库中每个表（无论是谁创建的表）的信息。DBA 视图只允许具有 SELECT ANY TABLE 权限的用户访问
CDB_	这种视图主要存储与容器数据库信息相关的数据

数据字典视图成百上千，表 5-4 给出了一些 DBA 和普通用户经常使用的视图。

表 5-4   DBA 和 USER 常用数据字典视图

视 图 名	说 明
DBA_OBJECTS	描述数据库中每个对象的视图
DBA_DATA_FILES	描述数据库每个数据文件的视图
DBA_USERS	描述数据库中每个用户的视图
DBA_TABLES	描述数据库中每个表的视图
DBA_SYS_PRIVS	授予用户和角色的系统权限
DBA_TAB_PRIVS	在数据库中对象上授予的权限
USER_CATALOG	用户拥有的所有表、视图、同义词和序列
USER_OBJECTS	用户拥有的对象
USER_CONSTRAINTS	用户在表上拥有的约束
USER_TABLES	用户表信息
USER_VIEWS	用户拥有的视图
USER_INDEXES	用户拥有的索引
USER_SEQUENCES	用户拥有的序列
USER_TAB_COLUMNS	用户自己表中或视图中的列

实践练习 5-5   使用数据字典

在本练习中，学习几个数据字典视图的使用，其中包括 USER_CATALOG、USER_OBJECTS、USER_TABLES、USER_CONSTRAINTS 和 USER_TAB_COLUMNS。

（1）使用 SQL Developer，以 C#WEBSTORE 的身份连接到数据库。

（2）USER_CATALOG 视图保存了用户拥有的表、视图、同义词和序列。该视图仅包含两列：TABLE_NAME 和 TABLE_TYPE。其中，TABLE_NAME 列保存表、视图、序列和同义词对象的实际名称。下面语句查询当前用户账户拥有的各种对象及数量。

```
select table_type, count( * ) from user_catalog
group by table_type;
```

（3）USER_OBJECTS 视图包含用户拥有的全部对象信息，包括对象名（OBJECT_NAME）、对象 ID（OBJECT_ID）、对象类型（OBJECT_TYPE）、对象创建时间（CREATED）等。下面语句列出当前用户的所有对象 ID、对象名、对象类型和创建时间。

```
select object_id,object_name, object_type, created from user_objects;
```

使用 USER_OBJECTS 视图可以检查用户创建的视图的状态。下面语句列出所有无效（INVALID）对象。

```
select status, object_type, object_name from user_objects
where status =  'INVALID' order by object_name;
```

（4）USER_CONSTRAINTS 视图存储了表的约束信息。下面语句检查 EMPLOYEES 表上的约束信息和当前状态。

```
select constraint_name, constraint_type, r_constraint_name,status
from user_constraints where table_name = 'EMPLOYEES';
```

该查询将输出 EMPLOYEES 表上的所有约束，如图 5-3 所示。

可看到该表有 6 个约束，其中包括 1 个主键约束（P）、1 个外键约束（R）和 4 个检查约束

	CONSTRAINT_NAME	CONSTRAINT_TYPE	R_CONSTRAINT_NAME	STATUS
1	EMP_FK	R	DEPT_PK	ENABLED
2	SYS_C009968	C	(null)	ENABLED
3	SYS_C009969	C	(null)	ENABLED
4	VALID_DATE	C	(null)	ENABLED
5	LOW_SALARY	C	(null)	ENABLED
6	EMP_PK	P	(null)	ENABLED

图 5-3　EMPLOYEES 表的约束

（C）。CONSTRAINT_TYPE 列给出了约束的类型，常用的值有以下几种：

- P 表示 PRIMARY KEY，主键约束。
- R 表示 FOREIGN KEY，外键约束。R 表示"引用完整性"。
- U 表示 UNIQUE，唯一约束。
- C 表示 CHECK 或 NOT NULL，检查约束或非空约束。

（5）USER_TAB_COLUMNS 视图存储了表列的信息。下面语句查找用户账户所有包含 DEPARTMENT_ID 列的表。

```
select table_name from user_tab_columns
where column_name = 'DEPARTMENT_ID';
```

5.5.2　动态性能视图

动态性能视图由一些虚拟的表构成，这些虚拟的表不是固定的表。它们在实例启动时被创建，并将向其中添加信息，实例关闭，这些表也被删除。

动态性能视图属于 SYS 用户。Oracle 自动在动态性能表上创建一些视图，即动态性能视图。所有动态性能视图都以 V_$ 开头。Oracle 为这些视图创建了公用同义词。这些同义词都以 V$ 开头，因此动态性能视图也被称为"V$ 视图"。常用的动态性能视图见表 5-5。

表 5-5　几个常用的动态性能视图

视　图　名	说　　明
V_$ DATABASE	包含数据库本身的信息，如数据库名、已经创建的数据、当前使用的操作系统平台以及其他信息
V_$ INSTANCE	包含实例名、主机名启动时间以及其他信息
V_$ PARAMETER	包含系统参数的当前设置，如 NLS_LANGUAGE、NLS_CURRENCY、NLS_DATE_LANGUAGE 等信息
V_$ SESSION	每个用户会话的当前设置，包括多项设置。显示了活动连接、登录时间、用户登录的机器名、事务当前状态等信息
V_$ DATAFILE	包含有关数据文件的统计信息
V_$ FIXED_TABLE	包含有关所有动态性能表和动态性能视图的信息
V_$ SYSSTAT	包含关于当前实例的性能统计信息
V_$ BGPROCESS	记录 Oracle 后台进程信息，它包含以下列： • PADDR：进程状态对象地址 • NAME：后台进程名 • DESCRIPTION：后台进程描述 • ERROR：后台进程运行中所遇到的错误数

【提示】　动态性能视图不能被大多数用户访问，具有 DBA 角色的用户可以访问动态性能视图。当数据库处于不同的状态时，可以被访问的动态性能视图有所不同。

【例 5.26】　下面语句通过 V＄DATAFILE 视图查询数据文件的文件号、所在表空间号以及文件名信息。

```
select file#, ts#, name from v_$ datafile;
```

下列语句列出后台进程名、描述和进程状态对象地址。

```
select name, description, paddr from v_$ bgprocess order by name;
```

动态性能视图在数据库启动阶段被创建，在实例的生存期内被更新，在数据库关闭阶段被删除。这意味着动态性能视图包含了从数据库启动开始累积的值。如果数据库被连续打开半年时间，那么动态性能视图就具有这一段时间内建立的所有数据。经过一次关闭/启动后，动态性能视图再次从头开始填充数据。

本章小结

本章讨论了以下主要内容：

- 视图是在一个或多个基本表（或其他视图）创建的查询，视图一经定义就可以像基本表一样查询，在有些情况下还可以更新视图。
- 同义词是可用来访问视图和表的别名。同义词可以简化代码，因为使用了同义记号，就不需要指定模式限定符和数据库连接名。有了同义词，就不需要了解数据所属关系或位置。
- 序列生成唯一数值，通常用作主键值。序列有两个伪列，即 NEXTVAL 与 CURRVAL。
- 索引有双重作用：实施约束与提高性能。如果定义约束时索引是可用的，Oracle 就会使用它；否则，隐式地创建索引。
- Oracle 提供了一组数据字典视图和动态性能视图供用户查询数据库和用户的有关信息。

习题与实践

一、填空题

1. 使用视图的好处通常包括_____、_____、_____、_____。
2. 在创建视图时，如果需要防止用户通过视图对基本表修改，需要使用_____选项。
3. 通过视图修改数据时，实际上修改的是_____中的数据。
4. 创建序列的命令是_____，序列最主要的用途是_____。
5. 序列有两个伪列，其中_____返回下一个序列号，_____返回当前序列号。
6. 索引的主要作用是_____，常用的索引类型包括_____和_____。
7. 所有数据字典视图属于_____用户。

二、选择题

1. 研究下面视图创建语句：

```
create view dept30 as
select employee_id, employee_name, department_id from employees
where department_id = 30 with check option ;
```

执行下面的语句失败的原因是（　　）。

```
update dept30 set department_id = 20 where employee_id = 8687 ;
```

　　A. 默认情况下，视图被创建为 WITH READ ONLY

　　B. 视图太复杂而不允许 DML 操作

　　C. WITH CHECK OPTION 会拒绝任何修改 DEPARTMENT_ID 的语句

　　D. 该语句能成功执行

2. 下面（　　）选项定义了复杂视图而不是简单视图的特征。

　　A. 仅通过选择表中的部分列创建的视图

　　B. 通过连接两个表创建的视图

　　C. 用 WHERE 子句限制行的选择

　　D. 用列的别名命名视图的列

3. 下面（　　）选项用于创建带有错误的视图。

　　A. FORCE　　　　　　　　　　　　B. WITH CHECK OPTION

　　C. CREATE VIEW WITH ERROR　　D. CREATE ERROR VIEW

4. 要以自身的模式创建私有同义词，用户必须具有（　　）权限。

　　A. CREATE PRIVATE SYNONYM　　B. CREATE PUBLIC SYNONYM

　　C. CREATE SYNONYM　　　　　　 D. CREATE ANY SYNONYM

5. 考虑下面 3 条语句，（　　）选项是正确的。

```
create synonym s1 for employees ;
create public synonym s1 for departments ;
select * from s1 ;
```

　　A. 第 2 条语句会失败，因为对象 s1 已经存在

　　B. 第 3 条语句会显示 EMPLOYEES 表的内容

　　C. 第 3 条语句会显示 DEPARTMENTS 表的内容

　　D. 如果当前模式存在 s1 表，会显示 s1 表的内容

6. 可以使用（　　）伪列访问序列。

　　A. CURRVAL 和 NEXTVAL　　　　 B. NEXTVAL 和 PREVAL

　　C. CACHE 和 NOCACHE　　　　　　D. MAXVAL 和 MINVAL

7. 在 Oracle 中，有一个名为 seq 的序列对象，以下语句能返回序列值，但不会引起序列值增加的是（　　）。

　　A. select seq.ROWNUM from dual；

　　B. select seq.ROWID from dual；

　　C. select seq.NEXTVAL from dual；

D.　select seq. CURRVAL from dual;

8.　假设使用如下语句创建名为 myseq 的序列：

```
create sequence myseq start with 1 ;
```

当从 myseq 序列中选择了几次后，要将它重新初始化为重新发出已经生成的数值，是否能做到这一点？（　　）

A.　必须删除并重新创建序列

B.　无法做到，一旦数值被使用过，就不能从序列重新发出该数值

C.　使用命令 ALTER SEQUENCE myseq START WITH 1；将下一个值重置成 1

D.　使用命令 ALTER SEQUENCE myseq CYCLE；重置为它的初始值

9.　假设使用如下语句创建一个索引：

```
create index ename_idx on employees(employee_name) ;
```

如果要修改索引以包含员工的工资（salary 类型为 NUMERIC），如何做？（　　）

A.　使用 ALTER INDEX ename_idx ADD COLUMN salary

B.　无法做到，因为数据类型不一致

C.　必须删除索引 ename_idx 并重新创建它

D.　只有当所有行的 salary 列值为 NULL 才能做到

10.　在列的取值重复率比较高的列上，适合创建（　　）索引。

A.　标准　　　　　　B.　唯一　　　　　　C.　分区　　　　　　D.　位图

11.　数据字典的拥有者是（　　）。

A.　PUBLIC　　　　　　　　　　　　B.　SYS

C.　SYSTEM　　　　　　　　　　　　D.　每个独立的用户

12.　当数据字典 USER_CONSTRAINTS 视图在 CONSTRAINT_TYPE 列要列出 FOREIGN KEY 约束时，它使用的字符是（　　）。

A.　K　　　　　　　B.　R　　　　　　　C.　F　　　　　　　D.　G

13.　术语"元数据"是指（　　）。

A.　关于数据的数据

B.　可在整个数据库范围内访问的全局数据

C.　由数据库系统自动更新和维护的数据

D.　分散的数据

14.　如果一条 ALTER TABLE…DROP COLUMN 语句执行时所处理的表是一个视图的底层表，那么在数据字典中，这个视图的状态将变为（　　）。

A.　COMPILE　　　B.　INVALID　　　C.　ALTERED　　　D.　FLAG

三、简答题

1.　使用视图有哪些好处？

2.　在 Oracle 哪些类型的视图上可以执行 DML 操作？

3.　私有同义词与公共同义词有何不同？

4.　多个会话同时使用一个序列会发生什么问题？

5. Oracle 的数据字典主要作用是什么？有几种类型的数据字典？

四、综合操作题

1. 创建一个视图 order_sum，要求可从该视图中查询订单号和每种商品的总金额，要求视图只读。

2. 设数据库经常执行下面查询：

select * from products where instr(product_name,'Pad')!= 0

为加快这种查询速度，创建一个索引，并验证当执行了上述查询，系统使用了该索引。

3. 创建一个序列 employee_id_seq，要求起始序列号是 20240001，每次递增 1，最大值为 20999999，每次生成一个序列号。写一个 INSERT 语句，使用序列号作为主键向 EMPLOYEE 表中插入一行记录。

第6章

PL/SQL编程基础

CHAPTER *6*

P L/SQL(Procedure Language/SQL)是 Oracle 公司开发的一种过程性语言,该语言与 SQL 无缝集成,用于开发在数据库服务器上运行的程序。

本章主要讨论 PL/SQL 的程序结构、常量和变量的定义、控制结构、游标与游标变量的使用以及异常处理等。

6.1　PL/SQL 基础

本节讨论使用 PL/SQL 可创建的程序类型、块结构、常量、变量的使用以及匿名块的开发和执行。

6.1.1　程序类型和结构

PL/SQL 可以与 SQL 结合,创建和运行 PL/SQL 程序单元。PL/SQL 程序单元通常可以分为匿名块、函数、过程、程序包和触发器等。

- **匿名块**(anonymous block)。匿名块是没有名称,也不存储在数据库中的 PL/SQL 块。在很多应用中,PL/SQL 块可以出现在 SQL 语句可以出现的地方。由于 PL/SQL 块不存储在数据库中,所以只能使用一次。
- **函数**(function)和**过程**(procedure)。函数与过程是存储在数据库中的 PL/SQL 块,通过名称被应用程序调用。函数与过程的不同之处是函数在执行时通常有返回值。当创建一个过程或函数时,Oracle 对其编译并作为对象存储在数据库中。
- **程序包**(package)。程序包是存储在 Oracle 数据库中的一组过程、函数和变量定义。存储在包中的过程、函数和变量可以被其他包、过程和函数调用。
- **触发器**(trigger)。触发器是与数据库表、视图或事件相关的过程。触发器在某事件发生时可以被自动调用一次或多次。

PL/SQL 是块结构语言,每个 PL/SQL 程序都是由若干块组成的。块的结构非常简单,下面是基本的 PL/SQL 块结构。

```
[DECLARE
    -- 可选的声明部分]
BEGIN
    -- 程序主体部分
[EXCEPTION
    -- 可选的异常处理部分]
END;
```

一个 PL/SQL 块包含三个基本部分:声明部分(DECLARE)、执行部分(BEGIN…END)和异常处理部分(EXCEPTION)。其中,只有执行部分是必需的,其他两个部分是可选的。可选的声明部分一般定义类型和变量等,它们可在执行部分处理。在执行过程中发生的错误在异常处理部分处理。

【例 6.1】　根据给定矩形的面积(area)和高度(height),计算其宽度(width)。下面使用 SQL Plus 编写这个程序。

```
SQL > set serveroutput on          ←──┤ 打开服务器输出
SQL > declare
  2      width integer;
  3      height integer: = 2;
  4      area integer: = 6;
  5  begin
  6      width : = area / height;
  7      dbms_output.put_line('矩形宽度是:' || width);
```

```
 8   exception
 9      when zero_divide then
10      dbms_output.put_line('除数不能为0!');
11   end;
/    ◀──── 斜杠表示执行匿名块
矩形宽度是:3

PL/SQL 过程已成功完成。
SQL>
```

SET SERVEROUTPUT ON 命令打开服务器输出,以便运行 PL/SQL 程序时可以在屏幕上显示 DBMS_OUTPUT.PUT_LINE()产生的输出。这个命令后是 PL/SQL 块本身,该块包含了 DECLARE、BEGIN 和 EXCEPTION 三个部分。

PL/SQL 块以斜杠(/)字符结尾,它的功能是执行 PL/SQL 匿名块。如果代码中有错误,也可以使用 EDIT 命令修改错误。

PL/SQL 块也可以写在脚本文件中,然后在 SQL Plus 中使用@命令执行脚本。假设上述代码存储在 D 盘的 example6-1.sql 文件中,使用下面代码执行它。

```
SQL> @D:\example6-1.sql;
```

可以在 SQL Developer 中开发 PL/SQL 程序。启动 SQL Developer,以 C## WEBSTORE 身份连接数据库。在 SQL 工作表中输入代码,然后单击"运行脚本"按钮。上述程序在 SQL Developer 中的运行结果如图 6-1 所示。

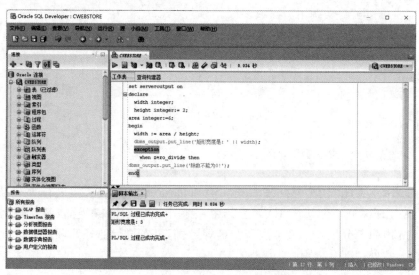

图 6-1   SQL Developer 执行 PL/SQL 匿名块

【提示】   在 SQL Developer 中执行的代码块也应先执行 SET SERVEROUTPUT ON 才能输出信息,否则只显示"匿名块已完成",结果并不能输出。

6.1.2   变量和数据类型

1. 变量和常量

在 PL/SQL 块的声明部分可以声明**变量**(variable)和**常量**(constant)。声明变量可以赋初始值、指定默认值，也可以不为其赋初始值，其值可以在程序的其他地方修改。定义变量的语法如下。

```
variable_name data_type [ [NOT NULL] { [:=] | DEFAULT} value];
```

variable_name 是变量名，它必须是合法的标识符。**标识符**(identifier)用来为 PL/SQL 程序元素命名，如常量、变量、异常和子程序。标识符以字母开头，后面可跟字母、数字、美元符号($)、下画线等。下面字符不能用在标识符中：&、-(连字符)、/和空格。PL/SQL 中标识符不区分大小写。

data_type 为变量的数据类型，可以是表 6-1 中的类型或子类型。NOT NULL 表示变量不能为空值，此时必须为变量赋非空的初值，而且不允许在程序的其他部分将其修改为NULL。DEFAULT 关键字为变量指定默认值。

常量的声明需要使用 CONSTANT 关键字，并且必须在声明时就为该常量赋值，赋值以后的常量不能再被修改。定义常量的语法如下：

```
constant_name CONSTANT data_type {[:=] | DEFAULT} value;
```

【注意】　常量声明中使用了 CONSTANT 关键字，并同时为其赋值，这里赋值符号为":="而不是"="号。

下面代码声明了 3 个变量和 1 个常量。

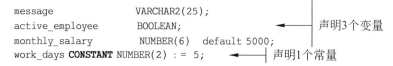

```
message                    VARCHAR2(25);
active_employee            BOOLEAN;                  ◄──┤ 声明3个变量
monthly_salary             NUMBER(6)  default 5000;
work_days CONSTANT NUMBER(2) := 5;   ◄──┤ 声明1个常量
```

2. 数据类型

在 PL/SQL 程序中，常量和变量可以是任何 SQL 类型的，如 VARCHAR2、DATE、NUMBER 或 PL/SQL 专用类型，如 BOOLEAN 或 PLS_INTEGER。也可以使用 RECORD、TABLE 和 VARRAY 声明记录、嵌套表和可变大小的数组等组合数据类型。表 6-1 给出了PL/SQL 常用数据类型。

表 6-1　PL/SQL 常用数据类型

数 据 类 型	子 类 型	说　　明
BINARY_INTEGER	NATURAL、NATURALN、POSUTIVE、POSITIVEN、SIGNTYPE	带符号整数，取值范围为 $-2^{31} \sim 2^{31}$。NATURAL 和 NATURALN 只存储非负整数，后者不允许为空。POSITIVE 和 POSITIVEN 只存储正整数，后者不允许为空。SIGNTYPE 只存储-1、0 或 1
NUMBER (precision,scale)	DEC、DECIMAL、DOUBLE、PRECISION、FLOAT(precision)、INTEGER、INT、NUMERIC、REAL、SMALLINT	存储 $1.0E-130 \sim 1.0E126$ 范围内的定长和浮点数
PLS_INTEGER		存储$-2\,147\,483\,647 \sim 2\,147\,483\,647$ 范围的符号整数

续表

数 据 类 型	子 类 型	说　明
CHAR(size)	CHARACTER(size)	存储定长字符串。最大范围为 32 767 字符
VARCHAR2(size)	VARCHAR(size)、STRING	存储可变长字符串。最大范围为 32 767 字符
DATE		存储时间相关的信息。包括日期、小时、分和秒
BOOLEAN		布尔型。取值为 TRUE、FALSE 或 NULL
ROWID		存储数据库表中某行的物理地址
UROWID		存储数据库表中某行的物理、逻辑或外部地址
CLOB		存储大型、单字节的字符对象
BLOB		存储大型二进制对象
BFILE		将文件指针存储到通过数据库外的文件系统所管理的大对象中

3. 字面值

PL/SQL 中可以使用 5 种**字面值**(literal),分别是数值字面值、字符字面值、字符串字面值、逻辑字面值和日期时间字面值。

- 数值字面值。在数值表达式中可以使用 2 种类型数值字面值：整数和实数。整数不带小数点,如,+6。实数带小数点,如,-3.141 59、25. 都是实数。也可用科学记数法表示数值字面值,如,-9.5e-3 表示 -9.5×10^{-3}。字母 e 可为大写,数据类型为实数。
- 字符字面值。由单引号括起来的单个字符,例如,'('、'7'。字符常量包括所有 PL/SQL 字符集中可打印字符：字母、数字、空格和特殊符号。字符字面值是区分大小写的,如,'z'与'Z'是不同的字符,字符'0'和'9'与数字 0 和 9 也是不同的,但可以用在算术表达式中,因为它们可以自动转换成整数。
- 字符串字面值。由单引号括起来的 0 个或多个字符,例如,' Hello,World! '、'$1,000,000'等是字符串。字符串也是区分大小写的,'baker'与'Baker'是不同的字符串。要在一个字符串中表示单引号,应该使用 2 个单引号。
- 逻辑字面值,也叫布尔字面值,它只有 3 个值：TRUE、FALSE 和 NULL。NULL 表示不存在的值、不知道的值或不可能的值。逻辑字面值是值,不是字符串。
- 日期时间字面值。根据日期时间数据类型的使用不同有不同的格式,例如,'18-9 月-05'和'18-9 月-05 09:24:04 上午'都是合法的日期时间字面值。

4. 注释

注释(comment)是写在 PL/SQL 程序中的用来说明程序功能的文本。PL/SQL 支持两种注释：单行注释和多行注释。

单行注释以双连字符(--)开头,直到该行末尾；多行注释以"/ * "开头,以" * /"结束,可跨越多行。PL/SQL 编译器忽略注释。

实践练习 6-1　简单的 PL/SQL 匿名块

本练习使用 SQL Plus 和 SQL Developer 开发和执行 PL/SQL 匿名块。熟悉常量、变量的定义、赋值以及输出。

（1）使用 SQL Plus，以 C##WEBSTORE 用户身份登录到数据库。

（2）在 SQL Plus 中如果需要输出信息，首先应该将 SERVEROUTPUT 变量设置为 ON。在 SQL 提示符下输入下面命令：

```
SQL>set serveroutput on        ←——| 打开控制台输出
```

（3）在 SQL 提示符下输入下面匿名块，最后使用斜杠（/）命令执行。

```
declare
  date1    DATE:='1-10月-2024';
  time1    TIMESTAMP;
begin
  time1:='1-10月-2024 8:08:28 下午';
  dbms_output.put_line('日期:'||date1);
  dbms_output.put_line('时间:'||time1);
end;
/
```

该段代码声明了 2 个变量并为其赋值，然后调用 DBMS_OUTPUT 包的 PUT_LINE 过程输出结果，如下所示。

```
日期:01-10月-24
时间:01-10月-24 08:08:28.00000 下午
PL/SQL 过程已成功完成。
```

（4）使用 SQL Developer 开发 PL/SQL 程序。启动 SQL Developer，以 C##WEBSTORE 身份连接数据库。在 SQL 工作表中输入下列代码。

```
set serveroutput on
declare
  message    VARCHAR2(20) := 'Hello,World!';
  todaysDate   DATE := sysdate;        ←——| 声明变量同时为变量赋值
  pi constant   NUMBER := 3.14159265359;
begin
  dbms_output.put_line(message);
  dbms_output.put_line(todaysDate);
  dbms_output.put_line(pi);
end;
```

（5）单击"运行脚本（F5）"按钮，执行代码。

6.1.3　变量的赋值

有多种方式为变量赋值，一种方式是使用赋值运算符（:=），左边是变量，右边是表达式，表达式中还可以包括函数调用。可以在声明时为变量赋值，也可以在执行部分为其赋值。

【例 6.2】　变量的声明和赋值。

```
set serveroutput on
declare
    salary        NUMBER NOT NULL: = 5500;          ◀── 声明同时赋值
    valid_id      BOOLEAN NOT NULL : = FALSE;
    country       VARCHAR2(128);
    work_days_a_month  NUMBER(2) DEFAULT 21;
begin
    country : = UPPER('Canada');                    使用字符串常量、大写字符串
    country : = '中国';                       ◀──   和布尔值TRUE为变量赋值
    valid_id : = TRUE;
    dbms_output.put_line (salary);
    dbms_output.put_line (country);
    dbms_output.put_line (work_days_a_month);
end;
```

声明变量时除指定一个值外,可以为变量施加一个 NOT NULL 约束,这样为其赋 NULL 值将产生错误。NOT NULL 约束后必须跟一个初始化子句。

也可以使用 DEFAULT 关键字代替赋值运算符为变量初始化,还可以用 DEFAULT 初始化子程序参数、游标参数及用户定义的记录的字段。

6.1.4 用查询为变量赋值

另一种为变量赋值的方法是使用 PL/SQL 的 SELECT… INTO 语句将查询结果赋给变量。Oracle 仅在 PL/SQL 程序内部支持 SELECT… INTO 语句的使用。

【例 6.3】 用查询为变量赋值。根据员工号查询员工信息并将结果存储到变量中。

```
set serveroutput on
declare
    emp_id   CONSTANT NUMBER(4) : = 1002;          声明员工编号常量,姓名、
    emp_name   VARCHAR2(12);              ◀──      出生日期和工资变量
    emp_birthdate   DATE;
    emp_salary   NUMBER(8,2);
begin
    select employee_name,birthdate,salary   ◀──   将查询结果赋给变量
    into emp_name,emp_birthdate,emp_salary
    from employees where employee_id = emp_id;

    dbms_output.put_line ( '员工号: '|| emp_id);
    dbms_output.put_line ( '姓名: '|| emp_name );
    dbms_output.put_line ( '出生日期: '|| emp_birthdate );
    dbms_output.put_line ( '工资: '|| emp_salary );
end;
```

程序输出结果为:

员工号: 1002
姓名:李清泉
出生日期:10 - 10 月 - 81
工资:8000

6.1.5 使用%TYPE 和%ROWTYPE 属性

有时声明的变量类型要与表中某列的数据类型相同,这时可以使用%TYPE 声明变量。

下面代码使用%TYPE 声明的 EMP_NAME 变量的类型与 EMPLOYEES 表的 EMPLOYEE_NAME 的类型相同。

```
emp_name employees.employee_name % TYPE;
```

还可以使用%ROWTYPE 声明一个变量为表的记录类型。下面代码使用%ROWTYPE 声明一个记录类型变量 EMP_REC,它可以存储 EMPLOYEES 表中的一行数据。

```
emp_rec employees % ROWTYPE;
```

实践练习 6-2 %TYPE 和%ROWTYPE 属性的使用

本练习使用 SQL Developer 以 C## WEBSTORE 身份登录到数据库。学习%TYPE 和%ROWTYPE 属性的声明和使用变量。

(1) 启动 SQL Developer,选择 WEBSTORE 连接。

(2) 在 SQL 工作表中输入下面匿名块,其中声明变量 EMP_ID 的数据类型与 EMPLOYEES 表的 EMPLOYEE_ID 列具有相同的类型,即 NUMBER 类型。变量 EMP_NAME 的类型与 EMPLOYEES 表的 EMPLOYEE_NAME 列具有相同的类型。

```
set serveroutput on
declare
  emp_id   employees.employee_id % TYPE;
  emp_name   employees.employee_name % TYPE;
begin
  emp_id   : = '1002';
  emp_name : = '李清泉';
  dbms_output.put_line ('员工号: '|| emp_id);
  dbms_output.put_line ('姓名: '|| emp_name);
end;
```

程序输出结果为:

员工号: 1002
姓名: 李清泉

(3) 输入下面匿名块,其中使用%ROWTYPE 声明一个行类型变量 EMP_REC,它可以存储 EMPLOYEES 表中的一行数据。

```
declare
  emp_row employees % ROWTYPE;
begin
  select * into emp_row from employees where employee_id = 1005;
  dbms_output.put_line ('姓名: '|| emp_row.employee_name);
  dbms_output.put_line ('出生日期: '|| emp_row.birthdate);
  dbms_output.put_line ('工资: '|| emp_row.salary);
end;
```

访问行类型变量的成员使用点号(.)运算符。程序输出结果为:

姓名: 欧阳清风
出生日期: 01 - 2 月 - 80
工资:2800

6.2　PL/SQL 控制结构

PL/SQL 作为过程性语言提供了常用的控制结构。控制结构是 PL/SQL 对 SQL 最重要的扩展。使用 PL/SQL 不仅可以管理数据，还可以通过选择、循环结构处理数据，常用的控制结构有 IF-THEN-ELSE、CASE、FOR-LOOP、WHILE-LOOP、EXIT-WHEN 和 GOTO 语句等。

6.2.1　条件控制语句

PL/SQL 提供了两种条件控制语句：IF 条件语句和 CASE 语句。

1. IF 条件语句

IF 语句主要有 3 种形式：IF-THEN、IF-THEN-ELSE 和 IF-THEN-ELSIF-ELSE。每种结构都以 END IF 结束。IF 语句的语法格式如下：

```
IF condition THEN
    statements;
[ELSIF condition THEN
    statements;]
[ELSE
    statements;]
END IF;
```

其中，ELSIF 和 ELSE 子句是可选项。判断条件 condition 可以是一个条件或多个条件的组合，多个条件可以通过条件运算符（NOT、AND 和 OR）连接在一起。

【例 6.4】　下面匿名块演示了 IF-THEN 的使用，程序计算输出一个数 105 是否能同时被 3 和 7 整除。

```
set serveroutput on
declare
  num NUMBER: = 105;
begin
  if mod(num,3) = 0 and mod(num,7) = 0 then
    dbms_output.put_line (num ||'能同时被 3 和 7 整除. ');
  end if;
end;
```

程序输出结果为：

```
105 能同时被 3 和 7 整除.
```

【例 6.5】　下面匿名块演示了 IF-ELSIF-ELSE 的使用，程序根据员工出生日期不同计算他的奖金。

```
declare
  bonus    NUMBER(6,2);              -- 存放奖金变量
  emp_id    NUMBER : = 1002;         -- 存放员工号变量
  birth_date DATE;                   -- 存放出生日期变量
begin
```

```
select birthdate into birth_date from employees
  where employee_id = emp_id;
if birth_date < to_date('01 - 1 月 - 80') then
    bonus : = 1500;
elsif birth_date < to_date('01 - 1 月 - 81') then
    bonus : = 1000;
else
    bonus : = 500;
end if;
dbms_output.put_line ('员工: ' || emp_id || '的奖金是: ' || bonus );
end;
```

程序输出结果为:

员工: 1002 的奖金是:500

2. CASE 语句

3.1.7 节介绍了在 SELECT 语句中使用 CASE 表达式,在 PL/SQL 程序中也可以使用 CASE 语句,该语句通常用来实现多分支结构。从功能上讲,CASE 语句基本上可以实现条件语句能够实现的所有功能,而从代码结构上讲,CASE 语句具有更好的可读性。因此,建议读者尽量使用 CASE 语句。

Oracle 中的 CASE 语句有下面两种格式。

(1) 简单 CASE 语句。使用表达式确定返回值。

(2) 搜索 CASE 语句。使用条件确定返回值。

简单 CASE 语句类似于编程语言的 CASE 语句,一般语法格式如下:

```
CASE expression
 WHEN value1 THEN statements1;
 WHEN value2 THEN statements2;
  ...
 WHEN valueN THEN statementsN;
 [ELSE   default_statements; ]
END CASE;
```

语法说明如下:

- expression 是待求值的表达式。若其值与 WHEN 语句的某个 valueN 的值相等,则执行 THEN 后面的 statementsN 语句。
- 可选的 ELSE 部分表示若所有 WHEN 中的 value 值都不与 expression 匹配,则执行 ELSE 后面的语句。如果不设置此项,又没有找到匹配的表达式,则 Oracle 将报错。

【例 6.6】 下面匿名块演示了简单 CASE 语句的使用。

```
set serveroutput on
declare
  day number: = 3;
begin
  case day
    when 1 then dbms_output.put_line ('星期一');
    when 2 then dbms_output.put_line ('星期二');
```

```
        when 3 then dbms_output.put_line ('星期三');
        when 4 then dbms_output.put_line ('星期四');
        when 5 then dbms_output.put_line ('星期五');
        when 6 then dbms_output.put_line ('星期六');
        when 7 then dbms_output.put_line ('星期日');
        else dbms_output.put_line ('数据错误!');
    end case;
end;
```

在搜索 CASE 语句中，WHEN 子句使用判断条件来确定返回值，其语法格式如下：

```
CASE
    WHEN condition1 THEN statements1;
    WHEN condition2 THEN statements2;
    …
    WHEN conditionN THEN statementsN;
    [ELSE  default_statements;]
END CASE;
```

与简单 CASE 语句比较，这里 CASE 关键字后不带求值表达式，而在每个 WHEN 子句中指定条件，当搜索到某个条件结果为 TRUE，则执行 THEN 后面的语句。同样，可选的 ELSE 部分是当所有条件都不为 TRUE 时执行的语句。

【例 6.7】 下面匿名块演示了搜索 CASE 语句的使用，这里根据学生分数 marks 确定等级。

```
declare
    marks binary_integer: = 85;
    score_level varchar2(6) : = '';
begin
    case
        when marks > = 90 then score_level : = '优秀';
        when marks > = 80 then score_level : = '良好';
        when marks > = 70 then score_level : = '中等';
        when marks > = 60 then score_level : = '及格';
        else score_level : = '不及格';
    end case;
    dbms_output.put_line ('成绩等级是' || score_level);
end;
```

执行该匿名块将输出"成绩等级是良好"。

6.2.2 循环控制语句

PL/SQL 提供了 3 种循环语句：LOOP、WHILE-LOOP 和 FOR-LOOP，每种循环都以 END-LOOP 结束。LOOP 和 END-LOOP 之间为循环体。在循环体中可以使用 EXIT 或 EXIT-WHEN 退出循环，使用 CONTINUE 语句结束本次循环。

1. LOOP 循环

LOOP 循环是最简单的循环，它的语法格式如下：

```
[<< label >>]
LOOP
   循环体语句;
END LOOP [label];
```

该循环是一种无条件循环,它反复执行循环体中的语句,直到遇到 EXIT 语句或 RETURN 语句终止循环为止。label 是标签名称,它括在双尖括号中,它必须在可执行语句或 PL/SQL 块的前面。label 可以在嵌套循环中通过 EXIT 或 CONTINUE 语句指定结束哪层循环。

在循环体中如果需要结束循环应使用 EXIT 语句,语法格式如下:

```
EXIT [label] [WHEN condition]
```

如果没有指定 label,将终止最内层的循环,接着执行 END LOOP 后面的语句。如果指定了 label,它必须是当前循环或某个外层嵌套循环或块的标签。命名的循环或块被终止,控制将到对应的循环或块的 END 语句后面执行。

如果指定了 WHEN 选项,只有当 condition 的值为 TRUE 时退出循环,否则控制转到 EXIT 后面的语句执行。EXIT 语句可以用在各种循环结构中。

在循环体中如果需要结束本次循环返回到循环开始应使用 CONTINUE 语句,语法格式如下:

```
CONTINUE [label] [WHEN condition]
```

如果没有指定 label,将返回到最内层的循环的开始,接着执行循环体语句。如果指定了 label,它返回到标签指定的循环的开始。

【例 6.8】　下面 PL/SQL 使用简单的 LOOP 循环,其中使用 CONTINUE 语句将控制转到循环的开始,使用 EXIT 语句结束循环。

```
set serveroutput on
declare
  counter INTEGER: = 0;
begin
loop
 counter : = counter + 1;
 if counter = 3   then
  continue;          ◀——  当counter值为3,返回到循环开始
 end if;
 dbms_output.put_line ( 'counter =   ' || counter) ;
 exit when counter = 5;  ◀——  当counter值为5,退出循环
end loop;
end;
```

程序输出结果如下:

```
counter = 1
counter = 2
counter = 4
counter = 5
```

2. WHILE-LOOP 循环

WHILE-LOOP 循环结构称为条件循环,一般语法格式如下:

```
[<< label >>]
WHILE condition LOOP
    循环体语句;
END LOOP [label];
```

该循环结构只要 condition 的值为 TRUE 就反复执行循环体中语句。在每次循环开始时都检查该表达式的值。

【**例 6.9**】 使用 WHILE-LOOP 循环计算前 10 个自然数立方和。

```
set serveroutput on
declare
  n           NUMBER : = 1;
  sum_n       NUMBER(5) : = 0;
begin
  while n < = 10 loop
  sum_n: = sum_n + n ** 3;        ←————| 这里，**为幂运算符
  n : = n + 1;
  end loop;
  dbms_output.put_line ('数值 n = ' || n );
  dbms_output.put_line ('立方和 sum_n = ' || sum_n);
end;
```

程序输出结果为：

```
数值 n = 11
立方和 sum_n = 3025
```

3. FOR-LOOP 循环

FOR 循环结构称为计数循环，一般语法格式如下：

```
[<< label >>]
FOR variable IN [REVERSE] lower – bound .. upper – bound
LOOP
    循环体语句;
END LOOP [label];
```

该结构是在一个整数的范围内循环。variable 变量自动定义为 integer 类型，lower-bound 和 upper-bound 分别给出循环的下界和上界。如果指定 REVERSE，将从上界开始循环，变量每次减 1。

如果下界大于上界（或在 REVERSE 时小于上界），将不执行循环体，也不产生错误。

【**例 6.10**】 FOR 循环的用法。注意，循环变量 counter 并没有显式声明，在这种情况下 FOR 循环自动创建一个 INTEGER 变量。

```
begin
    for counter in 1..5 loop
      dbms_output.put (counter ||  '  ' );
    end loop;
    dbms_output.put_line (' ' );
end;
```

下面代码使用了 REVERSE。

```
begin
    for counter in reverse 6..10 loop
      dbms_output.put (counter  ||  '  ' );
    end loop;
    dbms_output.put_line (' ' );
end;
```

此例中，循环变量从 10 开始，在每次循环中递减 1，直到 6 为止。

6.2.3　GOTO 语句的使用

在 PL/SQL 程序中可以使用 GOTO 语句实现无条件转移。GOTO 语句通常将控制转移到标签指定的语句块。应该避免用这种方法退出循环。

【例 6.11】　下面匿名块判断一个数(37)是否素数。

```
declare
   p      VARCHAR2(30);
   n      PLS_INTEGER : = 37;
begin
   for j in 2..ROUND(SQRT(n))  loop
     if n MOD j = 0 then
      p : = '不是素数。';
      goto   print_now;
     end if;
   end loop;
   p : = '是素数。';
   << print_now >>
     dbms_output.put_line (to_char(n) || p);
end;
```

程序输出结果为：

37 是素数。

6.2.4　空语句

空语句使用 NULL 表示，它不执行任何操作，通常用于占位符。空语句的语法格式如下：

NULL;

空语句只是一个占位语句，它不执行任何操作。在一些子句中，如果当前还不实现具体功能时，可以临时使用空语句。

【例 6.12】　在该例子中，计算 10 以内的偶数和，这里使用条件语句判断当前变量值是奇数还是偶数，但由于其 ELSE 子句中没有任何语句，所以只能使用空语句，避免 PL/SQL编译错误。如果以后需要对奇数进行处理时，直接用其他语句替换空语句即可。

```
declare
  v_s INTEGER : = 0;
begin
  for n in 1..10 loop
    if mod(n, 2) = 0 then
     v_s : = v_s + n;
    else
     null;        ←──│ 空语句
    end if;
  end loop;
  dbms_output.put_line ('10 以内偶数和 = '|| to_char(v_s));
end;
```

实践练习 6-3　PL/SQL 控制结构的应用

在本练习中，通过编写匿名块学习 PL/SQL 控制结构的使用，包括选择结构和循环结构,使用 SQL Developer 完成练习。

（1）以 C## WEBSTORE 用户的身份连接到数据库。

（2）编写并运行下面匿名块,使用 LOOP 循环计算 1～100 之和。

```
declare
  counter   NUMBER(6) : = 0;
  total     NUMBER(9) : = 0;
begin
  loop
    counter : = counter + 1;
    total : = total + counter;        ←——| 计算total总和
    exit when counter = 100;          ←——| 当条件为真时结束循环
  end loop;
  dbms_output.put_line ('计数变量值: '|| to_char(counter));
dbms_output.put_line ('总和为: '|| to_char(total));
end;
```

程序输出结果为:

```
计数变量值:100
总和为:5050
```

（3）编写并运行下面匿名块,使用 FOR-LOOP 循环计算 100～200 能被 3 整除和能被 5 整除的数的个数。

```
declare
  n3 NUMBER : = 0;
  n5 NUMBER : = 0;
begin
  for n in 100..200 loop
    if n MOD 3 = 0 then        ←——| MOD是求余数运算符
      n3 : = n3 + 1;           ←——| n3存放能被3整除的数
    end if;
    if n MOD 5 = 0 then
      n5 : = n5 + 1;           ←——| n5存放能被5整除的数
    end if;
  end loop;
  dbms_output.put_line ('N3 =   '|| n3 || 'N5 =   '|| n5);
end;
```

程序输出结果为:

```
N3 = 33  N5 = 21
```

6.3   游标和游标变量

当在 PL/SQL 程序中执行 SELECT、INSERT、UPDATE 和 DELETE 语句时,Oracle 都将在内存中为其分配上下文区,即一个缓冲区。**游标**(cursor)就是指向该区的一个指针。游标为应用程序提供了一种对多行查询结果集的每一行数据进行单独处理的方法。

游标分为**显式游标**(explicit cursor)和**隐式游标**(implicit cursor)两种。显式游标是由用户声明和操作的一种游标。隐式游标是 Oracle 为所有数据操纵语句(包括只返回单行的查询语句)自动声明和操作的一种游标。

6.3.1 显式游标

显式游标是由用户声明和操作的一种游标,通常用于操作查询结果集,使用它处理数据的步骤包括:使用 CURSOR 声明游标,然后在程序块中使用 OPEN 打开游标、使用 FETCH 提取游标数据,最后使用 CLOSE 将游标关闭。

1. 声明游标

游标的声明定义了游标的名字,并将该游标与一个 SELECT 语句关联,该语句的结果集将与游标对应。显式游标在 DECLARE 部分声明,格式如下:

```
CURSOR cursor_name IS select_statement;
```

其中,cursor_name 为声明的游标名称,select_statement 为游标查询语句,它决定游标中数据结构和行数。

【提示】 游标声明中的 SELECT 语句中不能包含 INTO 子句,INTO 子句是 FETCH 语句的一部分。

2. 打开游标

打开游标的语法格式如下:

```
OPEN cursor_name;
```

打开游标就是执行游标定义中的 SELECT 语句。执行结束后,查询结果装入内存,游标指针指向结果的首部(注意,不是第一行)。

【提示】 打开一个已经被打开的游标是合法的。在第二次执行 OPEN 语句以前,PL/SQL 将先执行 CLOSE 语句,然后再将游标重新打开。另外,在 PL/SQL 程序中还可同时打开多个游标。

3. 提取游标数据

打开游标后,可以使用 FETCH 语句来获得游标当前记录的信息,它有如下两种格式:

```
FETCH cursor_name INTO variable_list;
FETCH cursor_name INTO record_variable;
```

第一种格式是将游标当前行数据取出存放到变量列表中,第二种格式是将游标当前行的值存放到一个记录变量的各字段中。在这两种情形中,INTO 子句中的变量类型必须与查询语句结果的对应列的类型兼容,数量一致,否则将拒绝执行。

4. 关闭游标

当游标所有的行被取出和处理后,应该将游标关闭,释放其所占的资源,格式如下:

```
CLOSE cursor_name;
```

一旦关闭了游标,系统将释放游标占用的资源。如果再从游标提取数据,就是非法的,会产生下面的 Oracle 错误：

```
ORA-100:Invalid CURSOR                    -- 非法游标
```

或者

```
ORA-1002:FETCH out of sequence            -- 超出界限
```

实践练习 6-4　显式游标的使用

在本练习中，通过编写匿名块熟悉 PL/SQL 显式游标的使用，使用 SQL Developer 完成练习。

（1）以 C♯♯WEBSTORE 用户的身份连接到数据库。

（2）编写并运行下面匿名块，通过游标检索男员工的姓名和出生日期。

```
set serveroutput on
declare
  emp_name   employees.employee_name % TYPE;
  emp_birthdate    employees.birthdate % TYPE;
  cursor cursor1 is      ◀─── 声明游标
    select employee_name, birthdate from employees where gender = '男';
begin
  open cursor1;      ◀─── 打开游标
  fetch cursor1 into emp_name, emp_birthdate;      ◀─── 提取游标数据
  while cursor1 % found loop
   dbms_output.put_line ('员工姓名：' || emp_name || '出生日期:'
          || emp_birthdate);
    fetch cursor1 into emp_name, emp_birthdate;
  end loop;      ◀─── 再提取下一行游标数据
  close cursor1;      ◀─── 关闭游标
end;
```

程序中 WHILE 循环的条件 cursor1%found 是游标属性，在执行 FETCH 之后，如果返回一行，它返回 TRUE，否则返回 FALSE。

程序输出结果如下：

```
员工姓名:张明月 出生日期:28-2月 -80
员工姓名:杰克刘 出生日期:18-5月 -81
员工姓名:欧阳清风 出生日期:01-2月 -80
```

6.3.2　隐式游标

如果在 PL/SQL 程序中使用 SELECT 语句进行操作，则隐式地使用了游标。隐式游标无须声明，也不需要打开和关闭。例如，下面语句就隐式使用一个游标：

```
select employee_name,gender,birthdate,salary
into v_name,v_gender,v_bithdate,v_salary
from employees where employee_id = emp_id;
```

对每个隐式游标来说，必须有一个 INTO 子句，因此使用隐式游标的 SELECT 语句必须只产生一行数据。

6.3.3　游标属性

游标属性用来返回 DML 与 DDL 语句执行的信息，如 INSERT、UPDATE、DELETE、SELECT INTO、COMMIT 或 ROLLBACK 语句的执行信息。游标属性如表 6-2 所示，这些属性返回最近执行的 SQL 语句的有关信息。

表 6-2　游标属性及含义

游标属性名	说　明
cursor％FOUND	返回是否取出了行。当游标打开但在第一次执行 FETCH 之前，该属性返回 NULL。在执行 FETCH 之后，如果返回一行，它返回 TRUE，否则返回 FALSE
cursor ％ISOPEN	返回游标是否已打开。如果游标已被打开，％ISOPEN 返回 TRUE，否则返回 FASLE。注意：隐式游标在执行相关的 SQL 语句之前被自动打开，执行之后自动关闭，所以％ISOPEN 总是返回 FALSE
cursor ％NOTFOUND	返回 FETCH 是否没取出数据。如果 FETCH 语句没有返回一行，则％NOTFOUND 返回 TRUE，否则返回 FALSE
cursor ％ROWCOUNT	返回 FETCH 返回的行数。在游标刚打开执行 FETCH 之前，％ROWCOUNT 的值为 0。之后返回到目前 FETCH 返回的行数。如果最后一次 FETCH 返回一行，则其值增 1

【提示】　如果使用隐式游标，游标属性的使用方法是在属性名前加 SQL 关键字。例如，要判断一个查询语句是否返回一行，可使用 SQL％FOUND 属性。

【例 6.13】　使用游标处理表中多行数据。注意，游标属性％ROWCOUNT 和％NOTFOUND 的使用。

```
declare
    v_empid      employees. employee_id％TYPE;
    v_ename      employees. employee_name％TYPE;          ← 声明与表字段类型相同的变量
    v_gender     employees. gender％TYPE;
    v_salary     employees. salary％TYPE;
    v_deptid     employees. department_id％TYPE;
    rowcount     NUMBER;
    cursor cursor1 is      ← 声明游标
        select employee_name, gender, salary
        from employees   where gender = '男';
    cursor cursor2 is select employee_id, employee_name, department_id
        from employees   where department_id = 3;
begin
    open cursor1;      ← 打开游标cursor1
    dbms_output.put_line ( '---------- cursor 1 ----------------- ');
    loop
      fetch cursor1 into v_ename, v_gender, v_salary;
      exit when cursor1 % NOTFOUND;
      dbms_output.put_line ( rpad(v_ename, 25, '')
                    || v_gender || to_char(v_salary) );
    end loop;
    rowcount : = cursor1 % ROWCOUNT;
    dbms_output.put_line ('取出的行数 = '|| rowcount );
```

```
        close cursor1;

        open cursor2;         ◄─┤ 打开游标cursor2
        dbms_output.put_line ( '---------- cursor 2 ------------------');
        loop
          fetch cursor2 into v_empid,v_ename, v_deptid;
          exit when cursor2 % NOTFOUND;
          dbms_output.put_line ( v_empid || ': '
                                || rpad(v_ename, 25, '') || v_deptid );
        end loop;
        rowcount : = cursor2 % ROWCOUNT;
        dbms_output.put_line ('取出的行数 = ' || rowcount );
        close cursor2;
    end;
```

该匿名块声明了两个游标变量 cursor1 和 cursor2。程序通过 LOOP 循环从游标中取出数据存储到变量中,然后输出。当游标中没有记录时,使用 EXIT 语句退出循环。当循环结束,使用游标的 ROWCOUNT 属性得到所提取的数据行数。

6.3.4　带参数游标

游标可以带参数。使用带参数游标要求在声明游标时定义形式参数,打开游标时指定实际参数。使用不同的参数值多次打开游标时,可以得到不同的结果集。声明带参数游标的语法格式如下:

```
CURSOR cursor_name(parameter dataType [DEFAULT value])
  [RETURN return_type ]
IS select_statement;
```

其中,parameter 为游标参数,定义带参数游标时需要指定参数名和数据类型。还可以使用 DEAFULT 为参数指定默认值。打开游标时,如果没有为游标参数赋值,Oracle 将使用默认的游标参数值。return_type 指出游标的返回值类型,它必须是一个记录或数据库表中的一行。同样需要指定游标执行的 SELECT 语句,并且在 SELECT 语句中可以使用参数。

【例 6.14】 下面程序声明两个带参数游标。

```
set serveroutput on
declare
  empRec employees % ROWTYPE;
  emp_id employees. employee_id % TYPE;
  emp_name employees. employee_name % TYPE;
  cursor c2 (dept_id NUMBER DEFAULT 1)  is   ◄─┤ 声明带参数的游标c2
    select employee_id, employee_name from employees
      where department_id = dept_id;
  cursor c3 (dept_id NUMBER DEFAULT 1)   ◄─┤ 声明带参数的游标c3
    return employees % ROWTYPE is
    select * from employees where department_id = dept_id;
begin
  open c2(2);   ◄─┤ 打开c2游标并为dept_id传递参数2
  loop
```

```
        fetch c2 into emp_id, emp_name;        ◀── 循环提取和处理c2游标中的数据
        exit when c2 % NOTFOUND;
        dbms_output.put_line (emp_id || ':' || emp_name);
    end loop;
    open c3(dept_id = > 3);        ◀── 打开c3游标并传递一个参数
    loop
        fetch c3 into empRec;        ◀── 循环提取和处理c3游标中的数据
        exit when c3 % NOTFOUND;
        dbms_output.put_line (empRec.employee_id || ' ' ||
                empRec.employee_name || ' ' || empRec.salary);
    end loop;
    close c2;
    close c3;
end;
```

6.3.5　游标 FOR 循环

从前面介绍可知，游标操作包括打开、循环提取和处理游标数据、关闭等。为了简化这些操作，PL/SQL 提供了游标 FOR 循环语句。一个游标 FOR 循环可实现上面介绍的 OPEN、FETCH、CLOSE 语句和循环的功能：当进入循环时，游标 FOR 循环语句自动打开游标，并提取第一行游标数据，当程序处理完当前所提取的数据而进入下一次循环时，游标 FOR 循环自动提取下一行数据供程序处理。当提取完结果集合中所有数据后结束循环，并自动关闭游标。此外，当在游标 FOR 循环中调用 EXIT 语句或 GOTO 语句，或者由于发生异常等原因导致程序跳出循环时，PL/SQL 均能够自动关闭游标 FOR 循环语句打开的游标。

游标 FOR 循环语句的语法格式为：

```
FOR index_variable IN cursor_name[(value [, value] ...)] LOOP
    -- 游标处理代码
END LOOP;
```

其中，cursor_name 为已经声明的游标变量；value 为传递给游标的参数值；index_variable 为游标 FOR 循环语句隐含声明的记录变量，其结构与游标查询语句返回的结果集的结构相同。程序中可通过该记录变量读取所提取的游标数据。

【例 6.15】　下面代码说明游标 FOR 循环语句的使用方法。

```
declare
    cursor c4 is        ◀── 不带参数游标
    select employee_id, employee_name, salary from employees
    where department_id = 2;
begin
    for emp_rec in c4 loop        ◀── 游标FOR循环
        dbms_output.put_line(emp_rec.employee_id || ' '
                || emp_rec.employee_name);
    end loop;
end;
```

当所声明的游标带有参数时，通过游标 FOR 循环为游标传递参数。

【例 6.16】　用游标 FOR 循环为游标传递参数。在下面的例子中，第一个游标 FOR 循

环向 c5 游标传递的 dept_id 参数值为 3，第二个游标 FOR 循环则使用 c5 游标的默认参数值。

```
declare
    cursor c5 (dept_id NUMBER DEFAULT 1) is        ◄──┤ 带参数游标
        select employee_id, employee_name from employees
            where department_id = dept_id;
begin
    dbms_output.put_line('部门号 dept_id 参数值为 3:');
    for emp_rec in c5(3) loop    ◄──┤ 执行游标FOR循环，传递参数3
        dbms_output.put_line(emp_rec.employee_id || '   '
                        || emp_rec.employee_name);
    end loop;
    dbms_output.put_line('使用默认值的部门号 dept_id 为 1:');
    for emp_rec in c5 loop
        dbms_output.put_line(emp_rec.employee_id || '   '
                        || emp_rec.employee_name);
    end loop;
end;
```

此外，PL/SQL 还允许在 FOR 循环中直接使用子查询来实现游标的功能，例如：

```
begin
    for emp_rec in (select employee_id, employee_name from employees) loop
        dbms_output.put(emp_rec.employee_id || '   ');
        dbms_output.put_line(emp_rec.employee_name);
    end loop;
end;
```

当在 FOR 循环中使用子查询时，无法通过游标属性访问查询语句的执行信息。

【提示】　程序中使用了 DBMS_OUTPUT 包的 PUT 过程，该过程将输出写入缓冲区，之后调用 PUT_LINE 过程可以将缓冲区一并输出。

6.3.6　使用游标更新或删除数据

使用显式游标，不仅可以一行行处理 SELECT 语句的结果，还可以更新或删除游标当前行的数据，这需要在声明游标时带 FOR UPDATE 子句，语法格式如下：

```
CURSOR cursor_name(param_name dataType) IS select_statement
FOR UPDATE [OF column_reference][NOWAIT]
```

FOR UPDATE 子句用于在游标结果集上加共享锁。如果省略 OF 子句，将对全表加锁，否则将对指定的 column_reference 列加锁。NOWAIT 选项用于指定立即加锁。

为了更新或删除当前游标行数据，在提取了游标数据之后，必须在 UPDATE 或 DELETE 语句中使用 WHERE CURRENT OF 子句。

【例 6.17】　用可更新游标为出生日期早于 1981 年的男员工增加 100 元工资。

```
set serveroutput on
declare
    emp_record employees % ROWTYPE;
    cursor emp_cursor is select * from employees for update;
begin                                              定义可更新游标
```

```
    open emp_cursor;
    loop
        fetch emp_cursor into emp_record;
        exit when emp_cursor % NOTFOUND;
        if emp_record.birthdate <'01 - 1 月 - 81' and emp_record.gender = '男' then
            update employees set salary = salary + 100 where current of emp_cursor;
        end if;                        ◄──┤ 更新满足条件记录
    end loop;
    commit;
    close emp_cursor;
end;
```

该程序执行后,查看 EMPLOYEES 表可以看到有关记录的 SALARY 字段被修改。如果将其中的 UPDATE 语句更改为:

```
delete from employees where current of emp_cursor;
```

则可将 EMPLOYEES 表中满足条件的行删除。

6.3.7　记录类型和表类型

在 PL/SQL 程序块中可以声明用户定义的类型,然后使用这些类型来声明相应的程序变量。记录类型可以存储多个字段值,类似于表中的一行记录；表类型则可以存储多行数据。

1. 记录类型

记录(record)**类型**是由一个或多个相关的字段组成,每个字段都有自己的名称和类型。一般情况下,PL/SQL 程序用记录类型创建与表中记录结构匹配的变量。例如,可以声明一个 EmpRecord 的记录类型,它包含 id、name、gender、birthdate 和 salary 等字段。在声明记录变量后,可以单独处理该记录的每个字段,也可以将整个记录作为一个整体传递给过程或函数。

记录类型声明语法格式如下:

```
TYPE recordType IS RECORD(
    field dataType [[NOT NULL] {DEFAULT | : = } expression]
    [,field ...]
);
```

记录类型的单个字段声明类似于变量的声明,需要指定字段的数据类型,并可指定一个可选的非空约束和默认值。

【例 6.18】 下面匿名块演示了记录类型的使用,定义了一个名为 EmpRecord 的记录类型,它包含 5 个字段。

```
set serveroutput on
declare
  type EmpRecord is record(    ◄──── 记录类型的定义
    id NUMBER,
    name VARCHAR(12),
    gender CHAR(3),
```

```
    birthdate DATE,
    salary NUMBER(8,2) );
selectEmp EmpRecord;          ◀──┤ 声明一个记录类型变量
procedure printEmp (oneEmp IN EmpRecord)  is    ◀──┤ 定义一个printEmp过程
begin
    dbms_output.put_line ('员工号:'||oneEmp.id);
    dbms_output.put_line ('姓名:'||oneEmp.name);
    dbms_output.put_line ('工资:'||oneEmp.salary);
end printEmp;
begin
 select employee_id,employee_name,gender,birthdate,salary
 into selectEmp from employees where employee_id = 1005;
 printEmp(selectEmp);       ◀──┤ 调用printEmp过程
end;
```

程序输出结果如下：

```
员工号:1005
姓名:欧阳清风
工资:2800
```

程序中声明了一个用户定义的记录类型 EmpRecord,它与 EMPLOYEES 表的记录对应。然后声明一个该类型的变量 selectEmp,程序从表中查询一条记录给 selectEmp 变量赋值,然后将该变量传递给内部过程 printEmp,该过程用于输出 EmpRecord 记录类型参数的字段。

2. 表类型

使用记录类型变量只能保存一行数据,这限制了 SELECT 语句返回的行数。如果 SELECT 语句返回多行数据,应该使用**表**(table)**类型**。表类型是对记录类型的扩展,可以处理多行数据。

表类型的声明语法格式如下：

```
TYPE tableType IS TABLE OF
{data - type | {variable |table.column} % TYPE | table % ROWTYPE}[NOT NULL]
INDEX BY BINARY_INTEGER;
```

语法说明如下：

- tableType,创建的表类型名称。
- IS TABLE OF data-type,指定表类型,其中 data-type 可以是任何合法的 PL/SQL 类型,可以是表、指定变量的类型以及表行类型等。
- INDEX BY BINARY_INTEGER,指定系统创建一个主键索引,用于应用表类型变量中的特定行。

【例 6.19】 下面匿名块演示了表类型的使用。

```
set serveroutput on
declare
 type IntegerTable is table of INTEGER;
 tempInteger  IntegerTable : = IntegerTable(1, 202, 451);
begin
  for i in 1..3 loop
```

```
        dbms_output.put_line('元素 ♯' || i || ' = ' || tempInteger(i));
    end loop;
end;
```

程序输出结果如下：

```
元素 ♯1 = 1
元素 ♯2 = 202
元素 ♯3 = 451
```

IntegerTable 是一个简单的表类型，它的元素是整数。在使用表类型时必须使用该类型的**构造器**(constructor)初始化它，并且可以指定一个逗号分隔的初始化元素清单。

表类型变量可以包含任意数量的行，表的大小可以动态增大或减小。PL/SQL 支持在表对象上的操作方法，表 6-3 列出了在表上可以使用的常用集合方法。

表 6-3　常用的集合方法

方 法 名	说 明
COUNT	返回集合中元素的数量
DELETE(x [,y])...	删除一些或所有集合元素而不删除这些元素所使用的空间
EXISTS(x)	若集合中存在 x，则返回 TRUE，否则返回 FALSE
EXTEND[(x [,y])]	追加 y 元素的 x 个副本到集合的末尾。如果缺省 y，则追加 x 个空元素
FIRST	返回集合中第一个元素的索引数目
LAST	返回集合中最后一个元素的索引数目
NEXT(x)	返回集合中 x 元素后的元素索引数目
PRIOR(x)	返回集合中 x 元素前的元素索引数目

【例 6.20】　下面匿名块说明了几个集合方法的使用。

```
set serveroutput on
declare
  type ProdTable is table of products % rowtype;
  tempProd   ProdTable := ProdTable();
  cursor productRows is
  select * from products order by product_id;
  currentElem INTEGER;                    ◀───┤ 当前元素的下标号
begin
  tempProd.extend(5);     ◀───┤ 向表中添加5个空元素
  for currentP in productRows loop   ◀───┤ 在游标上迭代
    tempProd(productRows % rowcount) := currentP;
  end loop;
  currentElem := tempProd.first;
  for i in 1.. tempProd.count loop
    dbms_output.put_line('表♯' || i || '行 = '
            || tempProd(currentElem).product_id ||','
            || tempProd(currentElem).product_name);
    currentElem := tempProd.next(currentElem);
  end loop;
end;
```

该程序运行结果如下：

```
表♯1 行 = 801,Lenovo_笔记本
表♯2 行 = 802,华为 Mate30 手机
```

表♯3 行 = 803,小米手环
表♯4 行 = 804, iPad
表♯5 行 = 805,外星人电脑

6.3.8 游标变量

游标变量是指向结果集的指针。它类似于游标,但比游标更灵活,因为它不与一特定查询相连,它指向多行查询结果集的当前行。

当在一个函数或过程中执行一个查询,然后在另一个子程序中处理结果(可能使用不同的语言)时需要使用游标变量。游标变量的数据类型为 ref cursor。

1. 声明游标变量

游标变量为一个指针,它属于引用类型。所以在声明游标变量之前必须先定义游标变量的引用类型。在 PL/SQL 中,可以在块、子程序和包的声明区域定义游标变量的引用类型,其语法格式如下:

```
TYPE ref_type_name IS REF CURSOR [RETURN return_type];
```

其中,ref_type_name 是新定义的游标变量引用类型名称;return_type 为游标变量的返回值类型,它必须是记录变量。

在定义游标变量类型时,可以采用强类型定义和弱类型定义。强类型定义必须指定游标变量的返回值类型,弱类型定义不需要指定返回值类型。采用强类型定义,在打开游标变量时,编译器对游标变量进行严格的类型检查,它只允许使用类型兼容的查询语句;采用弱类型定义,游标变量可与任何查询语句关联。因此,弱类型定义使用起来更加灵活,但容易出错。

下面代码声明两个强类型游标变量引用类型和一个弱类型游标变量引用类型。

```
declare
  type EmpRecord is record(
    emp_id employees.employee_id % TYPE,
    emp_name employees.employee_name % TYPE,
    emp_salary employees.salary % TYPE,
  );
  type EmpCurType is ref cursor return employees % ROWTYPE;
  type EmpCurType2 is ref cursor return EmpRecord;
  type CurType is ref cursor;
```

在定义了游标变量引用类型后,即可在 PL/SQL 块和子程序中使用它声明游标变量。例如,下面代码分别使用上面定义的三个游标变量引用类型声明三个游标变量。

```
emp_c1 EmpCurType;
emp_c2 EmpCurType2;
v_cursor CurType;
```

2. 游标变量操作

与游标一样,游标变量操作也包括打开游标、提取数据和关闭游标三个步骤。打开游标变量使用 OPEN…FOR 语句,语法格式如下:

```
OPEN cursor_variable FOR select_statement;
```

其中，cursor_variable 为游标变量；FOR 子句为游标变量指定查询语句。

使用 FETCH 语句提取游标变量结果集中的数据，语法格式如下：

```
FETCH cursor_variable INTO {variable [,variable]... | record_variable};
```

variable 和 record_variable 分别为普通变量和记录变量名称，FETCH 语句将所提取的结果集合数据存入这些变量中。

关闭游标变量使用 CLOSE 语句，语法格式如下：

```
CLOSE cursor_variable;
```

【**例 6.21**】 下面的例子声明了一个 REF CURSOR 类型的游标变量，然后将其作为参数传递给一个过程。

```
declare
   type EmpCurType is ref cursor        ◄──────   声明一个返回employees%ROWTYPE类型
return employees % ROWTYPE;                        的REF CURSOR
   emp_cursor EmpCurType;
   procedure process_emp_cv (emp_cv IN EmpCurType)
    is
    person employees % ROWTYPE;          ◄──   带EmpCurType参数的局部
    begin                                        过程，处理结果集的所有行
      dbms_output.put_line ('-- 下面是结果集中的姓名 -- ');
      loop
         fetch emp_cv into person;       ◄──┤  取出游标下一行存入变量person
         exit when emp_cv % NOTFOUND;
         dbms_output.put_line (person.employee_name);
      end loop;
    end;          -- 局部过程声明结束
begin
 open emp_cursor for select * from employees   ◄──┤  查找员工号小于1005的员工
                where employee_id < 1005;
 process_emp_cv(emp_cursor);   ◄──   将emp_cursor传递给过程处理
 close emp_cursor;
 open emp_cursor for select * from employees   ◄──┤  查找姓名以R开头的员工
                where employee_name like 'R % ';
 process_emp_cv(emp_cursor);   ◄──   将emp_cursor传递给过程处理
 close emp_cursor;
end;
```

程序定义了一个游标变量引用类型，并声明一个该类型游标变量 emp_cursor。局部过程 process_emp_cv 带一个游标类型参数，在其中对游标变量循环输出员工名。

6.4 PL/SQL 异常处理

在 PL/SQL 程序中检测和处理错误很容易，这些错误称为**异常**（exception）。程序中发生异常时，将停止正常的处理，控制转向异常处理代码。

异常处理代码在 PL/SQL 块的后面。每个不同的异常都由一个特定的异常处理程序

处理。PL/SQL 对异常处理是自动的,这个过程类似于 Java 语言的异常处理机制。

6.4.1　错误及错误类型

当 Oracle 系统运行或 PL/SQL 程序编译、执行过程中遇到错误时,它将返回错误消息。用户可根据错误消息查找错误原因,对错误进行处理。

例如,假设 EMP 表不存在,而在 SQL Plus 中执行下面语句将返回错误信息如下:

```
SQL > select * from emp;
select * from emp
          *
第 1 行出现错误:
ORA - 00942:表或视图不存在
```

这里,前 3 行向用户定位错误语句,最后一行为错误消息。错误消息分为以下两部分。

- 错误号:其中包含发生错误的产品代码(如 ORA)和该产品定义的错误序号(如 00942)。
- 错误消息文本:错误原因的简单说明,用户可根据错误消息文本查找错误。

Oracle 的错误可分为两种类型:编译时错误和运行时错误。

1. 编译时错误

由用户输入等原因造成的程序语法错误。这种错误在 PL/SQL 程序编译期间被发现,并报告给用户。例如,在 SQL Plus 中执行下面程序创建一个 GET_SALARY() 函数:

```
create or replace function get_salary(emp_id VARCHAR)
    return NUMBER IS
    sal NUMBER(7,2);
begin
    select salary from employees where employee_id = emp_id;
    return sal;
end;
```

由于上面程序的 SELECT 语句中缺少 INTO 子句,所以在创建时将导致编译错误,SQL Plus 返回以下错误:

```
警告:创建的函数带有编译错误。
```

出现编译错误,可以执行 SQL Plus 的命令 SHOW ERRORS 检索错误消息。

```
SQL > show errors
FUNCTION GET_SALARY 出现错误:
LINE/COL        ERROR
--------        ---------------------------------------
5/5             PLS - 00428:在此 SELECT 语句中缺少 INTO 子句
```

用户也可通过检索数据字典 USER_ERRORS、ALL_ERRORS 或 DBA_ERRORS 读取错误信息。

2. 运行时错误

运行时错误又称**异常错误**,是指通过编译的 PL/SQL 程序在运行阶段所产生的错误。导致运行时错误的原因有多种:内存用尽、网络故障、违反数据约束条件等。

设在 EMPLOYEES 表中已有一名员工号为 1005 的员工,执行下面程序将产生错误:

```
begin
  insert into employees values (1005,'李勇', '男','1－2 月－1980', 2800.00,3);
end;
```

错误信息如下,表示违反唯一约束条件:

```
第 1 行出现错误:
ORA－00001:违反唯一约束条件 (C##WEBSTORE.EMP_PK)
ORA－06512:在 line 2
```

6.4.2　预定义的异常错误

对涉及变量和数据库操作的常见错误,PL/SQL 预定义了一些异常,在发生错误时它们将自动引发。例如,如果用 0 去除一个数,PL/SQL 将自动引发 ZERO_DIVIDE 预定义异常。

【例 6.22】　预定义异常的使用。

```
set serveroutput on
declare
  prod_name   VARCHAR2(20);
begin
  select  product_name  into  prod_name
    from products  where product_id = 808;
  dbms_output.put_line ('商品名:'|| prod_name);
exception
  when no_data_found  then
    dbms_output.put_line ('没有找到指定商品');
  when too_many_rows  then
    dbms_output.put_line ('返回的行大于 1');
end;
```

这里,NO_DATA_FOUND 和 TOO_MANY_ROWS 都是预定义的异常名,表 6-4 列出了 Oracle 常用的预定义异常。

表 6-4　PL/SQL 常用预定义异常

异　常　名	说　　明
ACCESS_INTO_NULL	程序试图为没有初始化的对象赋值
CASE_NOT_FOUND	在 CASE 结构的 WHEN 子句中没有匹配的选项,又没有 ELSE 子句
COLLECTION_IS_NULL	程序试图在没有初始化的嵌套表或可变数组上应用集合方法(EXISTS 除外)或者为其元素赋值
CURSOR_ALREADY_OPEN	程序试图打开一个已被打开的游标
DUP_VAL_ON_INDEX	程序试图在具有唯一索引约束上存储一个重复值
INVALID_CURSOR	程序试图做一个不允许的游标操作,如关闭一个没有打开的游标
INVALID_NUMBER	在 SQL 语句中,由于字符串不能表示一个合法的数字,字符串向数字转换失败
LOGIN_DENIED	程序使用非法的用户名和口令登录数据库时引发
NO_DATA_FOUND	SELECT INTO 语句没有返回行或程序引用嵌套表中已被删除的元素或未初始化的元素

续表

异　常　名	说　　明
NOT_LOGGED_ON	程序没有连接到数据库就发出数据库调用
ROWTYPE_MISMATCH	在游标变量赋值时类型不匹配
SUBSCRIPT_BEYOND_COUNT	引用嵌套表或可变数组元素时，下标超出范围
SUBSCRIPT_OUTSIDE_LIMIT	引用嵌套表或可变数组元素时，下标不在合法的范围
TOO_MANY_ROWS	SELECT INTO 语句返回行数大于 1
VALUE_ERROR	发生算术或转换错误
ZERO_DIVIDE	程序试图用 0 去除一个数

6.4.3　用户定义的异常

一个 PL/SQL 程序还可以在块的声明部分声明用户定义异常。但是，程序必须在发生异常时执行对用户定义异常的检查。

【例 6.23】　下面程序说明了用户定义异常和相应的异常处理程序的使用。

```
declare
  prod_id      NUMBER := 903;
  errNo        INTEGER;
  errMsg       VARCHAR2(200);
  invalidPid EXCEPTION;        ◄───┤ 声明用户自定义异常
begin
  update products set product_name = 'iPhone X 手机'
      where product_id = prod_id;
  if SQL % NOTFOUND then
    raise invalidPid;          ◄───┤ 引发用户自定义异常
  end if;
  dbms_output.put_line ('商品名已修改');   ◄───┤ 无异常输出的信息
exception
  when invalidPid then
    errNo := SQLCODE;
    errMsg := SUBSTR(SQLERRM,1,100);
    dbms_output.put_line ('错误号:'||errNo);
    dbms_output.put_line ('错误消息:'||errMsg);
    raise_application_error( - 20003, '商品号不合法'|| prod_id);
  when others then
    raise_application_error( - 20000, errNo || ''|| errMsg);
end;
```

程序输出结果如下：

```
错误号:1
错误消息:User_Defined Exception
* 第 1 行出现错误:
ORA - 20003:商品号不合法　903
ORA - 06512:在 line 15
```

如果给出的 PRODUCT_ID 值是表中的某个商品号（如 802），将不引发用户定义异常，而可以将商品名修改。

程序在 PL/SQL 块的声明部分用 EXCEPTION 关键字声明了一个用户定义异常。程序中使用 RAISE 语句引发一个用户定义异常。RAISE_APPLICATION_ERROR 过程返回一个用户定义的错误号和消息。用户定义的错误消息必须在－20 000～－20 999。可以使用 WHEN OTHERS 异常处理程序处理所有没有指定处理程序的异常。程序中可使用特殊的 SQLCODE 和 SQLERRM 函数返回最新的 Oracle 错误号和消息。

🔑 本章小结

本章讨论了以下主要内容：

- PL/SQL 是 Oracle 数据库提供的一种过程化语言，使用 PL/SQL 可以编写匿名块、过程、函数、程序包和触发器等。
- PL/SQL 提供了各种语法元素，如运算符、类型、变量、赋值以及选择和循环控制结构。
- PL/SQL 还提供了游标的概念，包括显式游标和隐式游标、游标属性、带参数游标和游标变量等。
- PL/SQL 程序提供了异常处理功能，可使用预定义异常和自定义异常。

🔑 习题与实践

一、填空题

1. PL/SQL 程序块一般包含 DECLARE 声明部分、BEGIN…END 部分和_____部分。

2. PL/SQL 程序块中的赋值符号是_____。

3. 在声明常量时需要使用_____关键字，并且必须为常量赋值。

4. 使用游标一般分为声明游标、_____、_____和关闭游标等步骤。

5. 要想在 SQL Plus 中使用 DBMS_OUTPUT. PUTLINE 过程输出内容，需要使用_____命令打开服务器输出。

6. 完成以下 PL/SQL 块，功能是：显示从 2～10 的 5 个偶数。

```
declare
  even_number NUMBER: = 0;
begin
  for even_number in _____
  loop
    dbms_output. put_line(even_number * 2);
  end loop;
end;
```

7. SELECT INTO 语句返回行数大于 1 时引发的异常是_____。

二、选择题

1. 在 Oracle 中，关于 PL/SQL 下列描述正确的是(　　　)。

A. PL/SQL 代表 Power Language/SQL

B. PL/SQL 不支持面向对象编程

C. PL/SQL 块包括声明部分、可执行部分和异常处理部分

D. PL/SQL 提供的 4 种内置数据类型是 character、integer、float 和 boolean

2. 在 Oracle 中,用于 PL/SQL 程序输出调试信息的内置程序包是(　　)。

　　A. DBMS_STANDARD　　　　　　　B. DBMS_ALERT

　　C. DBMS_LOB　　　　　　　　　　D. DBMS_OUTPUT

3. 在 Oracle 中,不属于游标属性的是(　　)。

　　A. %NOTFOUND　　　　　　　　　B. %FOUND

　　C. %ISCLOSED　　　　　　　　　　D. %ISOPEN

4. 在 Oracle 中,游标变量的数据类型是(　　)。

　　A. RECORD　　　　　　　　　　　B. REF CURSOR

　　C. CURSOR　　　　　　　　　　　D. ROWTYPE

5. 当需要使用显式游标更新或删除游标中的行时,声明游标时指定的 SELECT 语句必须带有(　　)子句。

　　A. WHERE CURRENT OF　　　　　B. INTO

　　C. FOR UPDATE　　　　　　　　　D. ORDER BY

6. 在 Oracle 中,PL/SQL 块中定义了一个带参数的游标:

```
CURSOR emp_cursor(dnum NUMBER) IS
SELECT salary, comm FROM emp WHERE deptno = dnum;
```

那么下面打开此游标的两个正确语句是(　　)。

　　A. OPEN emp_cursor(20);

　　B. OPEN emp_cursor FOR 20;

　　C. OPEN emp_cursor USING 20;

　　D. FOR rmp_rec IN emp_cursor(20) LOOP … END LOOP;

7. 以零做除数会引发(　　)异常。

　　A. VALUE_ERROR　　　　　　　　B. ZERO_DIVIDE

　　C. STORAGE_ERROR　　　　　　　D. SELF_IS_NULL

三、简答题

1. 试述使用 PL/SQL 可以创建的程序类型。

2. 简述 PL/SQL 的 %TYPE 和 %ROWTYPE 类型的不同。

3. 简述使用 Oracle 的显式游标的步骤。

四、综合操作题

1. 编写一个 PL/SQL 匿名块,分别使用 LOOP 循环、WHILE 循环和 FOR 循环计算并输出前 20 个斐波那契数。

2. 编写一个 PL/SQL 匿名块,要求使用游标,显示所有单价低于 3000 元的商品的商品号和商品名。

第7章

函数、过程、程序包
和触发器

CHAPTER 7

使用 PL/SQL 不仅可以创建匿名块,还可以创建函数、过程、程序包以及触发器等命名程序,它们保存在数据库中,需要时执行。

本章主要讨论函数的创建和使用、过程和程序包的创建和使用,最后介绍触发器的概念及各种触发器的创建等。

🔑 7.1　函数

在第 4 章我们学习了 Oracle 内置函数,使用 PL/SQL 还可以创建用户定义函数,用户定义函数属于模式对象。本节介绍用户定义函数的创建与使用。

用户定义函数是一组 PL/SQL 语句的集合,它具有以下两个特点:

- 每个函数具有固定的名称,这是函数与 PL/SQL 匿名块的区别。函数是存储在数据库中的代码块,它们又被称作存储函数。
- 函数向其调用者返回一个值,这是函数与过程的唯一区别,7.2 节将介绍过程。

用户函数创建后,在 SQL 语句中可以像 SQL 内置函数一样调用,但在创建和执行用户函数时,需要具有适当的权限。

7.1.1　创建和使用函数

在 Oracle 中可以使用 SQL Plus 或 SQL Developer 创建、修改和删除函数。创建函数使用 CREATE FUNCTION 命令,语法格式如下:

```
CREATE [OR REPLACE] FUNCTION [schema.]function_name
 [(parameter [IN | OUT | IN OUT] data_type [{DEFAULT| : = } expression] [, ...] ) ]
 RETURN data_type
{IS | AS}
BEGIN
  -- 函数体定义
END [function - name];
```

语法说明如下:

- OR REPLACE,如果存在同名函数,则使用新函数替代已有的函数。
- function_name,函数名,可以指定函数所属的模式。
- parameter,指定函数参数名称,其后的 IN、OUT 和 IN OUT 进一步说明函数是输入参数、输出参数或输入/输出参数。默认为输入参数。输入参数(IN)在调用函数时由调用者赋值,它把应用程序中常量、变量或表达式值传递给函数使用。所以,在函数内只能读取输入参数值,不能改变其值。输出参数(OUT)用于向应用程序返回信息,在函数体内只能为输出参数赋值,而不能读取其值。输入/输出参数(IN OUT)兼具输入参数和输出参数的特点,它既被应用程序用来为函数传值,又用来向应用程序传递信息。所以,函数内可以对输入/输出参数读写。
- data_type,指定参数的数据类型,它可以是 PL/SQL 支持的所有数据类型。在指定数据类型时不能指定长度、精度和小数位以及 NOT NULL 等约束,但可以使用 DEFAULT 指定参数的默认值。
- RETURN data_type 子句说明函数返回值的数据类型,data_type 可以是 PL/SQL 所支持的数据类型。与函数参数声明一样,在指定返回值类型时,也不能指定长度、精度和小数位等。
- BEGIN...END 之间的内容为函数体,其结构与普通的 PL/SQL 块相同,即由局部变量声明部分、执行部分和异常错误处理三部分组成。

创建函数,用户应具有相应的权限:在用户模式下创建函数,需要拥有 CREATE PROCEDURE 权限,在其他模式下创建函数时需要拥有 CREATE ANY PROCEDURE 权限。

【例 7.1】　创建一个 ORDER_TOTAL 函数,其功能是根据传递的订单号计算并返回该订单的总金额,该函数带一个输入参数 orderId。

```
create or replace function order_total(orderId IN number)
  return NUMBER        ◄——┤返回值类型              ┤函数参数
 is
  orderTotal NUMBER: = 0;    ◄——┤局部变量定义
 begin
   select sum(quantity * unitprice) into orderTotal
   from orderitems natural join products where order_id = orderId;
   return orderTotal;     ◄——┤返回语句
end;
 /
```

在 SQL Plus 或 SQL Developer 执行 CREATE FUNCTION 时,如果返回"函数已创建。"信息,则说明函数已成功创建。如果返回"警告:创建的函数带有编译错误。"则说明函数定义中存在错误。这时,可以执行 SHOW ERRORS 命令查看错误信息,根据提示进行修改。

【提示】　在 SQL Plus 和 SQL Developer 中都可以创建函数,但笔者认为在 SQL Developer 中创建函数更方便。

可以使用下面命令查看用户模式下定义的函数名:

```
select object_name from user_procedures;
```

函数创建后存储在数据库中,使用自定义函数与使用内置函数相同。可以在 SQL 语句中直接调用函数,下面语句查询 3 号订单总金额。

```
select order_total(3) from dual;
```

下面 SQL 语句查询 ORDERS 表每个订单的总金额。

```
select order_id, order_total(order_id) 总金额 from orders;
ORDER_ID        总金额
---------      -----------
1              26 290
2              4960
3              49 000
4              6900
```

【例 7.2】　在 PL/SQL 程序中调用自定义函数,下面代码在匿名块中使用 ORDER_TOTAL 函数。

```
set serveroutput on
declare
  order_id NUMBER;
  v_sum NUMBER(8,2);
begin
  order_id : = 2;
  v_sum := order_total(order_id);     ◄——┤用v_sum接收函数的返回值
  dbms_output.put_line ( order_id ||'号订单总金额是:'||v_sum);
end;
```

执行该匿名块，结果如下：

2 号订单总金额是 4960

7.1.2　参数传递

函数声明时所定义的参数称为**形式参数**，调用函数时为其传递的参数称为**实际参数**。应用程序通过实际参数向函数传递信息，而在函数内部则通过形式参数引用实际参数或向应用程序返回数据。

【例 7.3】　创建一个 DEMO_FUN 函数，该函数带有 3 个参数。

```
create or replace function demo_fun(
  name VARCHAR2,               ◄─┐ 带3个参数
  gender VARCHAR2,              │
  salary NUMBER                │
)
  return VARCHAR2
is
  v_message varchar2(50);
begin
  v_message := name || ':' || gender || ' ' || salary;
  return v_message;
end demo_fun;
```

应用程序调用函数时，传递的参数有 3 种表示法：位置表示法、名称表示法和混合表示法。

第一种是位置表示法，格式为：

```
argument1 [,argument2 ...]
```

这种方法传递的参数数量、数据类型和参数模式（IN、OUT、IN OUT）必须与函数定义时所声明的参数数量、数据类型和模式相匹配。例如，下面语句调用 DEMO_FUN 函数使用的是位置表示法。

```
declare
  result VARCHAR2(50);
begin
  result := demo_fun('张大海', '男', 5800);   ◄─┤ 位置表示法传递参数
  dbms_output.put_line (result);
end;
```

第二种是名称表示法，格式为：

```
parameter => argument_value [,parameter2 => argument_value2 ...]
```

其中，parameter 是形式参数名，它必须与函数定义时声明的形式参数名称相同。在这种格式中，形式参数与实际参数成对出现，相互间关系唯一确定，所以参数的顺序可以任意排列。例如：

```
result := demo_fun(name =>'张大海', salary => 5800, gender => '男');
```

上述调用将"张大海"、5800 和"男"3 个常量值分别传递给函数的形式参数 name、salary 和 gender。

第三种是混合表示法,即在调用一个函数时,同时使用位置表示法和名称表示法。采用这种参数传递方法时,使用位置表示法传递的参数必须放在名称表示法传递的参数前面。也就是说,无论函数有多少个参数,只要其中有一个使用名称表示法,其后所有参数都必须使用名称表示法。

下面使用混合表示法为 DEMO_FUN 函数传递 3 个参数。

```
result : = demo_fun('张大海', salary = > 5800, gender = >'男');
```

7.1.3　参数默认值

在 CREATE FUNCTION 语句中声明函数参数时可以使用 DEFAULT 关键字为输入参数指定默认值。

【例 7.4】　创建一个 DEMO_FUN 函数,其中第二个参数具有默认值。

```
create or replace function demo_fun(
 name VARCHAR2,
 gender VARCHAR2 DEFAULT '男',
 salary NUMBER
)
 return VARCHAR2
is
 v_message VARCHAR2(50);
begin
  v_message : = name || ':'|| gender || ' '|| salary;
  return v_message;
end demo_fun;
```

在函数调用时,如果没有为具有默认值的参数提供实际参数值,函数将使用参数的默认值。若调用者为默认参数提供实际参数,函数将使用实际参数值。例如:

```
set serveroutput on
declare
 result varchar2(50);
begin
  result : = demo_fun('张大海', salary = > 5800);      ←─┤ 省略gender参数
  dbms_output.put_line(result);
  result : = demo_fun('张大海', salary = > 4800, gender = >'女');
  dbms_output.put_line(result);
end;
```

【注意】　在创建函数时,只能为 IN 参数设置默认值,不能为 OUT 参数和 IN OUT 参数设置默认值。

7.1.4　删除函数

使用 DROP FUNCTION 语句删除用户定义的函数,语法格式如下:

```
DROP FUNCTION [schema.]function_name;
```

　　用户可以删除自己模式中的任何函数,但要删除其他模式中的函数,用户需要拥有
DROP ANY PROCEDURE 系统权限。

　　【例 7.5】　下面语句删除前面创建的 DEMO_FUN 函数。

```
drop function demo_fun;
```

7.1.5　在匿名块中定义函数

可以在 PL/SQL 匿名块中定义和使用局部函数。

　　【例 7.6】　下面在匿名块的声明部分定义了一个名为 TO_UPPER 的函数,它将两个
输入参数转换成大写后返回。v1 和 v2 被声明为子程序的 IN 参数,它们的值被传递给子程
序,在子程序内对参数的任何改变不影响原来的值。

```
declare
  fname     VARCHAR2(20) : = 'ellison';
  lname     VARCHAR2(25) : = 'larry';
  function to_upper ( v1 IN VARCHAR2, v2 IN VARCHAR2)
    return VARCHAR2        ◀─────┤ 局部函数声明
  as
    v3      VARCHAR2(45);  ◀─────┤ 该变量是函数的局部变量
  begin
    v3 : = v1 || ' ' || v2 || ' = ' || UPPER(v1) || ' ' || UPPER(v2);
    return v3;  ◀─────┤ 函数返回v3的值
  end to_upper;

begin     ◀─────┤ 执行部分开始
  dbms_output.put_line (to_upper (lname, fname));  ◀─────┤ 调用函数并显示结果
end;
```

实践练习 7-1　使用 SQL Developer 定义和使用函数

本练习使用 SQL Developer 定义和使用 PL/SQL 函数。

(1) 以 SYSTEM 身份登录到 SQL Plus。执行下面语句为 C##WEBSTORE 用户授
予 CREATE PROCEDURE 系统权限。

```
SQL > grant create procedure to c##webstore;
```

(2) 启动 SQL Developer,以 WEBSTORE 身份登录到数据库。

(3) 在"工作表"中输入下面 CREATE FUNCTION 语句创建 GET_SALARY 函数,其
功能是查询指定部门的员工工资总和,它具有一个输入参数和一个输出参数。输入参数给
出要查询的部门编号,输出参数用于接收部门人数。

```
create or replace function get_salary(
  dept_id NUMBER,           ◀─────┤ 输入参数
  emp_count OUT NUMBER)     ◀─────┤ 输出参数
  return NUMBER
is
  v_sum NUMBER(10,2);  ◀─────┤ 局部变量声明, 存储工资总和
```

```
begin
  select sum(salary) ,count( * ) into v_sum, emp_count
    from employees where department_id = dept_id;
  return v_sum;      ←——|  返回工资总和
end get_salary;
```

（4）编写下面匿名块，调用 GET_SALARY 函数，返回 3 号部门工资总和。

```
declare
  v_num INTEGER;
  v_sum NUMBER(8,2);
begin
  v_sum : = get_salary(3 , v_num);      ←——|  位置表示法传递参数
  dbms_output.put_line ('3 号部门工资总和:'||v_sum||',人数:'||v_num);
end;
```

（5）修改上面匿名块，使用名称表示法和混合表示法实现参数传递。

7.2　过程

过程（procedure）也是用 PL/SQL 编写的命名程序块，经编译后作为模式对象存储在数据库中，因此也称**存储过程**。之后可以在 PL/SQL 块中或其他程序中调用。

7.2.1　创建和执行过程

过程和函数的唯一区别是函数总向调用者返回数据，而过程不返回数据。创建过程使用 CREATE PROCEDURE 语句，语法格式为：

```
CREATE [OR REPLCAE] PROCEDURE [schema. ]procedure – name
[(parameter [IN| OUT| IN OUT]datatype[{DEFAULT |: = }expression] [, ...])]
{IS | AS}
BEGIN
    -- 过程体定义
END [procedure – name];
```

创建过程，用户应具有一定的权限：当用户在自己模式下创建过程时，需要拥有 CREATE PROCEDURE 权限，在其他模式下创建过程，需要拥有 CREATE ANY PROCEDURE 权限。

【例 7.7】　下面创建一个过程 TODAY_IS，用于输出系统当前日期。

```
create or replace procedure today_is
  as
begin
  dbms_output.put_line ( '今天是:'|| to_char(sysdate, 'DL') );
end today_is;
```

在 SQL Plus 中可以使用 EXECUTE 命令执行过程，如下所示。

```
SQL > set serveroutput on
SQL > execute today_is;
```

另一种方法是在 PL/SQL 程序块中执行过程，如下所示。

```
begin
    today_is;
end;
```

过程也可以带一个或多个参数。过程参数也分 3 种类型：IN、OUT 和 IN OUT 参数，它们的用法与函数参数用法相同。

7.2.2　删除过程

执行 DROP PROCEDURE 命令可以将过程从数据库中删除，语法格式为：

```
DROP PROCEDURE [schema.]proc_name;
```

用户可以删除自己模式中的所有过程，但要删除其他用户模式下的过程，必须具有 DROP ANY PROCEDURE 系统权限。

【例 7.8】　下面语句删除 AWARD_BONUS 存储过程。

```
drop procedure award_bonus;
```

7.2.3　在匿名块中定义过程

可以在 PL/SQL 匿名块中定义和使用局部过程。

【例 7.9】　在 PL/SQL 匿名块中声明了一个 DEMO_PROC 过程，然后调用它查询 2 号和 3 号部门的工资总和及人数。

```
set serveroutput on
declare
 v_sum NUMBER(7,2);
 v_count INTEGER;
 procedure demo_proc (        ◀──┤ 建立局部过程
   dept_id NUMBER DEFAULT 2,
   salary_sum OUT NUMBER,
   emp_count OUT INTEGER )
  is
 begin
    select sum(salary), count(*)  into salary_sum, emp_count
    from employees where department_id = dept_id;
  end demo_proc;
begin        ◀──┤ 块执行部分
 demo_proc(3, v_sum, v_count);
 dbms_output.put_line ('3 号部门工资总和:'|| v_sum || ', 人数:'|| v_count);
 demo_proc(salary_sum => v_sum, emp_count => v_count);
 dbms_output.put_line ('2 号部门工资总和:'|| v_sum || ', 人数:'|| v_count );
end;
```

该程序的输出为：

```
3 号部门工资总和:12 000, 人数:2
2 号部门工资总和:6300, 人数:2
```

实践练习 7-2　使用 SQL Developer 定义和使用过程

本练习使用 SQL Developer 定义和使用 PL/SQL 过程。假设已经为 C##WEBSTORE 用

户授予 CREATE PROCEDURE 系统权限。

（1）启动 SQL Developer，以 C＃WEBSTORE 身份登录到数据库。

（2）在"工作表"中输入下面 CREATE PROCEDURE 语句创建 AWARD_BONUS 过程，该过程带参数，根据员工的销售额计算员工的奖金。

```
create or replace procedure award_bonus (emp_id IN VARCHAR2)
as
  e_name employees. employee_name % TYPE;
  sale_amount    NUMBER(8,2);
  no_saling   EXCEPTION;        ◀———┤ 声明用户自定义异常
begin
  select employee_name into e_name from employees
   where employee_id = emp_id;
  select sum(quantity * unitprice) into sale_amount from orders
   natural join orderitems natural join products
   where orders.employee_id = emp_id;
  if sale_amount is null then
   RAISE no_saling;
  else
   dbms_output.put_line (e_name || '的奖金是:'|| sale_amount * 0.09 || '。');
                                            ◀———┤ 销售量9%作为奖金
  end if;
exception
  when no_saling then
    dbms_output.put_line (e_name || '没有奖金.');
  when others then
    dbms_output.put_line ('错误:'|| SQLCODE||SQLERRM);
end award_bonus;
```

（3）输入下面匿名块调用 AWARD_BONUS 过程。

```
begin
 award_bonus(1001);
 award_bonus(1002);
end;
```

程序运行结果如下：

```
张明月的奖金是:1646.1。
李清泉的奖金是:4856.4。
```

🔑 7.3　程序包

程序包（package）是一组相关过程、函数、变量、常量和游标等 PL/SQL 程序单元的组合，它是对这些 PL/SQL 程序单元的封装。程序包类似于 C++ 和 Java 语言中的类，其中变量相当于类中的成员变量，过程和函数相当于类方法。

在 PL/SQL 程序设计中，使用程序包不仅可以实现程序模块化，对外隐藏包内所使用的信息（通过使用私有成员），还可以提高程序的执行效率。

程序包由两部分组成：包规范和包体。

- **包规范**（package specification）定义程序包的接口。在包规范中，可声明程序包变量、常量、游标、过程、函数和其他结构。换句话说，在程序包规范中声明的一切都是公共的。可用 SQL 的 CREATE PACKAGE 声明程序包规范。

- **包体**（package body）定义程序包规范中声明的所有公共过程和函数。另外，在程序包体中还可以定义变量、常量、游标等。可用 SQL 的 CREATE PACKAGE BODY 命令声明包体。

在程序包规范和程序包体中声明的所有变量、常量和游标被称为是全局的，在过程和函数内部声明的变量、常量等是局部的。全局结构对程序包的所有函数和过程都是有效的。

7.3.1　创建包规范

创建包分为创建包规范和创建包体两个过程。包规范部分声明包内数据类型、变量、常量、游标、子程序和异常错误处理等元素，这些元素为包的公有元素，而包体则是包声明部分的具体实现，它实现了包所声明的游标和子程序，在包体中还可以定义包的私有元素。

创建包规范使用 CREATE PACKAGE 语句，语法格式如下：

```
CREATE [OR REPLACE] PACKAGE package_name
{IS | AS}
 包规范定义
END package_name;
```

package_name 指定包名；包规范定义列出包用户可以使用的公共过程、函数、类型和对象。

【**例 7.10**】　下面代码创建一个名为 PRODUCT_PACKAGE 的包规范。

```
create package product_package as
  type t_ref_cursor IS REF CURSOR;          ◄────┤ 声明游标引用类型
  function get_products_ref_cursor
      return t_ref_cursor;
  procedure update_product_price(
      p_product_id IN products.product_id%TYPE,
      p_factor IN NUMBER
);
end product_package;
```

类型 t_ref_cursor 使用了 PL/SQL 中的 REF CURSOR 类型。GET_PRODUCT_REF_CURSOR 函数返回一个 T_REF_CURSOR，它指向一个游标，该游标包含从 PRODUCTS 表中检索的行。该包中还定义了一个过程。

7.3.2　创建包体

创建包体使用 CREATE PACKAGE BODY 语句，它的简化语法格式如下：

```
CREATE [OR REPLACE] PACKAGE BODY package_name
{IS | AS}
  package_body
END package_name;
```

package_name 指定包名，它必须和前面包规范中的包名相匹配；package_body 包含具体定义过程和函数的代码。

【例 7.11】　下面代码为 PRODUCT_PACKAGE 程序包创建包体。

```
create package body product_package as
 function get_products_ref_cursor          ◄──┤ get_product_ref_cursor函数的定义
   return t_ref_cursor as
  v_products_ref_cursor t_ref_cursor;
 begin
   open v_products_ref_cursor for           ◄──┤ 创建游标变量
   select product_id, product_name, unitprice from products;
    return v_products_ref_cursor;           ◄──┤ 返回REF CURSOR游标变量
 end get_products_ref_cursor;

 procedure update_product_price(           ◄──┤ update_product_price过程的定义
  p_product_id in products.product_id%TYPE,
  p_factor IN NUMBER
 ) as
  v_product_count integer;                  ◄──┤ 局部变量声明
 begin
  select count( * ) into v_product_count from products
  where product_id = p_product_id;          ◄──┤ 根据product_id计算商品数量
  if v_product_count = 1 then
   update products set unitprice = unitprice * p_factor
   where product_id = p_product_id;
   commit;                                  ◄──┤ 如果指定商品存在（v_product_count=1），
  end if;                                         修改商品价格
 exception          ◄──┤ 异常处理部分
  when others then
   rollback;
 end update_product_price;
end product_package;
```

GET_PRODUCT_REF_CURSOR 函数打开一个游标，然后从 PRODUCTS 表中检索 PRODUCT_ID、PRODUCT_NAME 和 UNITPRICE 列的值。对这个游标的引用（即 REF CURSOR 对象）存储在 V_PRODUCTS_REF_CURSOR 中，并由函数返回。

UPDATE_PRODUCT_PRICE 过程用于修改指定产品的价格，它将产品价格乘以一个系数，并提交所做的修改。

7.3.3　调用包的函数和过程

当调用包中的函数和过程时，应该使用包名。下面代码调用 PRODUCT_PACKAGE 包的 GET_PRODUCT_REF_CURSOR 函数，该函数返回对包含 PRODUCT_ID、PRODUCT_NAME 和 UNITPRICE 列的游标的引用。

```
SQL > select product_package.get_products_ref_cursor from dual;
```

输出结果如图 7-1 所示。

下面代码调用 UPDATE_PRODUCT_PRICE 过程将商品号 801 的单价乘以 1.25，并提交所做的修改。

```
SQL > call product_package.update_product_price(801, 1.25);
```

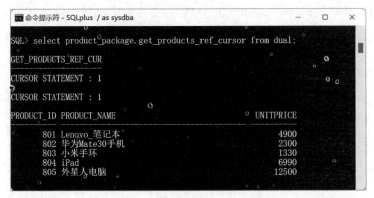

图 7-1　访问用户定义的程序包

之后可以使用 SELECT 语句查看该商品的价格是否被修改。

```
SQL> select * from products where product_id = 801;
```

7.3.4　删除包

使用 DROP PACKAGE 命令可以删除程序包。

【例 7.12】　下面命令删除 PRODUCT_PACKAGE 包。

```
SQL> drop package product_package;
```

7.3.5　Oracle 预定义程序包

Oracle 数据库在 SYS 模式中预定义了 800 多个程序包，这些程序包或者扩展数据库系统的功能，或为应用程序提供一种通过 PL/SQL 访问 SQL 属性的方法。这些包均以调用者权限执行，而不是以所有者权限执行。表 7-1 列出了 Oracle 提供的常用的内置程序包，大部分程序包可以使用与其同名的公用同义词访问，所以，在访问时不需要限定它们所属的模式名称。

表 7-1　Oracle 常用预定义程序包

程 序 包 名	说　　　明
DBMS_ALERT	提供数据库事件异步通知功能
DBMS_AQ	对队列消息进行操作
DBMS_AQADM	提供对队列或队列表的管理功能
DBMS_DDL	为存储过程提供 SQL DDL 语句访问接口，并提供 DDL 语句中未实现的特殊管理操作
DBMS_DESCRIBE	提供存储过程参数
DBMS_JOB	调度和管理作业队列中的作业项
DBMS_LOB	提供对 Oracle 大对象数据的处理子程序
DBMS_LOCK	通过 Oracle Lock Management 服务管理用户的锁请求、转换盒释放操作
DBMS_OUTPUT	将信息存入缓冲区中供其他过程、触发器或包使用，或显示被缓存的信息
DBMS_PIPE	为 DBMS 提供管道服务，使不同会话之间能够相互传递信息
DBMS_ROWID	创建 ROWID 或检索创建信息

程 序 包 名	说　　明
DBMS_SESSION	为 PL/SQL 程序提供对 ALTER SESSION 语句和 SET ROLE 语句的访问接口
DBMS_SQL	提供动态 SQL 接口
DBMS_TRANSACTION	访问 SQL 事务语句或监视事务活动
DBMS_UTILITY	提供各种实用子程序
UTL_FILE	为 PL/SQL 程序提供操作系统文本文件的读写操作和流式文件的 I/O 操作

实践练习 7-3　使用 SQL Developer 定义和使用程序包

本练习使用 SQL Developer 定义和使用 PL/SQL 程序包。假设已经为 C♯♯ WEBSTORE 用户授予 CREATE PROCEDURE 系统权限。

（1）启动 SQL Developer，以 C♯♯ WEBSTORE 身份登录到数据库。

（2）右击"程序包"，在弹出的快捷菜单中选择"新建程序包"命令，打开"创建 PL/SQL 程序包"对话框，在"名称"框中输入包名 orderManage，单击"确定"按钮。

（3）在打开的编辑窗口输入包定义说明，然后单击编译按钮。

```
create or replace package orderManage as
 procedure insertOrder(orderRecord IN orders % ROWTYPE);
 procedure updateOrder(orderRecord IN orders % ROWTYPE);
 procedure deleteOrder(orderRecord IN orders % ROWTYPE);
 procedure printOrderProcessed;
end orderManage;
```

（4）右击 ORDERMANAGE，在弹出的快捷菜单中选择"创建主体"，在打开的对话框中输入创建包体的代码，如下所示。

```
create or replace package body orderManage as
 rowProcessed INTEGER : = 0;
                        插入订单过程
 procedure insertOrder(orderRecord IN orders % ROWTYPE) IS
 begin
   INSERT INTO orders VALUES(orderRecord. order_id, orderRecord. orderdate,
    orderRecord. sumprice, orderRecord. employee_id, orderRecord. customer_id);
   commit;
   rowProcessed : = rowProcessed + 1;
 end insertOrder;
                        更新订单过程
 procedure updateOrder(orderRecord IN orders % ROWTYPE) IS
 begin
   UPDATE orders SET orderdate = orderRecord. orderdate, sumprice = orderRecord. sumprice,
   employee_id = orderRecord. employee_id, customer_id = orderRecord. customer_id
   WHERE order_id = orderRecord. order_id;
   commit;
   rowProcessed : = rowProcessed + 1;
 end updateOrder;
                        删除订单过程
 procedure deleteOrder(orderRecord IN orders % ROWTYPE) IS
```

```
begin
    DELETE FROM orders WHERE order_id = orderRecord.order_id;
    commit;
    rowProcessed : = rowProcessed + 1;
end deleteOrder;
```
                            ┤ 打印订单数量过程
```
procedure printOrderProcessed IS
begin
    dbms_output.put_line( '该会话处理的订单数量:' ‖ rowProcessed);
end printOrderProcessed;
end orderManage;
```

(5) 编写下面匿名块,实现向订单表 ORDERS 中插入一行记录。

```
set serveroutput on
declare
    new_order    orders % ROWTYPE;              ◄─┤ 声明表行类型变量
begin
    new_order.order_id : = 5;
    new_order.orderdate : = '5 - 2 月 - 16';
    new_order.sumprice : = null;
    new_order.employee_id : = 1003;
    new_order.customer_id : = 3;
    orderManage.insertOrder(new_order);         ◄─┤ 调用insertOrder和printOrderProcessed过程
    orderManage.printOrderProcessed;
end;
```

(6) 查询订单表 ORDERS,确认是否插入一行记录。

7.4 触发器

触发器(trigger)是一种特殊的存储过程,是与表、视图或数据库事件相关的代码块,在某事件发生时可以被自动执行。触发器通常用于增强数据的完整性约束和业务规则等。

7.4.1 触发器概述

触发器采用一种事件-条件-动作(event-condition-action)规则。当特定的事件(如对一个表的增、删、改操作)发生时,对规则的条件进行检查,如果条件成立则执行规则中的动作,否则不执行该动作。规则中的动作体可以很复杂,可以涉及其他表和其他数据库对象,通常是一段 PL/SQL 代码。

在触发器中,触发事件是指能够引起触发器执行的操作或系统事件,例如在表上执行DML 操作,执行 DDL 语句,发生数据库系统事件,引发用户事件,这些事件都可以引起触发器的运行。

触发器的引发是由触发器的语句决定的,它指定了 SQL 语句(DELETE、INSERT、UPDATE)或系统事件,数据库事件或 DDL 事件。也包括与触发器有关的表、视图、模式或数据库等。

假如一个触发器包含下面语句:

```
AFTER DELETE OR INSERT OR UPDATE ON employees ...
```

则下面任何语句都会引发触发器：

```
DELETE FROM employees WHERE ...;
INSERT INTO employees VALUES ( ... );
INSERT INTO employees SELECT ... FROM ... ;
UPDATE employees SET ... ;
```

UPDATE 语句还可以指定列的列表。如果触发器语句包含列，触发器只在指定的列更新时引发。如果没有指定列，则在与表相关的任何列被更新时都将引发触发器。不能为 INSERT 或 DELETE 语句指定列。

根据触发事件的不同，Oracle 数据库的触发器主要分为下面 4 类：

- DML 触发器。用 INSERT、UPDATE、DELETE 语句对表或视图执行数据处理操作。
- 视图上的 INSTEAD OF 触发器。
- SCHEMA 或 DATABASE 上的触发器。如系统启动或退出、用户登录或退出数据库操作。
- DDL 触发器。使用 CREATE、ALTER 和 DROP 创建、修改和删除模式对象。

7.4.2 创建触发器

可以在 SQL Plus 或 SQL Developer 中创建触发器，创建触发器的语句是 CREATE TRIGGER，一般语法格式为：

```
CREATE [ OR REPLACE] TRIGGER trigger_name
 {BEFORE │ AFTER │INSTEAD OF} trigger_event
 [ON table_name │ view_name │ DATABASE}
 [FOR EACH ROW] [ENABLE │ DISABLE] [WHEN trigger_condition ] ]
 [DECLARE declare_statement ; ]
BEGIN
  触发器主体
END [trigger_name];
```

语法说明如下：

- trigger_name，触发器名可以包含模式名，也可以不包含模式名。同一模式下，触发器名必须是唯一的，并且触发器名和表名必须在同一模式下。
- BEFORE│AFTER，指定触发器执行时机。BEFORE 在 DML 操作前执行触发器，AFTER 在 DML 操作后执行触发器。
- trigger_event，指定触发的事件，如 DML 操作的 INSERT、DELETE 和 UPDATE。
- ON table_name │ view_name │ DATABASE，指定什么对象上的事件。
- FOR EACH ROW，指定触发器是行触发器还是语句触发器。如果指定 FOR EACH ROW 选项，触发器将对触发语句影响到的每行引发一次触发器。这种触发器称为行级触发器。缺省 FOR EACH ROW 选项则表示对每个语句只引发一次触发器。这种触发器称为语句级触发器。
- WHEN trigger_condition，通过一个布尔表达式指定触发条件，该表达式对触发器影响的每行计算一次，如果值为 TRUE 则引发触发器，值为 FALSE 则不引发触发器。WHEN 子句必须是 SQL 表达式并且不能包含子查询，也不能使用 PL/SQL 表达式。WHEN 子句不能包含在语句触发器的定义中。

- INSTEAD OF,使用 INSTEAD OF 触发器可以在不允许更新的复杂的视图上执行 UPDATE、INSERT、DELETE 语句。INSTEAD OF 选项的触发器只能用于在视图上创建的触发器并只能对每行触发一次。INSTEAD OF 触发器只对视图有效,对 DDL 和数据库事件无效。

7.4.3　DML 触发器

DML 触发器由 DML 语句触发,例如 INSERT、DELETE 和 UPDATE 语句。针对所有的 DML 事件,按触发的时间可以将 DML 触发器分为 BEFORE 触发器和 AFTER 触发器,分别表示在 DML 事件发生之前和之后采取行动。另外,DML 触发器也可以分为语句级触发器与行级触发器。其中,语句级触发器针对某一条语句触发一次,而行级触发器针对语句所影响的每一行都触发一次。DML 触发器对应的 trigger_event 部分如下:

```
[ INSERT │ DELETE │UPDATE [ OF column [ ,…] ] ]
```

可以将 DML 触发器操作细化到具体的列,即针对某列进行 DML 操作时激活触发器。

在行级触发器中,可以使用 PL/SQL 代码或 SQL 语句访问被触发语句影响的当前行的列的旧值和新值。被修改行的每列都有两个相关的名称,一个表示列的旧值,一个表示列的新值,它们分别用：OLD. column_name 和：NEW. column_name 访问。

对于不同类型的触发语句,某些值可能没有意义:

- 由 INSERT 语句引发的触发器只对列的新值(：NEW)的访问有意义,因为由 INSERT 操作创建的行旧值为空。
- 由 UPDATE 语句引发的触发器对 BEFORE 和 AFTER 行触发器都能访问旧值和新值。
- 由 DELETE 语句引发的触发器只能访问旧值(：OLD),因为行被删除后就不存在了,新值为空,不能修改。

实践练习 7-4　创建和使用 DML 触发器

假设要在 EMPLOYEES 表上创建一个触发器,当对 EMPLOYEES 表工资(salary)列进行更新时将有关信息记录到审计表中。

(1) 使用 SQL Plus 或 SQL Developer 以 C## WEBSTORE 用户身份登录到数据库。

(2) 在当前模式中创建存放审计记录的表 emp_salary_audit,代码如下:

```
create table emp_salary_audit (
 employee_id NUMBER,            被修改的员工号
 update_date DATE,              修改日期
 new_salary NUMBER(8,2),        新工资
 old_salary NUMBER(8,2)         旧工资
);
```

(3) 编写下面的 PL/SQL 程序创建触发器 employee_ salary_audit。

```
create or replace trigger employee_salary_audit
  after update of   salary ON employees
for each row
```

```
begin
 insert into emp_salary_audit values(
  :OLD.employee_id, SYSDATE, :NEW.salary, :OLD.salary );
end;
```

这里使用 FOR EACH ROW 选项表示对每个更新都在 emp_salary_audit 表中插入一条记录,该记录包含员工号、系统日期、修改后的工资和原来的工资。注意,这里使用:OLD.salary 和:NEW.salary 表示修改前和修改后的值。由于使用了 FOR EACH ROW子句,因此该触发器可能被执行多次。

(4) 执行下面语句将员工号 1003 的工资改为 5000,然后检查审计表。

```
update employees set salary = 5000  where employee_id = 1003 ;
```

此语句将更新 employees 表中 1 行数据,因此在 emp_salary_audit 表中将添加 1 行记录。

(5) 执行下面语句查询 emp_salary_audit 表。

```
SQL > select * from emp_salary_audit;
EMPLOYEE_ID       UPDATE_DATE     NEW_SALARY      OLD_SALARY
-----------       -----------     ----------      -----------
      1003        13-2月 -16         5000            4000
```

可以看到,在 emp_salary_audit 表中已插入一行记录,它就是触发器执行时插入的。

在创建触发器时,还可以为触发器指定多个触发器条件,实现在一个触发器中分别处理不同的触发事件。

多条件触发器的语法格式如下:

```
CREATE [OR REPLACE] TRIGGER trigger_name
{BEFORE | AFTER |} INSERT OR UPDATE OR DELETE
BEGIN
   触发器主体
END [trigger_name];
```

在处理多条件触发器时,需要使用条件谓词来确定哪条语句激活了触发器。条件谓词由关键字 IF 和 INSERTING、UPDATING 和 DELETING 构成。

【例 7.13】 下面创建一个多条件触发器,记录用户对 EMPLOYEES 表的操作类型。首先创建 EMPLOYEE_LOG 表,包含 operator、oper_date 和 operation 字段,分别表示操作的用户、日期和操作类型。创建 EMPLOYEE_LOG 表的代码如下。

```
create table employee_log(
 operator varchar2(20),
 oper_date DATE,
 operation VARCHAR2(20));
```

下面创建 EMP_MONITOR_TRIGGER 触发器,命令如下:

```
create or replace trigger emp_monitor_trigger
 before insert or update or delete
 on employees
declare
 action employee_log.operation % type;
begin
 if inserting then
  action: = '插入记录';
```

```
   end if;
   if updating then
    action: = '修改记录';
   end if;
   if deleting then
    action: = '删除记录';
   end if;
   insert into employee_log values(user, sysdate, action );
 end emp_monitor_trigger;
```

该触发器创建后，如果对 EMPLOYEES 表执行了插入、删除和修改操作，则激活触发器，并记录用户的操作。执行下面语句后，将在 EMPLOYEE_LOG 表插入一条记录。

```
delete from employees where employee_id = 1005
```

另外，在使用 UPDATING 条件谓词时，还可具体到特定的列。例如，如果只需要对修改 SALARY 列激活触发器，则可以使用如下语句。

```
if updating ('salary') then
 -- 执行某种操作;
end if;
```

7.4.4　INSTEAD OF 替代触发器

INSTEAD OF 替代触发器用于执行一个替代操作来代替触发事件的操作，而触发事件本身不执行。替代触发器的一个常用情形是对视图的操作。如果一个视图是由多表连接创建，则在视图上不允许执行 INSERT、UPDATE 和 DELETE 操作。当在视图上编写替代触发器后，就可以通过对视图的操作实现对基本表的操作，如在视图上插入记录，通过触发器的主体可实现对表的插入操作。

实践练习 7-5　使用 INSTEAD OF 触发器

本练习创建一个 INSTEAD OF 触发器，通过对视图的插入操作实现对基本表（EMPLOYEES 和 DEPARTMENT）的插入操作。

（1）使用 SQL Plus 或 SQL Developer 以 C＃WEBSTORE 用户身份登录到数据库。

（2）在当前模式中创建视图 EMP_DEPT_VIEW，它是 EMPLOYEES 和 DEPARTMENTS 表的连接，代码如下：

```
create or replace view emp_dept_view as
 select employee_id, employee_name, gender, birthdate,salary,department_id,
  department_name,location,telephone
  from employees join departments using(department_id) ;
```

（3）EMP_DEPT_VIEW 视图是通过连接表创建的，在其上不允许执行 DML 操作，下面的 INSERT 语句将发生错误。

```
insert into emp_dept_view(employee_id,employee_name,gender,birthdate,salary,
                department_id,department_name,location,telephone)
 values(1008, '王小明', '男', '12 - 12 月 - 92', 5800, 8, 'IT 部', '深圳',2080088);
insert into emp_dept_view values(
 *
```

第 1 行出现错误：
ORA－01776:无法通过连接视图修改多个基表

（4）创建 INSERT_EMP_DEPT 替代触发器，实现当向视图 EMP_DEPT_VIEW 插入数据时，将其转换成对基表插入语句。

```
create or replace trigger insert_emp_dept
  instead of insert on emp_dept_view
  for each row
declare
 dept_num INTEGER;        ←——| 存放部门数量
begin
 select count( * ) into dept_num from departments where department_id = :new.department_id;
 if dept_num = 0 then     ←——| 0表示无该部门
   insert into departments(department_id,department_name,location,telephone)
     values(:new.department_id, :new.department_name,
            :new.location, :new.telephone);
 end if;
 insert into employees values(:new.employee_id, :new.employee_name,
        :new.gender, :new.birthdate, :new.salary, :new.department_id);
end insert_emp_dept;
```

在触发器主体代码中先查询 DEPARTMENTS 表中是否存在插入的新部门，如果不存在(dept_num 值为 0)则插入新部门；如果存在则不插入新部门，然后再向 EMPLOYEES 表插入新员工记录。

（5）重新执行第(3)步中的插入语句。当触发器创建成功后，再向 EMP_DEPT_VIEW 视图插入数据，Oracle 不会产生错误信息，而是引起触发器 INSERT_EMP_DEPT 的运行。

（6）执行下列语句查看是否通过替代触发器向 EMPLOYEES 和 DEPARTMENTS 表中插入记录。

```
select * from departmens;
select * from employees;
```

7.4.5　系统事件触发器

系统事件触发器是由数据库系统事件触发的，其所支持的系统事件如表 7-2 所示。

表 7-2　常用系统事件

系 统 事 件	说　　明	系 统 事 件	说　　明
LOGON	用户登录数据库	STARTUP	启动数据库实例
LOGOFF	用户从数据库注销	SHUTDOWN	关闭数据库实例
SERVERERROR	服务器发生错误		

注意，对表 7-2 中的 LOGON、SERVERERROR 和 STARTUP 事件只能创建 AFTER 触发器，对于 LOGOFF 和 SHUTDOWN 只能创建 BEFORE 触发器。

创建系统事件触发器需要使用 ON DATABASE 子句，即表示创建的触发器是数据库级的触发器。创建系统事件触发器需要用户具有 DBA 系统权限。

实践练习 7-6　创建系统事件触发器

本练习以 SYSTEM 用户身份创建一个系统事件触发器。实现当用户登录时，系统记录登录用户名和登录时间。

（1）使用 SQL Plus 或 SQL Developer 以 SYSDBA 用户身份登录到数据库。

（2）使用下面语句在 SYS 模式中创建 logon_log 表记录登录用户名和时间。

```
CREATE TABLE logon_table (
  user_name VARCHAR2(15),
  log_time TIMESTAMP
);
```

（3）使用下面语句创建 LOGON_TRIGGER 触发器，记录用户登录信息。

```
create or replace trigger logon_trigger
    AFTER LOGON ON DATABASE
begin
  INSERT INTO logon_table          ←——  将用户名和时间写入表
  values( USER, CURRENT_TIMESTAMP);
end;
```

（4）测试触发器。使用下面语句登录到 C## WEBSTORE 模式，断开连接，再以 SYSTEM 身份登录到数据库，使用下面语句查看 logon_log 表数据。

```
SQL > connect c## webstore/webstore;
SQL > disconnect;
SQL > connect / as sysdba;
SQL > select * from logon_table;
USER_NAME              LOG_TIME
----------------   -------------------------------
WEBSTORE              07 - 11 月 - 23  09.56.11.854000
SYS                  06 - 11 月 - 23  09.56.20.463000
```

从输出结果可以看到，LOGON_TABLE 表记录了两次用户登录信息。

7.4.6 禁用与启用触发器

在创建触发器时，可以使用 ENABLE 与 DISABLE 关键字指定触发器的初始状态为启用或禁用，默认情况下为启用（ENABLE）状态。在需要的时候，也可以使用 ALTER TRIGGER 语句修改触发器的状态，其语法格式如下：

```
ALTER TRIGGER trigger_name ENABLE | DISABLE;
```

如果需要修改某个表上的所有触发器的状态，还可以使用如下形式：

```
ALTER TABLE table_name ENABLE | DISABLE ALL TRIGGERS;
```

【提示】 使用 USER_TRIGGERS 视图可以查看用户触发器的信息。

【例 7.14】 禁用 logon_trigger 触发器。触发器被禁用后，再发生触发器指定的事件也将不执行触发器。

```
alter trigger logon_trigger disable;
```

7.4.7 修改和删除触发器

修改触发器只需要在 CREATE TRIGGER 语句中添加 OR REPLACE 关键字。删除

触发器使用 DROP TRIGGER 语句,其语法如下:

```
DROP TRIGGER trigger_name;
```

本章小结

本章讨论了以下主要内容:

- 使用 PL/SQL 可以开发用户自定义函数、过程和程序包,并将它们保存在数据库中,供应用程序调用。可以使用 SQL Plus 和 SQL Developer 工具创建函数。
- 数据库触发器是与数据库表、视图或事件相关的存储过程。触发器在某事件发生时可以被自动调用一次或多次。

习题与实践

一、填空题

1. 在定义函数时,使用 IN 指定输入参数,使用 OUT 指定输出参数,使用_____指定输入输出参数。

2. 在 Oracle 中要创建程序包需要创建包规范和包体,创建包体应使用_____命令。

3. 创建一个函数 DEPT_NAME,其功能是接收员工号返回员工所在部门名称,请在空白处填写适当的代码。

```
create or replace function dept_name (emp_no NUMBER)
 return VARCHAR2   as
dept_no NUMBER(2);
 result departments.department_name % TYPE;
begin
 select department_id _____ from employees where employee_id = _____;
 select department_name into result from departments
  where department_id = dept_no;
 return _____;
 exception
  when no_data_found then
   dbms_output.put_line('未找到该员工的部门');
  when others then
   dbms_output.put_line('发生其他错误');
end dept_name;
```

4. 如果要创建行级触发器,则应该在创建触发器的语句中使用_____子句。

5. 要在 SQL Plus 中执行 pack_store 包中的 order_proc 过程(有一个输入参数,假设参数值为'1002'),应该使用_____命令。

二、选择题

1. 在 Oracle 中,关于子程序的描述不正确的是(　　　)。

　　A. 子程序是已命名的 PL/SQL 块,可带参数并可在需要时随时调用

  B. 子程序可以具有声明部分、可执行部分和异常处理部分

  C. 子程序参数的模式只有 IN 和 OUT 两种模式

  D. 子程序可分为过程和函数两种类型

  2. 设在 Oracle 中定义了一个名为 today_date 不带参数的过程，在 SQL 提示符下调用该过程，不正确的是（　　）。

  A. execute today_date;   B. run today_date();

  C. call today_date();   D. today_date;

  3. 在 Oracle 中，INSTEAD OF 触发器主要用于对（　　）的 INSERT、DELETE 和 UPDATE 操作。

  A. 基本表   B. 基本表和视图

  C. 基于单个表的视图   D. 基于多个表的视图

  4. 在 Oracle 中，关于程序包的描述不正确的是（　　）。

  A. 程序包是一种数据库对象，它是对相关 PL/SQL 类型、子程序、游标、异常、变量和常量的封装

  B. 程序包体可以包括没有在程序包说明中列出的对象，这些是私有对象，程序包的用户不能使用

  C. 程序包体中定义的过程和函数的名称、参数和返回值必须与规范中的声明完全匹配

  D. 程序包具有模块化、信息隐藏、新增功能及性能更佳等优点

  5. 在 Oracle 中，关于触发器的描述正确的是（　　）。

  A. 触发器可以删除，但不能禁用

  B. 触发器只能用于表

  C. 触发器可以分为行级和语句级两种

  D. 触发器是一个对关联表发出 INSERT、UPDATE、DELETE 或 SELECT … FOR UPDATE 语句时触发的存储过程

  6. 下面关于 :NEW 和 :OLD 的描述正确的是（　　）。

  A. :NEW 与 :OLD 可分别用于获得新的数据和旧的数据

  B. :NEW 与 :OLD 可以用于 INSERT 触发器、UPDATE 触发器和 DELETE 触发器中

  C. INSERT 触发器中可以使用 :NEW 和 :OLD

  D. UPDATE 触发器中只能使用 :NEW

三、简答题

  1. 试述调用函数时如何通过指定参数名的方式传递参数。

  2. 试述函数与过程的异同。

  3. 简述程序包的创建过程。

  4. 根据触发事件不同，Oracle 触发器可分为哪些类型？

四、综合操作题

  1. 编写一个名为 update_product_price 的存储过程，它用于修改指定商品的价格。该

过程带两个参数：p_product_id 表示要修改的商品号，p_factor 表示修改的比例，比如 0.9 表示打九折。该过程的头部如下所示：

```
create or replace procedure update_product_price(
  p_product_id IN products.product_id%TYPE,
  p_factor IN NUMBER)
```

2. 下面触发器限制只能在工作时间（周一到周五的 9:00—17:00）可以对 EMPLOYEES 表进行更新操作。创建并测试该触发器。

```
create or replace trigger trigger1
 before insert or delete or update on employees
 for each row
begin
  if(to_char(sysdate,'DAY') in ('星期六','星期天'))
   or (to_char(sysdate,'HH24:MI') not between '9:00' and '17:00')
   then raise_application_error(-20001,'不是上班时间,不能修改表 employees');
  end if;
end;
```

3. 下面触发器带限制条件，要求修改员工"李清泉"的工资不能低于 8000 元。创建并测试该触发器。

```
create or replace trigger trigger2
  before update on employees
  for each row when (old.employee_name = '李清泉')
begin
  case when updating('SALARY') then
    if :new.salary < 8000
     then raise_application_error(-20001,'李清泉的工资不能低于 8000 元');
    end if;
  end case;
end trigger2;
```

4. 假设在商品销售系统中要求每种商品（PRODUCTS）的库存量（INVENTORY）保持一个最小值（假设为 2）。在更新某种商品的库存时，触发器会比较这种商品的当前库存和最小库存，如果库存量小于或等于最小值，就会自动生成一个新的订单（在 PREORDER 表中添加一条记录）。编写触发器实现上述业务逻辑。

第8章

Oracle体系结构

CHAPTER 8

体系结构是从某个角度来分析数据库的组成、工作原理、工作过程，包括数据在数据库中的组织与管理机制、进程的分工协作，以及各个组成部分的必要性、功能和它们之间的联系。

本章主要介绍 Oracle 体系结构的组成，其中包括内存结构、进程结构、物理存储结构、逻辑结构等，还将介绍数据库实例管理和 Oracle 网络管理等。

8.1 体系结构概述

Oracle 数据库的体系结构采用客户-服务器模型,主要由下面几个组件构成:

- 客户端组件由用户与用户进程组成。
- 服务器端组件,执行 SQL 的服务器进程、实例和数据库。
- 会话组件由用户进程和服务器进程组成。

图 8-1 给出了这几个组件的关系。

用户进程是在用户本地终端上运行的软件,用户与用户进程交互。用户进程可以是能够连接服务器进程的任何客户端软件,最常用的两个客户软件是 SQL Plus 和 SQL Developer,它们是 Oracle 提供的工具,用来与 Oracle 服务器建立会话并发送 SQL 命令。

图 8-1 用户和数据库之间的连接

用户进程和服务器进程构成会话组件,它们之间使用 Oracle Net 网络协议通信。**服务器进程**执行从用户进程接收到的 SQL 语句。通常每个用户有一个用户进程,每个用户进程对应一个服务器进程。用户进程-服务器进程分离实现了客户-服务器体系结构:用户进程生成 SQL,服务器进程执行 SQL。

服务器由实例和数据库组成。实例是 RAM 和 CPU 中的内存结构以及进程,其存在是暂时的,DBA 可以启动和停止实例。

数据库由磁盘上的物理文件组成,不管实例是运行状态还是停止状态,这些文件都存在。因此,实例的生命周期是其在内存中存在的时间,它可以被启动和停止。相对而言,一旦创建数据库,数据库将永久存在。

8.2 实例内存结构

Oracle 实例由内存结构和后台进程构成。当数据库启动时,Oracle 自动分配内存区域同时启动后台进程。实例每次打开且只能打开一个数据库,即一个实例对应一个数据库。实例是动态的,当数据库启动时创建实例,当数据库关闭时,实例也就不存在了。

Oracle 实例的内存结构由两大部分组成:一是**系统全局区**(system global area,SGA)。SGA 在实例启动时分配,在实例关闭时释放。用户会话还需要服务器的内存,称为**程序全局区**(program global area,PGA),每个会话都有自己专用的 PGA,这部分内存不共享。对于 PGA 这里不详细讨论,重点讨论 SGA。SGA 至少包含 3 种数据结构:

- 实例缓冲区缓存
- 重做日志缓冲区
- 共享池

此外,还可能包含大型池、Java 池和流池。图 8-2 显示了系统全局区内存结构。

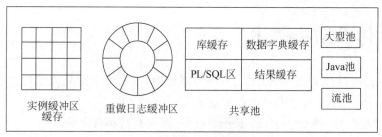

系统全局区SGA

图 8-2　SGA 的主要内存结构

【注意】　SGA 内存由所有后台进程和前台进程共享，PGA 仅供分配到会话的前台进程访问，SGA 和 PGA 内存都可以实现自动管理。

8.2.1　实例缓冲区缓存

实例缓冲区缓存（buffer cache）用于存储事务处理最近请求的数据，是最大的内存区域。当用户执行数据更新（如修改、插入、删除等）操作时，用户会话不对磁盘上的数据直接操作，而是先将包含要更新的数据块从数据文件复制到缓冲区缓存。更新操作是在缓冲区缓存中的数据块上完成。之后，更新过的数据块由数据库写入进程（DBWn）写回磁盘。

查询数据时，数据也要经过缓冲区缓存。用户会话计算出哪些块包含查询的行，并将它们复制到缓冲区缓存。之后，相关的行传输到会话的 PGA 做进一步处理。

如果其他用户的请求需要操作同一数据块中的行，由于缓冲区缓存块已经包含了该行，因此不必再次访问磁盘。理想情况下，被频繁访问的数据块都位于缓冲区缓存中，从而可最大程度地减少磁盘 I/O 的次数。

当数据块第一次复制到缓冲区缓存时，缓冲区中块的映像与磁盘上的块的映像是相同的，此时的缓冲区是"干净缓冲区"。如果缓冲区缓存中的块与磁盘上数据文件中的映像不同，那么这样的缓冲区称为"脏缓冲区"。当缓冲区缓存中的块更新时，缓冲区将变脏。最终，脏缓冲区必须写回到数据文件中，此时，缓冲区又变干净了。即使在写入磁盘后，块也可能仍留在内存中一段时间，此缓冲区不会被另一个块覆盖。

缓冲区缓存的大小对性能有至关重要的影响。缓存应足够大，以便能缓存所有频繁访问的块。但也不能过大，以至于它会缓存极少被访问的块。如果缓存过小，那么将导致磁盘活动过多。

缓冲区缓存在实例启动时分配，并可随时调整其大小，也可以根据工作负荷进行自动管理，即自动重调大小。

【例 8.1】　使用 SHOW SGA 命令可查看缓冲区缓存，如图 8-3 所示。
这里输出结果含义如下：

- Total System Global Area 是 SGA 总的大小。
- Fixed Size 是固定区域，固定区域用于存储 SGA 各组件的信息。不能通过任何方式（如修改初始化参数）修改固定区域的大小。
- Variable Size 是可变区域，可变区域包括共享池、Java 池、大池。可变区域的大小可被管理员改变。

图 8-3　SGA 的使用情况

- Database Buffers 是数据库高速缓冲区。
- Redo Buffers 是重做日志缓冲区。

【例 8.2】　在 Oracle 中缓冲区缓存的大小自动管理，但 DBA 可以用 ALTER SYSTEM 命令动态地设置它的大小。

```
SQL> alter system set db_cache_size = 300M;
```

使用下列命令可查看更改结果。

```
SQL> show parameter db_cache_size;
NAME                     TYPE            VALUE
-----------------        ----------      ----------
db_cache_size            big integer     300M
```

Oracle 会根据设置做适当调整，所以大小可能有点差异，一旦设置成功，Oracle 会保证数据库缓冲区缓存的大小不会低于这个值。

也可以查询动态视图 V＄SGAINFO 了解数据库缓冲区缓存的各分区大小情况。

```
SQL> select name, bytes from v＄sgainfo;
```

8.2.2　重做日志缓冲区

重做日志缓冲区（redo log buffer cache）用于临时存储数据库的更改操作信息。当用户会话执行数据库更改操作时（如 INSERT、UPDATE、DELETE、CREATE、ALTER、DROP 等），服务器进程首先将**更改向量**（change vector）写入重做日志缓冲区。更改向量保存操作所影响的行修改之前和之后的值。当会话发出 COMMIT 语句时，日志写入进程 LGWR，将日志缓冲区内容写出到重做日志文件。

重做日志缓冲区在实例启动时分配，如果不重新启动实例就不能在随后调整其大小，也无法对其进行自动管理。它是一个循环缓冲区。与其他内存结构相比，重做日志缓冲区较小，因为它只用于临时保存更改向量，之后几乎实时地写出到磁盘。重做日志缓冲区大小通常使用服务器确定的默认值。

【例 8.3】　使用下面命令可以查看当前系统重做日志缓冲区大小（单位 KB）。

```
SQL> show parameter log_buffer;
NAME                     TYPE            VALUE
------------             ----------      --------
log_buffer               string          7504K
```

下面通过一个简单的例子说明缓冲区缓存的典型使用。假设使用下列语句将 1003 员工的工资更新为 8000：

```
update employees set salary = 8000 where employee_id = 1003;
commit;
```

为了执行 UPDATE 语句，服务器进程首先扫描缓冲区缓存查找包含相关行的数据块。如果找到，就发生一次缓冲区缓存命中，执行更新操作。如果没有找到相关行，即缓冲区缓存未命中，服务器进程就会将包含相关行的数据从数据文件读入缓冲区缓存，之后执行更新操作。执行更新操作前，服务器进程将更改向量写入重做日志缓冲区。

当执行 COMMIT 语句时，LGWR 进程将重做日志缓冲区内容写入磁盘文件。之后，DBWn 进程将脏缓冲区内容写入磁盘文件。

8.2.3　共享池

共享池（shared pool）是最复杂的 SGA 结构，它分为多个子结构。本节只简要介绍 4 个共享池组件。

- 库缓存
- 数据字典缓存
- PL/SQL 区
- SQL 查询和 PL/SQL 函数结果缓存

共享池的结构是自动管理的。在共享池的总体大小范围内，各个结构的大小将因实例的活动模式而异。

1. 库缓存

库缓存（library cache）按已解析的格式存储最近执行的代码。解析就是将编程人员编写的代码转换为可执行的代码。通过将代码缓存在共享池，可以在不重新分析的情况下重用，极大地提高性能。

分析 SQL 代码会占用一定时间，考虑一个简单的 SQL 语句：

```
select * from products where product_id = 805;
```

服务器在执行该语句前，必须分析出它的含义及执行方法。首先，products 是什么？它是表、视图，还是同义词？它是否存在？如果 products 是表，它包含哪些列？用户有权查询此表吗？这些问题的答案只有通过查询数据字典才能找到。

在了解语句真实含义后，服务器必须确定如何以最佳方式执行它。在 product_id 列上有索引吗？如果有索引，使用索引查找快，还是扫描整个表查找快？因此，用户的一个简单查询，很可能会生成对数据字典的多次查询，分析语句的时间可能比最终执行它的时间还长。共享池的库缓存的目的就是以解析格式存储语句供执行。第一次发出查询时，必须在执行前进行分析，而第二次再发出同样的查询，就可以立即执行。在设计完好的应用程序中，可能只对语句分析一次，而后将其执行数百万次，这将节省大量时间。

2. 数据字典缓存

数据字典缓存（dictionary cache）存储最近使用的对象定义：表、索引、用户和其他元数据的描述。通过把此类定义放在 SGA 的内存中,可使所有会话直接访问它们,而不是每次都从磁盘上的数据字典中读取它们,从而提高分析性能。

数据字典缓存存储对象定义,因此当需要分析语句时,可以更快地执行分析,而不需要查询数据字典。思考连续发出下面两条 SQL 语句,会发生什么事情:

```
select sum(sumprice) from orders;
select * from orders where order_id = 101;
```

这两条语句都必须分析,因为它们是不同的语句,但分析第一条 SELECT 语句时,针对 ORDERS 表及其列的定义将加载到数据字典缓存中,因此,分析第二条语句的速度将加快,因为不再需要访问数据字典。

3. PL/SQL 区

存储的 PL/SQL 对象包括过程、函数、打包的过程、打包的函数、对象类型定义和触发器等。它们全部存储在数据字典中,也使用已编译的格式。当会话调用存储的 PL/SQL 对象时,它必须从数据字典读取。为了避免重复读取,将对象缓存到共享池的 PL/SQL 区。

第一次使用 PL/SQL 对象时,必须从磁盘上的数据字典表读取,但随后的调用将快得多,因为已经可以在 PL/SQL 区使用相应的对象。

4. SQL 查询和 PL/SQL 函数结果缓存

在很多应用程序中,同一个查询可能被多次执行。通过结果缓存,服务器可以将这类查询的结果存储在内存区。在下次发出查询时,服务器可以检索缓存的结果,而不是再次运行该查询。如果结果集发生变化,服务器自动重新计算结果,不会返回过时的缓存结果。

在执行 PL/SQL 函数时,也可以缓存其返回结果供函数下次调用时使用。如果传递给函数的参数或查询的表发生变化,那么将重新计算函数;否则,将返回缓存值。

8.2.4　大型池和 Java 池

大型池(large pool)的一个主要用途是供共享服务器进程使用。**Java 池**(Java pool)是供数据库中运行的 Java 存储过程使用。大型池和 Java 池的大小都可以动态调整,而且可以自动管理。

实践练习 8-1　了解实例的内存结构

在本练习中,将运行查询来确定构成实例的不同内存结构的当前大小。可以使用 SQL Developer 或 SQL Plus 完成本练习。

(1) 使用 SQL Plus,以 SYSDBA 用户身份连接到数据库。

(2) 使用 SHOW SGA 命令显示内存汇总信息。

(3) 显示可以动态重设大小的 SGA 组件的当前、最大和最小容量。

```
SQL> select component, current_size/(1024 * 1024), min_size, max_size
  2  from v$sga_dynamic_components where current_size!= 0;
```

上述查询输出结果如下。

COMPONENT	CURRENT_SIZE/(1024 * 1024)	MIN_SIZE	MAX_SIZE
shared pool	1168	1224736768	1224736768
large pool	192	201326592	201326592
streams pool	32	33554432	33554432
DEFAULT buffer cache	3312	3472883712	3472883712
Shared IO Pool	128	134217728	134217728

注意,当前的缓冲区高速缓存大小为 3312MB,共享池 1168MB、大池 192MB、流池 32MB 和共享 I/O 池 128MB。

(4)下面语句可查询总 PGA 和最大 PGA 的大小。

```
SQL> select name, value from v $ pgastat where name in
  2   ('maximum PGA allocated', 'total PGA allocated');
```

该查询结果如下所示。

NAME	VALUE
total PGA allocated	749357056
maximum PGA allocated	875049984

8.3   实例进程结构

在 Oracle 数据库运行时,有多个后台进程运行,后台进程在实例启动时启动,在实例终止时终止。最常用的进程包括数据库写入器(DBWn)、日志写入器(LGWR)、系统监视器(SMON)、进程监视器(PMON)和检查点进程(CKPT)等。

【注意】   在 Linux 和 UNIX 上,Oracle 进程都是独立的操作系统进程,每个都有其各自的进程编号。而在 Windows 上,整个实例只有一个操作系统进程(称为 oracle.exe),Oracle 进程作为此进程中的独立线程运行。

图 8-4 给出了几个关键的进程与 SGA 内存结构的交互情况。与每个服务器进程相关的内存是 PGA。服务器进程与数据文件交互,将数据块读到缓冲区缓存中。DML 命令修

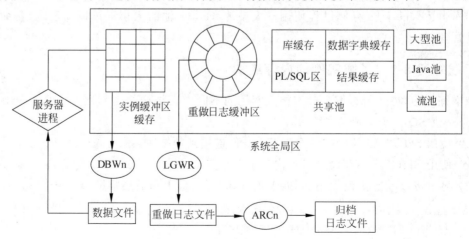

图 8-4   实例进程与 SGA 的交互

改缓冲区缓存,使其变为脏缓冲区。更改向量被写入循环的日志缓冲区中,然后由日志写入器进程(LGWR)几乎实时地写到联机重做日志文件。如果数据库配置为归档日志模式,归档进程(ARCn)把联机重做日志文件复制到归档位置。最后,某些事件可以导致数据库写入器进程(DBWn)将脏块写入数据文件。

8.3.1　DBWn

DBWn(database writer)是数据库写入器,用于将更新过的数据写入磁盘数据文件。通常,会话并不直接将数据写入磁盘。会话首先将数据写入缓冲区缓存。随后由数据库写入器负责将缓冲区写入磁盘。一个实例可能有多个数据库写入器(最多不超过 20 个),依次称为 DBW0 和 DBW1 等。

DBWn 将脏缓冲区从缓冲区缓存写入数据文件中。但也并非缓冲区一旦变脏了,DBWn 就立即将缓冲区写入数据文件。相反,系统会尽可能减少磁盘 I/O 次数。

DBWn 使用 LRU(最近最少使用)算法写入缓冲区:尽可能少,再尽可能少。在以下 4 种情况下,DBWn 将执行写操作:无空闲缓冲区可用、脏缓冲区过多、遇到 3 秒超时或遇到检查点。

第一种情况是没有可用缓冲区情况。如果服务器进程需要将块复制到缓冲区缓存中,它首先必须查找空闲缓冲区(free buffer)。空闲缓冲区是既不脏(已被更新但尚未写回磁盘)也未被占用(正被另一个会话使用)的缓冲区。如果服务器进程查找可用缓冲区用时过长,就会启动 DBWn 将某些脏缓冲区写入磁盘。一旦完成,就会清理缓冲区,这样也就有了空闲缓冲区。

第二种情况是脏缓冲区数量过多,究竟多少为过多,这是由另一个内部阈值确定的。脏缓冲区数量过多,DBWn 将其中一些缓冲区写入磁盘。

第三种情况是遇到了 3 秒超时。DBWn 每 3 秒会对一些缓冲区清理一次。即使系统处于闲置状态,也会清理数据库缓冲区缓存。

第四种情况是可能存在请求的检查点。前面三种情况,DBWn 通常将部分脏缓冲区写入数据文件。而当遇到检查点时,会将所有脏缓冲区写入数据文件。

【注意】　在提交事务时(即执行 COMMIT 命令),DBWn 做何操作? 答案是:它什么也不做。而是 LGWR 将日志缓冲区的内容写入磁盘上的重做日志文件。

唯一绝对需要检查点的时刻是:关闭数据库和关闭实例。检查点将所有脏缓冲区写入磁盘:这就实现了缓冲区缓存与数据文件的同步,实例与数据库的同步。

8.3.2　LGWR

LGWR(log writer)是日志写入器。它的任务是将日志缓冲区的内容写入磁盘上的联机重做日志文件中,这个过程通常称为“日志缓冲区转储”。

当会话对数据库缓冲区缓存中的块执行任何更改(执行 INSERT 命令、UPDATE 命令或 DELETE 命令)时,在其将更改应用到块之前,会先将更改向量写到日志缓冲区中。为了保证不丢失任何工作,必须在最大程度减小延迟的情况下将这些更改向量写入磁盘。为此,LGWR 将日志缓冲区的内容几乎实时地写到联机重做日志文件中。当会话发出 COMMIT

时，LGWR 将日志缓冲区写入磁盘重做日志文件，此时会话被挂起，LGWR 写完后，事务才记录为已提交。

8.3.3　ARCn

ARCn(archiver)是归档器进程。应用于数据块的所有更改向量都写出到日志缓冲区中，然后由 LGWR 写出到重做日志文件中。重做日志文件大小固定不变，如果被写满，LGWR 将用新的重做数据将其覆盖。为了保留应用于数据库的所有更改的完整记录，必须在日志文件被覆盖之前将其复制到归档日志文件中，这由 ARCn 完成。这样，一旦数据库发生故障，通过还原数据文件备份，并应用自备份以来生成的所有归档日志文件中的更改向量，就可以恢复数据库。

大多数生产环境的数据库运行在"归档日志模式"下，这意味着 ARCn 自动启动，而且在 ARCn 成功将重做日志文件归档（复制）到归档日志文件前，不允许 LGWR 覆盖相应的重做日志文件。

8.3.4　CKPT

CKPT(checkpoint process)是检查点进程。它跟踪重做流中增量检查点的位置，如有必要，将指示 DBWn 写出一些脏缓冲区，以使检查点位置前移。当前检查点位置是发生实例故障时进行恢复的重做流中的起点位置。CKPT 使用当前检查点位置不断更新控制文件。

8.3.5　SMON

SMON(system monitor)是系统监视器。SMON 通过查找和验证数据库控制文件来安装数据库。此后，它通过查找和验证所有数据文件和联机日志文件打开数据库。一旦打开数据库并使数据库处于使用状态后，SMON 就负责执行各种内部管理任务，如合并数据文件中的可用空间。

8.3.6　PMON

PMON(process monitor)是进程监视器。用户会话是连接到服务器进程的用户进程。服务器进程在此会话创建时启动，在会话结束时销毁。PMON 监视所有服务器进程，并检测会话中的任何问题。如果会话异常终止，PMON 将销毁服务器进程，将其 PGA 内存返回给操作系统的空闲内存池，并回滚任何正在进行的未完成的事务。

实践练习 8-2　了解实例中运行的进程

在本练习中，将运行查询来查看在实例中运行的后台进程。在 Oracle 实例中，除上面介绍的进程外还有许多其他进程。

（1）使用 SQL Developer，以 SYSTEM 用户身份连接到数据库。

（2）确定哪些进程正在运行，以及每个进程的数量是多少。

```
select name, description from v＄bgprocess
where paddr <>'00' order by name;
```

下面查询返回类似结果：每个进程必须有会话，而每个会话必须有进程。可多次出现的进程将有一个数字后缀，但支持用户会话的进程除外，它们都使用同一名称。

```
select program from v＄session order by program;
select program from v＄process order by program;
```

（3）查询有多少进程可以运行。在 V＄BGPROCESS 视图中，每一个可能的进程都对应一行。实际运行的进程有一个地址，这是一个到 V＄PROCESS 视图的连接列。

```
select name, description, paddr from v＄bgprocess order by paddr;
```

（4）在 Windows 上，整个实例只有一个操作系统进程（称为 oracle.exe），Oracle 进程作为此进程中的独立线程运行。可以在 Windows 任务管理器查看 ORACLE.EXE 进程的线程数量，选择"查看"菜单中的"选择列"，选中"线程数"，显示每个进程中线程的数量。如果启动针对此实例的新会话，将看到线程数量增加，退出会话，线程数量将减少。

8.4　物理存储结构

物理存储结构主要描述 Oracle 数据库的外部存储结构，即在操作系统中如何组织、管理数据。从物理上看，Oracle 数据库由数据文件、控制文件、重做日志文件、归档日志文件和参数文件等操作系统文件组成，所有文件都由操作系统的物理块组成，如图 8-5 所示。从逻辑上讲，数据存储在**段**（segment）中。**表空间**（tablespace）实体是二者的抽象，一个表空间可能包含多个段，并由多个数据文件组成。段和数据文件没有直接关系。

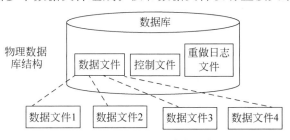

图 8-5　Oracle 物理存储结构

8.4.1　数据文件

数据文件（data file）用于存储数据库中的数据。系统数据、数据字典数据、临时数据、还原数据、索引数据、表数据等都存储在数据文件中。Oracle 数据库通常由多个数据文件组成。在数据库创建阶段，至少必须创建两个数据文件，一个用于 SYSTEM 表空间（存储数据字典），一个用于 SYSAUX 表空间（存储数据字典的辅助数据）。不过，实际使用的数据库可能具有更多的数据文件，通常在创建数据库时指定更多的数据文件。

数据文件是数据的存储仓库。数据文件的大小与数量不受限制。大小为数 GB 的小数据库可能只有 5～6 个大小为几百 MB 的数据文件。较大的数据库可以具有数千个数据文件，其大小只受主操作系统和硬件的限制。

数据文件是系统管理员看得见的物理结构。在数据库的生命周期内，可以随时重命名、移动、添加和删除数据文件，也可以重新设置其大小。

从操作系统级别看，数据文件由多个操作系统块组成。在数据文件中，使用 Oracle 块，这些块连续编号。块的大小是在创建数据库时指定的，数据库创建后块的大小不能改变。

【例 8.4】 从 DBA_DATA_FILES 数据字典中可查询数据文件信息。

```
select file_name from dba_data_files;
```

8.4.2　重做日志文件

重做日志文件(redo log file)用来存放数据库中数据的更改信息，它按时间顺序存储对数据库的一连串更改向量。如果数据库发生故障，则可以将这些更改向量应用于数据文件备份来重做已完成的操作，将数据库恢复到故障发生前的状态。重做日志包含两类文件：联机重做日志文件和归档日志文件。

每个数据库至少有两个联机重做日志文件，与控制文件一样，DBA 通常为每个联机重做日志文件创建多个副本。Oracle 数据库通常包括多个重做日志组，每个组包含多个成员，每个成员是一个重做日志文件。Oracle 数据库至少需要两个组，其中每组至少有一个成员在运行。

在数据库实例运行中，有一个组是当前组。LGWR 进程将更改向量写入当前重做日志文件。当用户会话更新缓冲区缓存中的数据时，也将尽可能少的更改向量写出到重做日志缓冲区。LGWR 将此缓冲区不断转储到当前联机重做日志组中的文件。日志文件的大小固定不变，因此，当前组中文件最终会被写满。此时，LGWR 将进行"日志切换"操作。这使第二个组成为当前组并开始执行写入操作。

【例 8.5】 下面语句查询 V＄LOGFILE 中重做日志文件的组号（GROUP＃）、成员（MEMBER）的信息。

```
select group#, member from v$logfile order by group#;
```

8.4.3　控制文件

控制文件(control file)是一个很小的二进制文件。控制文件虽小，但作用重大。它记录指向数据库其余部分的指针：数据库名称、数据文件位置、重做日志文件位置以及归档日志文件位置。它还存储着维护数据库完整性所需的信息：如各种重要的序列号和时间戳。如果使用恢复管理器对数据库备份，则控制文件也将存储这些备份的详细信息。控制文件的大小通常不过几 MB，却起着至关重要的作用。

控制文件在创建数据库时自动被创建，当数据库的信息发生改变时，控制文件也随之被改变；控制文件不能手动修改，只能由 Oracle 数据库本身修改。当某个实例打开数据库时，它首先要读取控制文件，然后使用控制文件中的信息装载数据库。

【例 8.6】 使用下列命令可以查看控制文件信息。

```
select name from v$controlfile;
```

8.4.4　归档日志文件

在 Oracle 数据库运行在归档日志模式下，当联机重做日志文件写满时，归档日志进程

ARCn 会将重做日志文件复制到**归档日志文件**(archive redo log file)中。归档日志文件用于数据库恢复。在完成归档后,归档日志就不再是数据库的一部分,因为它已不是连续的数据库操作所必需的。通过使用归档日志文件,可以保留所有重做历史记录。

8.4.5　其他数据库文件

除数据文件、控制文件和重做日志文件外,数据库的运行还包括一些其他文件,这些文件也是数据库运行必需的,但它们并不是数据库的一部分。

1. 实例参数文件

实例参数文件(instance parameter file)也称数据库初始化参数文件。当数据库启动时,在创建实例或读取控制文件之前,会先读取参数文件,并按其中的参数进行实例的配置。这是启动实例所需的唯一文件。其中的参数有数百个,但只有一个是必需的,即 DB_NAME 参数,它的值是全局数据库名。其他所有参数都有默认值。使用 SQL Developer 可以查询和设置该文件中所有参数值。

在我们的系统中 SPFILE 文件名为 SPFILEORACLE. ORA,这里 ORACLE 为数据库名。它位于 D:\app\lenovo\database 目录,不能用文本编辑器编辑它。

2. 口令文件

口令文件(password file)是一个二进制文件,用于验证特权用户。特权用户是指具有 SYSOPER 或 SYSDBA 权限的特殊数据库用户。这些用户可以启动实例、关闭实例、创建数据库、执行备份恢复等操作。创建 Oracle 数据库,默认的特权用户是 SYS。

口令文件的名称中都带有相应的 Oracle 实例的 SID,例如:PWDoracle.ora,其中 oracle 为实例 SID,该文件存放在 D:\app\lenovo\database 目录中。

3. 警报日志和跟踪文件

警报日志(alert log)是影响实例和数据库的某些重要操作的相关信息的连续流。并非所有事项都予以记录,系统只记录认为确实重要的事件,例如启动和关闭、更改数据库的物理结构和更改控制实例的参数。后台进程会在检测到错误条件时生成**跟踪文件**(trace files),有时也用于报告特定事件。

🔑 8.5　逻辑结构

逻辑结构是从逻辑的角度分析数据库的构成,主要描述 Oracle 数据库的内部存储结构,即从技术概念上描述在 Oracle 数据库中如何组织、管理数据。因此,在操作系统中无法找到逻辑存储结构,但通过查询 Oracle 数据库的数据字典,可以找到逻辑存储结构的描述。

逻辑结构包括表空间、段、区间、数据块,它们之间的关系是:多个数据块组成区间,多个区间组成段,多个段组成表空间,多个表空间组成逻辑数据库。图 8-6 展示了表空间、段、区间和数据块之间的关系。

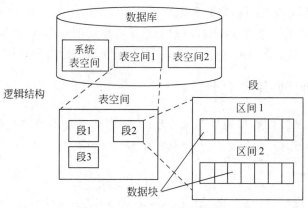

图 8-6 Oracle 逻辑存储结构

8.5.1 表空间

表空间（tablespace）是最大的逻辑单位。一个数据库可以有多个表空间，一个表空间可以包含多个数据文件（一个数据文件只能属于一个表空间）。任何模式对象（如表、索引）都被存储在表空间的数据文件中，虽然不能被存储在多个表空间中，但可以被存储在多个数据文件中。

【例 8.7】 查询 DBA_TABLESPACES 视图可以了解表空间信息。

```
select tablespace_name from dba_tablespaces;
```

8.5.2 段

段（segment）用于存储表空间中某种特定的具有独立存储结构的对象的数据，它由一个或多个区间组成。按照段中所存储数据的特征和用途的不同，可以将段分成数据段、索引段、临时段和回退段这几种类型。

- 数据段（表段）：存储表中的所有数据。当某个用户创建表时，就会在该用户的默认表空间中为该表分配一个与表名相同的数据段，以便将来存储该表的数据。
- 索引段：存储索引的所有数据。当用户用 CREATE INDEX 语句创建索引，或在定义约束（如主键）而自动创建索引时，就会在该用户的默认表空间中为该索引分配一个与索引名相同的索引段，以便将来存储该索引的所有数据。
- 临时段：存储排序操作所产生的临时数据。当用户使用 ORDER BY 语句进行排序时，在该用户的临时表空间中自动创建一个临时段，排序结束，临时段自动释放。
- 回退段：存储数据修改之前的位置和值。利用这些信息，可以还原未提交的事务，维护数据库的读一致性，并能从实例的崩溃中进行恢复。

8.5.3 区 间

区间（extent）由物理上连续存放的块构成。区间是 Oracle 存储分配的最小单位，由一个或多个块组成。

当在数据库中创建需要实际存储结构的对象(如表、索引、簇)时,Oracle 将为该对象分配若干个区间,以便组成一个对应的段来为该对象提供初始的存储空间。当段中已分配的区间都写满后,系统就为该段分配一个新的区间,以便存储更多的数据。

8.5.4 数据块

数据块(block)是 Oracle 最小的数据管理单位,也是执行输入输出操作的最小单位。相对应地,操作系统执行输入输出操作的最小单位是操作系统块。

数据块的大小在创建数据库时指定,块的大小固定不变。Oracle 块的大小与操作系统块的大小不存在任何关联,但 Oracle 数据块的大小通常是操作系统块大小的整数倍。以 Windows 10 为例,操作系统块的大小是 4KB,而 Oracle 块的大小可以是 4KB、8KB(默认)、16KB 等。

当用户会话需要使用数据时,服务器进程就在磁盘上查找相关的块,并将其复制到缓冲区缓存中。若执行 DML 命令,块中的数据将发生变化(此缓冲区变为脏缓冲区),DBWn 进程最终将块写回磁盘的数据文件。

8.6 管理数据库实例

在 Oracle 数据库安装后,由数据库管理员 DBA 负责对数据库的组织和管理工作,其主要任务包括:启动和关闭数据库;调整初始化参数;创建数据库;删除数据库和管理网络等。

对于数据库的管理,DBA 必须具有 SYSDBA 和 SYSOPER 的角色,才有权启动、关闭、运行数据库。

8.6.1 启动数据库实例

启动和关闭数据库是 DBA 的任务之一。在 Windows 操作系统中,可以设置通过"服务"启动和关闭数据库。DBA 也可以根据需要使用命令启动和关闭数据库。

1. 使用适当权限进行连接

只有具有 SYSDBA 系统权限的用户(如 SYSTEM 和 SYS),才能启动和关闭数据库。在 SQL Plus 中,DBA 可以使用 CONNECT 命令连接数据库,该命令有下面几种用法。

```
connect / as sysdba
connect username/password[@connect_alias] as sysdba
connect username/password[@connect_alias]
```

第一种用法使用操作系统身份验证。这里,SYSDBA 是具有特殊功能的特殊权限,它可以启动和关闭数据库。第二种用法告诉 Oracle 使用密码文件来验证用户名和口令。

最后一种用法采用普通的数据字典身份验证,Oracle 根据数据字典中存储的值验证用户名/口令。此时的数据库必须打开,否则连接失败。

【**提示**】　数据库的启动和关闭与实例的启动和关闭是有区别的，它们不是一回事。严格地讲，后者是前者的一个步骤，而不是全部。但由于它们是紧密相连的，所以在实际中往往将它们等同起来。

2. 数据库启动原理

Oracle 数据库的启动一般要经历 3 个阶段：创建并启动实例、装载数据库、打开数据库。

(1) 创建并启动实例。

Oracle 启动时首先要创建并启动一个实例，它是由一组逻辑内存结构和一系列后台进程组成。创建和启动实例包括执行如下几个任务：

- 读取初始化参数文件，默认时读取 SPFILE 参数文件，或读取由 PFILE 选项指定的文本参数文件。
- 根据初始化参数文件中有关 SGA、PGA 参数及其设置值，在内存中分配相应的空间。
- 根据初始化参数文件中有关后台进程的参数及其设置值，启动相应的后台进程。
- 打开跟踪文件、预警文件。

实例启动完成以后，数据库处于 NOMOUNT 状态。此时，实例还没有和数据库关联，即没有装载数据库，所以数据库不可访问。这个阶段主要用于数据库的维护（如重建控制文件等）。参数文件指定了控制文件的位置。

(2) 装载数据库。

根据参数文件（PFILE 或 SPFILE）中的 CONTROL_FILES 参数找到并打开控制文件，从控制文件中获得数据文件和重做日志文件的名字及位置。此时，Oracle 已经把实例和数据库关联起来，即装载了数据库。处于 MOUNT 状态的数据库，主要用于数据库的维护（如恢复数据库等）。对于普通用户来说，数据库还是不可访问。

(3) 打开数据库。

Oracle 打开数据文件和重做日志文件。此时，数据库处于 OPEN 状态，普通用户可以登录数据库，并对数据库进行操作。

综上所述，在数据库的启动过程中，文件的使用顺序是初始化参数文件、控制文件、数据文件和重做日志文件，只有这些文件都被正常读取后，数据库才完全启动，用户才能访问数据库。

3. 数据库的 3 种运行状态

Oracle 数据库有 3 种运行状态，分别对应数据库启动的 3 个阶段。当 DBA 使用 STARTUP 命令时，可以通过不同的选项来指定数据库启动到哪个状态。在进入某个状态后，还可以使用 ALTER DATABASE 命令将数据库提升到更高的状态，但不能使其降低到前面的状态。表 8-1 列出了数据库的各级启动状态和 SQL Plus 的提示信息。

出于管理方面的考虑，数据库的启动经常需要分步进行，通常先完成第 1 阶段或第 2 阶段，然后执行必要的管理操作，最后打开数据库，使其进入正常状态。

表 8-1　Oracle 数据库启动状态及其说明

启 动 状 态	说　　　明	SQL Plus 中的提示信息
NOMOUNT	启动实例,未装载数据库	Oracle 实例已经启动
MOUNT	启动实例,装载数据库,但未打开数据库	Oracle 实例已经启动 数据库装载完毕
OPEN	启动实例,装载数据库并打开数据库	Oracle 实例已经启动 数据库装载完毕 数据库已经打开

例如,如果需要重新命名数据库的某个数据文件,若数据库当前正处于打开状态,就可能会有用户访问该数据文件中的数据,因此无法对数据文件进行更改。此时就必须先关闭数据库,断开所有用户的连接,使其他用户无法对数据库操作。然后启动数据库,使其只进入装载(MOUNT)状态,但不打开数据库,此时可以对数据文件进行重命名。当重命名工作完成后,再使数据库进入打开状态供其他用户使用。

4. 使用 STARTUP 命令启动数据库

DBA 在 SQL Plus 中使用 STARTUP 命令启动数据库,一般语法格式如下:

```
STARTUP  [NOMOUNT | MOUNT| OPEN |FORCE ][RESTRICT];
```

语法说明如下:

- NOMOUNT,只启动实例,不装载数据库。Oracle 读取参数文件,为实例创建各种内存结构和后台服务进程,用户能够与数据库进行通信,但不能使用数据库中的任何文件。
- MOUNT,启动实例,装载数据库,但不打开数据库。在重新命名、增加、删除数据文件和重做日志文件以及执行数据库完全恢复时,必须使用 MOUNT 选项启动数据库。
- OPEN,启动实例、装载数据库并打开数据库。它是 STARTUP 命令的默认选项。将数据库启动到 OPEN 状态后,任何具有 CREATE SESSION 权限的用户都能连接到数据库,并进行常规的数据库访问操作。
- FORCE,强制启动数据库,通常用于在数据库启动遇到困难时使用。如当服务器突然断电,使数据库异常中断,此时应该使用 FORCE 选项启动数据库。FORCE 选项与正常启动选项的区别是无论数据库当前处于什么模式,都可以使用该选项。
- RESTRICT,会将数据库启动到 OPEN 状态,但此时只有拥有 RESTRICTED SESSION 权限的用户才可以访问数据库。

8.6.2 关闭数据库实例

为了执行数据库的冷备份、执行数据库的软件升级等操作,常需要关闭数据库。关闭数据库的操作与启动数据库的操作相对应,也分为 3 个步骤。

(1) 关闭数据库。Oracle 首先把 SGA 中的数据写到数据文件和重做日志文件,然后,关闭所有的数据文件和重做日志文件。此时,数据库已不可访问。该阶段完成后,控制文件仍处于打开状态。

（2）卸载数据库。数据库关闭完成以后，Oracle 将分离数据库和实例之间的联系，这个阶段叫作"卸载数据库"或者"UNMOUNT 数据库"。该阶段仅仅是卸载数据库，实例仍存活于内存中。该阶段完成后，控制文件被关闭。

（3）关闭 Oracle 实例。这是关闭数据库的最后一个阶段，这个阶段 Oracle 将从内存中移出 SGA 并终止正在运行的后台进程。至此，数据库关闭已经完成。

关闭数据库使用 SHUTDOWN 命令，语法格式如下：

```
SHUTDOWN  [NORMAL | TRANSACTION| IMMEDIATE | ABORT]
```

语法说明如下：

- NORMAL，正常关闭数据库。特点是：系统等待所有用户退出后才关闭数据库。这种方式关闭数据库速度最慢，因此这种方式不是很常用。
- TRANSACTIONAL，事务关闭数据库。系统需要等待所有事务结束才能关闭数据库，因此不会丢失客户端的数据，这种关闭方式较慢。
- IMMEDIATE，立即关闭数据库。这种方式下系统不等待用户退出数据库，未提交事务将被回滚，新用户不能登录数据库。这种方式是最安全的方式，是使用频率最高的方式。
- ABORT，以这种方式关闭数据库，系统立即中止所有会话，未提交的事务不回滚。这种方式关闭数据库最快，但最不安全，一般只在数据库出现问题时才用这种方式。

实践练习 8-3　数据库的关闭与启动

本练习使用 SQL Plus 命令关闭和启动 Oracle 数据库，了解关闭和启动的各个阶段。

（1）使用 SQL Plus 以系统管理员 SYS 身份登录到数据库。

```
SQL > connect / as sysdba;
已连接。
```

（2）使用 SHUTDOWN IMMEDIATE 命令关闭数据库。

```
SQL > shutdown immediate;
数据库已经关闭。
已经卸载数据库。
ORACLE 例程已经关闭。
SQL >
```

从命令的输出结果可以看到，关闭数据库分为 3 个阶段：关闭数据库、卸载数据库和关闭 Oracle 实例。如果数据库已被关闭，再通过 SQL Plus 连接数据库，将产生下面的错误信息：

```
SQL > connect system
输入口令:
ERROR:
ORA - 01034:ORACLE not available
ORA - 27101:shared memory realm does not exist
进程 ID:0
会话 ID:0 序列号:0
```

警告：您不再连接到 ORACLE。
SQL>

（3）以 SYSDBA 身份连接到空闲例程。

SQL> connect / as sysdba
已连接到空闲例程。
SQL>

（4）使用 STARTUP OPEN 命令启动数据库。

SQL> startup open;
Oracle 例程已经启动。

```
Total System Global Area        778387456   bytes
Fixed Size                      1374808   bytes
Variable Size                   293602728   bytes
Database Buffers                478150656   bytes
Redo Buffers                    5259264   bytes
```
数据库装载完毕。
数据库已经打开。
SQL>

如果要重新启动一个数据库，应该先关闭数据库，然后再启动数据库。在 Windows 平台，Oracle 安装时已把有关的服务设置成自动启动并记录到注册表，这样可使 Oracle 随操作系统一起启动/关闭。

【提示】　如果停止了 Windows 的数据库服务 OracleServiceORACLE，也就关闭了数据库，用户连接数据库将返回"ORA-12560：协议适配器错误"。

8.6.3　数据库初始化参数

数据库和实例由一组初始化参数控制。这些参数决定了实例在启动时要求操作系统分配的内存量、控制文件和重做日志文件的位置以及数据库名称等。这些初始化设置存储在一个参数文件中，没有它，实例将无法启动。

初始化参数文件可以是基于文本的 PFILE，也可以是二进制的 SPFILE。PFILE 是一个含有构建数据库及实例的参数和数值的文本文件。在 Oracle 系统中，PFILE 文件名是 init.ora，该文件的位置是 D:\app\lenovo\admin\oracle\pfile。

SPFILE 是一个二进制的配置文件，它由一个标准的 PFILE 所创建，然后用命令 ALTER SYSTEM 修改而成。在我们的系统中 SPFILE 文件名为 SPFILEORACLE.ORA，这里 ORACLE 为数据库实例名，它位于 D:\app\lenovo\database 目录，不能用文本编辑器编辑它。

Oracle 数据库创建后第一次启动时使用 PFILE，之后可以根据 PFILE 创建 SPFILE，然后使用 SPFILE 启动数据库，而不再需要 PFILE。Oracle 强烈建议使用 SPFILE，应用其新特性来存储和维护初始化参数配置。

初始化参数是在数据库实例启动时（STARTUP NOMOUNT）加载。在 Windows 系统中启动数据库时，如果 STARTUP 命令中未指定 PFILE 参数，会使用 SPFILE 文件。

【提示】　DBA 可以使用 CREATE SPFILE 命令由 PFILE 文件创建 SPFILE 初始化参

数文件。

在初始化参数文件中包含大量参数,但只有约 30 个参数是重要的。这些参数有些需要 DBA 设置,有些不需要 DBA 设置。

【例 8.8】 可以查看 V＄PARAMETER 视图,下列语句显示当前正在运行的实例中生效的参数。

```
select name, value from v $ parameter order by name;
```

还可以使用下面语句从 V＄SPPARAMETER 视图查询参数。结果返回磁盘上 SPFILE 文件中存储的参数值。

```
select name, value from v $ spparameter order by name;
```

1. 动态参数和静态参数

有些参数可以在实例运行时更改,称为动态参数。有些参数在实例启动时就固定下来,称为静态参数。对于动态参数,更改的效果可立即生效,并且更改的内容还可以写到 SPFILE 中,这样,更改将成为永久性的更改,下次停止和启动实例时,将从 SPFILE 中读取新值。如果未将更改保存到 SPFILE,则更改将持续到实例停止为止。要更改静态参数,则必须将更改写入 SPFILE 中,但在下次启动时生效。

例如,CONTROL_FILES 和 DB_BLOCK 是静态参数,不能动态更改。DB_CREATE_FILE_DEST 是动态参数,允许更改,它的值是数据文件的默认位置。

2. 基本参数

数据库初始化参数有上千个,基本参数是为每个数据库使用的参数。

【例 8.9】 使用下面语句查询基本参数及其当前值。

```
select name, value from v $ parameter where isbasic = 'TRUE' order by name;
```

基本参数有 30 多个,常用的参数名及作用如表 8-2 所示。

表 8-2　数据库常用基本参数及作用

参　　数	作　　用
cluster_database	数据库是 RAC 还是单实例的
compatible	该实例兼容的版本
control_files	控制文件副本的名称和位置
db_block_size	数据文件块的默认大小
db_create_file_dest	数据文件的默认位置
db_create_online_log_dest_1	联机重做日志文件的默认位置
db_create_online_log_dest_2	联机重做日志文件多重副本的默认位置
db_domain	可以添加到 db_name 末尾来生成全局唯一名称的域名
db_name	数据库名称(唯一不具有默认值的参数)
db_recovery_file_dest	快速恢复区的位置
db_recovery_file_dest_size	可以写出到快速恢复区的数据量
db_unique_name	在 Data Guard 环境中需要使用的唯一标识符
instance_number	用于区分两个或多个打开同一个数据库的 RAC 实例

续表

参　数	作　用
job_queue_processes	运行所调度作业可用的进程数
log_archive_dest_1	归档重做日志文件的目标
log_archive_dest_2	归档重做日志文件的多路复用副本目标
log_archive_dest_state_1	指示是否启用了目标
log_archive_dest_state_2	指示是否启用了目标副本
nls_language	实例的语言
nls_territory	实例的地理位置
open_currors	会话一次可以打开的 SQL 工作区域数量
pga_aggregate_target	实例可以分配给 PGA 的总内存量
processes	可以连接到实例的最大进程数量
remote_listener	此实例应注册到的另一台计算机上的监听器的地址
remote_login_passwordfile	是否使用外部口令文件,以便允许口令文件身份验证
rollback_segments	回滚段数量。几乎废弃,已被 UNDO 参数取代
sessions	允许连接到实例的最大会话数量
sga_target	SGA 的大小,Oracle 将在此范围内管理各种 SGA 内存结构
shared_servers	要启动的共享服务器的进程数量
undo_management	在撤销表空间中自动管理撤销数据,还是在回滚段中手动管理
undo_tablespace	在使用自动撤销管理的情况下,确定撤销数据的位置

3. 更改参数

可以使用 ALTER SYSTEM 命令更改参数。

```
ALTER SYSTEM SET parameter_name = value  [SCOPE = { MEMORY | SPFILE | BOTH } ]
```

SCOPE 选项的 SPFILE 只对二进制的配置文件有效,不影响当前实例,需要重启数据库才能生效。MEMORY 选项修改只对内存有效,即只对当前实例有效,且立即生效,但不会保存到 SPFILE,数据库重启后此配置丢失。BOTH 选项立即生效,且永久生效。

【例 8.10】　LOG_BUFFER 是静态参数,应使用下面语句进行更改:

```
alter system set log_buffer = 6m scope = spfile;
```

下面命令将修改数据文件的默认位置。

```
alter system set db_create_file_dest = 'e:\oradata' scope = spfile;
```

实践练习 8-4　查询和设置初始化参数

本练习使用 SQL Plus 或 SQL Developer 管理初始化参数。

(1) 以用户 SYS 的身份(具有 SYSDBA 权限)连接到数据库。使用操作系统身份验证或口令文件身份验证。

```
SQL > connect /as sysdba;
```

(2) 使用下面语句查询所有基本参数,检查它们是使用默认值还是设置了适当值。

```
SQL > select name, value, isdefault from v $ parameter
     where isbasic = 'TRUE' order by name;
```

（3）对具有默认值的基本参数,看默认值是什么,该值是否合适。

（4）将 PROCESSES 参数更改为 2000。这是一个静态参数,意味着更改后的值不能立即生效,重启数据库后才生效。

```
SQL> alter system set processes = 2000 scope = spfile;
```

（5）重新启动数据库。

```
SQL> startup force;
```

（6）重新运行步骤(2)的查询。注意 PROCESSES 和 SESSIONS 的新值。PROCESSES 限制允许连接到实例的操作系统进程数,SESSIONS 限制会话数量。这些数值是相关的,因为每个会话都需要进程。SESSIONS 的默认值从 PROCESSES 派生而来。

（7）为会话更改 NLS_DATE_FORMAT 参数值,使用字符串指定日期时间格式。

```
SQL> select sysdate from dual;
SQL> alter session set nls_date_format = 'dd - mm - yy hh24:mi:ss';
```

有些参数只能在会话级别进行修改,NLS_DATE_FORMAT 就是其中之一。此参数控制数据和时间的显示,可以在参数文件中指定,但不能使用 ALTER SYSTEM 更改。它是静态参数,但可以在会话级别对其调整。上述命令在不影响其他任何会话的情况下,把当前会话的日期/时间显示格式更改为“欧洲”格式。

（8）通过查询系统日期确认更改已经生效。

```
SQL> select to_char(sysdate,'day') from dual;
```

🔑 8.7　Oracle 网络管理

Oracle 是一个大型分布式数据库系统,具有复杂的网络体系结构。Oracle 使用 Oracle Net 协议建立和维护客户端和服务器之间的会话。本节主要介绍 Oracle 数据库的网络管理,包括 Oracle Net 连接、监听器的创建和管理、名称解析和配置服务器别名。

8.7.1　Oracle Net 及主要功能

Oracle Net 是 Oracle 数据库网络的基础结构,是 Oracle 专用通信协议。用户必须通过 Oracle Net 连接 Oracle 数据库。Oracle Net 不仅负责建立会话,还负责用户进程与服务器进程之间的通信。Oracle Net 提供了这样的机制:启动服务器进程,从而执行代表用户进程的代码。使用这种机制能够建立一个会话。随后,Oracle Net 负责维护这个会话:将 SQL 语句从用户进程传送至服务器进程,同时将结果从服务器进程返回给用户进程。

1. 连接到本地实例

所有 Oracle 会话都需要使用网络协议,即使连接本地运行的实例,也需要使用 Oracle Net。不过本地连接所使用的网络协议为 IPC。IPC 由操作系统提供,并且允许各种进程在主机内进行通信。本地连接是唯一不需要监听器的连接类型。事实上,本地连接不必进行任何配置。此时,用户进程需要知道的信息仅仅是希望连接的实例。实际上,在本地计算机上可以运行若干实例,系统通过环境变量 ORACLE-SID 为用户进程提供连接信息。

2. 数据库监听器

数据库监听器是 Oracle 服务器上的一个进程,它监视一个端口的连接请求。这些请求使用 Oracle Net 协议,它是运行在正使用的任何基础网络协议(可能是 TCP/IP)上的协议。

监听器主要负责监听客户连接请求,并管理客户与服务器之间的网络通信。在建立连接时,监听器将接收到的客户请求信息与其自身的配置信息(存储在 listener.ora 文件中)进行比较,如果二者匹配,则授权用户建立连接,否则拒绝连接请求。

3. 名称解析

当用户连接数据库时,系统首先必须找到要连接的实例。这个阶段就是名称解析过程。如果用户希望建立针对某个实例的会话,那么可以执行如下命令:

```
SQL> connect c##webstore/webstore@oracle
```

这个命令可分解为下列部分:数据库用户名"c##webstore",数据库口令"webstore",对用户名和口令进行分隔的定界符"/","@"符号,连接串"oracle"。其中"@"符号指示了网络连接所需的用户进程。如果省略"@"符号与连接串,那么用户进程希望连接在本地机器上运行的实例,并且始终使用 IPC 协议。如果命令中包含了"@"符号与连接串,那么用户进程就认定是请求连接远程机器上的一个实例。

这个连接串被解析为下列 4 部分信息:希望使用的协议(目前通常被认定为 TCP),运行数据库监听器的 IP 地址,监听器监视传入连接请求的端口以及希望连接的实例名称(这个名称不必与连接串相同)。还有一种情况:连接串没有包含 IP 地址,而是包含了一个主机名,这个主机名通过 DNS 服务器被进一步解析为 IP 地址。我们有多种方式配置将连接串解析为 IP 地址和实例名,但无论如何,名称解析进程都会为用户进程提供足够的信息,从而使用户进程能够通过网络到达数据库监听器以及将请求连接到特定的实例。

4. 启动服务器进程

在服务器上运行的监听器使用一种或多种协议在网络接口卡的若干端口监视进入的连接请求。接收到一个连接请求时,监听器必须首先验证这个连接请求是否有效。如果这个连接请求有效,那么监听器就会启动一个新服务器进程为用户进程提供服务。这样,如果有 1000 个用户同时登录某个实例,就会启动 1000 个服务器进程。在这种专用服务器体系结构内,每个用户进程都被分配一个服务器进程为其会话专用。

在 TCP 环境中,一个监听器所启动的服务器进程都会获得一个唯一的 TCP 端口号。操作系统的端口映射算法会在进程启动阶段指派端口号。监听器将这个端口号传回用户进程,用户进程随后就可以与其服务器进程直接通信。此时,监听器完成当前的工作,同时等待下一次连接请求。

8.7.2　Oracle Net 网络配置

配置 Oracle Net 网络的目的为:

（1）在服务器端配置监听器，使服务器通过监听器接收客户端的连接请求。

（2）在客户端建立网络服务名称列表，并配置客户端所使用的网络服务名解析方法，为客户端应用程序访问 Oracle 服务器指定网络路由等参数。

Oracle Net 网络配置就是创建配置文件，有 3 个配置文件：

- listener.ora，该文件是存放数据库监听器配置的服务器端文件。
- tnsname.ora，该文件是用于解析名称的客户端文件。服务器上通常有一个副本，以便在服务器上运行客户机。
- sqlnet.ora，该文件是可选的，可存在于服务器端和客户端。它设置的各种默认值会影响所有客户机和监听器。

上述文件位于 ORACLE_HOME/network/admin 目录中。这些文件都是纯文本文件，DBA 可以直接使用文本编辑器建立和编辑这些配置文件，但是，任何小的语法问题（例如，区分大小写、空格以及缩写）都可能导致系统不能启动，因此，不建议手动编辑这些文件，而是使用 Oracle 提供的配置工具。Oracle 提供了两个图形工具：Net Manager 和 Net Configuration Assistant。

要启动 Net Manager，选择"开始"→"所有程序"→Oracle-OraDB21Home1→"配置和移植工具"→Net Manager，打开如图 8-7 所示窗口。

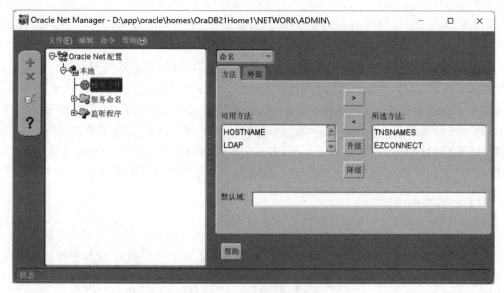

图 8-7　Net Manager 窗口

展开 Net Manager 的"本地"节点，可以看到有 3 个分支。其中，"概要文件"用于设置客户机将使用的命名方法以及优先级顺序，其内容保存在 sqlnet.ora 文件中。"服务命名"用于配置本地命名方法。本地命名方法是命名方法之一，使用这种方法可以将简单的网络服务名解析为连接数据库所需的信息，其内容保存在 tnsname.ora 文件中。"监听程序"用于配置一个或多个监听程序，其内容保存在 listener.ora 文件中。

8.7.3　配置监听器

监听器是客户端应用程序与数据库实例之间的桥梁，所以正确配置和管理监听器是客户应用程序访问 Oracle 服务器的前提。当数据库实例启动时,如果能够查找到默认的监听器 LISTENER 或者数据库初始化参数文件中 LOCAL_LISTENER 参数指定的监听器,将自动在监听器中注册该实例,其注册信息包括:

- 实例信息,包括实例名称和该实例的网络服务名称。
- 协议地址信息,根据这些信息监听器知道怎样连接该数据库实例。

当用户请求连接时,监听器将用户连接信息与监听器注册的数据库实例信息进行比较,如果二者匹配,则授权客户与指定的数据库实例建立连接。

在 Oracle 系统安装时,安装程序自动建立一个名为 LISTENER 的默认监听器,LISTENER 默认的监听地址是:

- 使用 TCP/IP 协议、端口号 1521,支持客户使用 Oracle Net 连接。
- 使用 IPC 协议,它允许在同一主机的客户应用连接。

实践练习 8-5 使用 Net Manager 修改或新建监听器

使用 Net Manager 可以修改监听器的连接地址,也可以新建监听器。假设需要新建一个名为 LISTENER2 的监听器,按下列步骤进行。

（1）在 Net Manager 窗口中选中"监听程序"分支,单击左侧的"＋"按钮,打开指定监听器名的对话框,输入 LISTENER2,单击"确定"按钮。

（2）单击"添加地址"按钮,在地址 1 页面中为 LISTENER2 配置第一个监听地址。每个网络地址需要指定协议、主机和端口号。这里的协议选择 TCP/IP、主机名为本地计算机名、端口号使用 1522。

（3）从地址 1 页面上的下拉列表中选择"数据库服务"项,然后单击"添加数据库"按钮,在数据库 1 页面中设置 LISTENER2 监听器所服务的网络服务参数,即全局数据库名、Oracle 主目录位置以及 SID 等。

【提示】 Oracle 数据库启动时能够动态注册数据库实例信息,所以在监听器中不必对这些数据库实例进行静态配置。

（4）执行"文件"菜单中的"保存网络配置"命令,即可将以上设置保存到监听器参数文件 listener.ora 中。Net Manager 向该文件中添加了 LISTENER2 监听器参数。下面是配置后的 listener.ora 文件的内容。

```
LISTENER =
  (DESCRIPTION_LIST =
    (DESCRIPTION =
      (ADDRESS = (PROTOCOL = TCP)(HOST = localhost)(PORT = 1521))
    )
    (DESCRIPTION =
      (ADDRESS = (PROTOCOL = IPC)(KEY = EXTPROC1521))
    )
  )
LISTENER2 =
  (DESCRIPTION =
    (ADDRESS = (PROTOCOL = TCP)(HOST = lenovo－PC)(PORT = 1522))
)
```

该文件的第一部分是 LISTENER 监听器定义,它监视默认端口 1521 上的本地主机名和

IP 地址 127.0.0.1。第二部分定义 LISTENER2 监听器，它监听主机名地址上的端口 1522。

8.7.4　启动监听器

修改了监听器参数后，只有在监听器下次启动后，这些配置才起作用。在 Windows 系统中，监听器作为一项 Windows 服务运行，但无须显式创建服务，它将在第一次启动监听器时隐式创建。此后，可以像其他任何 Windows 服务那样启动和停止。可通过"服务"控制台查看监听器服务的名称。

使用 Windows 操作系统控制面板中的"服务"管理器可以启动和停止监听服务。此外，使用 Oracle 提供的 LSNRCTL 实用程序能够更有效地管理监听器的运行。

可以从操作系统提示符直接运行 LSNRCTL 命令，也可以通过一个简单的用户界面来进行操作。对于所有命令来说，如果没有使用默认的名称 LISTENER，那么就必须指定监听器的名称。

可以采用两种方式来启动数据库监听器：

（1）使用 LSNRCTL 实用程序。

（2）作为一项 Windows 服务启动。

【例 8.11】　通过"服务"控制台和命令行提示符来控制监听器的启动和停止。设监听器服务名称为 OracleOraDB21Home1TNSListener，下面 NET STOP 命令可以停止该服务。

```
C:\Users\lenovo > net stop OracleOraDB21Home1TNSListener
```

下面 NET START 命令可以启动该服务。

```
C:\Users\lenovo > net start OracleOraDB21Home1TNSListener
```

使用 LSNRCTL 实用程序可以启动监听器和查看监听器的状态。LSNRCTL 程序位于 ORACLE_HOME\bin 目录中。启动的命令格式如下：

```
LSNRCTL START [< listener >]
```

其中，< listener >是监听器名称，默认为 LISTENER。大多数情况下，该名称都是正确的，除非用另一个名称创建了监听器。

使用下列命令可输出监听器当前状态。

```
LSNRCTL STATUS [< listener >]
```

【例 8.12】　下面命令可以启动 LISTENER2 监听器。

```
C:\Users\lenovo > lsnrctl start listener2
```

下面命令查看 LISTENER2 监听器的状态。

```
C:\Users\lenovo > lsnrctl status listener2
```

需要注意的是，使用 STATUS 命令总是能够得到下列信息：接收连接请求的监听器的地址，定义该监听器的 listener.ora 文件的名称与位置，用于该监听器的日志文件的名称与位置。

图 8-8 显示了使用 LSNRCTL STATUS 命令的输出。在输出的状态中可以看到监听器启动时间、已经运行的时间、它监听的端口和地址等。

图 8-8   数据库监听器状态

8.7.5   服务名解析方法和配置

为了建立与某个实例的会话,用户进程必须给出一个连接串,该连接串会被解析为一个监听器的地址以及一个实例或服务的名称。Oracle Net 支持以下命名方法:

- 轻松连接命名(EZCONNECT)
- 本地命名(TNSNAMES)
- 主机命名(HOSTNAME)
- 目录命名(LDAP)
- 网络信息服务(NIS)

本书只介绍前两种命名方法。在实际应用中,大多数 Oracle 站点使用的都是本地名称解析方法。

1. 轻松连接命名

轻松连接(EZCONNECT,Easy Connect)名称解析方法使用非常简单,并且不需要进行任何配置。不过,它只能使用 TCP 协议,而其他名称解析方法则可以使用 Oracle 支持的任何协议,例如使用安全套接字的 TCP 协议或命名管道(named pipes,NMP)协议。Easy Connect 在默认情况下处于开启状态。使用与下面连接串相似的语法可以调用 Easy Connect:

```
SQL > connect c##webstore/webstore@localhost:1521/oracle
```

在这个示例中,SQL Plus 会使用 TCP 连接到 IP 地址 localhost 的 1521 端口。如果有监听器在这个 IP 地址和端口上运行,那么就要求该监听器创建一个服务器进程。

2. 本地命名

使用本地命名(TNSNAMES)时,用户可以为连接串提供一个 Oracle Net 服务别名,该别名通过一个本地文件被解析为完整的网络地址(包括协议、地址、端口、服务名或实例名)。这个本地文件是 tnsnames.ora。下面示例给出了一个 tnsnames.ora 文件:

```
ORACLE =
  (DESCRIPTION =
    (ADDRESS = (PROTOCOL = TCP)(HOST = localhost)(PORT = 1521))
    (CONNECT_DATA =
      (SERVER = DEDICATED)
      (SERVICE_NAME = oracle)
    )
  )
LISTENER_ORACLE =
  (ADDRESS = (PROTOCOL = TCP)(HOST = localhost)(PORT = 1521))
  ORACLR_CONNECTION_DATA =
  (DESCRIPTION =
    (ADDRESS_LIST =
      (ADDRESS = (PROTOCOL = IPC)(KEY = EXTPROC1521))
    )
    (CONNECT_DATA =
      (SID = CLRExtProc)
      (PRESENTATION = RO)
    )
  )
```

该文件定义了两个 Oracle Net 服务别名:ORACLE 和 ORACLE_CONNECTION_DATA。用户可以在连接语句中使用这些别名。第一个条目 ORACLE 仅仅说明发出连接串"@oracle"时,用户进程应当使用 TCP 协议来到达机器 localhost 并连接其端口 1521,同时请求监视该端口的监听器使用服务名 oracle 建立一个针对指定实例的会话。第二个条目 ORACLR_CONNECTION_DATA 将用户指向不同机器上的一个监听器,同时请求建立一个针对指定实例 CLRExtProc 的会话。

Oracle Net 服务别名、服务名和实例名之间不需要存在任何关系,不过为了便于使用,这些名称通常是相同的。

3. 选择和配置网络名解析方法

管理员和用户可以根据自己的网络环境、规模、网络服务数量和用户数量等情况选择网络服务名解析方法。在 Net Manager 中为用户选择网络服务名解析方法的步骤为:

(1) 在 Net Manager 窗口中选中"概要文件"分支。在方法页的"可用方法"列表中可以看到所有可用的名称解析方法,并且默认的选择为 TNSNAMES 与 EZCONNECT(也就是本地命名和 Easy Connect)。LDAP 为目录名称解析方法,HOSTNAME 是为保持向后兼容而存在的较早版本的 Easy Connect。NIS 为外部名称解析方法。从方法页的"可用方法"列表中选择所使用的网络服务名解析方法,然后单击">"按钮,将其添加到"所选方法"列表中。

（2）在"所选方法"中选择指定的方法，然后单击"上移"或"下移"按钮可调整所选网络服务名解析方法的优先使用顺序。

（3）执行"文件"菜单中的"保存网络配置"命令，即可将以上设置保存到 sqlnet.ora 文件。

（4）进入 ORACLE_HOME/network/admin 目录，可以查看 sqlnet.ora 文件内容。

4. 配置本地网络名解析方法

当客户端使用本地解析方法解析网络服务名时，需要将连接的网络服务信息存储到 tnsnames.ora 文件中，这些信息称为网络服务连接描述符，其中包括监听器的网络协议、地址信息和数据库服务名称等。

使用 Net Manager 工具为客户端配置网络服务名本地解析方法的步骤为：

（1）在 Net Manager 窗口中选中"服务命名"分支，选择"编辑"菜单中的"创建"命令，或单击左侧的"＋"按钮，打开网络服务名向导对话框，在网络服务名文本框中输入访问数据库时所使用的名称（如，myoracle）。单击"下一步"按钮，打开网络服务名向导的协议对话框。

（2）从 Net Manager 列出的网络协议中选择客户端与数据库连接所使用的通信协议，如 TCP/IP，之后单击"下一步"按钮，打开网络服务名向导的协议设置对话框。

（3）当选择 TCP/IP 协议作为客户端与数据库服务器的通信协议时，需要设置服务器的主机名称以及监听器所监听的端口号。当使用命名管道（Microsoft 网络连接）时，需要设置服务器计算机名称和管道名称。当使用 IPC 访问本地数据库时，则需要设置访问数据库的 IPC 键值。

（4）在下一步对话框中输入数据库服务名（如 oracle），并选择连接类型。

（5）最后，可以对建立的网络服务名测试，最后完成配置。

（6）执行"文件"菜单中的"保存网络配置"命令，即可将以上设置保存到 tnsnames.ora 文件中。

（7）进入 ORACLE_HOME/network/admin 目录，可以查看 tnsnames.ora 文件内容。

🔑 本章小结

本章讨论了以下主要内容：

- Oracle 体系结构由构成数据库的物理存储结构和构成实例的内存结构与后台进程构成。
- Oracle 实例由内存结构和进程结构构成，内存结构主要包括缓冲区缓存、日志缓冲区以及共享池等，进程主要包括数据库写入器、日志写入器等。
- Oracle 的物理结构主要包括数据文件、控制文件、重做日志文件以及其他文件。
- 数据库的启动和关闭是 DBA 的职责，使用 START 命令启动数据库，使用 SHUTDOWN 命令关闭数据库。
- Oracle 数据库使用 Oracle Net 协议管理客户与服务器的连接。可以使用 Net Manager 工具配置监听程序以及网络服务名解析方法等。

习题与实践

一、填空题

1. Oracle 实例由系统全局区 SGA 的共享内存区以及大量的后台进程构成。SGA 至少包含三种数据结构：_____、_____和共享池。

2. 当用户访问数据库时，Oracle 首先将数据从数据文件读入_____中，如果其中的数据被修改，则被称为_____。

3. 将日志缓冲区中的日志信息写入日志文件的后台进程是_____，如果数据库实例运行在归档模式下，则日志文件中的内容将会被_____进程写入归档日志文件中。

4. 在结构上，Oracle 数据库有 3 种主要类型的文件，分别是：_____、_____和_____。

5. 一个 Oracle 数据库由多个表空间组成，一个表空间由多个_____组成，一个_____由多个区间组成，一个区间由多个_____组成。

6. 你目前使用的 Oracle 数据库块的大小为_____字节。

7. 在 SQL Plus 中，只有具有_____和_____系统特权的用户（如 SYSTEM 和 SYS），才能启动和关闭数据库。启动数据库使用_____命令，关闭数据库使用_____命令。

8. 当数据库启动时，首先进入_____状态，此时 Oracle 只读取参数文件，并打开数据库实例，然后进入_____状态，此时会读取控制文件。最后，数据库进入_____状态，此时 Oracle 会根据控制文件打开数据文件、日志文件等数据库文件。

二、选择题

1. 下面关于实例内存和会话内存叙述，正确的是（　　）。
   - A. SGA 内存是专用内存段，PGA 内存是共享内存段
   - B. 会话可以对 PGA 执行写操作，不能对 SGA 执行写操作
   - C. 所有会话都可对 SGA 执行写操作，只有当前会话可对 PGA 执行写操作
   - D. PGA 是在实例启动时分配的

2. 一个会话在更改数据时，更改向量将被写在（　　）。
   - A. 磁盘上的数据块和当前联机重做日志文件
   - B. 缓存中的数据块和重做日志缓冲区
   - C. 会话写入数据块缓冲区缓存，日志写入器写入当前联机重做日志文件
   - D. 在提交更改前不执行任何写入

3. SGA 的缓冲区缓存中的"脏缓冲区"是指（　　）。
   - A. 如果缓冲区缓存中的块被覆盖，那么这样的缓冲区称为"脏缓冲区"
   - B. 如果缓冲区缓存中的块与磁盘上数据文件中的映像不同，这样的缓冲区称为"脏缓冲区"
   - C. 如果缓冲区缓存中的块与磁盘上数据文件中的映像相同，这样的缓冲区称为"脏缓冲区"

D. 如果缓冲区缓存中的块内容为空,那么这样的缓冲区称为"脏缓冲区"

4. 修改数据库初始化参数,如果要修改服务器参数文件中的设置,则 SCOPE 选项的值应该为(　　)。

    A. SPFILE   B. MEMORY

    C. BOTH   D. 以上都不对

5. 下面用于将数据缓冲区中的数据写入数据文件的后台进程是(　　)。

    A. LGWR   B. DBWn

    C. CKPT   D. ARCn

6. 在 Oracle 中,当用户要执行 SELECT 语句时,下面(　　)进程从磁盘获得用户需要的数据块。

    A. 用户进程   B. 服务器进程

    C. 日志写入进程(LGWR)   D. 检查点进程(CKPT)

7. 有关联机重做日志的描述,正确的是(　　)。

    A. 必须至少有一个日志文件组,每组至少有一个成员

    B. 必须至少有一个日志文件组,每组至少有两个成员

    C. 必须至少有两个日志文件组,每组至少有一个成员

    D. 必须至少有两个日志文件组,每组至少有两个成员

8. 下面对 Oracle 数据块逻辑结构叙述不正确的是(　　)。

    A. 一个表空间由多个段组成

    B. 一个段由多个区间组成

    C. 一个区间由多个数据块组成

    D. 一个段对应一个数据文件

9. 打开数据库时,哪些文件必须同步?(　　)

    A. 控制文件、数据文件以及联机重做日志文件

    B. 参数文件和口令文件

    C. 所有多路复用控制文件副本

    D. 不需要同步任何文件

10. 数据库启动到(　　)阶段,数据库才可被访问。

    A. 创建并启动实例后

    B. 启动到装载数据库阶段后

    C. 在打开数据库后

    D. 装载数据库和打开数据库后都可被访问

11. 执行(　　)命令可以立即关闭数据库,这时,系统将连接到服务器的所有未提交的事务全部回退,并中断连接,然后关闭数据库。

    A. SHUTDOWN   B. SHUTDOWN NORMAL

    C. SHUTDOWN ABORT   D. SHUTDOWN IMMEDIATE

12. 如果决定使用本地命名,那么在客户机上必须创建的文件是(　　)。

    A. tnsnames. ora 和 sqlnet. ora 文件

    B. listener. ora 文件

　　C. tnsnames. ora 文件

　　D. listener. ora 和 sqlnet. ora 文件

三、简答题

　　1. Oracle 实例主要包括哪些内存结构？

　　2. 简述 DBWn 进程、LGWR 进程和 ARCn 进程的作用。

　　3. 在哪些情况下，DBWn 进程将脏缓冲区内容写入数据文件？ 哪种情况将所有脏缓冲区写入输入文件？

　　4. 简述 Oracle 的数据文件、控制文件和重做日志文件的作用。

　　5. Oracle 的逻辑存储结构有哪些？ 它们之间的关系如何？

四、综合操作题

　　1. 确定 Oracle 数据库的当前运行状态。如果处于关闭状态，将其启动，之后再将其关闭；如果是运行状态，将其关闭，之后再重新启动。

　　2. 使用 Net Manager 修改和配置监听器，然后测试数据库是否还能启动。

第9章

用户与权限管理

CHAPTER 9

数据库的安全性是指保护数据库以防止不合法使用所造成的数据泄露、更改或破坏。数据库中存放大量数据且为许多最终用户共享,从而使安全问题更为突出。系统安全保护措施是否有效是数据库系统主要技术指标之一。

本章介绍 Oracle 的基本安全特性,包括如何创建和管理用户账户、权限类型以及如何为用户授予和回收权限、角色的概念以及创建和管理角色,最后介绍用户配置文件的创建和管理。

226 **Oracle 21c 数据库基础入门**(微课视频版)

9.1 创建和管理用户账户

用户要访问 Oracle 数据库,必须有一个合法的账户。用户(user)指的是通过账户名登录连接到数据库并建立针对实例的会话的人。在 Oracle 环境中,术语"用户"、"账户"和"模式"经常互换使用。模式是指用户账户拥有的一组对象。创建数据库时通常创建一些账户,之后 DBA 还可能创建一些账户。

9.1.1 用户账户属性

用户账户拥有许多在创建账户时定义的属性,这些属性将应用于连接到账户的会话。这些属性包括:
- 用户名
- 身份验证方法
- 默认表空间和临时表空间
- 表空间配额
- 账户状态
- 配置文件

DBA 在创建新账户时指定以上属性,其中只有用户名和身份验证方法是必需的,其他都有默认值。

1. 用户名

用户名必须以字母开头,字符数不能超过 30 个,只能包含字母、数字、美元符号($)和下画线(_),并且不能是保留字。用户名必须是唯一的。在指定用户名时如果不加双引号,系统将其中所有字母自动转换为大写字母,加双引号则不转换。

用户创建后不允许修改用户名,如果确实要修改,则必须先删除用户,再重新创建。但要注意,删除用户时,用户模式中的所有对象将被一同删除。

2. 身份验证方法

用户账户必须具有身份验证方法。数据库通过身份验证方法决定是否允许用户登录到系统。Oracle 提供了多种身份验证方法,下面是几种常用的。
- 操作系统身份验证
- 口令文件身份验证
- 口令身份验证

前两种技术仅供管理员使用,只有用户具有 SYSDBA 或 SYSOPER 权限才能使用操作系统或口令文件身份验证。

(1) 操作系统身份验证。

在 Windows 操作系统上,Oracle 数据库安装后,会自动在操作系统中创建名为 ORA_DBA 和 ORA_OPER 的用户组,只要是该组中的用户,即可以 SYSDBA 身份登录数据库而不会验证口令。使用操作系统身份验证，用户可以使用 SQL Plus 通过下列语法连接。

```
connect / as sysdba
```

这里，SYSDBA 是具有特殊功能的特殊权限，可以启动和关闭数据库。

SYS 和 SYSTEM 是 Oracle 的两个系统用户。其中 SYS 是具有最高权限的用户，其角色为 SYSDBA(数据库管理员)；而 SYSTEM 用户的权限仅次于 SYS 用户。在权限的范围上，SYS 可以创建数据库，而 SYSTEM 则不可以。

(2) 口令文件身份验证。

用户可以在使用 SQL Plus 时通过下列语法连接，通过口令文件验证身份。

```
CONNECT username/password[@db_alias]   AS SYSDBA
CONNECT username/password[@db_alias]   AS SYSOPER
```

注意：使用口令文件验证身份，可通过 Oracle Net 连接到远程数据库。

(3) 口令身份验证。

在使用 SQL Plus 时，通过口令验证身份进行连接的语法如下：

```
CONNECT username/password[@db_alias]
```

在使用口令验证身份进行连接时，实例使用数据字典中的账户名和口令进行验证，因此，数据库必须处于打开状态。从逻辑上讲，使用口令身份验证连接，不能执行 STARTUP 和 SHUTDOWN 命令。不允许 SYS 用户以口令身份验证的方式进行连接，SYS 只能使用口令文件、操作系统方式验证。可选项@db_alias 用于指定数据库别名。

3. 默认表空间和临时表空间

每个用户账户都有默认的表空间和临时表空间。用户创建的任何模式对象(如表或索引)都保存在默认表空间中。永久对象(如表)存储在永久表空间中。

临时表空间用于存放临时对象。如果执行某些操作，需要的空间量超过会话 PGA 的可用空间量，会话将需要临时表空间。需要临时表空间的操作包括排序行、连接表、构建索引和使用临时表。

如果在创建用户时未指定默认表空间和临时表空间，将使用系统的默认表空间(USERS 表空间)和临时表空间(TEMP 表空间)，它们是数据库创建时默认创建的。

如果在创建数据库时未指定默认表空间，则将 SYSTEM 设置为默认表空间。也可以在创建数据库后使用下列语法指定默认表空间。

```
ALTER DATABASE DEFAULT TABLESPACE tablespace;
```

4. 表空间配额

表空间配额(quota)是在表空间中为用户分配的存储空间量。用户只有获得表空间配额，才能在表空间上创建模式对象。用户可以在表空间中具有无限(unlimited)配额。配额可以随时更改。

下面语句为用户 C##WEBSTORE 指定在 USERS 表空间具有无限使用配额。

```
alter user c##webstore quota unlimited on users;
```

临时表空间中的空间管理完全自动完成,数据库根据需要创建和删除临时对象。不需要为用户分配临时表空间上的配额。因为,临时表空间的对象并不真正属于用户,而是属于SYS用户,SYS用户拥有所有表空间上的无限配额。

5. 账户状态

每个用户账户都有一定的状态,账户共有 9 种不同状态,常用的有:

- OPEN,打开状态。账户可供使用。
- LOCKED,锁定状态。DBA 锁定账户,用户不能连接数据库。
- EXPIRES,过期状态。口令过期,用户不能连接数据库。
- EXPIRES & LOCKED,过期并锁定。口令过期,并且账户被锁定。

要锁定账户和解除账户的锁定,DBA 可使用以下命令:

```
ALTER USER username ACCOUNT LOCK;
ALTER USER username ACCOUNT UNLOCK;
```

要强制使账户口令过期,可使用以下命令。账户口令过期后,下次登录时需要更改口令。

```
ALTER USER username PASSWORD EXPIRE;
```

可以查看 DBA_USERS 视图的 ACCOUNT_STATUS 列得到账户状态信息,例如:

```
SQL> column username format a30
SQL> select username, account_status from dba_users order by username;
```

6. 配置文件

用户的**配置文件**（profile）控制口令设置,并在一定程度上控制用户对系统资源的使用。可以定义一个配置文件并分配给用户。创建用户时如果没有指定配置文件,将使用默认的配置文件。

9.1.2 创建、修改和删除用户

具有 CREATE USER 系统权限的用户才能创建新用户。在数据库创建时只有 SYS 和 SYSTEM 管理员才能创建用户。创建用户使用 CREATE USER 命令,基本格式如下:

```
CREATE USER user_name IDENTIFIED BY password
[DEFAULT TABLESPACE tablespace]
[TEMPORARY TABLESPACE tablespace]
[QUOTA integer [K|M]|UNLIMITED ON tablespace[, …]]
[PROFILE profile - name] [PASSWORD EXPIRE]
[ACCOUNT LOCK|UNLOCK]];
```

语法说明如下:

- 命令中只有 user_name 和 password 是必需的,分别指定用户名和口令。其他属性都是可选的,对省略的属性,系统使用默认值。
- DEFAULT TABLESPACE tablespace,为用户指定默认表空间。如果省略此子句,Oracle 为用户指定默认表空间为 SYSTEM。

- TEMPORARY TABLESPACE tablespace,为用户指定默认的临时表空间。如果省略此子句,Oracle 为用户指定默认临时表空间为 TEMP。
- QUOTA,为用户指定在某表空间上使用的空间大小,即配额。UNLIMITED 表示无限制,默认为 UNLIMITED。
- PROFILE profile-name,为用户指定配置文件,用于限制用户对系统资源的使用和实施口令管理。缺省此子句,将为用户指定默认的配置文件,文件名为 DEFAULT。
- PASSWORD EXPIRE,将用户口令的初始状态设置为已过期,从而强制要求用户在登录时修改口令。
- ACCOUNT LOCK | UNLOCK,设置用户的初始状态为锁定(LOCK)或解锁(UNLOCK)。默认为 UNLOCK。

【注意】 在容器数据中创建的用户属于公共用户,用户名必须以"C##"开头,而在可插入数据库中创建的用户名没有这个要求。

【例 9.1】 在容器数据库中创建名为 C## SCOTT 的用户且使用口令验证。

```
create user c## scott identified by tiger
default tablespace users temporary tablespace temp
quota 20m on users password expire account unlock ;
```

这里创建的账户默认表空间使用 USERS,临时表空间使用 TEMP。在 USERS 表空间上配额 20MB 空间。用户创建后口令过期且账户被锁定,只有解锁才能被使用。

修改用户属性的命令是 ALTER USER,该命令可修改除用户名以外的所有属性,命令格式与 CREATE USER 类似。

【例 9.2】 下面代码修改 C## SCOTT 账户的口令并解锁账户。

```
alter user c## scott identified by tiger;
alter user c## scott account unlock;
```

删除账户使用 DROP USER 语句。如果该用户已经在数据库中创建了内容,则必须指定 CASCADE 关键字,表示在删除该用户的同时,删除该用户创建的所有内容。

【例 9.3】 删除 SCOTT 用户,同时删除该用户创建的所有内容。

```
drop user c## scott cascade;
```

实践练习 9-1 使用 SQL Plus 创建用户

在本练习中,学习使用 SQL Plus 在容器数据库中创建一些用户。本章的其他练习中将使用这些用户。假设系统中有一个名为 USERS 的永久表空间和一个名为 TEMP 的临时表空间。如果表空间不存在,需要创建这些表空间。

(1) 在 SQL Plus 中,以系统管理员 SYSTEM 的身份连接到数据库。创建用户需要具有 CREATE USER 权限,SYSTEM 具有该权限。

(2) 输入下面命令创建 3 个用户,分别为 C## ALPHA、C## BETA 和 C## GAMMA。

```
SQL > create user c## alpha identified by alpha
    2 default tablespace users password expire;
```

用户 C## ALPHA 使用默认表空间是 USERS,口令立即过期,账户未被锁定。

```
SQL> create user c##beta identified by oracle
  2   default tablespace users temporary tablespace temp
  3   quota unlimited on users;
```

用户 C##BETA 使用默认表空间是 USERS,临时表空间 TEMP 在 USERS 上具有无限空间配额。

```
SQL> create user c##gamma identified by oracle;
```

用户 C##GAMMA 只指定了用户名和口令,其他属性均使用默认值。

(3) 使用下面命令可以查询系统中所有用户名,确认已经创建了上述 3 个用户。

```
SQL> select username from dba_users order by created;
```

(4) 在 SQL Plus 中尝试以用户 C## ALPHA 的身份连接,显示结果如图 9-1 所示。表示该用户还没有连接数据库的权限(CREATE SESSION),用户登录被拒绝。

图 9-1　用户登录被拒绝

9.2　授予与回收权限

创建了合法的用户,该用户也不能连接到数据库,更不能在数据库中执行任何操作。因此,需要给用户授予连接数据库的权限和各种操作权限。在 Oracle 中使用 GRANT 命令授权,使用 REVOKE 回收权限。默认情况下,只有 DBA(SYS 和 SYSTEM)有权给用户授权。

在 Oracle 中有两种类型的权限:系统权限和对象权限。

9.2.1　系统权限

系统权限(system privilege)是用户执行某些类型的系统操作的能力,是一种功能很强的权限。系统权限有 200 多种,大多数都应用于影响数据字典的操作,如创建表或用户;其他的应用于影响数据库或实例的操作,如创建表空间、调整实例参数值、建立会话等。常用的系统权限有:

- CREATE SESSION,创建会话权限。具有该权限,用户可以连接到数据库。
- CREATE TABLESPACE、ALTER TABLESPACE 和 DROP TABLESPACE,这些权限允许用户管理表空间。
- CREATE TABLE,允许被授权用户在自己模式中创建表,包括更改和删除表。在其上执行 SELECT 和 DML 操作以及在其上创建、更改或删除索引。
- CREATE ANY TABLE、SELECT ANY TABLE、INSERT ANY TABLE、UPDATE

ANY TABLE、DELETE ANY TABLE、DROP ANY TABLE,被授权用户可以对其他模式中的表执行创建、插入、查询和删除等操作。

- ALTER DATEBASE,允许访问多个修改物理结构所需的命令。
- ALTER SYSTEM,允许控制实例参数和内存结构。
- EXECUTE ANY PROCEDURE,允许用户执行任何过程和函数的权限。

使用 GRANT 命令给用户授予系统权限,语法如下:

```
GRANT privilege [, privilege ... ] TO user-name | role-name | PUBLIC
[WITH ADMIN OPTION];
```

如果有多个系统权限使用逗号隔开,有多个用户也用逗号隔开。可以将系统权限授予角色。关键字 PUBLIC 表示系统的所有用户。如果指定 WITH ADMIN OPTION 选项,则被授予权限的用户可以将该权限再授予其他用户。

【例 9.4】　一名应用开发人员 ALPHA 需要连接数据库,然后建立表、视图、序列和其他类型的模式对象。基于以上考虑,输入下列 GRANT 语句授予 C## ALPHA 用户几个系统权限。

```
grant create session,create table,create view,create sequence,
create synonym,create trigger,create type to c## alpha with admin option;
```

【例 9.5】　使用下列语句可以查询用户被授予的系统权限。

```
select privilege from dba_sys_privs where grantee = 'C## ALPHA';
```

命令中的 WITH ADMIN OPTION 选项允许用户将获得的系统权限再授予其他用户,例如:

```
SQL > connect c## alpha/alpha;
SQL > grant create session,create table to c## beta with admin option;
```

C## BETA 用户再将该权限授予 C## GAMMA。

```
SQL > connect c## beta/oracle;
SQL > grant create session,create table to c## gamma;
```

再用 SYSTEM 连接,查询 C## BETA 和 C## GAMMA 获得的权限。

```
SQL > connect system/oracle123;
SQL > select privilege from dba_sys_privs where grantee = 'C## BETA';
```

如果在给用户授权时发生了错误,或者授权后又决定用户不应具有某种系统权限,则可以使用 REVOKE 命令回收系统权限,格式如下:

```
REVOKE privilege [, privilege ... ] FROM user_name|role_name;
```

【例 9.6】　系统管理员 SYSTEM 可以回收给 C## ALPHA 授予的系统权限,命令如下:

```
revoke create session,create table,create view,create sequence,
    create synonym,create trigger,create type from c## alpha;
```

接着,重新给 C## ALPHA 授予系统权限,这次不使用 ADMIN 选项。

```
grant create session,create table,create view,create sequence,
    create synonym,create trigger,create type to c## alpha;
```

【**注意**】 使用 REVOKE 命令回收系统权限时,如果用户已将权限授予其他用户,这些权限不能一起回收,即系统权限的回收不会级联。

9.2.2 对象权限

对象权限(object privilege)是用户在特定数据库对象(如表、视图或存储过程)上执行某种操作的能力。例如,在 EMPLOYEES 表上执行 SELECT、INSERT、UPDATE 和 DELETE 命令的权限就属于对象权限。

用户根据应用程序的需要为应用程序使用的数据库对象请求对象权限。例如,在一个订单应用程序中,用户可能需要为 CUSTOMERS、ORDERS 和 ORDERITEMS 表请求 SELECT、INSERT、UPDATE 和 DELETE 权限,同时还需要为 PRODUCTS 表请求 SELECT 和 UPDATE 权限。因为每个对象权限都集中在允许的操作上,所以,可以使用绝对控制来管理数据库的访问。

在 Oracle 数据库中,常用的对象权限如表 9-1 所示。

表 9-1　Oracle 常用的对象权限

对 象 类 型	对 象 权 限	说　　明
表	SELECT、INSERT、UPDATE、DELETE、ALTER、INDEX、REFERENCES	INDEX 权限允许被授予者为表建立索引 当声明一个引用完整性时,REFERENCES 权限允许被授予者引用该表 可以给 INSERT、UPDATE 和 REFERNECES 权限授予列选择权限
视图	SELECT、INSERT、UPDATE、DELETE	可以给 INSERT、UPDATE 权限授予列选择权限
序列	SELECT、DELETE	利用序列的 NEXTVAL 和 CURRENTVAL 伪列,SELECT 权限允许被授予者使用序列生成和重用序号
过程、函数、程序包、对象类型	EXECUTE	对象类型的 EXECUTE 权限允许被授予者在建立其他模式对象和类型时使用对象类型,并且允许被授予者执行该类型的方法

可以使用 GRANT 语句将对象权限授予其他用户。

```
GRANT privilege [, privilege ... ] | ALL [PRIVILEGE]
ON [schema.]object TO username [,username...] [WITH GRANT OPTION];
```

若使用 WITH GRANT OPTION 选项,获得对象权限的用户还可以把这些权限授予其他用户。要授予一个对象权限,必须拥有该对象或已经使用 GRANT 命令被授予该对象权限。

【**例 9.7**】 在 C＃WEBSTORE 用户模式中包含了 CUSTOMERS、ORDERS、PRODUCTS、ORDERITEMS 等表,C＃WEBSTORE 用户可以使用下列语句将有关权限授予 C＃SCOTT。

```
grant select,insert, update,delete on customers to c＃scott;
grant all privileges on orders to c＃scott with grant option;
grant select, insert(employee_id,employee_name),
```

```
update(employee_name,birthdate),
references(employee_id) on employees to c##scott;
```

第一条语句将 CUSTOMERS 表的 SELECT、INSERT、UPDATE 和 DELETE 权限授予
C##SCOTT。第二条语句将 ORDERS 表上的所有对象权限授予 C##SCOTT,并允许其将这
些权限授予其他用户。第三条语句将 SELECT、INSERT、UPDATE 和 REFERENCES 权限授
予 C##SCOTT,注意,INSERT、UPDATE 和 REFERENCES 权限仅授予给指定的列。

可以使用下列格式的 SQL 命令的 REVOKE 回收用户的对象权限。

```
REVOKE privilege [, privilege ... ] | ALL [PRIVILEGE]
ON [schema.]object FROM username [,username...]
[CASCADE CONSTRAINTS][FORCE];
```

CASCADE CONSTRAINTS 选项表示同时删除所有用 REFERENCES 对象权限所创
建的引用完整性约束。

【例 9.8】 下面语句回收之前授予用户 C##SCOTT 的对象权限。

```
revoke update,delete on customers from c##scott;
revoke all privileges on orders from c##scott;
revoke references on employees from c##scott cascade constraints;
```

【注意】 如果 DBA 使用带 WITH GRANT OPTION 的 GRANT 命令将某对象权限
授予用户 A,A 又将该权限授予用户 B。当 DBA 用 REVOKE 从 A 收回对象权限时,用户
B 获得的权限也一并被回收,即对象权限的回收是级联的。

实践练习 9-2 系统权限、对象权限的授予与回收

本练习在 SQL Plus 中使用 SQL 命令为用户授予系统权限、对象权限并验证这些权限
是否生效。

(1) 使用 SQL Plus,以系统管理员 SYSTEM 的身份连接到数据库。

(2) 使用下列语句创建 C##SALES 用户并为其授予 CREATE SESSION 系统权限。

```
SQL> create user c##sales identified by 1234;
SQL> grant create session to c##sales;
```

(3) 打开另一个 SQL Plus 会话,以 SALES 身份连接数据库,登录会成功。

```
SQL> connect c##sales/1234;
```

(4) 以 SALES 身份尝试创建一个表 MYTAB。

```
SQL> create table mytab(col date);
```

语句将失败。弹出错误消息"ORA-01031:权限不足"。表明 SALES 还没有创建表的
权限。

(5) 在 SYSTEM 会话中给 C##SALES 授予 CREATE TABLE 权限。

```
SQL> grant create table to c##sales;
```

(6) 在 SALES 会话中再次尝试创建表 MYTAB,显示"表已创建"。

```
SQL> create table mytab(col date);
```

(7) 以 SALES 的身份将 MYTAB 表的所有权限授予 C##ALPHA,将查询 MYTAB

表的权限授予 BETA。

```
SQL > grant all on mytab to c## alpha;
SQL > grant select on mytab to c## beta;
```

(8) 启动 SQL Developer 的 DBA 连接,查看 C## ALPHA 和 C## BETA 获得的系统权限。

🔑 9.3　创建和管理角色

典型的数据库应用程序所需要的系统权限和对象权限可能很多。如果使用单独授权的办法来管理每个权限,那么权限管理将会变成一项巨大的工作。为了使权限管理变得简单,可以使用角色。**角色**(role)是一组相关系统权限和对象权限的集合,这些权限可以授予其他用户或角色。把角色授予用户后,当用户所需的权限集合发生变化时,只需修该角色的权限集。具有该角色的所有用户将自动看到角色的变化。

9.3.1　创建并授予角色权限

要创建一个新角色,使用 CREATTE ROLE 命令,该命令的简略语法如下:

```
CREATE ROLE role_name
[NOT IDENTIFIED | IDENTIFIED BY password];
```

其中,NOT IDENTIFIED | IDENTIFIED BY password 为角色设置的口令。默认为NOT IDENTIFIED,即无口令。

【例 9.9】　使用下面 SQL 命令,在数据库中为应用开发员创建一个 C## APPDEV 公共角色。

```
create role c## appdev identified by xxxy;
```

【注意】　角色属于该角色的创建者。当用户创建一个角色时,Oracle 自动授予用户对该角色的管理权,用户可以修改、删除以及将角色授予其他用户或角色。

创建角色后,可以给角色授予系统权限、对象权限或其他角色。授权语法与前面语法类似,这里不一一列出。

【例 9.10】　使用下面 GRANT 语句给新创建的 C## APPDEV 角色授予几个系统权限。

```
grant create session, create table,create view, create any index,
    create sequence,create type to c## appdev;
```

【例 9.11】　下面的 GRANT 语句可给角色 C## APPDEV 授予几个对象权限。

```
grant select,insert, update,delete on c## webstore. customers to c## appdev;
grant all privileges on c## webstore. orders to c## appdev;
grant select, insert(employee_id,employee_name),
    update(employee_name,birthdate) on c## webstore. employees to c## appdev;
```

创建了角色后可以把角色授予用户,语法格式如下:

```
GRANT role_name [,role_name...] TO username [, username...]
[WITH ADMIN OPTION];
```

【例 9.12】 下面语句首先创建一个新的数据库用户 C##VICTOR,然后把 C##APPDEV 角色授予该用户。

```
create user c##victor identified by 12345
  default tablespace users temporary tablespace temp account unlock;
grant c##appdev to c##victor;
```

可以通过 DBA_SYS_PRIVS 视图查询用户或角色具有的权限,通过 DBA_ROLE_PRIVS 视图查看用户具有的角色。

【例 9.13】 查看用户拥有的权限和角色。下面语句查看用户 C##SCOTT 拥有的权限。

```
SQL> select grantee, privilege from dba_sys_privs where grantee = 'C##SCOTT';
```

下面语句查看用户 C##VICTOR 拥有的角色。

```
SQL> select grantee, granted_role
  2   from dba_role_privs where grantee = 'C##VICTOR';
```

9.3.2 预定义的角色

在 Oracle 数据库中有许多预定义的角色,这些角色已经由系统授予了相应的权限。管理员不再需要先创建它,就可以将它授予用户。表 9-2 给出了几个常用的预定义角色。

表 9-2 Oracle 常用预定义角色

角 色 名	说 明
CONNECT	该角色包含 CREATE SESSION 和 SET CONTAINER 权限,具有该角色可以连接数据库
RESOURCE	该角色包含 CREATE TABLE、CREATE SEQUENCE、CREATE TRIGGER 和 CREATE TYPE 等权限,可以创建数据库对象
DBA	数据库管理员角色,拥有大多数系统权限和 SYS 用户中的对象权限。具有 DBA 角色的用户几乎可以管理数据库的所有方面
EXP_FULL_DATABASE	该角色包含创建表、查询表、执行过程等系统权限,执行 EXPDP 导出数据的用户需要拥有该角色
IMP_FULL_DATABASE	该角色包含创建表、查询表、执行过程等系统权限,执行 IMPDP 导入数据的用户需要拥有该角色
SELECT_CATALOG_ROLE	拥有 SYS 用户数据字典对象的权限
SCHEDULER_ADMIN	拥有用于管理调度服务的调度程序作业所需的系统权限

【例 9.14】 可以查询 DBA_ROLES 视图查看系统预定义的角色。

```
select role, password_required from dba_roles;
```

使用 ROLE_SYS_PRIVS 视图可以查看某角色所具有的权限信息。

```
select * from role_sys_privs where role = 'IMP_FULL_DATABASE';
```

还有一个预定义角色 PUBLIC,该角色被授予数据库的所有用户。如果将某个权限授予 PUBLIC,则数据库所有用户都将获得该权限。因此,如果执行下列命令:

```
grant select on c##webstore.customers to public;
```

则所有用户将有权查询 C##WEBSTORE 用户的 CUSTOMERS 表。

9.3.3　用户默认角色及角色启用

默认角色(default role)是当用户建立新的数据库会话时 Oracle 自动启用的。每个用户都有一个默认角色清单。当给用户授予角色时,Oracle 自动把角色添加到该用户的默认角色清单上。使用下列 ALTER USER 命令可以直接设置一个用户的默认角色清单。

```
ALTER USER username [DEFAULE ROLE] {role [,role...]} |
    ALL [EXCEPT] role [,role...] | NONE}];
```

在用户已经被直接授予某个角色之后,可以指定该角色作为用户的默认角色(不能把间接获得的角色指定为默认角色)。可以为用户指定单个的角色、使用 ALL 子句指定所有的角色或角色清单中除某些角色外的所有角色,或指定没有默认角色(NONE)。

【**例 9.15**】　下面语句将 C##VICTOR 用户的 C##APPDEV 角色指定为默认角色。

```
alter user c##victor default role c##appdev;
```

默认情况下,如果为用户授予了角色,则将启用角色。这意味着,用户建立数据库连接会话时,将激活授予此角色的所有权限和其他角色。可以使用 SET ROLE 命令启用或禁止对角色权限的使用,命令语法如下:

```
SET ROLE {rolename [IDENTIFIED BY password [,...]]
    | ALL [EXCEPT] rolename [,rolename...] | NONE};
```

要启用一个需要口令的角色,必须使用 IDENTIFIED BY 参数指定口令。NONE 选项将禁止所有角色。

为说明 SET ROLE 命令的使用,假设已经给 C##VICTOR 用户授予了下面角色:C##APPDEV、CONNECT、RESOURCE 和 SELECT_CATALOG_ROLE 角色。以 C##VICTOR 用户身份打开一个 SQL Plus 会话,输入下面语句查询 SESSION_ROLES 数据字典视图可显示当前会话允许的角色清单。

```
connect c##victor/12345;
select * from session_roles;
```

输出结果如下所示:

```
ROLE
-----------------------
CONNECT
RESOURCE
SELECT_CATALOG_ROLE
HS_ADMIN_ROLE
```

输入下面 SET ROLE 语句,使当前 SQL Plus 会话的 C##APPDEV 角色启用而其他角色失效。再重新查询 SESSION_ROLES 视图。

```
set role c##appdev identified by xxxy;
select * from session_roles;
```

输出结果如下所示:

```
ROLE
-----------
C##APPDEV
```

要使当前会话的所有角色启用,应在 SET ROLE 命令中指定所有角色名。

实践练习 9-3　创建和授予角色

在本练习中,将创建一些角色,把这些角色授予用户,并演示其有效性。

（1）使用 SQL Plus,以用户 SYSTEM 的身份连接到数据库。

（2）按以下方式创建两个角色。

```
SQL> create role c##user_role;
SQL> create role c##manager_role;
```

（3）为这些角色授予一些权限,并将 C##USER_ROLE 授予 C##MANAGER_ROLE。

```
SQL> grant create session to c##user_role;
SQL> grant select on c##webstore.employees to c##user_role;
SQL> grant c##user_role to c##manager_role with admin option;
SQL> grant all privileges on c##webstore.employees to c##manager_role;
```

（4）以用户 SYSTEM 的身份将 C##MANAGER_ROLE 角色授予 C##ALPHA。

```
SQL> grant c##manager_role to c##alpha;
```

（5）以用户 C##ALPHA 身份连接到数据库,将 C##UER_ROLE 角色授予用户 C##BETA。

```
SQL> connect  c##alpha/alpha;
SQL> grant c##user_role to c##beta;
```

（6）确认 C##BETA 可以连接数据库,可以查询 C##WEBSTORE.EMPLOYEES 表,但无其他权限。

```
SQL> connect  c##beta/oracle;
SQL> select * from c##webstore.employees;
SQL> insert into c##webstore.employees values(1008,'李晨','男','28-5月-1982', 3500.00,
3);
```

该插入语句发生"ORA-01031:权限不足"错误,请说明原因。要使该语句成功执行,应该如何授权。

（7）演示角色的启用和禁用。

```
SQL> connect c##alpah/alpha;
SQL> select * from c##webstore.employees;
SQL> set role c##user_role;
SQL> select * from c##webstore.employees;
```

（8）使用 SQL Developer 的 DBA 连接查看这些角色。

🔑 9.4　配置文件管理

在多用户数据库系统中,应该限制每个用户对系统资源的使用,否则,如果用户无限制使用系统资源,将会影响系统性能。在 Oracle 中可使用配置文件实现这一点。**配置文件**（profile）是一组可以分配给一个或多个用户的特定资源限制设置和口令实施策略。

9.4.1 资源限制

用于资源使用限制的选项包括：
- CPU_PER_SESSION，在强制终止会话前，允许会话进程使用的 CPU 时间(秒/100)。
- CPU_PER_CALL，允许会话的服务器进程执行调用的 CPU 时间(秒/100)。
- CONNECT_TIME，在强制终止会话前，允许会话最长的持续连接时间(分钟)。
- IDLE_TIME，在强制终止会话前，允许会话最长的空闲时间(分钟)。
- SESSIONS_PER_USER，用同一账户登录的并行会话(每用户)数。
- LOGICAL_READS_PER_SESSION，在强制终止会话前，每会话读取的块数(块)。
- LOGICAL_READS_PER_CALL，在强制终止会话前，每次调用读取数的块数(块)。
- PRIVATE_SGA，专用 SGA 大小(KB)。
- COMPOSITE_LIMITCREATE，整个服务单元的组合限制(服务单元)。

9.4.2 口令管理

用于口令限制的选项包括：
- PASSWORD_LIFE_TIME，口令过期前的天数，即口令有效期(天)。
- PASSWORD_GRADE_TIME，最大锁定天数。口令过期后第一次成功登录后的天数。
- PASSWORD_REUSE_MAX，允许重新使用的最大口令数。
- PASSWORD_REUSE_TIME，可以重新使用口令前的天数。
- PASSWORD_VERYFY_FUNCTION，更改口令是运行的复杂性函数。
- FAILED_LOGIN_ATTEMPTS，锁定前允许的最大失败登录次数。
- PASSWORD_LOCK_TIME，锁定账户天数。

9.4.3 配置文件的创建和分配

可以通过 SQL Plus 管理配置文件。每个 Oracle 数据库都有一个默认的配置文件(DEFAULT)。当创建一个新用户时，如果没有为其指定配置文件，Oracle 会自动将默认配置文件分配给用户。最初，数据库的默认配置文件对所有资源都是无限制的，只有一些口令限制。

【例 9.16】 查询当前给每个用户分配的配置文件。

```
select username,profile from dba_users;
```

默认情况下，Oracle 数据库不实施资源限制。所以，限制用户对服务器资源使用的第一步是在实例层次上使资源限制有效。通过使用下列命令在不需要关闭、重新启动数据库的情况下就能够允许和禁止资源限制的实施。

```
ALTER SYSTEM SET RESOURCE_LIMIT = {TRUE|FALSE};
```

为使当前的数据库实例的资源限制有效，执行下面的 ALTER SYSTEM 语句。

```
alter system set resource_limit = true;
```

1．创建配置文件

要创建配置文件，使用下面的 CREATE PROFILE 命令。

```
CREATE PROFILE profile LIMIT
 [CPU_PER_SESSION {integer| UNLIMITED| DEFAULT}]
 [CPU_PER_CALL {integer| UNLIMITED| DEFAULT}]
 [CONNECT_TIME {integer| UNLIMITED| DEFAULT}]
 [IDLE_TIME {integer| UNLIMITED| DEFAULT}]
 [SESSIONS_PER_USER {integer| UNLIMITED| DEFAULT}]
 [LOGICAL_READS_PER_SESSION {integer| UNLIMITED| DEFAULT}]
 [LOGICAL_READS_PER_CALL {integer| UNLIMITED| DEFAULT}]
 [PRIVATE_SGA {integer [K|M]| UNLIMITED| DEFAULT}]
 [COMPOSITE_LIMIT {integer| UNLIMITED| DEFAULT}]
 [FAILED_LOGIN_ATTEMPTS {integer| UNLIMITED| DEFAULT}]
 [PASSWORD_LOCK_TIME {integer| UNLIMITED| DEFAULT}]
 [PASSWORD_GRACE_TIME {integer| UNLIMITED| DEFAULT}]
 [PASSWORD_LIFE_TIME {integer| UNLIMITED| DEFAULT}]
 [PASSWORD_REUSE_MAX {integer| UNLIMITED| DEFAULT}]
 [PASSWORD_REUSE_TIME {integer| UNLIMITED| DEFAULT}]
 [PASSWORD_VERIFY_FUNCTION {NULL| function| DEFAULT}]
```

命令中选项的含义可参照前面的说明。

【例 9.17】　下面语句创建一个新的配置文件。

```
create profile c##appdev limit session_per_user 5
  cpu_per_session unlimited cpu_per_call 3000
  connect_time unlimited idle_time 30 logical_reads_per_session unlimited
  logical_reads_per_call 1000 private_sga 200k;
```

命令说明如下：

- 该配置文件限制用户可以打开不超过 5 个并发的数据库会话。
- 用户会话可以使用无限制的 CPU 时间，但每个请求只有 30 秒（3000 的百分之一）的 CPU 时间。如果一个调用达到了这个 CPU 的限定值，会话将被终止，以防止该会话进一步消耗 CPU 时间。
- 会话可以无限制地对该实例进行连接，但是在自动断开之前只保持 30 秒的空闲。
- 会话可以执行无限制的逻辑读取操作，但每个数据库请求只有 1000 个逻辑块的读取操作。
- 用户会话可以分配和使用最多 200KB 的专用内存。

2．修改配置文件

使用 SQL 命令 ALTER PROFILE 可以修改配置文件的设置，该语句的选项与 CREATE PROFILE 命令相同。

【例 9.18】　下面 ALTER PROFILE 命令修改 C##APPDEV 配置文件，为其指定了关于口令的设置。

```
alter profile c##appdev limit
  failed_login_attempts 3 password_lock_time 1 password_life_time 30
  passwor_grade_time 5 password_reuse_time unlimited
  password_reuse_max unlimited;
```

命令说明如下：

- 用户可以尝试连接 3 次不成功的连接，之后 Oracle 自动锁定这个账户。
- 如果账户被锁定将锁定 1 天，之后自动解锁该账户。
- 用户口令的寿命为 30 天，再加上 5 天的宽限期。这之后，用户必须修改这个口令，否则，Oracle 锁定这个账户。
- 用户不能重新使用旧的口令。

3. 为用户分配配置文件

每个用户最初都被分配默认配置文件。要想改变用户的配置文件可以使用 ALTER USER 命令，语法如下：

```
ALTER USER user_name PROFILE profile_name;
```

【例 9.19】　使用下面的命令可以将 C## APPDEV 配置文件分配给 C## ALPHA 用户。

```
alter user c## alpha profile c## appdev;
```

4. 删除配置文件

使用 DROP PROFILE 命令删除配置文件。如果要删除的配置文件已经分配给了用户，则必须在 DROP PROFILE 命令中使用 CASCADE 关键字。

【例 9.20】　删除被分配给 C## ALPHA 用户的 C## APPDEV 配置文件，命令如下。

```
drop profile c## appdev cascade;
```

【提示】　除使用 SQL 命令创建、修改和删除用户和角色外，还可以使用 SQL Developer 管理用户、角色和配置文件。

🔑 本章小结

本章讨论了以下主要内容：

- 要访问 Oracle 数据库，用户必须具有合法的账户。DBA 或具有 CREATE USER 权限的用户可以创建账户。
- 一个用户还必须具有一定的权限才能操作数据库。Oracle 使用 GRANT 授予权限，使用 REVOKE 收回权限。权限分为系统权限和对象权限。
- 角色是一组系统权限和对象权限的集合，这些权限可以授予其他用户或角色。使用角色可以简化权限的管理。
- 在多用户数据库系统中，应该限制每个用户对系统资源的使用；否则，如果用户无限制使用系统资源，将会影响系统性能。在 Oracle 中使用配置文件实现这一点。

🔑 习题与实践

一、填空题

1. 在 Oracle 数据库中，一个用户拥有的所有数据库对象统称为_____。

2. 在创建用户账户时，如果将用户的初始状态设置为锁定（LOCK），应该使用
_____选项。

3. 向用户授予系统权限时，使用_____选项表示该用户可以将此系统权限再授予其
他用户。向用户授予对象权限时，使用_____选项表示该用户可以将此对象权限再授予
其他用户。

4. 在删除用户账户时，如果将属于该用户的所有模式对象同时删除，应该在 DROP
USER 命令中使用_____选项。

5. 数据库中是利用权限来进行安全管理的，这些权限可以分成两类：_____和
_____。在 Oracle 数据库中用户_____和_____具有所有的系统权限。

6. SYS用户以管理员身份登录后，要授予用户 C＃＃SMITH 可以对 C＃＃SCOTT 用
户的 EMP 表进行查询的权限，授权命令为_____。

7. _____是具有名称的一组相关权限的集合。如果要使所有用户具有某种权限，可
将权限授予_____角色。

8. 使用概要文件除了可以限制资源使用，还可以_____。

二、选择题

1. 每个用户账户都有默认的表空间，用户创建任何模式对象（如表或索引）保存在此表
空间中。如果创建数据库时未指定默认表空间，则将（　　）表空间设置为默认表空间。
　　A. TEMP　　　　　　　　　　　　B. USERS
　　C. UNDOTBS1　　　　　　　　　D. SYSTEM

2. 在 SQL 提示符下使用 CONNECT/AS SYSDBA 命令连接到数据库，使用的验证方
法是（　　）。
　　A. 操作系统身份验证　　　　　　B. 口令文件身份验证
　　C. 口令身份验证　　　　　　　　D. 全局身份验证

3. 一个用户如果要登录数据库，他必须具有（　　）权限。
　　A. CREATE SESSION　　　　　　B. CREATE TABLE
　　C. CONNECT　　　　　　　　　D. CREATE ANY SESSION

4. 假设用户 USER1 的默认表空间是 USERS，他在该表空间的配额为 10MB，则
USER1 在 USERS 表空间上创建基本表时，他应具有（　　）权限。
　　A. CREATE USER　　　　　　　B. CREATE TABLE
　　C. UNLIMITED TABLESPACE　　D. LIMITED TABLESPACE

5. 若允许一个用户在 DOG_DATA 表空间使用 50MB 的磁盘空间，则在 CREATE
USER 语句中应使用（　　）子句。
　　A. PROFILE　　　　　　　　　　B. QUOTA
　　C. DEFAULT TABLESPACE　　　D. TEMPORARY TABLESPACE

6. 当删除一个用户的操作时，在什么情况下，应该在 DROP USER 语句中使用
CASCADE 选项？（　　）
　　A. 这个模式中包含了对象
　　B. 这个模式中没有包含对象

  C. 这个用户正在与数据库连接着

  D. 需要保留该用户,但模式对象需要删除

7. 如果用户 C## SCOTT 在 SQL Plus 中连接数据库,但得到了如下错误信息:

```
ERROR :
ORA - 28000:the account is locked
警告:您不再连接到 ORACLE。
```

这可能是因为管理员执行了下面哪个语句的原因?( )

  A. DROP USER c##scott;

  B. DROP USER c##scott CASCADE;

  C. ALTER USER c##scott ACCOUNT LOCK;

  D. ALTER USER c##scott QUOTA 0 ON dog_data;

8. 下列( )资源不能在用户概要文件中指定。

  A. 每个用户可以拥有的会话数

  B. 登录失败的次数

  C. 每次调用占用 CPU 的时间

  D. 用户使用的登录口令

三、简答题

1. 简述用户账户的属性。

2. 简述系统权限和对象权限。使用什么语句给用户授权?使用什么语句收回权限?

3. 什么是角色?使用角色有什么好处?常用的预定义角色有哪些?

4. 下面使用 CREATE PROFILE 创建两个配置文件 C## APP_USER 和 C## APP_USER2,试给出这两个文件对用户实施的限制具体是什么?

```
create profile c## app_user limit
   sessions_per_user unlimited
   cpu_per_session unlimited
   cpu_per_call 3000
   connect_time 45
   logical_reads_per_session default
   logical_reads_per_call 1000
   private_sga 15k
   composite_limit 5000000;

create profile c## app_user2 limit
   failed_login_attempts 5
   password_life_time 60
   password_reuse_time 60
   password_reuse_max unlimited
   password_verify_function verify_function
   password_lock_time 1/24
   password_grace_time 10;
```

四、综合操作题

1. 使用 CREATE USER 命令创建名为 C## TESTUSER 的用户,口令为 test123,默

认表空间为 USERS,临时表空间为 TEMP,在 USERS 表空间上具有无限配额,口令设置为过期,账户为锁定状态。使用命令将 C♯♯ TESTUSER 用户解锁,并为其授予 CONNECT 和 RESOURCE 角色。以 C♯♯ TESTUSER 身份连接到数据库,创建名为 TESTTAB 表。

2. 使用 WITH ADMIN OPTION 选项授予的系统权限被回收时,不级联回收用户间接获得的权限。使用 WITH GRANT OPTION 选项授予的对象权限被回收时,级联回收用户间接获得的权限。请编写创建或使用有关用户,编写 SQL 语句验证上述论断。

3. 按照下列要求创建用户配置文件 USER_PROFILE。限制用户拥有的会话数为 1;限制用户执行的每条 SQL 语句可以占用的 CPU 时间为百分之五秒;限制用户的空闲时间为 10 分钟;限制用户登录数据库可以失败的次数为 3 次;限制口令的有效时间为 10 天;设置用户登录失败次数达到限制要求时,用户被锁定的天数为 3 天;设置口令使用时间达到有效时间后,口令仍然可以使用的"宽限时间"为 3 天。将该配置文件分配给 C♯♯ SCOTT 用户。

第 **10** 章

事务与并发控制

CHAPTER *10*

数据库的一个重要特征是数据高度共享。数据库管理系统提供并发控制机制来协调多用户的并发操作以保证并发事务的隔离性和一致性。数据库的并发控制是以事务为单位,通常使用封锁技术实现并发控制。

本章将主要介绍 Oracle 数据库系统的事务与并发控制机制。包括数据库事务的概念和 ACID 特性、事务的隔离级别、事务的处理方法,锁的类型以及如果利用封锁实现并发控制。

🔑 10.1　事务

数据库是一个共享资源,可为多个应用程序所共享。这些程序可串行运行,为了有效地利用数据库资源,可能有多个程序或一个程序的多个进程并行地运行,这就是数据库的并行操作。在多用户数据库环境中,多个用户程序可并行地存取数据库,如果不对并发操作进行控制,会存取不正确的数据,或破坏数据库数据的一致性。

10.1.1　事务的概念

所谓**事务**(transaction)是用户定义的一个数据库操作序列,这些操作要么全做要么全不做,是一个不可分割的工作单位。

事务的操作通常有两个:读(read)操作和写(write)操作。读操作是将数据从磁盘读到内存缓冲区,写操作是将内存缓冲区中的数据写到磁盘数据库。当执行 SQL 的 SELECT 语句时就是读操作,当执行 INSERT 语句和 UPDATE 语句时就是写操作。

10.1.2　事务处理

事务既有起点,也有终点。在 Oracle 中,没有提供开始事务处理的语句,所有的事务都是隐式开始的。也就是说,用户不能用命令来开始一个事务,Oracle 任务中第一条修改数据库的语句,或者一些要求事务处理的场合都是事务的隐式开始。

一个事务会在下面任一情况下结束:

- 当用户执行 COMMIT 或 ROLLBACK(不带 SAVEPOINT 子句)语句。
- 当用户执行一条 CREATE、ALTER 或 DROP 等 DDL 语句时,在 DDL 语句执行前后,事务都隐式地提交。
- 当用户执行一条 DCL 语句时,事务会自动提交。
- 当用户断开对 Oracle 的连接,当前事务提交。
- 当用户进程异常终止,当前事务回滚。

Oracle 提供的事务处理控制语句主要包括:COMMIT、ROLLBACK、SAVEPOINT、ROLLBACK TO SAVEPOINT、SET TRANSACTION 等。当用户想要终止一个事务时,需要使用 COMMIT 或 ROLLBACK 语句结束。当一个事务结束后,下一条执行的 SQL 语句自动启动后续事务。

1. 提交事务

在事务处理中,用户可以使用 COMMIT 语句显式提交事务,在某些情况下(如 DDL 语句执行前后、断开与 Oracle 的连接等),系统也会自动提交事务。提交一个事务,就是将事务中由 SQL 语句所执行的改变操作永久化。

2. 回滚事务

回滚事务的含义是还原未提交事务中的 SQL 语句所做的修改,它使用还原段中的数据

246   **Oracle 21c 数据库基础入门**(微课视频版)

来构造一个与事务开始前相同的数据映像。可以回滚整个事务,也可以回滚到事务中保存点(SAVEPOINT)处。回滚事务可以使用 ROLLBACK 语句,终止用户的事务处理,还原用户已经做出的所有改变。

事务提交和回滚如图 10-1 和图 10-2 所示。图 10-1 表示事务开始后执行两条 DML 语句,然后提交,系统将语句的执行结果写到磁盘,然后继续执行。图 10-2 表示事务开始后执行两条 DML 语句,然后回滚,此时将撤销两条 DML 语句的执行,系统返回到事务开始时的状态。接下来执行 DML 语句 3 和 COMMIT 命令,此时,数据库中只保留 DML 语句 3 对数据库的更改。

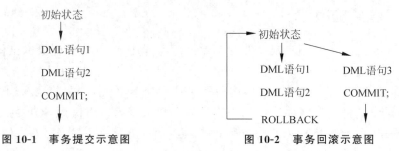

图 10-1　事务提交示意图　　　　图 10-2　事务回滚示意图

在事务提交前,Oracle 会处理下面的任务:
- 在 SGA 的还原段缓冲区生成还原段记录,还原信息包含所修改值的原始值。
- 在重做日志缓存中产生重做日志记录,它包含数据块的修改和还原段的修改信息。在事务提交之前这些修改会写入磁盘。
- 将修改保存在 SGA 的数据库缓存中,这些修改在事务提交之前会写入磁盘。

在一个事务被提交之后,Oracle 所做的操作包括:
- 在内部事务表记录事务被提交,并产生一个唯一系统修改号(SCN)保存在表中。
- 日志写入进程(LGWR)将 SGA 的重做日志缓存中的重做日志写入重做日志文件。它还将事务的 SCN 写入重做日志文件中。这是构成提交事务的原子事务。
- 在行上和表上的封锁被释放,事务被标记为完成。

Oracle 事务的回滚主要包括下列情况:
- 语句级别的回滚(语句执行错误或者发生死锁)。
- 回滚到保存点。
- 进程意外中断造成的事务回滚。
- 实例意外中断的未决事务回滚。
- 恢复过程中没有完成的事务的回滚。

实践练习 10-1　事务处理语句的使用

在本练习中,学习 COMMIT 和 ROLLBACK 命令的使用。在销售数据库中,假设某客户签订了一个订单,该订单包含两件商品。要实现该业务处理,就需要使用 INSERT 命令向 ORDERS 表中插入一条订单记录、向 ORDERITEMS 表中插入两条新记录,然后使用两条 UPDATE 语句更新 PRODUCTS 表商品库存的数量。在数据库中这些操作应该定义为一个事务,否则会产生数据不一致。

(1) 在 SQL Plus 中,以 C##WEBSTORE 用户身份连接到数据库。

（2）使用下面语句向 ORDERS 表中插入一行，此时开始一个事务。

```
insert into orders(order_id,orderdate, employee_id, customer_id,)
    values (8,'2020 - 01 - 20','1002',1);
select * from orders;
```

查询 ORDERS 表可以看到该记录已经插入表中。但注意，该记录对其他用户是不可见的。

（3）使用下面语句向 ORDERITEMS 表中插入 2 行记录，使用 UPDATE 语句更新 PRODUCTS 表中商品数量。

```
insert into orderitems values (8, 801, 2, 0.85);
insert into orderitems values (8, 802, 3, 1.00);
select * from orderitems;

update products SET amount = amount - 2 WHERE product_id = 801;
update products SET amount = amount - 3 WHERE product_id = 802;
select * from products;
```

上述语句向 ORDERITEMS 表中插入两条订单项记录，然后使用 UPDATE 语句修改 PRODUCTS 表两件商品的库存量。

（4）此时如果在执行提交之前要撤销对数据库的更新操作，应该使用 ROLLBACK 语句回滚事务。事务回滚后，系统将事务中对数据库的所有已完成的操作全部撤销。

```
rollback;
```

此时查询有关表可以看到，数据库返回到事务开始时的状态。

（5）重复执行第（2）步和第（3）步操作。如果此时需要保存对数据库的更新操作，应该使用 COMMIT 语句提交事务。

```
commit;
```

事务提交后，修改的数据就从缓冲区永久写到磁盘，接下来的其他操作或故障不应该对其执行结果有任何影响。其他用户也能看到事务对数据库的修改。

10.1.3　保存点

用户在事务处理中可以建立**保存点**（savepoint），用于回滚部分事务。保存点可以将一个大的事务分成多个小的部分。用户可以在一个事务中设置多个保存点，可以使用 ROLLBACK TO sp_name 语句，使用户有选择地回滚到某一个保存点。可以使用 RELEASE SAVEPOINT 语句释放保存点。

保存点是事务内部定义的一个命名标记。一旦定义了一个保存点，就可以回滚从保存点开始对数据库的修改。换句话说，可以回滚事务的部分修改而不需要回滚整个事务。要创建一个保存点，使用 SAVEPOINT 命令，它的语法非常简单。

```
SAVEPOINT sp_name;
```

这里，sp_name 是保存点名，它是在事务开始和事务结束之间定义的一个名称。

事务中如果定义了保存点，使用 ROLLBACK TO sp_name;可以使事务回滚到保存点的状态，如图 10-3 所示。

图 10-3　带保存点的事务示意图

图中事务开始后执行两条 DML 语句,然后定义了一个保存点,之后执行 DML 语句 3,接下来使用 ROLLBACK TO 将事务回滚到保存点 sp 处,撤销了 DML 语句 3 对数据库的修改,接着从此处开始执行 DML 语句 4,最后执行 COMMIT 提交。这些语句执行后,数据库中会保留 DML 语句 1、DML 语句 2 和 DML 语句 4 的执行结果。

【提示】　在应用程序中需要经常使用保存点,例如一个过程包含几个函数,在每个函数前可建立一个保存点,如果函数失败,很容易返回到每一个函数开始的情况。

实践练习 10-2　事务保存点的使用

在本练习中,学习使用事务保存点的定义以及回滚到事务保存点。

(1) 在 SQL Plus 中,以 C♯♯ WEBSTORE 用户身份连接到数据库。

(2) 使用下面语句向 ORDERS 表中插入一行,此时开始一个事务,然后使用 SAVEPOINT 命令定义一个保存点 sp1。

```
SQL > insert into orders(order_id, orderdate, cust_id, emp_id) values
(9, '2020 - 01 - 20', '1003', '3');
SQL > select * from orders;
SQL > savepoint sp1;        ◀━━ 定义保存点
```

现在,开始了一个事务并插入一行元组,但还没有提交该事务。

(3) 使用下面语句向 ORDERITEMS 表中插入 2 行记录,然后使用 SAVEPOINT 命令定义一个保存点 sp2。

```
SQL > insert into orderitems values (9, '3', 5, 0.85);
SQL > insert into orderitems values (9, '4', 3, 1.00);
SQL > select  * from orderitems;
SQL > savepoint sp2;        ◀━━ 定义另一个保存点
```

(4) 使用下面语句修改 products 表。

```
SQL > select * from products;
SQL > update products set amount = amount - 5 where product_id = '3';
SQL > update products set amount = amount - 3 where product_id = '4';
```

(5) 此时如果希望事务回滚到保存点 sp2 的状态,可以使用 ROLLBACK TO sp2 命令,这将撤销最后两条修改语句的执行结果。如果希望事务回滚到保存点 sp1 的状态,可以使用 ROLLBACK TO sp1 命令,这将撤销两条插入语句和两条修改语句的执行结果。如果希望事务回滚到事务开始状态,仍然使用 ROLLBACK 命令。

```
SQL > rollback to sp2;              ◄───┤ 回滚到sp2保存点
SQL > select * from products;        ◄───┤ 查看商品库存量stock的值没有被修改
```

执行上述查询可以看到 products 表数据返回到没有被修改的状态。

（6）重新执行修改语句，最后执行 COMMIT 提交事务。

```
SQL > update products set amount = amount - 5 where product_id = '3';
SQL > update products set amount = amount - 3 where product_id = '4';
SQL > commit;
```

使用 ROLLBACK TO sp_name 命令，将撤销自保存点后的修改，但不撤销自保存点前的修改。回滚到保存点，处于事务内部，同样需要使用 COMMIT 或 ROLLBACK 结束事务。

10.1.4　事务的 ACID 特性

对于由一组操作构成的事务，必须确保这些操作的原子性、一致性、隔离性和持续性。这四个特性简称为事务的 ACID 特性。

1. 原子性

事务的**原子性**（atomicity）是指事务中包含的所有操作是一个不可分割的工作单元，这些操作要么全做，要么全不做，也就是说，所有的活动在数据库中要么全部反映，要么全部不反映，以保证数据库的一致性。如果数据库系统运行中发生故障，事务不能完成它的全部任务，系统将返回到事务开始前的状态。

2. 一致性

事务的**一致性**（consistency）是指数据库在事务操作前和事务处理后，其中数据必须满足业务的规则约束。事务执行的结果必须是使数据库从一个一致性状态转变为另一个一致性状态。也就是说，事务开始时，数据库的状态是一致的，事务结束时，数据库的状态也必须是一致的。

3. 隔离性

隔离性（isolation）是指一个事务的执行不能被其他事务干扰。并行事务的修改必须与其他并行事务的修改相互独立。一个事务处理数据，要么是在其他事务执行之前的状态，要么是在其他事务执行之后的状态，但不能处理其他正在处理的数据。隔离性可以防止多个事务并发执行时，由于它们的操作命令交叉执行而导致数据的不一致性。

4. 持续性

持续性（durability）也称**永久性**，是指在事务处理结束后，它对数据库中数据的修改应该是永久性的。即便是系统在遇到故障的情况下数据也不会丢失。

事务的这种机制保证了一个事务或者提交后成功执行，或者提交失败后回滚，二者必居其一。因此，事务对数据的修改具有可恢复性，即当事务失败时，它对数据的修改都会恢复到该事务执行前的状态。而使用一般的批处理，则有可能出现有的语句被执行，而另一些语句没有被执行的情况，从而有可能造成数据不一致。

🔑 10.2 事务与还原

根据 ACID 特性的要求,不论是使用 ROLLBACK 命令回滚还是发生错误时自动回滚,Oracle 都应当保留原有数据以使未结束的事务能还原,Oracle 使用还原段保留原有数据。

10.2.1 还原段

在某个事务启动时,Oracle 会为其分配一个还原段,当事务更新表数据块时,更新前的旧数据首先被写入还原段的数据块中。还原某个事务就是使用还原段中的数据重构与事务开始前相同的数据库映像。还原通常是由于某种类型的失败而发生的,当然,用户也可以使用 ROLLBACK 命令回滚已经执行的但尚未提交的 DML 语句。所有这些都在缓冲区缓存中发生。

还原管理的一个特性是 Oracle 会根据需要自动分配新的还原段,从而尽可能地确保多个事务不使用相同的还原段。任何事务都只受一个还原段保护。

【提示】 还原段是从还原表空间中分配的,还原表空间专门用于存储还原信息。关于还原表空间请参阅 11.1.7 节的内容。

为保证事务的原子性,所有还原数据一直被保持到事务提交。如有必要,DBWn 还可将还原数据的更改块写入数据文件中的还原段。

在数据库创建阶段,除了数据字典外,Oracle 在 SYSTEM 表空间中创建一个旧式的还原段,这个还原段在数据库创建期间使用,在数据库运行期间不会使用。所有用户事务都将使用还原段(在 DBA_SEGMENTS 中,作为 TYPE2 UNDO 段类型列出)。

【例 10.1】 通过 DBA_SEGMENTS 视图查询数据库中段的类型和数量。

```
select segment_type ,count(1) from dba_segments group by segment_type
order by segment_type;
```

语句输出结果如图 10-4 所示。

结果说明数据库中有 1 个类型为 ROLLBACK 的回滚段和 19 个类型为 TYPE2 UNDO 的段,该类型的段为还原段。

	SEGMENT_TYPE	COUNT (1)
1	CLUSTER	10
2	INDEX	1792
3	INDEX PARTITION	317
4	LOB PARTITION	29
5	LOBINDEX	569
6	LOBSEGMENT	569
7	NESTED TABLE	13
8	ROLLBACK	1
9	TABLE	1592
10	TABLE PARTITION	408
11	TABLE SUBPARTITION	32
12	TYPE2 UNDO	19

图 10-4 数据库中段的类型

10.2.2 SQL 语句执行与还原段

在 Oracle 中 SQL 语句有几十个,这里重点讨论下面几个:SELECT、UPDATE、INSERT、DELETE、ROLLBACK 和 COMMIT。

1. SELECT 语句的执行

SELECT 语句用于检索数据,该语句执行要分多个阶段。服务器进程首先在缓冲区缓存中查找所需的数据块,如果找到,则立即执行 SELECT 语句,从缓冲区缓存中取出数据,否则,必须到磁盘上查找相应的数据块,并将这些数据块复制到缓冲区缓存中,然后执行

SELECT 语句。

进一步的处理(如排序或执行聚集运算)就在指定的会话 PGA 中完成。执行完成后,结果集返回给用户进程。

【注意】　服务器进程将数据块从数据文件读取到缓冲区缓存,而 DBWn 进程则将数据块从缓冲区缓存写到数据文件。

ACID 一致性要求,数据库必须能够为一个查询提供与该查询开始时的状态一致的数据库版本。此时,如果待查询数据块在该查询开始后发生变化,那么运行这个查询的服务器进程就会进入还原段并构造这些数据块的"读一致"映像。这样,在查询开始之后发生的任何未提交的修改对其他会话都不可见。

2. UPDATE 语句的执行

对 UPDATE 语句,必须同时处理数据块和还原段,还要生成重做日志。执行 UPDATE 语句的第一步与执行 SELECT 语句的第一步相同:在缓冲区缓存中查找所需要的数据块或者将所需的数据块从数据文件复制到缓冲区缓存。此外,执行 UPDATE 语句还需要某个还原段的一个空数据块。

首先,服务器进程对 UPDATE 操作会影响的行以及相关的索引键加锁。接下来生成重做日志,在重做日志缓冲区中写入即将更改的数据块的更改向量。这个重做操作将同时应用于表数据块的更改和还原块的更改。如果要更改某个列,这个列的新值(将应用于数据块的更改)和旧值(将应用于还原块的更改)以及行 ROWID 都会被写入日志缓冲区。

重做日志生成后,就在缓冲区缓存内执行更新操作:使用更改后的新值更新表数据块,这些列更改前的旧值则被写入还原段数据块中。在执行更新操作的事务提交之前,与将被更改的行相关的其他会话的查询都会被重定向到还原数据。只有执行更新的会话才能在表数据块中看见更新后的新值。

假设员工号为 105 的员工原来 SALARY 的值为 3000,现在要将其值更改为 5000,SQL 语句如下:

```
update employees set salary = 5000 where employee_id = 105;
```

为了执行这条语句,包含员工号为 105 的员工行的表数据块被复制到缓冲区缓存,某个还原段的数据块也被复制到缓冲区缓存。接下来,服务器进程将该行的 ROWID 和更改后的 SALARY 新值(5000)(将应用于表数据块的更改)和更改前的 SALARY 旧值(3000)(将应用于表还原块的更改)都写入日志缓冲区。然后,服务器进程将更新数据块和还原块。

3. INSERT 和 DELETE 语句的执行

INSERT 和 DELETE 语句与 UPDATE 语句具有相同的管理方式。第一步是在缓冲区缓存中查找相关块,如果不存在就将它们复制到缓冲区缓存中。对于 INSERT,将要应用于数据块的更改向量是构成新行的数据,将要应用于还原块的向量是新行的 ROWID。对于 DELETE,要写入还原块的更改向量是被删除的行内容。

INSERT 和 DELETE 语句的重要区别是所生成的还原数据量不同。插入一行时,生成还原操作只需在还原块中写下新的 ROWID。这是由于还原 INSERT 语句时,只需 ROWID 信息构建如下语句:

```
delete from table_name where rowid = row_id_of_new_row;
```

执行该语句即可还原 INSERT 语句对表的更改。

对于 DELETE 语句来说，整个行数据都必须被写入还原块中，这样才能根据需要使用这些数据构建插入语句来还原这个删除操作。

【注意】 INSERT 操作生成的还原数据量最少，DELETE 操作生成的还原数据量要多得多。

4. ROLLBACK 语句的执行

如果事务在执行过程中发生任何错误，后台进程将会完全自动地回滚正在执行的事务，用户也可发出 ROLLBACK 命令手动回滚。无论采用何种方式回滚，它们的机制都是相同的。

回滚 UPDATE 语句时，将使用还原段的块中存储的更新前的旧值，构建另一个 UPDATE 命令，将表数据块的行的各列恢复为原值。回滚 INSERT 语句时，Oracle 会从还原块中检索插入行的 ROWID 值，并从表中删除该 ROWID 的行。回滚 DELETE 语句时，Oracle 会根据还原块中数据构造一条 INSERT 语句。因此，Oracle 实现 ROLLBACK 命令时，会使用还原数据来构造和执行另一条语句。此后，Oracle 将发出 COMMIT，它将原始更改和回滚更改作为一个事务提交。

5. COMMIT 语句的执行

执行 COMMIT 命令时所发生的操作是 LGWR 进程将日志缓冲区的内容转储到磁盘并标记事务完成。执行 COMMIT 命令时 LGWR 进程的写操作几乎实时完成，会话在写操作期间会被挂起直至写完。

【注意】 执行 COMMIT 命令时，DBWn 进程不会进行任何操作。写入重做日志的更改向量是所有的更改向量：应用于数据块（表和索引）的更改以及应用于还原块的更改。

DBWn 进程与事务提交处理没有关系，不过该进程最终会将更改的或"脏数据块"写入磁盘。在正常运行中，DBWn 仅将少量脏缓冲区写入磁盘。但检查点是一个例外情况，在发出检查点命令时，检查点进程 CKPT 会指示 DBWn 进程将所有的"脏数据块"写入数据文件。

6. 所谓的"自动提交"

在 Oracle 中经常提到"自动提交"的情况。例如，DDL 语句一旦被执行就立即具有持久状态，无法回滚。原因是 DDL 命令源代码最后包含一条 COMMIT 命令。

退出某个用户进程（如 SQL Plus）也是一种"自动提交"的情况。例如，在 Windows 使用 SQL Plus 并执行一条 DML 语句，然后再执行 EXIT 命令，那么事务就会被提交。这是因为 SQL Plus 中的 EXIT 命令中包含一条 COMMIT 语句。但是，单击 SQL Plus 窗口右上角的关闭按钮，将不执行 COMMIT，而是执行 ROLLBACK。

使用 SQL Plus 命令 SET AUTOCOMMIT ON，它将修改 SQL Plus 行为：将 COMMIT 语句追加到每条 DML 语句后。因此，所有 DML 语句将在执行后立即提交，无法回滚。

10.2.3　还原保留与闪回查询

当事务回滚时,需要使用还原数据恢复事务开始时状态。有三个初始化参数可以控制还原管理:UNDO_MANAGEMENT、UNDO_RETENTION 和 UNDO_TABLESPACE。

使用下面命令可以查看这三个参数的值:

```
SQL> show parameter undo;
NAME                        TYPE                    VALUE
--------------------        -----------------       ----------------
undo_management             stirng                  auto
undo_retention              integer                 900
undo_tablespace             stirng                  UNDOTBS1
```

UNDO_MANAGEMENT 参数指定还原是自动管理还是手工管理,它的值为 AUTO 表示自动管理,启用还原段的使用。该参数是静态的,如果该参数发生变化,只有在重启实例后变化才能生效。另外两个参数是动态的,它们可以在实例运行的同时被修改。

UNDO_RETENTION 参数是可选的。如果没有设置这个参数或者将其设置为 0,Oracle 会尽可能长时间地保留还原数据。如果在创建还原表空间使用 RETENTION GUARANTEE 选项指定了确保还原保留,就必须设置 UNDO_RETENTION 参数。该参数是以秒为单位的整数。例如,如果运行时间最长的查询需要耗时 30 分钟,那么应当将该参数设置为 1800。之后,Oracle 会设法将所有还原数据至少保留 1800 秒。

UNDO_TABLESPACE 参数用来指定还原表空间。UNDO_MANAGEMENT 参数指定 AUTO,就必须使用该参数指定一个还原表空间(活动还原表空间),同时其内部的所有还原段都被自动联机。

下面语句将还原记录的保留时间设置为一天(86 400 秒)。

```
SQL> alter system set undo_retension = 86400 scope = both;
```

确保还原保留是指在 UNDO_RETENTION 参数所指定的时间内,还原数据不会被覆盖。这个特性可以在创建还原表空间时指定,也可以在修改表空间时指定。

闪回查询允许用户查看数据库在之前某个时刻的状态,进行闪回查询有多种方法(参见第 13 章),最简单的是使用带 AS OF 子句的 SELECT 语句。下面是一个例子。

```
SQL> select * from employees as of timestamp(systimestamp - 10/1440);
```

这条语句返回 10 分钟(1 天有 1440 分钟)前 EMPLOYEES 表中所有行。进行闪回查询,就是使用还原数据撤销所有更改。已删除的行从还原段中提取,并插回结果集,已插入的行从结果集中删除。上述语句尝试返回 10 分钟前的查询很可能成功,但若尝试返回 1 周前的查询可能失败,因为重新构建 1 周前的版本所需的还原数据可能已经被覆盖。

闪回查询是一个很有价值的工具。例如,如果一个小时前的某一刻,删除操作出错(且已提交),下面的命令就可以把所有删除的行插回表中,反转该操作。

```
insert into employees
  (select * from employees as of timestamp(systimestamp - 1/24)
  minus select * from employees);
```

如果需要使用闪回查询,就必须把 UNDO_RETENTION 参数设置为合适的值,如果希望能闪回一天,就把它设置为 86 400 秒,并且还原表空间必须有合适的大小。接着,为了确保成功,应自动扩展还原表空间的数据文件,或者启用表空间的保留保证。

实践练习 10-3 使用事务和闪回查询

在本练习演示还原数据用于提供事务隔离和回滚的方式,并实现闪回查询。使用 C## WEBSTORE 演示模式中的 DEPARTMENTS 表。

(1) 使用 SQL Plus 启动两个会话连接到 C## WEBSTORE 模式,然后按表 10-1 给出的顺序执行 SQL 语句。

表 10-1 执行两个会话的步骤

会 话 A	时 间	会 话 B
select * from departments;	t1	select * from departments;
insert into departments(department_id,department_name) values(5,'开发部'); select * from departments;	t2	insert into departments(department_id,department_name) values(6,'后勤部'); select * from departments;
commit;	t3	
select * from departments;	t4	select * from departments;
rollback;	t5	rollback;
select * from departments;	t6	select * from departments;

在 t1 时刻,两个会话查询将看到相同的结果。在 t2 时刻,两个会话分别向表中插入一行,查询后看到的结果不同,各自只能看到自己插入的数据,此时若有会话 C 查询 DEPARTMENTS 表将看到两个会话修改之前的数据。

在 t3 时刻,会话 A 提交了事务,在 t4 时刻会话 A、会话 B 都能看到会话 A 的修改,但会话 A 仍看不到会话 B 的修改。

在 t5 时刻,两个会话执行回滚操作,会话 B 的修改被撤销,两个会话都会看到表的一致视图。

(2) 使用会话 A 的连接,演示闪回查询的用法。首先使用下面语句调整时间的显示格式,使之包含秒数。然后查询并记录当前时间。

```
SQL> alter session set nls_date_format = 'yyyy - mm - dd hh24:mi:ss';
SQL> select sysdate from dual;
```

记录下这里的时间,假设是 2022-08-10 16:05:10。

(3) 删除之前插入的行,再执行提交操作。

```
SQL> delete from departments where department_id = 5;
SQL> commit;
```

(4) 查询删除行之前表的记录情况。

```
SQL> select * from departments as of timestamp(
  2    to_timestamp('2022 - 08 - 10 16:05:10', 'yyyy - mm - dd hh24:mi:ss'));
```

从结果可以看到,包含 DEPARTMENT_ID 是 5 的部门信息,该行值是从还原段中检索出来的,这就是闪回查询。

10.2.4　事务隔离级别

事务是并发控制的基本单位,保证事务 ACID 特性是事务处理的重要任务,而事务 ACID 特性可能遭到破坏的原因之一是多个事务对数据库的并发操作造成的。

数据不一致一般是由两个因素造成:一是对数据的修改,二是并发操作的发生。为了保持数据库的一致性,必须对并发操作进行控制,最常用的措施是对数据进行封锁。

下面首先来看如果对并发执行的事务不加控制会发生什么现象。SQL 标准根据并发执行的事务可能发生的 3 种现象定义了 4 种事务的隔离级别,这 3 种现象是需要避免的。

1. 脏读(dirty read)

事务 T1 修改了数据库中某数据,当 T1 仍处于未提交的状态时,事务 T2 读取了 T1 修改过的数据。此时,如果事务 T1 由于某种原因回滚,撤销其对数据的修改,将数据恢复为原来的值,这时,事务 T2 读取的数据就是"脏数据",这种情况称为**脏读**。表 10-2 说明了脏读问题,这里会话 A 表示事务 T1,会话 B 表示事务 T2。

表 10-2　脏读问题的事务

会　话　A	时间	会　话　B
UPDATE customers SET balance = balance -1000 WHERE customer_id = 2;	t1	
	t2	SELECT SUM(balance) FROM customers;
	t3	commit;
rollback;	t4	

在 t1 时刻会话 A 开始一个新事务,该事务修改了客户 2 的余额(减去 1000)。在 t2 时刻会话 B 开始一个事务,计算所有客户的余额之和,在 t3 时刻提交了会话 B 的事务。在 t4 时刻会话 A 回滚了它的事务,撤销了对数据库的修改操作。结果会话 B 得到的数据是错误的,因为会话 B 读取的数据(客户 2 减去 1000 后的余额)被撤销了。这就是"脏读"。

由于这两个事务不具有隔离性,会话 B 读取了会话 A 修改但未提交的数据,这称为"读未提交"(READ UNCOMMITTED)。解决问题的办法是要求事务读已提交的数据,称为 READ COMMITTED,它是 Oracle 支持的两种事务隔离级别之一。一个运行在 READ COMMITTED 隔离级别的事务不允许读未提交的数据。后面将介绍如何改变事务隔离级别。

2. 不可重复读(nonrepeatable read)

事务 T1 读取了数据库中的某数据,事务 T2 对同一数据进行了修改。当事务 T1 再次以相同方式读取该数据时,读出的结果与之前读出的结果不同,这就是**不可重复读**。

在表 10-3 所示的情况下,会话 A 将在一个事务内得到两个不同的答案。

表 10-3   不可重复读的事务

会 话 A	时间	会 话 B
SELECT balance FROM customers WHERE customer_id = 2;	t1	
	t2	UPDATE customers SET balance =7000 WHERE customer_id = 2;
	t3	commit;
SELECT balance FROM customers WHERE customer_id = 2;	t4	
commit;	t5	

两个会话都在 t1 时刻开始一个事务。假设会话 A 在 t1 时刻查询客户 2 的余额为 8000。在 t2 时刻会话 B 将客户 2 的余额修改为 7000 并在 t3 时刻提交了他的事务。在 t4 时刻会话 A 执行了与前面相同的查询,但得到了与前面不同的余额结果 7000。这种现象称为不可重复读。这在有些应用中是不可接受的。

尽管会话 A 两次读的数据都是已提交的数据,但两次读的结果不同。也就是说,读已提交的数据会发生不可重复读现象。

3. 幻读(phantom read)

事务 T1 按某条件查询数据库,得到若干结果行,事务 T2 执行插入(或删除)操作,当事务 T1 再次以相同条件查询时发现多(或少)了若干行,这种现象称为**幻读**。表 10-4 所示的两个事务执行就发生了幻读现象。

表 10-4   发生幻读的事务

会 话 A	时间	会 话 B
SELECT * FROM customers WHERE balance > 5000;	t1	
	t2	INSERT INTO customers VALUES(8, '罗伯特', 'robert@163. com', 5500.00);
	t3	commit;
SELECT * FROM customers WHERE balance > 5000;	t4	
commit;	t5	

在该例中,会话 A 在同一个事务中两次执行同一个查询,而会话 B 在两次查询之间插入一行记录,并在 t3 时刻提交。在 t4 时刻会话 A 查询结果发现多了一行记录。

出现上述若干问题的原因是并发执行的事务不是完全隔离的,事务之间相互影响。在一些应用中要求不允许出现上述问题。为防止并发事务出现上述 3 种现象,SQL 标准定义了 4 个级别的事务隔离性:读未提交、读已提交、可重复读和可串行化。

- 读未提交(read uncommitted):允许事务读取其他事务修改过的但未提交的数据。这是最低级别的隔离,事务之间基本没有隔离,可能发生上面提到的所有问题。
- 读已提交(read committed):要求事务读取的数据必须是其他事务已提交的数据。这种隔离级别可以避免脏读,但还可能发生不可重复读和幻读。

- 可重复读(repeatable read)：要求一个事务读取某数据,其他事务不能修改该数据 (但可读取该数据),这样可以保证该事务再次读取该数据时与原来读取的数据相 同。这种隔离级别可以避免脏读和不可重复读。
- 可串行化(serializable)：这是最高级别的隔离。它要求多个事务不允许并行执行, 只允许串行执行。这种级别的隔离可以避免脏读、不可重复读和幻读 3 个问题。

这 4 种隔离级别可以不同程度地避免脏读、不可重复读和幻读现象。4 种事务隔离级 别及其对应的行为如表 10-5 所示。

表 10-5 事务隔离级别及其对应的行为

隔 离 级 别	脏 读	不可重复读	幻 读
读未提交	可能	可能	可能
读已提交	不可能	可能	可能
可重复读	不可能	不可能	可能
可串行化	不可能	不可能	不可能

Oracle 数据库支持 READ COMMITTED 和 SERIALIZABLE 两种事务隔离级别,不 支持 READ UNCOMMITTED 和 REPEATABLE READ 两种事务隔离级别。Oracle 数据 库默认使用的事务隔离级别是 READ COMMITTED。如果需要避免读已提交隔离级别存 在的问题,可以使用 SET TRANSACTION 命令重新设置事务隔离级别。该命令的格 式为：

```
SET TRANSACTION ISOLATION LEVEL
    {READ COMMITTED|SERIALIZABLE}
```

要注意,该命令只影响当前事务,并要求在事务中第一条 DML 语句之前执行。DML 命令是任何可能修改或读取表中数据的命令,如 SELECT、INSERT、UPDATE、FETCH 和 COPY 等都是 DML 命令。

如果要改变会话的事务隔离级别,即修改后面事务的隔离级别,则可以使用 ALTER SESSION 命令,语法格式如下：

```
ALTER SESSION SET ISOLATION LEVEL {READ COMMITTED | SERIALIZABLE }
```

执行该命令后,当前会话的所有事务都将采用这里设置的事务隔离级别。

🔑 10.3 锁与并发控制

本节介绍 Oracle 数据库锁和并发控制机制。

10.3.1 锁及其类型

锁(lock)是实现数据库并发控制的一项技术。通过对数据加锁,可以避免数据库并发 操作带来的数据不一致。在事务对某个数据操作前,先向系统发出请求,对其加锁。加锁后 事务就对该数据对象有了一定的控制,在该事务释放锁之前,其他的事务不能对此数据进行 更新操作。

根据保护的对象不同,Oracle 数据库锁可以分为以下几大类：

- 内部锁和闩(internal lock and latche),保护数据库的内部结构。
- DDL 锁(dictionary lock,字典锁),用于保护数据库对象的结构,如表、索引等的结构定义。
- DML 锁(data lock,数据锁),用于保护数据的完整性。

DML 锁的目的在于保证并发情况下的数据完整性。DML 锁主要包括 TM 锁和 TX 锁,其中 TM 锁称为**表级锁**,TX 锁称为**行级锁**或**事务锁**。

当执行 DML 操作时,系统自动在所要操作的表上申请 TM 类型的锁。当获得 TM 锁后,系统再自动申请 TX 锁,并将实际锁定的数据行的锁标志位进行置位。这样在事务加锁前检查 TX 锁相容性时就不用再逐行检查锁标志,而只需检查 TM 锁模式的相容性即可,大大提高了系统的效率。TM 锁包括了 SS、SX、S、X 等多种模式,在数据库中用 0～6 来表示。不同的 SQL 操作产生不同类型的 TM 锁。

在数据行上只有 X 锁(排他锁)。在 Oracle 数据库中,当一个事务首次执行一个 DML 操作时就获得一个 TX 锁,该锁保持到事务被提交或回滚。当两个或多个会话在表的同一行上执行 DML 操作时,第一个会话在该行上加锁,其他会话就处于等待状态。当第一个会话提交后,TX 锁被释放,其他会话才可以对该行加锁。

10.3.2　表级锁

表级锁(TM 锁)有 5 种模式,每种模式都能或不能兼容另一个会话中某种模式的另一个锁请求。

- ROW EXCLUSIVE,行级排他锁。
- ROW SHARE,行级共享锁。
- SHARE,共享锁。
- EXCLUSIVE,排他锁。
- SHARE ROW EXCLUSICE,共享行级排他锁。

(1) 行级排他锁(简称 RX 锁)。

当对表执行 DML 操作时会自动在被更新的表上加 RX 锁。在这种锁模式下,允许其他的事务通过 DML 语句修改相同表里的其他数据行,但是不允许其他事务对相同的表加排他锁(X 锁)。可以使用 LOCK 命令显式地在表上添加 RX 锁。

(2) 行级共享锁(简称 RS 锁)。

这种模式的锁通常是使用 SELECT … FROM … FOR UPDATE 语句添加的,该方法也是用来手工锁定某些记录的主要方法。比如,当在查询某些记录的过程中,不希望其他用户对查询的记录进行更新操作,可以发出这样的语句。当数据使用完毕以后,直接发出 ROLLBACK 命令将锁解除。当表上加了 RS 锁,就不允许其他事务对相同的表添加排他锁,但是允许其他的事务通过 DML 语句或 LOCK 命令锁定相同表里的其他数据行。

(3) 共享锁(简称 S 锁)。

这种模式的锁,不允许任何用户更新表。但是允许其他用户发出 SELECT …FROM … FOR UPDATE 命令对表加 RS 锁。可用 LOCK TABLE IN SHARE MODE 命令为表加 S 锁。

(4) 排他锁(简称 X 锁)。

在这种锁模式下,其他用户不能对表进行任何的 DML 和 DDL 操作,只能进行查询。可使用 LOCK TABLE IN EXCLUSIVE MODE 命令为表加 X 锁。

（5）共享行级排他锁（简称 SRX 锁）。

该锁模式比行级排他锁和共享锁的级别都要高，这时不能对相同的表进行 DML 操作，也不能加共享锁。通过 LOCK TABLE IN SHARE ROW EXCLUSIVE MODE 命令加 SRX 锁。

表 10-6 列出了 5 种 TM 锁的兼容性。如果一个会话在表上加了某种类型锁，另一个会话能（Y）或不能（N）加另一种类型锁。

表 10-6　Oracle 不同类型锁兼容性

	ROW SHARE	ROW EXCLUSIVE	SHARE	SHARE ROW EXCLUSIVE	EXCLUSIVE
ROW SHARE	Y	Y	Y	Y	N
ROW EXCLUSIVE	Y	Y	N	N	N
SHARE	Y	N	Y	N	N
SHARE ROW EXCLUSIVE	Y	N	N	N	N
EXCLUSIVE	N	N	N	N	N

例如，如果会话在表上加了 ROW SHARE 锁，那么其他会话就可以加除 EXCLUSIVE 外的任何类型锁。如果会话在对象上加了 EXCLUSIVE 锁，那么其他会话就不能加任何锁。ROW SHARE 锁允许其他会话执行 DML 操作，但禁止其他会话在表上加 EXCLUSIVE 锁。要删除表，需要加 EXCLUSIVE 锁（会自动请求）。

10.3.3　LOCK TABLE 命令

在执行任何 DML 操作时，会话都将自动在表上加一个共享锁，在受影响的行上加排他锁。当事务使用 COMMIT 或 ROLLBACK 完成时，这些锁自动释放。

在执行任何 DDL 操作时，会话都将自动在整个对象上加一个排他锁，这个锁在 DDL 语句的整个执行过程中都保持，在语句完成时自动释放。

可以使用 LOCK TABLE 命令为表加锁。可以为表加共享锁（SHARE）、排他锁（EXCLUSIVE）和共享更新锁（SHARE UPDATE）。加共享锁的语法格式如下：

```
LOCK TABLE <表名> [,<表名> ...] IN SHARE MODE [NOWAIT]
```

【例 10.2】　使用 LOCK TABLE 命令为 ORDERS 表加共享锁：

```
SQL> lock table orders in share mode;
```

执行 LOCK TABLE 语句，可以对一个或多个表加共享锁。当指定了选项 NOWAIT 时，若该锁暂时不能施加成功，则返回并由用户决定是进行等待，还是先去执行别的语句。持有共享锁的事务，在出现如下条件之一时，将释放其共享锁：

- 执行 COMMIT 或 ROLLBACK 语句。
- 退出数据库。
- 程序停止运行。

可以使用 LOCK TABLE 命令为表加排他锁。排他锁又称为写锁，用于封锁表中的所有数据，是独占方式的表封锁。拥有排他锁的用户，既可以查询该表，又可以更新该表，其他用户不能再对该表加任何锁（包括共享锁、排他锁或共享更新锁）。排他锁可通过如下的 SQL 语句来显式地获得：

```
LOCK TABLE <表名>[,<表名>].... IN EXCLUSIVE MODE [NOWAIT]
```

【**例 10.3**】　使用 LOCK TABLE 命令在 PRODUCTS 表上加排他锁。

```
SQL> lock table products in exclusive mode;
```

排他锁也可以在用户执行 INSERT、UPDATE、DELETE 这些 DML 语句时隐含获得。持有排他锁的事务,在出现如下条件之一时,将释放其排他锁:

- 执行 COMMIT 或 ROLLBACK 语句。
- 退出数据库。
- 程序停止运行。

【**提示**】　排他锁通常用于更新数据,当某个更新事务涉及多个表时,可减少发生死锁的可能性。

使用 LOCK TABLE 命令可为表加共享更新锁。共享更新锁是对一个表的一行或多行进行封锁,因而也称作行级锁(TX 锁)。表级锁虽然保证了数据的一致性,但却减弱了操作数据的并行性。行级锁确保在用户取得被更新的行到该行进行更新这段时间内不被其他用户修改。因而行级锁既能保证数据一致性又能提高数据操作的并发性。行级锁只能是独占方式的封锁。可通过如下的两种方式来获得行级锁:

执行如下的 SQL 封锁语句,以显式方式获得:

```
LOCK TABLE <表名>[,<表名>]...IN SHARE UPDATE MODE [NOWAIT]
```

【**例 10.4**】　使用 LOCK TABLE 命令在 CUSTOMERS 表上加共享更新锁。

```
SQL> lock table customers in share update mode;
```

第二种获得共享更新锁的方法是,用如下的 SELECT...FOR UPDATE 语句:

```
SELECT <列名>[,<列名>]... FROM <表名> WHERE <条件>
  FOR UPDATE OF <列名>[,<列名>]...[NOWAIT]
```

在 SELECT 语句中使用 FOR UPDATE 子句,系统就将只允许当前会话在表上执行 DML 操作,从而可以在应用程序层面实现数据加锁保护。使用 WAIT<n>和 NOWAIT 选项还可以避免会话被挂起,其中<n>是以秒为单位的数值。使用 SELECT ... FOR UPDATE 选项获得锁后,就可在不必挂起会话的情况下执行 DML 命令。

【**例 10.5**】　执行下面语句,就可以在 CUSTOMERS 表上获得共享更新锁。

```
SQL> select * from customers for update;
```

该语句会锁定所有检索的行。除了发出命令的会话外,其他任何会话都不能改变它们,因此之后的更新操作都会成功。这意味着一个会话具有一致的数据视图。但付出的代价是如果其他会话要更新锁定的行,它们就会被挂起(当然,可以查询这些行)。

在发出命令的会话发出 COMMIT 或者 ROLLBACK 命令之前,会一直保持 FOR UPDATE 子句获得的锁。即使没有执行 DML 命令,也需要使用命令释放锁。

一旦用户对某行加了行级封锁,则该用户可以查询也可以更新被锁的数据行,其他用户只能查询但不能更新被锁的行。如果其他用户想更新该表中的行,也必须对该表加行级锁。即使多个用户对同一个表均使用了共享更新锁,也不允许两个事务同时对一个表进行更新,真正对表进行更新时,是以独占方式封锁表,一直到提交该事务为止。当出现如下条件之一

时,将释放共享更新锁:

- 执行提交(COMMIT)语句。
- 退出数据库。
- 程序停止运行。

【提示】 执行 ROLLBACK 操作不能释放行级锁。

10.3.4 锁争用与死锁

当某个会话请求一行或一个对象锁,但由于其他会话已经获取了该行或对象上的排他锁,那么这个会话无法获得锁,这个会话就要等待或被挂起,这种现象称为**锁争用**。一个时刻可能有多个会话等待访问相同的行或对象,此时 Oracle 将记录这些会话的顺序,当某个会话释放对象上的锁后,其他会话才可继续执行。这称为**排队机制**。当有大量会话排队等待获取锁时,锁争用会导致数据库的性能急剧恶化。某些正常活动结果导致的锁争用可能无法避免,例如不同用户需要访问相同数据的应用,然而在许多情况下,锁争用是由程序和系统设计导致的。

在 Oracle 中,DBA 可以通过 V＄SESSION 视图查看被阻塞的会话信息,还可以使用 ALTER SYSTEM KILL SESSION 命令结束一个会话。

如果不希望会话在无法获得锁时排队,可以使用 SELECT … FOR UPDATE 命令。

```
SELECT column_names FROM table_name FOR UPDATE {WAIT < n >| NOWAIT};
```

执行 SELECT 语句不会对数据加锁,因此不会影响在表上的其他 DML 和 DDL 操作。使用 FOR UPDATE 子句,系统就将只允许当前会话在表上执行 DML 操作,从而可以在应用程序层面实现数据加锁保护操作。使用 WAIT < n >和 NOWAIT 选项还可以避免会话被挂起,其中< n >是以秒为单位的数值。使用 SELECT … FOR UPDATE 选项中的一个获得锁定后,我们就可在不必挂起会话的情况下执行 DML 命令。

封锁有可能产生**死锁**(deadlock),即两个(或多个)事务持有其他事务所需要的锁。例如,如果事务 T1 获得了在表 A 上的排他锁,然后又要获得在表 B 上的排他锁,而事务 T2 获得了在表 B 上的排他锁,现在又想获得在表 A 上的排他锁。此时,这两个事务都不能继续执行,即产生了死锁。

注意,死锁也可能发生在行级锁(即死锁可能发生在没有显式加锁的情况)。考虑表 10-7 的两个并发事务,它们都要修改 CUSTOMERS 表。

表 10-7 死锁的测试

会　话　A	时间	会　话　B
UPDATE customers SET balance = 1000 WHERE customer_id = 101;	t1	
	t2	UPDATE customers SET balance = 2000 WHERE customer_id = 102; UPDATE customers SET balance = 3000 WHERE customer_id = 101;
UPDATE customers SET balance = 4000 WHERE customer_id＝102;	t3	

在 t1 时刻会话 A 执行更新修改"101"客户的余额，此时该会话将获得在 101 行上的行级锁，在 t2 时刻会话 B 执行更新修改"102"客户的余额，会话 B 获得在 102 行上的行级锁，接下来会话 B 要修改"101"的余额。由于该行已被会话 A 封锁，会话 B 必须等待。在 t3 时刻会话 A 执行更新修改"102"的余额，此时 102 行已被会话 B 封锁，会话 A 必须等待。这样会话 A 和会话 B 相互等待对方释放锁。结果会话 A 和会话 B 都不能继续执行，这就发生了死锁。

Oracle 系统可以自动检测死锁状态并选择代价最小的，即完成工作量最少的事务予以撤销，释放该事务所持有的全部锁，使其他事务继续工作下去。具体哪个事务被终止却无法预测。

避免死锁的一种方法是顺序封锁法，即预先对要操作的对象规定一个封锁顺序，所有事务都按这个顺序实行封锁。例如，对上面的例子，如果规定两个事务都按客户号的顺序修改表中数据，就不会发生死锁。

🔑 本章小结

本章讨论了以下主要内容：

- 数据库事务的概念，事务的开始和结束。事务提交语句 COMMIT 和回滚语句 ROLLBACK。
- 事务的 ACID 特性：原子性、一致性、隔离性和持久性。
- 事务与还原的生成。各种语句执行与还原，COMMIT 和 ROLLBACK 语句的执行。
- 并发操作的 3 种现象和事务的 4 种隔离级别。
- 封锁的类型。

🔑 习题与实践

一、填空题

1. 在 Oracle 中提交事务的语句是_____，回滚事务的语句是_____，定义保存点的语句是_____。

2. 事务的 ACID 特性分别是指原子性、一致性、_____和持久性。

3. 当用户执行 COMMIT 命令时所发生的所有物理操作是_____进程将_____的内容转储到磁盘。

4. Oracle 数据库默认使用的事务隔离级别是_____。

5. 在 Oracle 中可以使用 LOCK TABLE 命令为表加锁，如果需要为表加排他锁，使用的语句为_____。

二、选择题

1. 关于事务的概念，下面叙述错误的是(   )。

A. 事务是逻辑工作单元,可能由几个 DML 语句组成

B. 事务提交之前,事务对数据库的修改对其他会话不可见

C. 在事务提交之前,可以回滚事务

D. 使用 SAVEPOINT,也可以回滚整个事务

2. 下面命令执行后不能回滚的是(　　)。

　A. INSERT　　　　　B. DELETE　　　　C. TRUNCATE　　　D. UPDATE

3. 在某个事务启动时,Oracle 会为其分配一个唯一的还原段,它的类型是(　　)。

　A. TABLE　　　　　　　　　　　　B. ROLLBACK

　C. TYPE2 UNDO　　　　　　　　　D. INDEX SEGMENT

4. Oracle 数据库默认使用的事务隔离级别是(　　)。

　A. READ UNCOMMITED　　　　　　B. READ COMMITED

　C. REPEATABLE READ　　　　　　D. SERIALIZABLE

5. 下面可能产生"脏读"现象的事务隔离级别是(　　)。

　A. 读未提交　　　　B. 读已提交　　　　C. 可重复读　　　D. 可串行化

6. 在会话发出 COMMIT 命令时,将发生什么?(　　)

　A. 构成事务的所有更改向量写入磁盘

　B. DBWn 将缓冲区更改的数据写入磁盘

　C. LGWR 将日志缓冲区写入磁盘

　D. 将删除还原数据,从而使更改不能再回滚

7. 在下面(　　)情况下,系统将不会执行的语句自动提交。

　A. 执行任何的 DDL 语句

　B. 执行一条 DML 语句,然后执行 EXIT 命令

　C. 执行 DML 语句后,单击 SQL Plus 窗口的关闭按钮

　D. 设置 SET AUTOCOMMIT ON 后执行的 DML 语句

8. 锁用于提供(　　)。

　A. 改进的性能　　　　　　　　　　B. 数据的完整性和一致性

　C. 可用性和易于维护　　　　　　　D. 用户安全

9. (　　)锁用于锁定表,允许其他用户查询表中的行和锁定表,但不允许插入、更新和删除行。

　A. 行共享　　　　B. 行排他　　　　C. 共享　　　　　D. 排他

10. 带有(　　)子句的 SELECT 语句可以在表的一行或多行上放置排他锁。

　A. FOR INSERT　　　　　　　　　　B. FOR UPDATE

　C. FOR DELETE　　　　　　　　　　D. FOR REFRESH

三、简答题

1. 简述事务的 ACID 特性。

2. 事务的隔离级别有哪几种?

3. 锁有什么作用? Oracle 有哪几种类型的锁?

4. Oracle 对死锁是如何处理的?

第11章

Oracle存储管理

CHAPTER **11**

    Oracle 数据库存储分为逻辑存储和物理存储。逻辑上,数据存储在表空间中;物理上,数据存储在数据文件中。除数据文件外,Oracle 还需要重做日志文件和控制文件。

    本章首先介绍 Oracle 的存储模型,然后介绍表空间和数据文件的管理,最后学习重做日志文件和控制文件。

🔑 11.1 表空间与数据文件

Oracle 数据库在逻辑上由一个或多个表空间组成,每个表空间在物理上又是由一个或多个数据文件组成。表空间和数据文件的关系如图 11-1 所示。表空间是数据库内部的逻辑结构,它与磁盘上的一个或多个数据文件相对应。当创建新的数据库对象(如表或索引)时,Oracle 在指定的表空间中存储数据库对象。当没有为新的数据库对象指定表空间时,Oracle 在用户的默认表空间中存储该对象。表空间中的数据库对象的物理存储直接映射到该表空间的数据文件中。

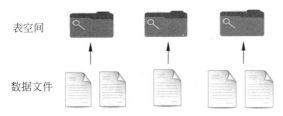

图 11-1 表空间和数据文件的关系

当表空间只有一个数据文件时,该表空间将所有相关对象的数据都存储在这个文件中。当表空间有多个数据文件时,Oracle 可将一个对象的数据存储在该表空间的任一文件中。事实上,Oracle 也可将一个对象的数据分布在表空间的多个数据文件中。

11.1.1 数据库常用表空间

在创建数据库时,Oracle 通常创建一些表空间存储数据库对象,常用的表空间名称及说明如表 11-1 所示。

表 11-1 Oracle 数据库常用表空间

表 空 间 名	说　　明
SYSTEM	系统表空间,存放数据字典信息
SYSAUX	辅助系统表空间,用于减少系统表空间的负荷,提高系统的作业效率
USERS	用户表空间,存放永久性用户对象和私有信息,因此也被称为数据表空间
UNDOTBS1	还原表空间,存放数据库的有关还原操作的相关信息和数据
TEMP	临时表空间,存放临时表和临时数据,用于排序

表空间分为**系统表空间**和**非系统表空间**两类。系统表空间包括 SYSTEM 表空间和 SYSAUX 表空间,其余的表空间就是非系统表空间。系统表空间在所有数据库中都是必需的。

SYSTEM 表空间中存储数据字典。数据字典是一组有关数据库本身信息的系统表;还存储所有 PL/SQL 程序的源代码和编译代码,包括存储过程和函数、程序包、数据库触发器和对象类型方法。数据库对象(如视图、对象类型、同义词和序列)的定义,也存储在数据字典中,但它们不存储任何数据。

SYSAUX 表空间也是系统表空间。它作为 SYSTEM 表空间的辅助表空间,主要用来存储数据字典以外的其他数据库对象,它在一定程度上减轻了 SYSTEM 表空间的负担。

在 SQL Developer 或 SQL Plus 中，可以通过查询 DBA_TABLESPACES 数据字典视图了解关于表空间的信息。

【例 11.1】 查询数据库中每个表空间的名称、可用性状态和类型。

```
select tablespace_name, status, contents
from dba_tablespaces;
```

【例 11.2】 查询 DBA_DATA_FILES 数据字典可以了解表空间名及其对应的数据文件名和数据文件大小。

```
select tablespace_name, file_id,file_name, round(bytes/(1024 * 1024),0) total_space from dba_data_files order by tablespace_name;
```

运行结果如图 11-2 所示。

TABLESPACE_NAME	FILE_ID	FILE_NAME	TOTAL_SPACE
1 SYSAUX	3	D:\APP\LENOVO\ORADATA\ORACLE\SYSAUX01.DBF	650
2 SYSTEM	1	D:\APP\LENOVO\ORADATA\ORACLE\SYSTEM01.DBF	1350
3 UNDOTBS1	4	D:\APP\LENOVO\ORADATA\ORACLE\UNDOTBS01.DBF	115
4 USERS	7	D:\APP\LENOVO\ORADATA\ORACLE\USERS01.DBF	5

图 11-2   表空间及数据文件

11.1.2   表空间的类型和属性

1. 表空间的类型

用户可以根据需要创建表空间，这些表空间分为永久表空间、临时表空间和还原表空间。

- **永久表空间**（permanent tablespace）存储 SQL 请求和事务处理中必须存留的信息。例如，永久表空间用于存储表、索引或事务处理信息。Oracle 数据库的大多数表空间是永久表空间。
- **临时表空间**（temporary tablespace）是一个临时工作空间，事务处理可用它来处理复杂的 SQL 操作，如存储查询、连接查询和索引构造。
- **还原表空间**（redo tablespace）用于存储执行 DML 操作时的还原数据。还原数据用于事务回滚和隔离，也用于提供读一致性和支持闪回查询。

2. 联机表空间和脱机表空间

Oracle 可以在单个表空间的基础上控制数据库的可用性，即任一个表空间都可以是联机或脱机状态。

- **联机表空间**（online tablespace）的数据可用于应用程序和数据库。表空间一般保持联机状态，使用户可以访问其中的信息。
- **脱机表空间**（offline tablespace）的数据不可被数据库用户使用，即使该数据库是可用的也不行。管理员可能会让表空间脱机来防止应用程序对数据的访问。这可能是该表空间遇到了问题，或者包含暂时不需要的历史数据。

【注意】 数据库的 SYSTEM 表空间必须始终保持联机，因为数据字典中的信息必须在整个运行中是可用的。如果试图使 SYSTEM 表空间脱机，将返回一个错误。

3．只读表空间和读写表空间

顾名思义，**只读表空间**（read-only tablespace）只能从中读取数据，**读写表空间**（read-write tablespace）既可以从中读取数据，又可以写入数据。在创建新的表空间时，它总是读写表空间。也就是说，应用程序可以查询、添加、修改和删除该表空间中的数据库对象。在某些情况下，表空间要存储永不改变的历史数据，这时可以将该表空间设置为只读表空间。将表空间设置为只读，可以保护数据免遭不适当的修改，将表空间设置为只读还可以节省数据库备份的时间。

在创建表空间并添加了数据后，也可以将表空间设置为只读表空间，如果必要还可以将表空间切换回读写方式，使应用程序能够更新该表空间中的对象。

11.1.3　数据文件

数据文件（data file）是表空间中的物理存储文件。在创建表空间时需要指定表空间的数据文件，并且可以指定是使用大文件表空间还是使用小文件表空间。**大文件**（big file）**表空间**是该表空间只使用一个数据文件存储它全部的数据。**小文件**（small file）**表空间**是该表空间可使用多个数据文件存储它的数据。在创建表空间时还可以指定当数据文件写满时是否自动增长数据文件以及指定最大文件的大小。

在创建表空间后，可以追加数据文件到表空间中以增加其存储能力。例如，当表空间使用的数据文件大小不能增长时，可为表空间再创建一个或多个数据文件以增加表空间额外的存储空间。

【例 11.3】　使用下列命令可以查看数据文件信息。

```
select file_name, file_id, tablespace_name, bytes, autoextensible as auto
from dba_data_files order by tablespace_name, bytes;
```

该查询结果如图 11-3 所示。

	FILE_NAME	FILE_ID	TABLESPACE_NAME	BYTES	AUTO
1	D:\APP\LENOVO\ORADATA\ORACLE\SYSAUX01.DBF	3	SYSAUX	1289748480	YES
2	D:\APP\LENOVO\ORADATA\ORACLE\SYSTEM01.DBF	1	SYSTEM	1436549120	YES
3	D:\APP\LENOVO\ORADATA\ORACLE\UNDOTBS01.DBF	4	UNDOTBS1	120586240	YES
4	D:\APP\LENOVO\ORADATA\ORACLE\USERS01.DBF	7	USERS	7864320	YES

图 11-3　系统数据文件

可以看到，系统中有 4 个数据文件，它们属于不同的表空间。

11.1.4　创建和管理表空间

可以在 SQL Developer 或 SQL Plus 中使用 SQL 的 CREATE TABLESPACE 命令创建表空间。用户必须具有 CREATE TABLESPACE 系统权限才能创建表空间，命令的语法格式如下：

```
CREATE [TEMPORARY | UNDO] [BIGFILE | SMALLFILE] TABLESPACE tablespace_name
DATAFILE | TEMPFILE 'filename' SIZE n[K|M] [REUSE]
[AUTOEXTEND [ ON|OFF ] ] NEXT n
[MAXSIZE [UNLIMITED] n[K|M] ]
```

```
[LOGGING │ NOLOGGING]
[SEGMENT SPACE MANAGEMENT AUTO │ MANUAL]
[EXTENT MANAGEMENT   [DICTIONARY │ LOCAL]]
[AUTOALLOCATE │ UNIFORM [ SIZE n [K│M];
```

语法说明如下：

- TEMPORARY │ UNDO，指定表空间的类型。TEMPORARY 表示创建临时表空间；UNDO 表示创建还原表空间；不指定类型，则创建永久性空间。
- BIGFILE │ SMALLFILE，指定创建大文件表空间还是小文件表空间。大文件表空间的数据文件是由一个大文件组成，而不是由多个传统的小文件组成。
- tablespace_name，指定要创建的表空间的名称。
- DATAFILE│ TEMPFILE，指定在永久表空间或临时表空间中使用的数据文件名，还要指出文件存放的路径。
- SIZE，指定数据文件的大小。REUSE 表示如果文件存在，则重新使用该文件。
- AUTOEXTEND，指定数据文件的扩展方式，ON 代表自动扩展，OFF 代表非自动扩展。另外，如果把数据文件指定为自动扩展，应在 NEXT 后面指定具体的大小。
- MAXSIZE，指定数据文件为自动扩展方式时的最大值。
- LOGGING，指定是否把该表空间的数据变化记录在重做日志文件中，LOGGING 为记录变化，NOLOGGING 为不记录变化。
- SEGMENT SPACE MANAGEMENT，指定表空间中段的管理方式。AUTO 表示自动管理方式；MANUAL 表示手动管理方式。默认为 AUTO。
- EXTENT MANAGEMENT，指定区间的管理方式，DICTIONARY 是指字典管理方式，LOCAL 是指本地管理方式。在创建表空间时，默认的是本地管理方式。Oracle 推荐使用本地管理方式创建表空间。
- AUTOALLOCATE│UNIFORM [SIZE n[K │ M]，指定表空间中的区间大小。AUTOALLOCATE（默认值）表示自动分配区间大小。UNIFORM SIZE n 表示表空间中所有区间大小相同，都为指定值。

创建表空间时，可为表空间指定一个或多个数据文件说明、创建永久或临时表空间，并将新的表空间设置为联机或脱机状态。

【例 11.4】 创建一个新的表空间 PHOTOS。假设在 D:\app\lenovo\oradata\oracle 目录中安装了 Oracle。

```
create tablespace photos datafile
'D:\app\lenovo\oradata\oracle\photos1.dbf' size 100K reuse
    autoextend on next 100K maxsize 10M,
'D:\app\lenovo\oradata\oracle\photos2.dbf' size 100K reuse
    online permanent;
```

上面语句创建了具有两个数据文件的新表空间 PHOTOS。photos1.dbf 文件初始大小为 100KB，如果该表空间已满且还有对象要存储在该表空间中，它可自动扩展，每次增加 100KB，最大到 10MB。photos2.dbf 文件初始大小为 100KB 并且不能增加大小。REUSE 选项表示如果文件存在，则重新使用该文件。

【注意】 如果创建的是大文件表空间，不能指定多个数据文件。

【例 11.5】 创建一个临时表空间 TEMP2。

```
create temporary tablespace temp2
tempfile 'D:\app\lenovo\oradata\oracle\temp02.dbf' size 100M reuse
autoextend on next 10M maxsize 1000M ;
```

实践练习 11-1　使用 CREATE TABLESPACE 命令创建表空间

本练习首先使用 CREATE TABLESPACE 命令创建一个表空间，然后再使用 SQL Developer 创建一个表空间。要对表空间操作，用户必须具有创建、修改和删除表空间的系统权限。

（1）使用 SQL Developer 或 SQL Plus，以系统管理员 SYSTEM 的身份连接到数据库。

（2）输入下面命令创建一个名为 TESTONE 的表空间，数据文件名是 TESTONE.DBF，大小是 10MB。

```
create smallfile tablespace testone datafile
'D:\app\lenovo\oradata\oracle\testone.dbf' size 10M reuse
autoextend on next 128K maxsize 2048M online permanent;
```

（3）使用下面 SQL 语句查看表空间信息。

```
select tablespace_name, status, contents
from dba_tablespaces;
```

（4）使用 SQL Developer 的 DBA 连接创建一个名为 TESTTWO 的表空间。在 SQL Developer 的 DBA 连接中展开"存储"节点，右击"表空间"，在弹出的快捷菜单中选择"新建"，打开"创建表空间"对话框。在该对话框中指定表空间名、表空间类型以及文件等各种属性，如图 11-4 所示。

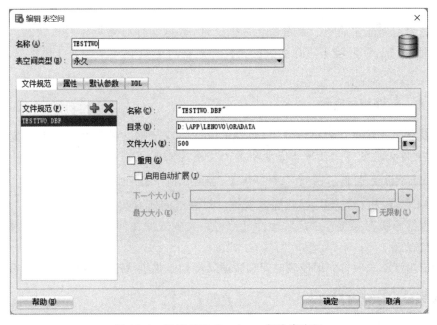

图 11-4　使用 SQL Developer 创建表空间

在图 11-4 中设置完表空间属性后,还可单击 DDL 标签页查看生成的创建表空间的 SQL 语句,如下所示。

```
CREATE SMALLFILE TABLESPACE TESTTWO
    DATAFILE 'D:\app\lenovo\oradata\TESTTWO.DBF' SIZE 524288000
    DEFAULT NOCOMPRESS
    ONLINE
    SEGMENT SPACE MANAGEMENT AUTO
    EXTENT MANAGEMENT LOCAL;
```

表空间创建后,还可以修改表空间的属性,比如,添加数据文件、更改存储管理等。

11.1.5　修改表空间

表空间创建后还可以使用 ALTER TABLESPACE 命令进行修改,也可以在 SQL Developer 中 DBA 连接中修改表空间,常用更改如下:

- 重命名表空间和数据文件
- 使表空间联机或脱机
- 将表空间标记为只读
- 重新调整表空间的大小
- 添加或删除表空间的数据文件
- 设置默认表空间

1. 重命名表空间和数据文件

重命名表空间的语法格式如下:

```
ALTER TABLESPACE old_name RENAME TO new_name;
```

重命名表空间非常简单。要重命名数据文件,数据文件必须处于脱机状态。并且在操作系统级别和 Oracle 环境下重命名数据文件。这是因为如果文件处于打开状态,将无法完成操作。

2. 使表空间联机或脱机

联机表空间或数据文件可供使用,而脱机表空间或数据文件以数据字典中定义的形式存在,控制文件无法使用。使表空间脱机的语法格式如下:

```
ALTER TABLESPACE tablespace OFFLINE [NORMAL| IMMEDIATE| TEMPORARY];
```

NORMAL 脱机(默认方式)将强制实施针对表空间所有数据文件的检查点。包含表空间的块的数据库缓存区缓存中的脏缓冲区都将写入到数据文件中,此后,表空间和数据文件处于脱机状态。

IMMEDIATE 选项将立即使表空间和数据文件处于脱机状态,不会转储任何脏缓冲区。

3. 将表空间标记为只读

可以将表空间标记为只读(READ ONLY)或读写(READ WRITE),语法格式如下:

```
ALTER TABLESPACE tablespace [READ ONLY| READ WRITE];
```

在将表空间标记为只读后,将不能使用 DML 语句来更改其中的任何对象,但可以删除它们。

4. 重新调整表空间的大小

要重新调整表空间的大小,可以向其添加数据文件,也可以调整现有数据文件的大小。如果在创建文件时使用 AUTOEXTEND 语法,可根据需要自动向上重新调整数据文件的大小。否则,必须使用 ALTER DATABASE 命令以手工方式更改:

```
ALTER DATABASE DATAFILE filename RESIZE integer[M|G|T];
```

M,G 或 T 指文件大小的单位: MB,GB 或 TB。

【例 11.6】 将数据文件 TESTONE.DBF 的大小调整为 50MB。

```
alter database datafile 'D:\app\lenovo\oradata\oracle\testone.dbf' resize 50M;
```

不能根据语法判断出是将文件变大还是变小。只有文件系统上的空间足够大,向上的重调大小才能成功;只有文件中的空间尚未由分配给段的区间使用时,才能向下重调大小。

5. 添加或删除表空间的数据文件

增加表空间的大小,除了可以修改原来数据文件的大小外,还可以向表空间中添加数据文件。

【例 11.7】 向 PHOTOS 表空间中添加另一个 20MB 大小的数据文件,可使用下列语句。

```
alter tablespace photos add datafile
'D:\app\lenovo\oradata\oracle\photos3.dbf' size 20M;
```

【例 11.8】 删除表空间中的数据文件。

```
alter tablespace photos drop datafile
'D:\app\lenovo\oradata\oracle\photos1.dbf';
```

【注意】 如果是大文件表空间,不能在其中增加文件。表空间中只有一个数据文件时,不能将其删除。

6. 设置默认表空间

在 Oracle 中,用户的默认永久表空间是 USERS,默认的临时表空间是 TEMP。Oracle 允许使用自定义的表空间作为默认的永久表空间,允许使用自定义的临时表空间作为默认的临时表空间。设置默认表空间的语法如下:

```
ALTER TABLESPACE DEFAULT [TEMPORARY] TABLESPACE tablespace_name;
```

【例 11.9】 可以使用下面语句查询当前默认永久表空间:

```
select property_name,property_value from database_properties
where property_name = 'DEFAULT_PERMANENT_TABLESPACE';
```

实践练习 11-2　修改表空间名和数据文件名

本练习首先创建一个名为 PHOTOS 的表空间,然后使用 SQL 命令为表空间和数据文件重命名。可以用 SQL Developer 或 SQL Plus 完成该练习。

（1）以系统管理员 SYSTEM 的身份连接到数据库。使用下面语句创建新表空间 PHOTOS，为该表空间指定两个数据文件。

```
create tablespace photos
datafile 'D:\app\lenovo\oradata\oracle\photos1.dbf' SIZE 100K REUSE
 autoextend on next 100K maxsize 100M,
    'D:\app\lenovo\oradata\oracle\photos2.dbf' size 100K reuse
online permanent;
```

（2）使用下面语句将 PHOTOS 表空间修改为 PHOTOSDATA。

```
alter tablespace photos   rename to photosdata;
```

（3）为了重命名数据文件，需要使表空间处于脱机状态，下面语句使 PHOTOSDATA 表空间脱机。

```
alter tablespace  photosdata  offline;
```

（4）使用下面语句可以查看表空间的数据文件处于脱机状态。

```
select name datafile, status from v$datafile where name like '%PHOTOS%';
```

（5）下面使用操作系统命令修改数据文件名。

```
host rename f:\app\lenovo\oradata\oracle\photos1.dbf   photosdata1.dbf;
host rename f:\app\lenovo\oradata\oracle\photos2.dbf   photosdata2.dbf;
```

（6）使用 ALTER DATABASE 命令，将数据文件修改为新文件。

```
alter database rename file 'D:\app\lenovo\oradata\oracle\photos1.dbf' to
  'D:\app\lenovo\oradata\oracle\photosdata1.dbf'
alter database rename file 'D:\app\lenovo\oradata\oracle\photos2.dbf' to
  'D:\app\lenovo\oradata\oracle\photosdata2.dbf'
```

（7）修改表空间 PHOTOSDATA 使其联机。

```
alter tablespace photosdata online;
```

（8）使用下面语句可以查看新表空间的数据文件处于联机状态。

```
select name datafile, status from v$datafile where name like '%PHOTOS%';
```

11.1.6　删除表空间

要删除表空间，使用 DROP TABLESPACE 命令，语法格式如下：

```
DROP TABLESPACE tablespacename
[INCLUDING CONTENTS [AND DATAFILES] ] [CASCADE CONSTRAINTS];
```

若表空间中包含任何对象，应指定 INCLUDING CONTENTS 关键字，否则删除操作将失败。使用这些关键字指示 Oralce 首先删除对象，然后删除表空间。指定 AND DATAFILES 关键字，则将同时删除数据文件，否则数据文件不被删除，仍保存在磁盘上。

CASCADE CONSTRAINTS 选项表示如果表空间包含的表与另一个表空间的表存在外键关系，而且此表是父表，这种约束关系也被删除。

【例 11.10】　删除 PHOTOS 表空间。

```
drop tablespace photos including contents and datafiles;
```

11.1.7　还原表空间管理

还原表空间(undo tablespace)用于存放数据库 DML 操作的还原数据。即当执行一个 DML 操作时,系统首先将还原该操作所需要的数据存储到还原段中,还原段就属于还原表空间。还原表空间与其他表空间类似:可以添加文件、调整文件大小、使文件联机或脱机,也可以移动或重命名文件。要创建还原表空间,使用 UNDO 关键字:

```
CREATE [BIGFILE] UNDO TABLESPACE tablespace_name
DATAFILE datafile_name SIZE n [M| G| T ]
[RETENTION GUARANTEE | NOGUARANTEE];
```

语法说明如下:
- UNDO,表示创建的是还原表空间。
- DATAFILE datafile_name,指定还原表空间的数据文件。创建还原表空间时,如果没有指定自动扩展特性,不会被设置为自动扩展。但是,如果使用 DBCA 创建的数据库,那么将启用自动扩展(不限最大尺寸)。与任何数据文件一样,可以随时启用或禁用自动扩展。
- RETENTION GUARANTEE | NOGUARANTEE,可选项,指定是否确保还原保留。如果确保还原保留,则在 UNDO_RETENTION 参数指定的时间之内,将保留还原数据使其不被重写,需要在表空间层次上启用还原保留。

默认情况下,创建还原表空间并不确保还原保留。此特性既可以在创建表空间时指定,也可以在后期通过 ALTER TABLESPACE 设置:

```
ALTER TABLESPACE tablespace_name
RETENTION [GUARANTEE | NOGUARANTEE];
```

【例 11.11】　下面语句创建名为 UNDOTBS2 的还原表空间。

```
create bigfile undo tablespace undotbs2
datafile 'D:\app\lenovo\oradata\oracle\userundo.dbf' size 100M
autoextend on next 100M   extent management local
retention guarantee;
```

还原段在还原表空间中是自动创建的。开始时,将在还原表空间中创建 10 个还原段,它们构成一个池。如果并发事务数量超过 10 个,将创建更多的还原段。

一般而言,无论数据库中有多少个还原表空间,每次都仅使用一个。此表空间中的还原段将处于"联机"状态(表示可用),而其他还原表空间中的还原段都将处于"脱机"状态,表示不使用它们。如果更改还原表空间,那么,旧还原表空间中的所有还原段都将脱机,而新还原表空间中的所有还原段将联机。

【例 11.12】　可使用下面命令切换还原表空间。

```
alter system set undo_tablespace = undotbs2 scope = memory;
```

实践练习 11-3　使用还原表空间

本练习将创建还原表空间,并使之可用。

(1) 使用 SQL Plus 或 SQL Developer 以系统管理员 SYSTEM 身份连接到数据库。

（2）输入下面命令创建一个名为 UNDOTBS2 的还原表空间，数据文件名是 UNDOTBS02.DBF，大小是 100MB。

```
create undo tablespace undotbs2
datafile 'D:\app\lenovo\oradata\oracle\undotbs02.dbf' size 100m;
```

（3）运行下面的查询，该查询针对数据库中的每个表空间返回一行。

```
select tablespace_name,contents, retention from dba_tablespaces;
```

可以看到：新创建的表空间的内容（contents）为 UNDO，意味这个表空间只能用于还原段。确保还原保留（rentention）为 NOGUARANTEE。

（4）运行下面的查询，该查询针对数据库中的每个还原段返回一行。

```
select tablespace_name, segment_name, status from dba_rollback_segs;
```

注意：已经在新的还原表空间中自动创建了 10 个还原段，但它们均处于脱机状态。

（5）对实例进行调整，以便使用新的还原表空间 UNDOTBS2。使用 SCOPE 子句确保更改不被永久保存。

```
alter system set undo_tablespace = undotbs2 scope = memory;
```

（6）重新运行步骤（4）的查询。此时可看到，新表空间的还原段已被联机，而原来的活动还原表空间的段处于脱机状态。

（7）重新把 UNDO_TABLESPACE 参数设回原值。

```
alter system set undo_tablespace = undotbs1 scope = memory;
```

（8）删除 UNDOTBS2 还原表空间，通过使用 INCLUDING CONTENTES AND DATAFILES 参数清理环境。

```
drop tablespace undotbs2 including contents and datafiles;
```

11.2　重做日志文件

重做日志文件（redo log file）主要用来存放数据库中更改的数据。重做日志按时间顺序存储应用于数据库的一连串更改向量。当数据文件或整个数据库发生故障，可以将这些更改向量应用于数据文件备份来重做事务，将数据库恢复到故障发生前的状态。

11.2.1　重做日志组和重做日志文件

每个数据库可以有多个重做日志文件，存放在重做日志组中。一个重做日志组可以有一个或多个重做日志成员（每个成员是一个操作系统文件）。通常，在创建 Oracle 数据库时创建 3 个重做日志组。

1. 查询重做日志组

从 V_$LOG 视图中可以查询重做日志组的情况。

【**例 11.13**】　查询 V_$LOG 中重做日志文件的组号（GROUP♯）、成员数（MEMBERS）

以及状态(STATUS)的信息。

```
SQL > select group#,members,status from v_$log;
   GROUP#         MEMBERS          STATUS
------------   ------------    -------------
        1             1          INACTIVE
        2             1          CURRENT
        3             1          INACTIVE
```

从结果可以看出,当前数据库共有 3 个重做日志组,每个日志组有一个整数编号,该编号可以在创建数据库时指定,也可以在创建控制文件时指定。每个日志组包含一个成员,2 号日志组是 CURRENT(当前)日志组,也就是系统正在写入重做日志的日志组。

2. 查询重做日志文件

可以在 V_$LOGFILE 中查询重做日志文件。

【例 11.14】　查询 V_$LOGFILE 中日志组号(GROUP#)、成员(MEMBER)的信息。

```
SQL > column member format a40
SQL > select group#, member from v_$logfile order by group#;
   GROUP#          MEMBER
----------   ----------------------------------------
        1       D:\APP\LENOVO\ORADATA\ORACLE\REDO01.LOG
        2       D:\APP\LENOVO\ORADATA\ORACLE\REDO02.LOG
        3       D:\APP\LENOVO\ORADATA\ORACLE\REDO03.LOG
```

从输出结果可看到,系统有 3 个日志组,每组有 1 个日志成员。

11.2.2　日志切换操作

在服务器启动过程中,日志写入进程 LGWR 选择某个日志组,然后使用这个日志组的成员记录日志项。LGWR 一次只能写进一个日志组的成员。正在被写进的组叫**当前**(current)日志组,其他的组称为**非活动的**(inactive)日志组。

LGWR 以循环的方式向日志文件写入。如果当前日志组中的文件被写满,而且还需要继续写的情况下就会发生日志切换。图 11-5 显示了 LGWR 如何循环地写入重做日志组以及如何切换日志组。

这里有 3 个日志组,每个日志组用整数编号。每个日志组中有 2 个成员。如果 LGWR

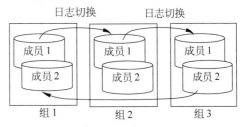

图 11-5　重做日志文件的使用

正在向日志组 1 中写入数据,日志组 1 中就是当前日志组。当日志组 1 中的日志文件写满后,系统将切换到日志组 2,接下来切换到日志组 3,当日志组 3 的日志文件写满后,再次切换到日志组 1,此时如果日志组 1 中的日志文件没有归档,原来写入的内容将被覆盖。

为了防止重做日志文件被损坏,通常保存日志文件的多个备份。图 11-5 中每个日志组都有两个日志文件。LGWR 对组中每个成员写进同样的日志信息,从而防止破坏日志文件。

复用日志文件时,最好把一个组中的成员保存在不同的磁盘上,这样一个磁盘的损坏不会影响数据库的继续工作。只要 LGWR 可以写进组中的一个成员，数据库就能正常工作。

【例 11.15】 在进行重做日志文件维护的时候，可以使用 ALTER SYSTEM SWITCH LOGFILE 强制切换日志文件。

```
SQL> alter system switch logfile;
```

11.2.3 增加日志组及其成员

当创建数据库时，可以创建多个备份的重做日志文件。创建数据库后也可以使用 ALTER DATABASE 命令增加日志组和向组中添加成员。

下面讨论对重做日志组和日志文件的操作。

1. 增加新重做日志组

使用 ALTER DATABASE 语句增加新重做日志组，具体语法格式如下：

```
ALTER DATABASE [database_name]
ADD LOGFILE GROUP n filename SIZE m
```

【例 11.16】 下面语句创建一个组号为 4 的重做日志组，并且在组中添加一个日志文件 NEWLOG4. LOG，大小是 15MB。如果在创建重做日志组时没有指定日志文件，则不添加日志文件。

```
alter database add logfile group 4
    'D:\app\lenovo\oradata\newlog4.log' size 15m;
```

在添加日志组时也可以不指定日志组的组编号，在这种情况下，Oracle 自动为新建的重做日志组设置编号，一般是在当前最大组号之后递增。

【例 11.17】 添加日志文件，默认组编号。

```
alter database add logfile
    'D:\app\lenovo\oradata\newlog4.log' size 15m;
```

如果当前有 3 个重做日志组，则新增组的编号为 4。

2. 向重做日志组添加日志文件

一个重做日志组中可以包含一个或多个日志文件。创建了重做日志组后，可以使用 ALTER DATABASE 命令向其中添加日志文件。其语法格式如下：

```
ALTER DATABASE [database_name]
ADD LOGFILE MEMBER filename TO GROUP   n;
```

【例 11.18】 下面语句在组号为 4 的重做日志组中添加日志文件 NEWLOG5. LOG。

```
alter database add logfile member
    'd:\app\lenovo\oradata\newlog5.log' to group 4;
```

注意，添加成员时不要指定文件大小，因为一个组中的所有成员应有同样的大小，新添加的文件大小与组中其他重做日志文件大小一样。

【例 11.19】 下面语句为数据库的每个日志组添加一个成员，这些成员存放在 D:\oracle\oradata 目录中。

```
alter database add logfile member
    'd:\oracle\oradata\RED001.LOG' to group 1;
alter database add logfile member
    'd:\oracle\oradata\RED002.LOG' to group 2;
alter database add logfile member
    'd:\oracle\oradata\RED003.LOG' to group 3;
```

此时,数据库的每个重做日志组都具有两个成员,它们存放在不同目录下。如果某个驱动器崩溃,且数据库的其他部分未受影响,则 Oracle 可利用重做日志组的其他成员继续记录日志。

11.2.4　删除重做日志组和日志文件

可以使用 ALTER DATABASE 删除重做日志组和重做日志文件。不能删除当前日志组(处于 CURRENT 状态)中的日志文件。可以使用 ALTER SYSTEM SWITCH LOGFILE 命令进行日志组的切换,将它切换到 INACTIVE 状态。之后就可以将日志文件删除。

1. 删除日志成员

要删除一个日志成员文件,可以使用 ALTER DATABASE DROP LOGFILE MEMBER 语句。

【例 11.20】　删除一个日志成员。

```
alter database drop logfile member
     'd:\oracle\oradata\redo01.log';
```

2. 删除重做日志组

如果某个日志文件组不再使用或者需要重建,可以使用 ALTER DATABASE DROP LOGFILE 语句。

【例 11.21】　删除日志组号是 4 的重做日志组,使用如下 SQL 语句。

```
alter database drop logfile group 4;
```

当日志组从数据库中删除后,系统将自动更新控制文件,从数据库结构中删除这个组的成员。在删除日志组时要注意,数据库需要至少两个日志组才能正常工作。只能删除未激活的(INACTIVE 状态)日志组的成员,而且,如果只有两个组,要删除的日志文件成员不能是最后一个成员。

【注意】　无论是删除日志成员还是删除日志组,都是在数据字典和控制文件中将重做日志成员文件删除,而对应的物理文件并没有删除,若要删除,可采取手动删除的方式。

🔑 11.3　控制文件

每个 Oracle 数据库都有一个控制文件。控制文件包含该数据库的物理结构的信息,例如,数据库名以及该数据库相关的文件的名称和位置。控制文件还用来对内部系统信息的跟踪,以记录该系统当前的物理状态,其中包括表空间、数据文件的信息。控制文件还记录使用 RMAN 实用程序对数据库备份的信息。

控制文件是在数据库创建时创建的，随后，当数据库的物理属性改变时，Oracle 将自动更新控制文件的信息。例如，当创建新表空间，或向已有的表空间增加一个数据文件时，都将更新控制文件，以记录新数据文件的信息。

11.3.1　查看控制文件

在数据库启动过程中，Oracle 从参数文件中获得控制文件的位置。要查看当前控制文件的信息，可使用 V＄PARAMETER 视图。

【例 11.22】　使用下列命令可以查看控制文件。

```
select value from v＄parameter where name = 'control_files';
VALUE
--------------------------------------------------------------
D:\APP\LENOVO\ORADATA\ORACLE\CONTROL01.CTL, D:\APP\LENOVO\ORADATA\
ORACLE\CONTROL02.CTL
```

从输出结果可以看到，当前数据库有两个控制文件，它们存放在相同的目录中。

【例 11.23】　使用如下方式查看当前控制文件的位置。

```
SQL > show parameter control_files;
```

11.3.2　控制文件复用

Oracle 数据库没有控制文件就不能正常运行，为了保护数据库控制文件和数据库的可用性，使其免遭磁盘故障的损坏，应该总是将控制文件复用到多个位置。复用就是把相同的控制文件存放在不同位置，这样 Oracle 会同时更新控制文件的每个副本。如果由于磁盘 I/O 问题或介质故障使控制文件的某个副本不可访问，则控制文件的其他副本仍然可用，这允许数据库处理继续进行而不中断。

实践练习 11-4　复用数据库控制文件

本练习使用 SQL Plus 完成控制文件的复用操作。复用控制文件需要完成下面的步骤：①关闭数据库实例。②复制控制文件到一个不同的驱动器。③编辑数据库参数文件（INIT. ORA）中的 CONTROL_FILES 参数。④重新启动实例并打开数据库。

（1）使用 SQL Plus 以 SYSDBA 身份连接到数据库。使用下面语句查询当前数据库有哪些控制文件。

```
SQL > select name, value from v＄parameter where name = 'control_files';
```

（2）执行下面命令，从 SPFILE 创建 PFILE，该文件存放在 ORACLE_BASE\database 目录下，新建的文件名为 INITORACLE. ORA。

```
SQL > create pfile from spfile;
```

（3）执行下面 SHUTDOWN 命令关闭数据库。

```
SQL > shutdown immediate;
```

（4）假设在 D:\oracle\oradata 目录复用控制文件，先创建该目录。然后将一个控制文件 D:\app\lenovo\oradata\oracle\CONTROL01. CTL 复制到该目录中,并将其改名为 CONTROL03. CTL。

（5）修改 PFILE 初始化参数文件。用记事本打开 INITORACLE. ORA 文件,在其中查找 CONTROL＿FILES 参数。在许多启动数据库中,CONTROL＿FILES 参数的设置如下:

```
*.control_files = 'D:\app\lenovo\oradata\oracle\control01.ctl',
'D:\app\lenovo\oradata\oracle\control02.ctl'
```

修改 CONTROL＿FILES 参数值,将移动的控制文件名写到 CONTROL＿FILES 参数中。修改后的 CONTROL＿FILES 参数值如下:

```
*.control_files = 'D:\app\lenovo\oradata\oracle\control01.ctl','D:\app\lenovo\oradata\
oracle\control02.ctl','D:\oracle\oradata\control03.ctl'
```

完成修改,保存文件并退出文本编辑器。

（6）重新创建 SPFILE,重新启动并打开数据库。

```
SQL> create spfile from pfile;
SQL> startup open;
```

注意,默认情况下 Oracle 使用 SPFILE 选项启动数据库。如果数据库被成功打开,表示控制文件复用成功。

（7）最后输入下面查询显示数据库的所有控制文件的副本。

```
SQL> select value from v$parameter where name = 'control_files';
VALUE
-----------------------------------------------------------------
D:\APP\LENOVO\ORADATA\ORACLE\CONTROL01.CTL, :\APP\LENOVO\ORACLE\CONTROL02.CTL, D:\ORACLE\
ORADATA\CONTROL03.CTL
```

从输出结果看到已成功将控制文件 CONTROL03. CTL 复用到 D:\oracle\oradata 目录中。

11.3.3　备份和恢复控制文件

为了提高数据库的可靠性,降低由于丢失控制文件所造成的灾难性后果,DBA 需要经常对控制文件进行备份。特别是当修改了数据库结构之后,需要立即对控制文件备份。

1. 备份控制文件

备份控制文件可使用 ALTER DATABASE BACKUP CONTROLFILE 语句。备份控制文件有两种方式:备份为二进制文件、备份为脚本文件。

（1）备份为二进制文件,实际上就是复制控制文件。下面命令将控制文件备份为二进制文件。

```
SQL> alter database backup controlfile to
2    'd:\oracle\oradata\backup_control_files_2024-10-06.bkp';
```

执行完上述命令后,Oracle 会在指定的目录中创建一个备份文件。

（2）备份为脚本文件,实际上是生成创建控制文件的 SQL 脚本。下面命令将控制文件备份为脚本文件。

```
SQL> alter database backup controlfile to trace;
```

生成的脚本文件将自动存放到系统定义的目录中，并由系统自动命名。该目录由参数 USER_DUMP_DEST 指定，可以使用 SHOW PARAMETER 命令查询该参数的值，如下：

```
SQL> show parameter user_dump_dest;
NAME                 TYPE              VALUE
------------         -------------     -------------------------------------------
user_dump_dest       string            D:\APP\LENOVO\HOMES\ORADB21HOME1\RDBMS\TRACE
```

进入该存储目录，按照时间顺序显示该目录下的文件，打开最近建立的脚本文件（.trc），可以看到生成的脚本。

2. 恢复控制文件

根据数据库控制文件的损坏情况，可以采取不同的恢复策略。如果部分控制文件损坏，则应立即关闭数据库，再将完好的控制文件复制到损坏的控制文件的位置，并修改控制文件的名称。具体步骤如下。

（1）关闭数据库。相关命令如下。

```
SQL> connect / as sysdba;
SQL> shutdown immediate;
```

（2）通过操作系统命令复制一个多路复用的控制文件覆盖损坏的控制文件。

（3）重新启动数据库。相关命令如下。

```
SQL> startup;
```

如果控制文件全部损坏，此时就需要使用备份的控制文件来重建新的控制文件，具体步骤如下。

（1）关闭数据库。相关命令如下。

```
SQL> shutdown immediate;
```

（2）将备份的控制文件复制到原控制文件所在目录，并更改备份控制文件为原控制文件名。

（3）启动数据到 MOUNT 状态，相关命令如下。

```
SQL> startup mount;
```

（4）使用备份控制文件恢复数据库。相关命令及执行结果如下。

```
SQL> recover database using backup controlfile;
```

（5）打开数据库。相关命令及执行结果如下。

```
SQL> alter database open resetlogs;
数据库已更改。
```

【提示】　还可以使用恢复管理器 RMAN 备份和恢复控制文件。

11.3.4　删除控制文件

如果某个控制文件不再需要，可以将它从数据库中删除。注意，数据库必须至少拥有两个控制文件。删除控制文件的具体步骤如下。

（1）修改初始化参数 CONTROL_FILES,使其不再包含要删除的控制文件名称。

```
SQL > alter system set control_files =
'D:\app\lenovo\oradata\oracle\control01.ctl', 'D:\app\lenovo\oradata\oracle\control02.ctl'
scope = spfile;
```

（2）关闭数据库,相关命令如下。

```
SQL > shutdown immediate;
```

（3）重新启动数据库。

```
SQL > startup;
SQL > select name from v $ controlfile;
```

需要注意,该操作并不能从磁盘中物理删除控制文件。物理删除控制文件可以在从数据库中删除控制文件后,使用操作系统命令来删除不需要的控制文件。

🔑 本章小结

本章讨论了以下主要内容:

- Oracle 数据库的存储结构包括物理存储结构和逻辑存储结构。从物理上讲,数据存储在数据文件中;从逻辑上讲,数据存储在表空间的段中。
- 表空间是数据库内部的数据的逻辑结构,它与磁盘上的一个或多个物理数据文件相对应。使用 CREATE TABLESPACE 命令或 SQL Developer 创建表空间,同时需要指定数据文件等属性。
- 重做日志文件主要用来存放数据库中数据变化的操作。重做日志按时间顺序存储应用于数据库的一连串更改向量。通过设置数据库归档日志模式,当重做日志文件写满后,ARCn 将它复制到归档目的地。
- 控制文件是 Oracle 数据库的重要文件,它包含数据库名以及该数据库相关的所有文件的名称和位置。为保护控制文件和数据库的可用性,使其免遭磁盘故障的损坏,应该总是将控制文件镜像到多个位置。

🔑 习题与实践

一、填空题

1. 每个 Oracle 数据库都必须具有_____和_____表空间,PL/SQL 程序的源代码和编译代码存储在_____表空间中。

2. 表空间的状态属性主要有 ONLINE、_____、_____和_____。

3. 创建临时表空间需要使用 TEMPORARY 关键字,创建大文件表空间需要使用_____关键字,创建还原表空间需要使用_____关键字。

4. 要删除 MyTab 表空间,要求同时删除表空间的对象和数据文件,在 DROP

TABLESPACE 命令中应该使用_____选项。

5. 使用_____命令可以将一个日志组从激活状态（CURRENT）切换到非激活（INACTIVE）状态。

6. 要查看重做日志文件信息，应该使用_____视图。要查看系统的控制文件信息，应该使用_____视图。

二、选择题

1. Oracle 数据库表空间与数据文件的关系描述正确的是(　　)。
   A. 一个表空间只能对应一个数据文件
   B. 一个表空间可以对应多个数据文件
   C. 一个数据文件可以对应多个表空间
   D. 表空间与数据文件没任何对应关系

2. 当 Oracle 服务器启动时,(　　)文件不是必需的。
   A. 数据文件　　　　　　　　　　　B. 日志文件
   C. 控制文件　　　　　　　　　　　D. 归档日志文件

3. 关于 Oracle 的存储结构,下面叙述错误的是(　　)。
   A. 一个表空间可能包含多个段,并由多个数据文件组成
   B. Oracle 块的大小通常是操作系统块的大小的整数倍
   C. 一个段不可以分布在多个数据文件中
   D. 数据字典存储在 SYSTEM 表空间中

4. 下面关于还原数据,叙述错误的是(　　)。
   A. 所有 DML 语句都生成还原数据
   B. 还原数据用于事务回滚和隔离,也用于提供读一致性和支持闪回查询
   C. 只要还原表空间指定了还原保留,还原数据永远不会被重写
   D. 使用还原段的自动还原管理是 Oracle 的默认方式

5. 下面关于区间的叙述,正确的是(　　)。
   A. 区间是多个操作系统块的组合
   B. 一个区间可能分布到一个或多个数据文件中
   C. 区间是多个连续 Oracle 块的组合
   D. 一个区间可以包含一个或多个段的块

6. 要重新调整表空间的大小,下面哪两个是正确的? (　　)
   A. 将其从 SMALLFILE 表空间转换为 BIGFILE 表空间
   B. 如果是 BIGFILE 表空间,可以添加更多文件
   C. 如果是 SMALLFILE 表空间,可以添加更多文件
   D. 重新调整现有数据文件的大小

7. 以下关于大文件表空间,不正确的是(　　)。
   A. 大文件表空间由一个大文件组成
   B. 大文件表空间不可以设为默认表空间
   C. 使用大文件表空间在数据库启动时或对 DBWn 进程的性能会有显著提高

D. 使用大文件表空间会增加该表空间或整个数据库的备份和恢复时间

8. 下面对日志文件组及其成员叙述正确的是(　　　)。

A. 日志文件组中可以没有日志成员

B. 日志文件组中的日志成员大小一致

C. 在创建日志文件组时,其日志成员可以是已经存在的日志文件

D. 在创建日志文件组时,如果日志成员已经存在,则使用 REUSE 关键字就可以替换该文件

9. 下面(　　　)语句用于切换日志文件组。

A. ALTER DATABASE SWITCH LOGFILE;

B. ALTER SYSTEM SWITCH LOGFILE;

C. ALTER SYSTEM ARCHIVELOG;

D. ALTER DATABASE ARCHIVELOG;

三、简答题

1. 表空间有哪些类型?

2. 有下面创建表空间的语句,请解释其中每个选项的含义。

```
create bigfile undo tablespace undotbs2
 datafile 'D:\app\lenovo\oradata\oracle\userundo.dbf' size 100M autoextend on next 100M
 extent management local autoallocate
 retention guarantee;
```

3. 简述为数据库添加重做日志组和日志文件,删除日志组和日志文件的命令。

4. 试述控制文件的作用。如何多路复用控制文件?

四、综合操作题

使用 SQL Plus 或 SQL Developer 创建一个名为 BHUSPACE 的表空间,数据文件为 bhudata.dbf,文件存放在 d:\oracle\oradata 目录下,文件大小为 200MB,设为自动增长,增量为 5MB,文件最大为 500MB。

假设表空间 BHUSPACE 已用尽 500MB 空间,现要求增加一个数据文件,存放在 d:\oracle\oradata 目录下,文件名为 appdata.dbf,大小为 500MB,不自动增长。

写出完成上述两个操作的命令。

第12章

备份与恢复

数据库系统中可能发生各种各样的故障,这些故障可能破坏数据库,使数据库中部分或全部数据丢失,因此需要对数据库备份,在发生故障时进行恢复。

本章将学习如何备份数据库以及在发生故障时如何进行恢复。其中主要内容包括备份与恢复的基本原理,用 RMAN 实现备份与恢复、数据传输与加载等。

🔑 12.1　备份与恢复概述

数据库的备份和恢复是指为保护一个数据库免于数据损失或者在发生数据损失后进行数据重新创建的各种策略、步骤和方法。数据备份几乎是任何计算机系统中绝对必需的组成部分。意外断电、系统或服务器崩溃、用户失误、磁盘损坏甚至数据中心的灾难性丢失都可能造成数据库文件的破坏或丢失。在这种情况下,备份与恢复占了举足轻重的位置。

Oracle 提供了多种备份与恢复的功能,以保证数据不会丢失。从基本的备份与恢复到高级功能,以保证数据库在一个高可用的环境中持续运行。

12.1.1　备份与恢复的概念

备份(backup)就是把数据库复制到转储设备的过程。在某种程度上备份是在出现常见数据库错误前预先获得解决的方法。

恢复(recover)就是利用有效的备份数据把数据库的当前状态还原到过去某个时刻的状态,也就是把数据库由存在故障的状态转变为无故障状态的过程。

在 Oracle 数据库中主要有三类备份和恢复:

- 物理备份和恢复。这是基于整个数据库、表空间,甚至一个数据文件级的备份和恢复,而不是基于底层的逻辑数据结构,如表和模式。所有数据库文件备份在一起,因此可以同时进行恢复。通过复制各种文件进行备份,这称为用户管理的备份与恢复,本书不讨论这种方法。
- 逻辑备份和恢复。这是基于逻辑数据库结构进行备份和恢复,如指定的表、索引,甚至可能是模式。逻辑备份和恢复允许以一个比物理备份粒度更细的方式还原数据库。逻辑备份使用 Oracle 的 Data Pump Export 和 Data Pump Import 工具实现。需要注意的是,不能使用逻辑备份进行恢复,仅能使用它进行还原。
- 恢复管理器备份和恢复。RMAN 是 Oracle 提供的一款功能强大的备份与恢复工具,它可以对物理数据库备份进行更多的控制。Oracle 强烈推荐使用 RMAN 进行备份和恢复。

12.1.2　备份的类型

需要进行备份的数据库称为目标数据库,对目标数据库的备份有多种类型,下面分别讨论。

1. 闭数据库备份和开数据库备份

闭数据库备份,是在数据库关闭之后进行的数据库备份,因此也称**冷备份**。闭数据库备份是在可用性要求不高的系统环境中的一种选择。为了完成闭数据库备份,必须正常关闭数据库。在数据库关闭过程中,Oracle 将执行检查点操作,然后关闭数据库的数据文件和控制文件。组成数据库的所有文件都处于一致状态。因此,闭数据库备份通常称为**一致的数据库备份**。

开数据库备份，是在数据库打开并运行时进行的备份，因此也称**热备份**。开数据库备份要求数据库必须运行在归档日志模式下（ARCHIVELOG）。开数据库备份一般用于应用程序要求高可用的环境中。由于开数据库备份的数据文件中的数据在备份过程中正由事务处理进行修改，因此称这种备份为**不一致的数据库备份**。

2．完整备份和局部备份

完整数据库备份包括数据库的所有数据文件以及控制文件的一个备份。完整数据库备份是保护 Oracle 数据库常见的备份类型。局部备份是仅备份数据库的一个子集。完整备份是非归档日志模式下唯一可用的备份类型。

3．完全备份和增量备份

完全备份包含每个文件中每个使用过的块。增量备份只备份自上一次备份以来更改过的块。增量备份策略必须从一个完全备份开始，之后可以随意多次增量备份，但还原总是需要先还原完全备份（称为 0 级备份），再应用增量备份，使文件保持最新。只有进行了新的 0 级备份，才能丢弃以前的备份。

4．表空间备份

允许备份数据库中单个的表空间。表空间备份是备份组成该表空间的所有的数据文件。如果数据库运行在归档日志模式下，可以完成两种不同类型的表空间备份，它们分别是：联机表空间备份和脱机表空间备份。

联机表空间备份是一种在数据库打开且表空间联机的情况下进行的表空间的备份。因为表空间中的数据在备份过程中可能被修改，因此这种备份是不一致的。

正如开数据库备份一样，联机表空间备份在具有高可用性的情况下是很有用的。在应用程序使用表空间时也可以进行备份，无须关闭数据库或使表空间脱机。

脱机表空间备份，是一种在数据库打开但表空间脱机时进行的表空间备份。如果表空间正常脱机，即 Oracle 成功执行一个表空间检查点并关闭所有有关的数据文件，则脱机表空间备份产生的备份数据是一致的。

🔑 12.2   备份与恢复的配置

Oracle 数据库运行时至少需要两个重做日志文件组，从而能够在两个组之间切换。每个组都由一个或多个成员组成，这些成员是物理文件。运行 Oracle 数据库只要求每个组有一个成员，但为了安全起见，每个组至少都应该有两个成员。

【例 12.1】 使用 V＄LOG 视图和 V＄LOGFILE 视图可以查询重做日志文件的信息。

```
select group#, sequence#, members, status from v$log;
select group#, status, member from v$logfile;
```

12.2.1   归档日志模式和归档进程

Oracle 数据库有两种工作模式：**非归档日志模式**（NOARCHIVELOG）和**归档日志模**

式(ARCHIVELOG)。在归档日志模式下,如果发生日志组切换,自动启动数据库的归档进程 ARCn 首先将重做日志文件中的数据复制到存档目的地,这个过程叫作"归档",复制保存下来的日志文件叫作"归档日志"。LGWR 进程等待 ARCn 进程完成复制操作后,再覆盖写满的重做日志文件。

在非归档日志模式下(默认情况),当日志组切换时,不先复制重做日志文件就覆盖重做日志文件。在这种情况下,如果数据文件因为介质故障被损坏,那么就会丢失数据。

归档器进程会在每次日志切换时将重做日志文件复制到一个归档日志文件。这些归档日志文件的名称和位置由若干初始化参数控制。为了安全起见,归档日志文件像重做日志文件一样被多路复用。

数据库只有在干净关闭后处于装载状态时才能转换至归档日志模式,并且必须由具有 SYSDBA 权限的用户完成。此外,还必须指定控制所生成的归档日志文件的位置和名称参数,显然,文件名称必须是唯一的。为了保证文件名唯一,可以在归档日志文件名中嵌入一些变量(如日志切换序列号),如表 12-1 所示。

表 12-1　归档日志文件名中可嵌入的变量

变　量	描　　述
%d	唯一的数据库标识符,如果将多个数据库归档到同一目录,这是必需的
%t	线程号,显示为 V$INSTANCE 视图的 THREAD# 列。除了在 RAC 数据库中使用之外,这个变量没有任何意义
%r	场景号。如果进行不完全恢复,这个变量十分重要
%s	日志切换序号。这个变量能够保证任何一个数据库中的归档日志都不会彼此重写

归档日志文件名格式通过 LOG_ARCHIVE_FORMAT 初始化参数指定。例如,指定下面归档文件格式。

```
SQL> alter system set log_archive_format = 'arch_%t_%s_%r.log' scope = spfile;
```

产生的归档日志文件名类似于 ARCH_1_925293582_15.LOG。

【注意】　在指定的格式串中必须包含 %s、%t 和 %r 变量,否则将产生 ORA-19905 错误。

12.2.2　配置快速恢复区

快速恢复区(fast recovery area)是一个目标磁盘目录,是存储与恢复相关的文件的默认位置,可以使用两个实例参数对快速恢复区进行控制。
- db_recovery_file_dest
- db_recovery_file_dest_size

第一个参数指定目录位置,第二个参数限制数据库在目标中占用的最大空间量。写入快速恢复区的文件包括:
- 归档重做日志文件。
- 恢复管理器的备份文件。
- 数据库闪回日志。

恢复管理器(RMAN)可以管理快速恢复区中的空间:它根据已配置的关于保留文件副

本和备份策略,删除不再需要的文件。在理想状况下,快速恢复区应足够大,可以存储完整的数据库副本、在必要时恢复副本所需要的任何归档日志和增量备份,以及联机重做日志文件和控制文件的多路复用副本。

【例 12.2】 查看 DB_RECOVERY_FILE_DEST 和 DB_RECOVERY_FILE_DEST_SIZE 两个参数的值。

```
show parameter db_recovery_file_dest;
```

快速恢复区可以随时配置,不会影响其中的任何文件。变更只应用于之后创建的文件。

【例 12.3】 配置快速恢复区的两个参数值,创建 d:\app\lenovo\fast_recovery_area 目录。

```
alter system set db_recovery_file_dest_size = 8g;
alter system set db_recovery_file_dest = 'd:\app\lenovo\fast_recovery_area';
select name, value from v $ parameter where name like 'db_recovery % ';
```

查询输出结果如图 12-1 所示。

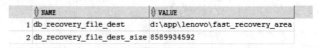

	NAME	VALUE
1	db_recovery_file_dest	d:\app\lenovo\fast_recovery_area
2	db_recovery_file_dest_size	8589934592

图 12-1　快速恢复区信息

12.2.3　配置归档日志模式

默认方式下,数据库以非归档日志模式运行。可以配置数据库运行在归档日志模式,步骤如下:

- 干净关闭数据库。
- 以 MOUNT 模式启动数据库。
- 发出 ALTER DATABASE ARCHIVELOG 命令。
- 打开数据库。

下面练习配置数据库归档日志模式。

实践练习 12-1　启用数据库归档日志模式

本练习中,使用 SQL Plus 以 SYSDBA 用户身份连接到数据库,配置数据库使其运行在归档日志模式下。

(1) 使用 ARCHIVE LOG LIST 命令查看数据库是否运行在归档日志模式。

```
SQL > connect / as sysdba
SQL > archive log list;
数据库日志模式            非存档模式        ◀——| 数据库运行在非归档模式下
自动存档                禁用
存档终点                USE_DB_RECOVERY_FILE_DEST
最早的联机日志序列          2
当前日志序列              4
```

从输出结果可以看到,数据库目前处于非归档日志模式。

(2) 使用下面语句先关闭数据库,然后启动数据库到装载状态。

```
SQL > shutdown immediate;
```

数据库已经关闭。
已经卸载数据库。
ORACLE 例程已经关闭。
SQL> startup mount;

（3）将数据库转换为归档日志模式 ARCHIVELOG。

SQL> alter database archivelog;

如果数据库处于归档日志模式，而要将其设置为非归档日志模式，应使用 ALTER DATABASE NOARCHIVELOG 命令。

（4）重新打开数据库。

SQL> alter database open;

（5）使用 ARCHIVE LOG LIST 命令确认数据库为归档日志模式。

```
SQL> archive log list;
数据库日志模式            存档模式          ◀────┤ 数据库运行在归档模式下
自动存档                 启用
存档终点                 USE_DB_RECOVERY_FILE_DEST
最早的联机日志序列          2
下一个存档日志序列          4
当前日志序列              4
```

输出结果表明，数据库目前运行在归档模式下，在日志文件填满时自动启动归档进程（ARCn）将重做日志文件归档到 DB_RECOVERY_FILE_DEST 参数指定的目录。这里还给出了各种日志序列号。

（6）用下列语句查询归档器进程的运行状态，此时应该是启动（STARTED）状态。

SQL> select archiver from v$instance;

（7）强制执行日志切换，以使归档进程（ARCn）执行归档操作。

SQL> alter system switch logfile;

（8）使用下面语句可以查询归档日志文件名。

SQL> select name from v$archived_log;

🔑 12.3　使用 RMAN 实现备份

有多种方法备份和恢复 Oracle 数据库，但 Oracle 公司推荐使用备份和恢复管理器（RMAN），RMAN 备份常被称为服务器管理的备份。

12.3.1　恢复管理器 RMAN

恢复管理器 RMAN（Recovery Manager）是在表、数据文件、表空间和数据库级别上备份、还原和恢复数据库对象的工具。除了备份和恢复之外，RMAN 还有许多用途，包括把数据库复制到另一个位置。在使用 RMAN 备份数据库前，还需了解几个概念和术语，包括备份集、完全和增量数据文件备份集、映像副本、通道以及备份标记。

1．备份集

备份集(backup set)是一个类型相同的备份文件集。例如,数据文件备份集含有组成某个数据库的一个或多个数据文件。RMAN 还允许生成归档日志备份集,它包含大量的数据库归档日志组。数据文件备份集和归档日志备份集也可以包含控制文件的备份。

RMAN 建立备份集时,该集中所有文件的数据块是分散的,它们一起构成一个大的存储单元,这就是备份集。此外,为了减小数据文件备份集的总的大小,RMAN 并不将那些从未包含数据的数据块(如新数据文件的新块)写入备份集。

RMAN 能够将一个备份集作为文件写入磁盘上的文件系统。在完成备份后,可以手工将备份集复制到永久的磁带或脱机存储设备中。

2．完全和增量数据文件备份集

使用 RMAN 备份数据库或表空间的数据文件时,可以进行**完全备份**(full backup)也可以进行**增量备份**(incremental backup)。数据文件备份集的完全备份包括备份集中所有数据文件的所有用过的数据块,未用过的数据块被忽略,以压缩备份集的大小。相比之下,增量备份只包括自该集在之前备份以来修改过的数据文件块。增量备份的优点是使用较少的时间备份备份集的一个子集,而不是备份整个备份集。

3．映像副本

可以利用 RMAN 建立**映像副本**(image copy)来备份部分数据库。映像副本是与数据文件、控制文件或归档日志文件完全相同的副本。映像副本在几个方面不同于备份集:

- 只能在磁盘上建立文件的映像副本,不能在磁带上建立映像副本。
- 一个文件的映像副本是该文件精确的逐块拷贝。换句话说,RMAN 不通过删除文件中未使用的数据块来压缩该数据文件的映像副本。
- 因为映像副本直接对应一个数据文件,所以在进行数据块恢复前不需要从备份集提取或修复映像副本。利用 RMAN 可以简单地将一个毁坏文件的位置"切换"到相应的映像副本的位置,然后完成数据库恢复使该文件正确。

4．通道

在 RMAN 完成数据库备份、映像副本、还原或恢复操作时,它为完成工作至少分配一个**通道**(channel)。RMAN 通道涉及两个内容:工作的目标数据库的连接和用于工作的 I/O 设备的名称和类型。如果指定多个通道,RMAN 自动采用并行处理完成工作。

5．备份标记

在建立备份集或映像副本时,可以给它分配一个**标记**(tag),它是一个逻辑名。RMAN 在恢复目录中自动将备份集和映像副本与它们的标记关联起来,在需要进行恢复或希望用新的备份集或映像副本覆盖它们以前的版本时,可以使用标记。

12.3.2　启动 RMAN 连接到目标数据库

Oracle 推荐使用恢复目录保存备份信息。**恢复目录**(CATALOG)是由 RMAN 使用和维护的,用来存储备份信息的一种存储对象。通过恢复目录,RMAN 可以从目标数据库的控制文件中获取信息,实现与恢复目录同步。默认情况下,RMAN 的备份信息存放在目标数据库的控制文件中。本书使用目标数据库控制文件存放备份信息。

为了使用 RMAN,打开一个 Windows 命令提示窗口。在命令提示符下输入下面命令可以启动 RMAN:

```
rman target /
rman target sys/oracle123
rman target sys/oracle123@oracle
```

这三个命令都是以 SYSDBA 权限的用户身份登录到目标数据库上。第一个命令中,用户用操作系统账户进行身份验证,目标是运行在同一台机器上的本地数据库实例。第二个命令也是连接一个本地数据库实例,但使用数据库密码文件来验证身份。第三个命令使用 TNSNAMES 服务名,通过网络连接一个远程数据库。

一旦 RMAN 启动,可以看到有关提示信息和它所连接到的目标数据库,然后是 RMAN> 提示符,如图 12-2 所示。

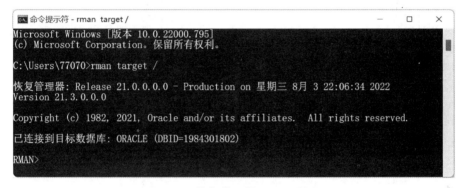

图 12-2 恢复管理器 RMAN 界面

在 RMAN> 提示符下,可以输入 RMAN 命令备份、还原和恢复数据库,还可以启动和关闭数据库、执行备份集的管理以及执行 SQL 命令。常用的 RMAN 命令如表 12-2 所示。关于所有的 RMAN 命令及其复杂的语法的完整参考指南,请参阅 Oracle 文档。

表 12-2 常用的 RMAN 命令

命 令	说 明
STARTUP	启动目标数据库,相当于 SQL Plus 中的 STARTUP 命令
SHUTDOWN	关闭目标数据库,相当于 SQL Plus 中的 SHUTDOWN 命令
SHOW	显示所有(ALL)或单个的 RMAN 配置参数
CONNECT	对目标数据库建立一个连接
SQL	执行使用 RMAN 命令不能执行的 SQL 语句
RUN	编译和执行括在花括号中的一个或多个语句的集合
ALLOCATE	分配一个用于备份、复制、还原或恢复操作的通道
BACKUP	备份数据库、表空间、数据文件、归档日志文件或控制文件
COPY	建立数据文件、归档日志文件或控制文件的映像副本
RESTORE	从备份集中还原数据库、数据文件和表空间
RECOVER	利用归档和联机日志文件恢复数据库、表空间或数据文件

续表

命　　令	说　　明
SWITCH	将数据库的控制文件中的文件名从一个数据文件切换到数据文件的映像副本
LIST	列出关于备份集和映像副本的信息
REPORT	报告有关数据库当前状态的有价值的信息
CHANGE	改变 RMAN 存储库中备份集的状态
DELETE	删除不再需要的备份

【提示】　在 RMAN 提示符下，也可以向目标数据库发出 SQL 命令，就好像使用 SQL Plus 一样，但结果的显示可能不同。一些 SQL Plus 命令也是不可使用的，例如格式化列的命令。

RMAN 可以生成三类备份：

- **备份集**（backup set）是 Oracle 专用格式文件，它可以包含多个数据文件，不包含从未用过的块。
- **压缩备份集**（compressed backup set）与备份集的内容相同，但 RMAN 在写出到备份集时应用压缩算法。
- **映像副本**（image copy）是与输入文件相同的备份文件。映像副本可与源内容交换，但在备份集提取文件时，需要执行 RMAN 还原操作。

12.3.3　使用 BACKUP 命令备份数据库

要备份数据库，通常使用 ALLOCATE 命令为输出至少分配一个通道，然后利用所分配的通道用 BACKUP 命令备份数据库。ALLOCATE 命令的简略语法如下：

```
ALLOCATE CHANNEL channel TYPE [ = ] DISK | SBT_TAPE
FORMAT [ = ] 'output_format'
```

- channel 标识符为后面的 RMAN 命令中将要引用的通道名。
- TYPE 参数指定通道是磁盘通道（DISK）还是顺序输出设备通道（SBT_TAPE）。
- 可选的 FORMAT 参数指定用于通道的输出格式。对于磁盘通道，可用 FORMAT 参数来指定操作系统的目的地（驱动器和目录）以及与通道一起使用的文件名格式。如果省略 FORMAT 参数，磁盘通道将使用能保证文件名唯一并指向 Oracle 主目录的系统生成的文件名格式。文件名格式中可以包含字面量和变量组合。常用的变量如 %d 表示数据库名，%t 表示备份集时间戳，%U 表示系统生成的唯一文件名（默认），%F 表示用数据库标识符（DBID）、日期、月份、年份和序列号组成的名称。

备份数据库可以使用 RMAN 的 BACKUP 命令。下面是 BACKUP 命令的简略语法，它可以备份整个数据库、一个或多个数据文件、一个或多个表空间以及当前控制文件。

```
BACKUP [FULL | INCREMENTAL LEVEL [ = ] integer]
  [AS COMPRESSED BACKUPSET] backup_type option
```

语法说明如下：

FULL 选项表示建立一个完全的数据库备份集。INCREMENTAL LEVEL 表示建立特定级别的增量备份集。LEVEL 指定增量备份的级别，取值为 0 或 1，0 表示完全备份，1 表示增量备份。省略这两个参数表示建立一个完全的备份集。AS COMPRESSED BACKUPSET 表示创建压缩备份集。

backup_type 表示备份类型，主要包括以下几种。

- DATABASE 表示备份全部数据，包含所有数据文件和控制文件的备份集。
- TABLESPACE 表示备份表空间，可以备份一个或多个表空间。
- DATAFILE 表示备份数据文件，可以备份一个或多个数据文件。使用文件号指定文件。
- ARCHIVELOG［ALL］表示备份归档日志文件。
- CURRENT CONTROLFILE 表示备份控制文件。

option 为可选项，主要参数如下：

- TAG 参数指定用来标识备份集的唯一名称。好的标识名应该能够表示出数据库是打开的还是关闭的、备份的类型（如数据库、表空间、完全的、增量的等）以及唯一的 ID 号等。
- FORMAT 参数含义与 ALLOCATE 命令的 FORMAT 参数含义等价。如果为 BACKUP 命令指定了 FORMAT 参数，它将覆盖相同作业命令中分配通道的 FORMAT 参数设置。
- INCLUDE CURRENT CONTROLFILE 表示备份控制文件。
- DELETE［ALL］INPUT 表示备份结束后删除归档日志。
- SKIP［OFFLINE｜READONLY］表示不备份某种属性的表空间。

下面是一些简单备份命令：

```
命令 1:BACKUP DATABASE;
命令 2:BACKUP DATAFILE 1,2;
命令 3:BACKUP TABLESPACE USERS, EXAMPLE;
命令 4:BACKUP CURRENT CONTROLLFILE;
命令 5:BACKUP ARCHIVELOG ALL;
```

命令 1 备份整个数据库；命令 2 备份指定文件号的数据文件；命令 3 备份指定名称的表空间；命令 4 备份控制文件；命令 5 备份所有归档日志文件。

【例 12.4】　在 RMAN 命令提示符下，可以使用单个命令一步步完成各种操作，例如，下面代码备份数据库 USERS 表空间。

```
RMAN > backup tablespace users;
```

但是在进行数据库备份时，通常还需要执行其他命令，如分配通道等。因此，通常把几个命令链接起来，把它们组合到一个块中形成一个作业命令。块用 RUN 作为前缀，命令被括在花括号中。例如，下面的 RMAN 作业命令分配一个磁盘通道并备份目标数据库。

```
RMAN > run{
  allocate channel disk1 type disk;
  backup full database;
}
```

【提示】　默认情况下，RMAN 使用目标数据库的控制文件存放备份信息。Oracle 推荐使用恢复目录保存备份信息，但需要创建恢复目录。在产品环境下建议使用恢复目录。为了简单起见，本书不使用恢复目录，而使用控制文件存放备份信息。

12.3.4 归档日志模式下备份

如果数据库运行在归档日志模式下，当重做日志文件写满后，在日志组切换之前，先启动归档进程 ARCn，将重做日志文件复制到归档日志文件中。LGWR 进程等待 ARCn 进程完成复制操作后，再覆盖写满的重做日志文件。

在归档日志模式下，可以对数据库进行完整备份和局部备份。完整备份是备份整个数据库，局部备份是备份一个或多个数据文件（用文件名或文件号标识）、一个或多个表空间，或控制文件的列表。也可以备份归档日志文件，并且可以在备份归档日志文件时删除它们。默认备份的目标是磁盘的快速恢复区。

下面实践练习完成在归档模式下备份数据库。

实践练习 12-2 在归档日志模式下备份数据库

本练习中，使用 RMAN 执行作业命令在归档日志模式下备份数据库。

（1）使用 SQL Plus，以 SYSDBA 身份连接到数据库。使用下列命令确认数据库运行在归档模式下。

```
C:\Users\lenovo > sqlplus / as sysdba;
SQL > archive log list;
```

如果数据库运行在非归档模式，应先按实践练习 12-1 的步骤将数据库配置为归档日志模式。

（2）假设快速恢复区目录为 d:\app\lenovo\fast_recovery_area，使用下面命令可以查看快速恢复区目录信息。

```
SQL > show parameter db_recovery;
```

（3）在操作系统提示符下，启动 RMAN 可执行文件，并使用操作系统身份验证连接到启动数据库。

```
C:\Users\lenovo > rman target /
```

（4）在归档日志模式下，可以进行完整备份和局部备份。下面的 RMAN 脚本执行数据库的完整备份：

```
RMAN > run{
    allocate channel disk1 type disk;
    allocate channel disk2 type disk;
    backup as compressed backupset database;
}
```

作业命令分配两个磁盘通道。使用多个通道可实现备份操作的并行化，从而加快运行速度。分配两个通道将创建两个备份集。BACKUP 命令创建压缩备份集，它备份整个数据库。

（5）用操作系统的资源管理器查看在 d:\app\lenovo\fast_recovery_area 目录中产生的备份集文件。

【**注意**】 在创建备份集或压缩备份集时，RMAN 不备份从未使用过的块，这会节省大量的空间。

（6）在备份了数据库后，为了演示在恢复数据库时是否有数据丢失，在 C## WEBSTORE 模式中创建一个 TEST 表，并插入一行记录。代码如下：

```
SQL> connect c##webstore/webstore;
SQL> create table test(id number,name varchar2(10));
SQL> insert into test values(505, '张大海');
SQL> commit;
```

12.3.5　备份表空间和数据文件

如果某个表空间或数据文件比其他表空间或数据文件使用更频繁，则可能希望更经常地备份它，以便在它毁坏时，减少其恢复所需的时间。

如数据库备份一样，如果数据库运行在归档日志模式下，可以在数据库打开且表空间联机时建立表空间的备份。也可以在数据库打开状态下备份数据文件。

【例 12.5】　下面的作业命令对启动数据库的 USERS 表空间做一个完全表空间备份集。

```
run{
 allocate channel disk1 type disk
 format 'd:\app\lenovo\fast_recovery_area\oracle\%d_%T_%U';
 backup tablespace users tag open_tbs_full_1;
}
```

【例 12.6】　下面的作业命令备份文件号为 1 和 3 的数据文件。

```
run{
  allocate channel disk1 type disk;
  backup datafile 1,3;
}
```

12.3.6　备份归档日志文件

在归档日志模式下，当重做日志组被填满，日志组切换时会自动启动一个后台归档器进程 ARCn 自动进行归档。为了充分地保护数据库的归档日志文件并释放归档目的文件的磁盘空间，应该定期使用 RMAN 来备份归档日志文件，使其成为归档日志备份集的组成部分。

【例 12.7】　下列作业命令建立启动数据库的一个归档日志备份集。

```
run{
 allocate channel disk1 type disk
 format 'd:\app\lenovo\fast_recovery_area\oracle\archivelog\%U';
 backup as compressed backupset archivelog all delete all input;
}
```

从该作业命令的输出可以看到，执行并产生了归档日志备份集，之后删除了归档日志。

12.3.7　创建映像副本

可以使用 RMAN 的 BACKUP AS COPY 命令创建数据文件的映像副本，映像副本是与数据文件、控制文件或归档日志文件完全相同的副本。结果就好像文件是使用操作系统实用程序复制的。但不同的是，RMAN 读写 Oracle 块而不是操作系统块。使用映像副本还原是非常快速的，因为不需要从备份集中提取文件。可以更新目标数据库控制文件来定位映像副本。

【例 12.8】 尽管映像副本是以文件为单位创建的，RMAN 允许用一个命令复制多个文件。要备份整个数据库，可以使用下列命令。

```
RMAN > backup as copy database;
```

如果未更改已配置的默认值，则这个命令将启动一个磁盘通道，将所有数据文件和控制文件复制到快速恢复区。

【例 12.9】 如下命令将把所有归档日志文件复制到快速恢复区。

```
RMAN > backup as copy archivelog all delete all input;
```

12.3.8 创建增量备份

增量备份（incremental backup）是 Oracle 提供的另一种备份方法，它是将那些与前一次备份相比发生变化的数据块复制到备份集中。增量备份可以是两种类型之一：级别 0 和级别 1。级别 0 增量备份包含指定数据文件中的所有块，但从未使用过的块除外。级别 0 备份在物理上与相同数据文件的完整备份一致，但完整备份不能用于增量备份策略。级别 1 备份可以是两种类型之一：差异备份，备份自上次级别 0 或级别 1 备份以来所有改变的块。累积备份，备份自上次级别 0 备份以来所有改变的块。级别 0 备份可以是备份集或映像副本，级别 1 备份只能是备份集。

在 RMAN 的 BACKUP 命令中使用如下关键字可以指定增量级别 0 或级别 1 备份：

```
BACKUP INCREMENTAL LEVEL [0 | 1]
```

下面学习如何为 USERS 表空间建立增量备份。

1. 级别 0 增量备份

级别 0 备份包含数据库对象中的所有块，但从来没有使用的块除外。在标识有改变的块时，后续的级别 1 备份使用最近的级别 0 备份作为比较的基础。

进行级别 0 备份的频率取决于在备份之间改变了多少数据库对象（如表空间）。在进行增量备份前，最重要的是制订出相应的策略。例如，有一个简单的增量数据库备份策略是每周六晚上建立一个级别 0 的增量备份，然后每隔一晚都进行级别 1 的备份。

下面命令在增量备份策略中进行 USERS 表空间的第一个级别 0 备份：

```
RMAN > backup incremental level 0 tablespace users;
```

命令的输出结果如图 12-3 所示。

后续的级别 1 备份要使用这个备份作为标识变更块的起点。

2. 差异增量备份

差异增量备份是增量备份的默认类型，它备份自上次级别 0 备份或级别 1 备份以来所

图 12-3　增量备份 USERS 表空间

有变更的块。下面再次使用 USERS 表空间,进行增量备份。

```
RMAN > backup incremental level 1 tablespace users;
```

该命令执行完后,将产生一个级别 1 备份集。该文件名由 RMAN 指定,如果自级别 0
备份以来变更的块很少,那么该文件很小。

3. 累积增量备份

累积增量备份用于备份自上次级别 0 增量备份以来所有改变的块。累积增量级别 1 备
份的方式与差异级别 1 备份相同,但要指定 CUMULATIVE 关键字,如下所示。

```
RMAN > backup incremental level 1 cumulative tablespace users;
```

使用累积备份,每个增量备份会变得越来越大,备份的时间也越来越长,直到进行另一
个级别 0 的备份。差异备份只记录自上次备份以来的变更,所以每个备份集都比上一备份
集大一些或小一些,备份的数据块没有重叠。但是,如果必须从多个备份集中还原,而不是
两个,还原和恢复操作就可能花较长时间。

12.3.9　LIST、REPORT 和 DELETE 命令

在使用 RMAN 生成数据文件备份集和归档日志备份集后,可以使用 LIST 命令显示备
份集信息、使用 REPORT 命令生成报表以及使用 DELETE 命令删除不需要的备份集。

1. LIST 命令

LIST 命令用于生成报表显示关于备份集的有用信息,它的简化语法如下:

```
LIST BACKUP  [ OF
{DATABASE [SKIP TABLESPACE tablespace [, tablespace]...]
| TABLESPACE tablespace [, tablespace]...
| DATAFILE {'filename'| integer}, ...
| ARCHIVELOG ALL }]
[TAG [ = ] tag]
```

语法说明如下：

- 如果不指定 OF 参数，LIST 命令将显示关于所有备份集的信息。
- 指定 OF 参数可以显示指定的数据库（DATABASE 选项）中所有数据文件的备份集、指定的表空间（TABLESPACE 参数）中的备份集、某个特定数据文件（DATAFILE 参数）的备份集以及归档日志备份集（ARHIVELOG 参数）的有关信息。
- 可以使用 TAG 参数显示特定数据文件备份集的有关信息。

下面给出了几个 LIST 命令。

```
命令 1:list backup;
命令 2:list copy;
命令 3:list backup of database;
命令 4:list backup of datafile 1;
命令 5:list backup of tablespace users;
命令 6:list backup of archivelog all;
```

命令 1 列出所有备份集；命令 2 列出映像副本；命令 3 列出全部的数据库备份集，而不管是完整的还是增量的；命令 4 列出包括数据文件 1 的备份集；命令 5 列出包括 USERS 表空间的备份集；命令 6 列出所有归档日志的备份集。

2. REPORT 命令

REPORT 命令用来分析恢复目录（或控制文件）中的信息并产生有助于保护数据库的报表。该命令的简化语法如下：

```
REPORT
{ NEED BACKUP {INCREMENTAL | DAYS | REDUNDANCY} [ = ] integer
| {DATABASE [SKIP TABLESPACE tablespace [, tablespace]...]
| TABLESPACE tablespace [, tablespace]...
| DATAFILE {'filename'| integer}, ...
| OBSOLETE REDUNDANCY [ = ] integer }
```

下面给出了几个 REPORT 命令。

```
命令 1:report schema;
命令 2:report need backup;
命令 3:report obsolete;
命令 4:report need backup tablespace system;
```

命令 1 列出需要备份的数据文件信息；命令 2 列出所有需要备份的文件；命令 3 列出已废弃的备份；命令 4 查看指定表空间是否需要备份。

3. CHANGE 命令

在生成新的数据文件备份集时，最终会希望删除旧的、冗余的备份集以回收宝贵的存储空间。使用 CHANGE 命令就可以对备份集进行维护。

下面给出了几个 CHANGE 命令。

```
命令 1:change backupset 3 unavailable;
命令 2:change backupset 3 available;
命令 3:change backup of controlfile unavailable;
命令 4:change backupset 2 delete;
```

命令 1 改变备份集 3 的状态为不可用(unavailable)；命令 2 改变备份集 3 的状态为可用(available)；命令 3 改变控制文件备份集的状态为不可用(unavailable)；命令 4 删除备份集 2。

4．DELETE 命令

DELETE 命令可以直接删除废弃的备份集、删除指定的备份集、删除映像副本和过时的映像副本等。下面给出了几个 DELETE 命令。

命令 1：delete obsolete;
命令 2：delete backupset 4;
命令 3：delete backupset;
命令 4：delete copy;
命令 5：delete noprompt backupset tag TAG20101016T143521;

命令 1 删除废弃的备份集；命令 2 删除备份集 4；命令 3 删除所有的备份集；命令 4 删除所有的映像副本；命令 5 删除指定标识的备份集，并不给出确认提示。

下面命令删除归档日志。

delete archivelog all completed before 'sysdate - 7';

这里，'sysdate-7'表示当前系统时间 7 天前，before 关键字表示在 7 天前的归档日志，如果使用了闪回功能，会删除闪回的数据。也可以删除从 7 天前到现在的全部日志，不过这个命令要考虑清楚，做完这个删除，最好马上备份全部数据库。

delete archivelog from time 'sysdate - 7';

12.3.10 配置 RMAN 参数值

使用 RMAN 执行数据库备份时，除执行备份外，还需指定一些参数。比如，是否自动备份控制文件等，这些参数都具有默认值，用户也可以重新配置这些参数。

在 RMAN 中使用 SHOW ALL 命令显示配置的参数，它们应该都是默认值，结果如图 12-4 所示。

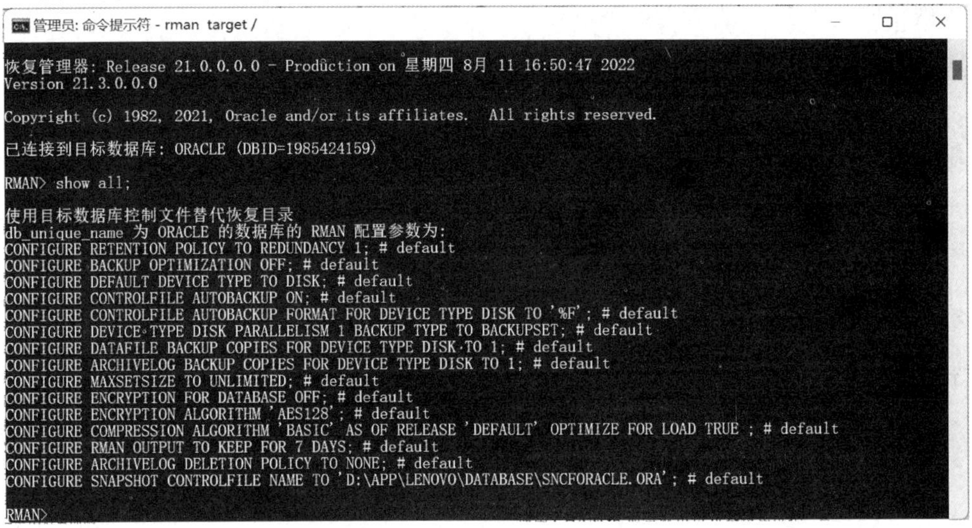

图 12-4 RMAN 默认配置参数

下面简要介绍这些参数的含义：

- RETENTION POLICY 指定备份的保留策略，即保留冗余副本的数量，默认值为 1。
- BACKUP OPTIMIZATON 指定是否开启备份优化。备份优化的作用是如果已经备份了某个文件的相同版本，则不再备份该文件，即只保留一份备份文件。默认未开启备份优化。
- DEFAULT DEVICE TYPE TO DISK 表示除非明确指出，否则 RMAN 就仅启动磁盘通道，不写入磁带。
- CONTROLLFILE AUTOBACKUP ON 开启控制文件的自动备份，作为其他备份操作的一部分。
- AUTOBACKUP FORMAT 为控制文件的自动备份指定名称和位置。
- DEVICE TYPE DISK PARALLELISM 1 BACKUP TYPE TO BACKUPSET 表示默认情况下，备份到磁盘时，只启动一个通道，该备份是一个未压缩的备份集。
- DATABASE BACKUP COPIES FOR DEVICE TYPE DISK TO 1 指定在备份数据文件和归档日志文件时，应生成备份集的多少个副本。
- MAXSETSIZE TO UNLIMITED 可以限制每个备份集的大小。如果达到了这个数字，就关闭该备份集块，继续备份到一个新的备份集中。
- ENCRIPTION FOR DATABASE OFF 默认禁用备份集的加密。
- ENCRIPTION ALGORITHM'AES128'指定加密算法。
- ARCHIVELOG DELETION POLICY TO NONE 允许 RMAN 根据各种条件，自动删除不再需要的归档日志。
- SNAPSHOT CONTROLFILE NAME TO 为控制文件的临时副本指定名称和位置，这些临时副本创建为控制文件备份机制的一部分。

在 SHOW ALL 命令输出的 RMAN 配置参数中末尾的 ♯default 表示该参数的默认值，要重新设置这些参数值，在 RMAN 提示符下使用 CONFIGURE 命令。例如，RMAN 的保留策略使用冗余策略，保留 1 个冗余副本。若将保留策略设置为使用恢复窗口的方法，并设置恢复时间为 7 天，设置命令如下：

```
RMAN> configure retention policy to recovery window of 7 days;
```

备份配置参数是为每个目标数据库配置的，存储在 RMAN 库中，具体是在目标数据库的控制文件或恢复目录中。要将这些参数恢复为默认值，可以执行 CLEAR 命令。例如，下面命令将保留策略恢复为默认值。

```
RMAN> configure retention policy clear;
```

实践练习 12-3　配置 RMAN，进行备份

本练习中，假定数据库运行在归档日志模式。首先配置 RMAN 备份策略。备份策略如下：总是可以把数据库恢复到两周前的任意时刻；备份写入磁盘；启动 4 个磁盘通道的压缩备份集；总是将控制文件包含在任何备份中；通道使用磁盘类型，备份集块根据数据库名、备份日期和唯一字符串命名；归档日志在备份到磁盘上 2 次后删除。

（1）启动操作系统命令提示符，执行下列命令启动 RMAN。

```
C:\Users\lenovo> rman target /
```

（2）执行 SHOW ALL 命令查看 RMAN 的配置参数值。

```
RMAN> show all;
```

（3）使用下面命令设置有关参数。

```
RMAN> configure retention policy to recovery window of 14 days;
RMAN> configure backup optimization on;
RMAN> configure controlfile autobackup on;
RMAN> configure device type disk parallelism 4 backup type to compressed backupset;
RMAN> configure channel device type disk format 'd:\oracle\backups';
RMAN> configure archivelog deletion policy to backed up 2 times to disk;
```

（4）执行下面作业块备份数据库和归档日志。

```
RMAN> run{
    allocate channel disk1 type disk
    format 'd:\app\lenovo\fast_recovery_area\oracle\archivelog\ %U';
    backup database;
    backup datafile 7;              ◀──────┤ USERS表空间对应的数据文件
    backup as compressed backupset archivelog all delete input;
}
```

从命令的输出可以看到通道的分配、备份的数据文件、输出备份集的路径和名称，控制文件以及 SPFILE 文件的自动备份。

🔑 12.4　使用 RMAN 实现恢复

Oracle 针对不同的备份方法提供了不同的恢复方法。本节学习如何给运行在归档日志模式下（ARCHIVELOG）的数据库使用 RESTORE 和 RECOVER 命令还原和恢复数据库。如果丢失了一个或多个数据文件、控制文件或者整个数据库，DBA 就需要恢复它们。

数据库的恢复可分为两大类：完整恢复（表示没有丢失数据）和不完整恢复（表示丢失了数据）。完整恢复是指将数据库恢复到发生故障的时间点，不丢失任何数据。不完整恢复是指将数据库恢复到发生故障前的某一个时间点，此时间点以后的所有改动将会丢失。如果没有特殊需求，建议应尽量使用完整恢复。当数据库发生失败，数据库管理员（DBA）要做的第一件事是确定完整恢复还是不完整恢复。大多数情况应尝试完整恢复。

12.4.1　还原与恢复

首先定义两个术语：**还原**（restore）和**恢复**（recover）。还原文件表示，从某种备份中提取一个副本，来替代受损或缺失的文件。恢复文件表示，把重做变更向量应用于还原的文件，把它恢复到故障发生之前的状态。用 RMAN 可自动完成整个还原和恢复过程。

从数据库失败中恢复一般分两个阶段：从备份位置还原一个或多个数据库文件（**还原阶段**）；应用重做日志文件和归档日志文件，把数据文件或整个数据库恢复到指定的 SCN（通常是最新的 SCN）或者最后一次提交的事务（**恢复阶段**）。

第一步，执行 RESTORE 命令进行还原，RMAN 从磁盘或磁带中检索一个或多个数据文件和恢复操作需要的归档日志文件。

第二步,执行 RECOVER 命令进行恢复,RMAN 把归档和重做日志文件中的重做日志应用于还原的数据文件。

下面是简单的还原和恢复过程。

```
SQL > shutdown immediate;
SQL > startup mount;
```

启动 RMAN,执行还原和恢复命令,然后执行 SQL 打开数据库。

```
C:\Users\lenovo > ramn target /
RMAN > restore database;      ◀——┤ 还原数据库
RMAN > recover database;      ◀——┤ 恢复数据库
RMAN > alter database open;
```

恢复过程取决于丢失的数据文件的重要性。如果丢失了重要的数据文件,就必须关闭数据库,再以 MOUNT 模式启动,之后才能恢复数据库。对于不重要的数据文件,可以在用户连接了数据库,且使用其他可用的数据文件时,恢复数据库。注意,许多操作都在表空间级别或数据文件级别完成,但表空间操作只能在数据库打开时进行。

12.4.2　完整恢复不重要的数据文件

如果丢失的数据文件不是 SYSTEM 或 UNDO 表空间的一部分,该数据文件就是不重要的。数据库处于 ARCHIVELOG 模式时,受损或丢失的数据文件如果不是 SYSTEM 或 UNDO 表空间的一部分,就只影响该数据文件中的对象,数据库仍可以打开。

从不重要的表空间完整恢复数据文件的一般步骤是:

(1) 如果数据库是打开的,用 ALTER TABLESPACE 命令使包含受损数据文件的表空间脱机。

(2) 使用 RMAN 的 RESTORE 命令,从备份位置中还原表空间的数据文件。

(3) 使用 RMAN 的 RECOVER 命令,把联机重做日志文件和归档日志应用于还原的数据文件。

(4) 使表空间联机。

因为数据库处于 ARCHIVELOG 模式,所以最多可以恢复到最后一次提交的事务。换言之,用户不必为上次提交的事务重新输入数据。注意,如果表空间包含多个数据文件,而只有一个数据文件受损,就不需要使整个表空间脱机,而仅使受损数据文件脱机。这样,表空间中只有部分对象(受损数据文件中)不可用。

实践练习 12-4　还原和恢复 USERS 表空间

本练习中,假设系统管理员不小心删除了 USERS 表空间的数据文件。在数据库仍打开,可以访问其他表空间的情况下,还原和恢复 USERS 表空间。假设完成了实践练习 12-3,备份了 USERS 表空间的数据文件。

(1) 使用 SQL Plus,以 SYSDBA 身份连接到数据库。

```
SQL > connect /as sysdba;
```

（2）为了演示介质故障，使用 SHUTDOWN IMMEDIATE 关闭数据库。

```
SQL > shutdown immediate;
```

然后使用操作系统命令将 USERS 表空间的数据文件 USERS01. DBF 改名为 USERS01. SAV，模拟丢失数据文件。

（3）使用 STARTUP 命令启动数据库出现错误。由于丢失了 USERS 表空间的数据文件，数据库只能启动到装载模式，无法打开。

```
SQL > startup;
ORACLE 例程已经启动。
…
数据库装载完毕。
ORA - 01157:无法标识/锁定数据文件 7 - 请参阅 DBWR 跟踪文件
ORA - 01110:数据文件 7 'D:\APP\LENOVO\ORADATA\ORACLE\USERS01.DBF'
```

（4）启动 RMAN，使用下面 RESTORE 命令还原 7 号数据文件，即 USERS01. DBF 文件。

```
RMAN > restore datafile 7;
```

此时，数据文件 USERS01. DBF 被还原到原来目录。

（5）使用下面 RECOVER 命令恢复数据文件，并应用重做日志文件和归档日志文件。

```
RMAN > recover datafile 7;
```

（6）关闭并重新启动数据库，查询 TEST 表数据，确定 USERS 表空间正确恢复，并且没有丢失数据。

```
SQL > shutdown immediate;
SQL > startup;
SQL > select  *  from c ## webstore. test;   ◄─── 备份之后发生改变的数据也被恢复
```

12.4.3　完整恢复重要的数据文件

恢复重要的数据文件的过程类似于恢复不重要的数据文件，只是数据库必须关闭，然后在 MOUNT 状态下打开，以执行恢复操作。如果丢失的数据文件在 SYSTEM 表空间中，实例很可能崩溃或关闭。下面是恢复重要数据文件的一般步骤。

（1）如果数据库还没有关闭，使用 SHUTDOWN ABORT 关闭。

（2）用 STARTUP MOUNT 命令重新打开数据库。

（3）使用 RESTORE 命令，从备份位置复制（还原）重要表空间的数据文件。

（4）使用 RECOVER 命令，把归档和联机重做日志文件应用于还原的数据文件。

（5）用 ALTER DATABASE OPEN 重新打开数据库，供用户使用。

所有提交的事务都会恢复到失败的那一刻，所以用户不必输入任何数据。在数据库装载模式下，ALTER TABLESPACE 命令是不可用的，所以还原和恢复必须在文件级别进行。ALTER TABLESPACE 命令只能在数据库打开的情况下使用。

实践练习 12-5　完整恢复重要的数据文件

本练习中，模拟在重要的数据文件丢失情况下的恢复。其中包括 SYSTEM 或 UNDO

表空间的数据文件,它们是重要的数据文件。本练习将使用实践练习 12-3 创建的备份集在归档模式下还原和恢复数据库。

（1）使用 SQL Plus,以 SYSDBA 身份连接到数据库。

```
SQL > connect /as sysdba;
```

（2）为了演示介质故障,使用 SHUTDOWN 命令关闭数据库。

```
SQL > shutdown immediate;
```

然后使用操作系统命令将 SYSTEM01.DBF 改名 SYSTEM01.BAK,模拟重要数据文件丢失。

（3）使用 STARTUP MOUNT 启动数据库到装载模式。

```
SQL > startup mount;
```

（4）启动 RMAN,使用 RESTORE 命令还原 SYSTEM 表空间的数据文件。使用 RECOVER 命令恢复数据库。

```
RMAN > restore database;
RMAN > recover database;
```

（5）SYSTEM 表空间恢复后,就可以打开数据库。

```
SQL > startup;
```

🔑 12.5　数据传输与加载

很多情况下,需要在数据库之间传输数据,或需要将数据批量加载到数据库。为此,Oracle 提供了两个工具:**数据泵**(data pump)和 SQL * Loader。数据泵用于数据导出(使用 EXPDP)和导入(使用 IMPDP),SQL * Loader 用于读取非 Oracle 系统生成的数据集,并将其加载到数据库中。

数据泵实用工具在数据库之间传输数据。使用数据泵可以将数据和元数据从一个数据库中移动到另一个数据库中。导出数据使用数据泵 EXPDP,导入数据使用数据泵 IMPDP。

12.5.1　创建和使用 Oracle 目录

Oracle 数据泵实用程序需要使用**目录**(directory)对象。目录对象允许针对数据库的会话读取和写入操作系统文件。Oracle 目录提供了用户和操作系统之间的抽象层,DBA 可以在数据库中创建指向文件系统上物理路径的目录对象。这些 Oracle 目录上的权限此后授予单个数据库用户。

目录对象的所有者必须是 SYS 用户,但已被授予 CREATE ANY DIRECTORY 权限的任何用户都能创建目录。使用 CREATE DIRECTORY 命令创建目录对象,下面创建名为 DUMP_DIR 的目录对象。注意,必须先使用操作系统命令创建目录。

```
SQL > create directory dump_dir as 'd:\oracle\oradata';
目录已创建。
```

访问数据泵转储文件的用户必须拥有该目录上的 READ 和 WRITE 权限。下面将相应的权限授予 C## WEBSTORE 用户。

```
SQL > grant read, write on directory dump_dir to c## webstore;
```

在 Oracle 数据库创建时,默认创建了一个名称为 DATA_PUMP_DIR 的目录对象,该目录对象指向 ORACLE_BASE\admin\db_name\dpdump,其中 db_name 是数据库实例名。使用下列语句可以从 DBA_DIRECTORIES 数据字典视图中查询出转储目录。

```
SQL > select * from dba_directories where directory_name = 'DATA_PUMP_DIR';
```

在执行导出和导入命令时,如果省略 DIRECTORY 参数,则使用默认的目录保存转储文件。

12.5.2 使用数据泵 EXPDP 导出数据

数据泵 EXPDP 把数据、元数据和控制信息从数据库导出到一个或多个称为转储文件的操作系统文件。使用数据泵 IMPDP 可以读这些文件,把它们导入到驻留在另一个服务器且操作系统完全不同的目标数据库上。

数据泵 EXPDP 的输出文件采用专用的格式,只能被数据泵 IMPDP 实用程序读取。这两个工具的可执行文件分别是 expdp. exe 和 impdp. exe,它们安装在 ORACLE_HOME/bin 目录中。

使用数据泵 EXPDP 有 5 种互斥的执行模式。

- Full Export,通过使用 full 参数导出整个数据库。如果需要,可以用这种方式重建整个数据库。
- Tablespace Export,这种方式下,用 tablespaces 参数可以导出在给定表空间中创建的所有表。
- Transportable Tablespace,该方式与 Tablespace Export 不同,Tablespace Export 只能从数据库导出给定表空间集的元数据。该方式使用 transport_tablespaces 参数。
- Schema Export,这是默认方式,允许导出数据库的一个或多个模式。这种方式使用 schemas 参数。注意,除非在模式列表中列出了相关模式,否则不会导出相关模式中的对象。
- Table Export,在这种方式下,用 tables 参数可以导出表或分区及其相关对象。

使用数据泵 EXPDP 的一般格式如下:

```
EXPDP username/password KEYWORD = value [...]
```

执行 EXPDP 必须首先指定用户名和口令,后面是参数名和参数值。下面命令导出 C## WEBSTORE 模式中的所有对象:

```
C:\Users\lenovo > expdp c ## webstore/webstore directory = dmpdir dumpfile = webstore. dmp
schemas = c ## webstore;
```

要执行整个数据库或表空间导出,或要导出用户模式之外的模式或表,必须给执行导出的用户授予 EXP_FULL_DATABASE 权限。

可以使用命令 expdp help＝y 查看数据泵 Export 命令的参数,其输出包含参数及其简要描述,如图 12-5 所示。

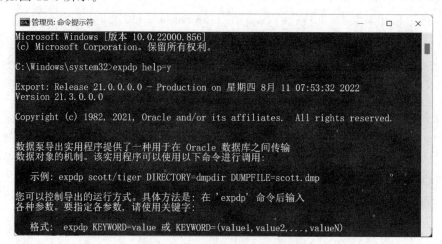

图 12-5　数据泵 EXPDP 的帮助

表 12-3 给出了 EXPDP 的常用参数及其说明。

表 12-3　常用的 EXPDP 参数及其说明

参　　数	说　　明
DIRECTORY	指定用于转储文件或日志文件的目录对象。用法为 DIRECTORY = directory_object,其中 directory_object 是目录对象名称,它是使用 CREATE DIRECTORY 命令建立的对象
DUMPFILE	指定转储文件名称,默认名称为 expdat.dmp。用法为 DUMPFILE = [directory_object:] file_name。其中,directory_object:用于指定目录对象名;file_name 用于指定转储文件名。如果不指定 directory_object:,导出工具自动使用 DIRECTORY 参数指定的目录对象
ENCRYPTION	加密部分或全部存储文件。该参数的有效值包有 all(加密全部内容)、data_only(仅加密数据部分)、encrypted_columns_only(仅加密写入到转储文件中的列)、metadata_only(仅加密元数据)和 none
INCLUDE	包含特定的对象类型,可指定多个 INCLUDE 参数
EXCLUDE	排除特定的对象类型,EXCLUDE 和 INCLUDE 不能同时使用。例如: EXPDP scott/tiger DIRECTORY = dump DUMPFILE = scott.dmp EXCLUDE=VIEW,表示在导出时排除所有的视图
LOGFILE	指定日志文件名。若没有指定该参数,Data Pump 指定一个默认名称
PARFILE	指定参数文件名
PARALLEL	为数据泵 EXPDP 作业设置工作进程数量。默认值为 1
QUERY	指定在导出过程中从表中筛选行的条件
REMAP_DATA	指定数据转换函数
TABLES	标识要导出的表的列表
SCHEMAS	标识要导出的模式列表
TABLESPACES	标识要导出的表空间的列表
FULL	标识导出整个数据库
TRANSPORT_TABLESPACES	要从中卸载元数据的表空间的列表
TRANSPORT_FULL_CHECK	验证所有表的存储段

1. 导出表

使用 EXPDP 命令时指定 TABLES 参数,为该参数指定一个或多个表名称,将导出指定的表信息。

```
C:\Users\lenovo > expdp c ## webstore/webstore directory = dump_dir dumpfile = webstore.dmp
tables = customers
Export: Release 21.0.0.0.0 - Production on 星期五 8 月 12 21:11:47 2022
Version 21.3.0.0.0

Copyright (c) 1982, 2021, Oracle and/or its affiliates.    All rights reserved.

连接到: Oracle Database 21c Enterprise Edition Release 21.0.0.0.0 - Production

警告: 连接到容器数据库的根或种子时通常不需要 Oracle Data Pump 操作。

启动 "C ## WEBSTORE"."SYS_EXPORT_TABLE_01":   c ## webstore/ ******** directory = dump_dir
dumpfile = webstore.dmp tables = customers
处理对象类型 TABLE_EXPORT/TABLE/TABLE_DATA
处理对象类型 TABLE_EXPORT/TABLE/INDEX/STATISTICS/INDEX_STATISTICS
处理对象类型 TABLE_EXPORT/TABLE/STATISTICS/TABLE_STATISTICS
处理对象类型 TABLE_EXPORT/TABLE/STATISTICS/MARKER
处理对象类型 TABLE_EXPORT/TABLE/TABLE
处理对象类型 TABLE_EXPORT/TABLE/CONSTRAINT/CONSTRAINT
. . 导出了 "C ## WEBSTORE"."CUSTOMERS"                  6.515 KB       4 行
已成功加载/卸载了主表 "C ## WEBSTORE"."SYS_EXPORT_TABLE_01"
************************************************************************
C ## WEBSTORE.SYS_EXPORT_TABLE_01 的转储文件集为:
  D:\ORACLE\ORADATA\WEBSTORE.DMP
作业 "C ## WEBSTORE"."SYS_EXPORT_TABLE_01" 已 于 星期五 8 月 12 21:12:01 2022 elapsed 0 00:00:13
成功完成
```

从输出结果可以看到,EXPDP 首先连接到数据库,然后启动一个作业开始执行转储。接下来处理各种对象类型,然后显示导出的表信息,包括表名、大小及行数,最后显示转储的文件集。

2. 导出指定的模式

使用 EXPDP 命令指定 SCHEMAS 参数,将导出指定模式中的所有对象信息。下面命令导出 C ## WEBSTORE 模式的所有对象信息。

```
C:\Users\lenovo > expdp c ## webstore/webstore directory = dump_dir dumpfile = storeschema.dmp
schemas = webstore
```

该导出命令中使用了默认的 DIRECTORY 对象 DATA_PUMP_DIR,将模式 C ## WEBSTORE 中的对象导出到 STORESCHEMA.DMP 文件中。

3. 导出表空间

使用 EXPDP 命令时指定 TABLESAPCES 参数,将导出指定表空间中的所有对象信息。下面命令导出 USERS 表空间的所有对象信息。

```
C:\Users\lenovo > expdp system/oracle123 directory = dump_dir dumpfile = users.dmp tablespaces  = users
```

4. 导出数据库

使用 EXPDP 命令时指定 FULL 参数,将导出数据库的所有对象信息,包括数据库元数据、数据和所有对象的转储。下面命令导出默认数据库中的所有对象信息。

C:\Users\lenovo > expdp system/oracle123 directory = dump_dir dumpfile = db_oracle.dmp　full = y

运行 Data Pump Export 和 Data Pump Import 实用程序,可以把导出和导入参数跟在命令行后,也可以把参数放在脚本中,然后通过 PARFILE 参数指定参数文件。

12.5.3　使用数据泵 IMPDP 导入数据

使用数据泵 IMPDP 实用程序可以将数据泵 EXPDP 导出的数据导入到数据库中。数据泵 IMPDP 有 5 种执行方式。这些方式是互斥的,描述如下:

- Full Import,用 FULL 参数导入整个数据库。如果需要,可以用这种方式对数据库进行重建。
- Schema Import,这是默认方式,用 SCHEMAS 参数可以导入数据库中的一个或多个模式。注意,除非在模式列表中列出了相关模式,否则不会导入相关模式中的对象。这一方式的源可以是 Full 或 Schema 导出的转储文件。
- Table Import,通过使用 TABLES 参数导入表或分区及其相关的对象。要导入模式之外的表,必须把 IMP_FULL_DATABASE 角色授予用户。这种方式的源可以是 Full、Schema、Table 或 Tablespace 导出的转储文件。
- Tablespace Import,通过使用 TABLESPACES 参数,可以导入在给定表空间中创建的所有表。它的源可以是 Full、Schema、Table 或 Tablespace 导出的转储文件。
- Transportable Tablespace(TTS),与表空间的导入不同之处在于,只把元数据从给定的表空间集导入到数据库中,使用的参数是 TRANSPORT_TABLESPACES。用 TTS 导出的元数据被导入到目标数据中,需要把数据文件复制到元数据指定的正确位置。这种方式的源是以 Transportable Tablespace 导出的转储文件,也可以是一个数据库。

这些方式与导出方式相对应,但是导入可以使用相同方式的导出,也可以使用更高模式的导出。例如,可以用以 Full、Schema、Tablespace 或 Table 方式导出的转储文件作为源,进行表一级的导入。

使用数据泵 IMPDP 的一般格式如下:

IMPDP username/password KEYWORD = value [...]

同样,执行 IMPDP 必须首先指定用户名和口令,后面是参数名和参数值。下面命令导入 C＃＃ WEBSTORE 模式中的所有对象:

impdp c＃＃ webstore/webstore directory = dump_dir dumpfile = webstore.dmp schemas = c＃＃ webstore

执行导入的用户必须具有 IMP_FULL_DATABASE 角色。

可以使用命令 impdp help＝y 查看数据泵 Import 命令的参数,其输出包含参数及其简要描述,如图 12-6 所示。

表 12-4 给出了 IMPDP 的常用参数及其说明。

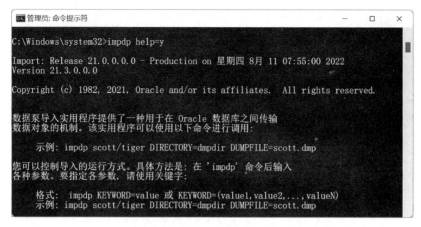

图 12-6　数据泵 IMPDP 的帮助

表 12-4　常用的 IMPDP 参数及其说明

参　　数	说　　明
CONTENT	指定要导入的数据，可选值有 all、data_only 和 metadata_only
DIRECTORY	指定用于转储文件或日志文件的目录对象
DUMPFILE	指定需要导入的转储文件名称。用法为 DUMPFILE＝scott.dmp
INCLUDE	包含特定的对象类型，可指定多个 INCLUDE 参数
EXCLUDE	排除特定的对象类型，EXCLUDE 和 INCLUDE 不能同时使用
LOGFILE	指定日志文件名
PARFILE	指定参数文件名
PARALLEL	为 Data Pump Import 作业设置工作进程数量
QUERY	指定在导入过程中从表中筛选行的条件
TABLES	指定导入的表的列表
SCHEMAS	指定要导入的模式列表
TABLESPACES	指定要导入的表空间的列表
FULL	指定导入整个数据库
TRANSPORT_TABLESPACES	指定一个 Transportable Tablespace 模式导入的表空间
TRANSPORT_FULL_CHECK	指定是否验证所有表的存储段。默认值为 n

【提示】　在新版 Oracle 中仍然支持早期版本提供的导出和导入工具 EXP 和 IMP，但目前不建议使用这两个工具，应该使用数据泵导出和导入数据。

1. 导入表

使用 IMPDP 命令执行导入时，如果指定 TABLES 参数，则可以将使用 EXPDP 导出的表数据导入数据库。同样需要使用 DIRECTORY 参数指定转储文件所在的目录对象，使用 DUMPFILE 参数指定要导入的文件名，该文件必须是使用 EXPDP 导出的。

```
C:\Users\lenovo > impdp c＃＃ webstore/webstore directory = dump_dir dumpfile = webstore.dmp
tables = customers table_exists_action = replace
Import: Release 21.0.0.0.0 - Production on 星期五 8 月 12 21:18:10 2022
Version 21.3.0.0.0

Copyright (c) 1982, 2021, Oracle and/or its affiliates.   All rights reserved.
```

连接到: Oracle Database 21c Enterprise Edition Release 21.0.0.0.0 - Production

警告: 连接到容器数据库的根或种子时通常不需要 Oracle Data Pump 操作。

```
已成功加载/卸载了主表 "C##WEBSTORE"."SYS_IMPORT_TABLE_01"
启动 "C##WEBSTORE"."SYS_IMPORT_TABLE_01":  c##webstore/******** directory=dump_dir
dumpfile=webstore.dmp tables=customers table_exists_action=replace
处理对象类型 TABLE_EXPORT/TABLE/TABLE
处理对象类型 TABLE_EXPORT/TABLE/TABLE_DATA
. . 导入了 "C##WEBSTORE"."CUSTOMERS"                       6.515 KB       4 行
处理对象类型 TABLE_EXPORT/TABLE/CONSTRAINT/CONSTRAINT
处理对象类型 TABLE_EXPORT/TABLE/INDEX/STATISTICS/INDEX_STATISTICS
处理对象类型 TABLE_EXPORT/TABLE/STATISTICS/TABLE_STATISTICS
处理对象类型 TABLE_EXPORT/TABLE/STATISTICS/MARKER
作业 "C##WEBSTORE"."SYS_IMPORT_TABLE_01" 已于 星期五 8 月 12 21:18:27 2022 elapsed 0 00:00:15
成功完成
```

在导入命令中,指定了 TABLE_EXISTS_ACTION 参数,值 replace 表示如果导入的对象已经存在,则覆盖该对象并加载数据。

在 IMPDP 命令中指定了 c##webstore/webstore,表示将数据导入到 C##WEBSTORE 模式中。也可以将数据导入到其他模式中,例如,下面命令将表导入到 SYSTEM 模式中。

```
C:\Users\lenovo> impdp system/oracle123 directory=dump_dir dumpfile=webstore.dmp tables=
customers remap_schema=c##webstore:system
```

【注意】 用户需要具有 IMP_FULL_DATABASE 角色才能导入任何模式,否则只能导入自己模式中的表。

2. 导入指定的模式

使用 IMPDP 命令执行导入时,如果指定 SCHEMAS 参数,则可以将使用 EXPDP 导出的一个模式导入数据库。下面命令导入 C##WEBSTORE 模式。

```
C:\Users\lenovo> impdp c##webstore/webstore directory=dump_dir dumpfile= storescheme.dmp
schemas=c##webstore
```

3. 导入表空间和数据库

使用 IMPDP 命令执行导入时,指定 TABLESPACES 参数,则可以导入表空间,指定 FULL 参数可以导入整个数据库。下面命令导入 USERS 表空间。

```
C:\Users\lenovo> impdp system/oracle123 directory=dump_dir dumpfile=users.dmp tablespaces=
users
```

导入数据库是指将存放在转储文件中的所有数据库对象及相关数据装载到数据库中。下面命令导入默认数据库中的所有对象信息。

```
C:\Users\lenovo> impdp system/oracle123 directory=dump_dir dumpfile=db_oracle.dmp  full=y
```

实践练习 12-6　用数据泵导出/导入表

本练习中,使用数据泵命令行实用程序把表从一个模式复制到另一个模式。

（1）使用 SQL Plus 以 SYSTEM 身份连接到数据库。

（2）使用下面命令创建本练习使用的模式 C##SCOTT。

```
SQL> create user c##scott identified by tiger;
```

（3）在数据库中存在一个默认的供数据泵使用的默认 Oracle 目录，名为 DATA_PUMP_DIR，如果没有指定其他目录，那么数据泵将使用这个目录。用下面的查询确认它的存在性，如果其不存在，可建立该目录（使用任何合适的操作系统的路径）。

```
SQL> select directory_path from dba_directories
  2    where directory_name = 'DATA_PUMP_DIR';
```

（4）使用 EXPDP 命令导出 C##WEBSTORE 模式。这里未指定目录，使用 DATA_PUMP_DIR。

```
C:\Users\lenovo> expdp system/oracle123 schemas=c##webstore dumpfile=webstore.dmp
```

（5）把 C##WEBSTORE 模式导入到 C##SCOTT 模式。

```
C:\Users\lenovo> impdp system/oracle123 remap_schema=c##webstore:c##scott dumpfile=webstore.dmp
```

（6）连接到 C##SCOTT 模式，确认对象已导入。

```
SQL> connect c##scott/tiger;
SQL> select object_name,object_type from dba_objects where owner='C##SCOTT';
```

12.5.4 用 SQL*Loader 工具加载外部数据

SQL*Loader 工具可以实现将外部数据或其他数据库中的数据加载到 Oracle 数据库中，例如将文本文件数据或 MySQL 数据库数据加载到 Oracle 数据库。

在使用 SQL*Loader 加载数据时可能需要多种类型文件。**输入数据文件**（input datafile）是将要加载到数据库的源数据。**控制文件**（control file）指示 SQL*Loader 如何解释输入文件的内容以及如何从输入文件中抽取记录，它是一个文本文件。**日志文件**（log file）概述了作业的成功与失败以及所有相关错误的细节。输入文件中抽取的行可能被 SQL*Loader 丢弃（这些行与控制文件期望的格式不一致），也可能被数据库丢弃（插入操作可能违反某个完整性约束）。在上述两种情况下，这些记录会被写入**错误文件**（bad file）。如果成功从输入文件中取出记录，但记录与某些标准不匹配，这些记录被写入**废弃文件**（reject file）。

控制文件是指示 SQL*Loader 如何处理输入数据文件的文本。可以在控制文件中包含要加载的数据，但是通常实际数据保存在输入数据文件中。

下面介绍如何将文本文件数据加载到 Oracle 数据表中。考虑 C##WEBSTORE 模式中的 CUSTOMERS 的表，使用下列命令查看表结构。

```
SQL> desc customers;
名称                        是否为空?              类型
------------------        ---------------      ---------------
CUSTOMER_ID               NOT NULL             NUMBER(38)
CUSTOMER_NAME             NOT NULL             VARCHAR2(10)
EMAIL                                          VARCHAR2(20)
BALANCE                                        NUMBER(8,2)
```

下面是一个文本文件 CUSTOMERS. TXT，它包含几行客户记录信息，字段之间用逗号分隔，内容如下：

```
6,张三,zhangsan@163.com,7000
7,李四,lisi@163.com,8000
8,王五,wangwu@163.com,9000
```

创建用于加载此数据的 SQL * Loader 控制文件 CUSTOMER. CTL，内容如下：

```
load data
infile 'customers.txt'
badfile 'customers.bad'
discardfile 'customers.dsc'
append into table customers
fields terminated by ','
trailing nullcols
(customer_id integer external(2), customer_name, email,balance)
```

若使用 DIRECT＝TRUE 参数指示 SQL * Loader 使用直接路径方式而不是常规方式插入输入。下面逐行分析控制文件。

- load data：启动新数据加载操作。
- infile 'customers. txt'：指定输入数据文件。
- badfile 'customers. bad'：指定写出错误格式记录的错误文件名。
- discardfile 'customers. dsc'：指定写出被放弃的记录的废弃文件名。
- append into table customers：为表添加行，而不是先截断表，要插入行的表。
- fields terminated by ','：指定数据文件字段分隔符为逗号。
- trailing nullcols：指定如果缺少字段将插入 NULL 值。
- (customer_id integer external(2)，customer_name，email，balance)：指定插入数据的列。

下面使用 SQLLDR 执行加载操作，在操作系统提示符下运行以下命令：

```
C:\Users\lenovo > sqlldr userid = c##webstore/webstore control = customer.ctl
```

此命令启动 SQL * Loader 用户进程，以用户 WEBSTORE 身份连接到本地数据库，然后执行控制文件 CUSTOMER. CTL 中指定的操作。

【提示】 如果需要了解 SQLLDR 命令的其他有关参数，可以在命令提示符下直接输入 SQLLDR，这将列出 SQLLDR 命令的用法和有效关键字。

实践练习 12-7　从 Excel 文件导出数据，用 SQL * Loader 加载到数据库

本练习学习从 Excel 中导出数据，使用 SQL * Loader 将数据插入 Oracle 数据表中。假设有一个 Excel 表格，其中存放了几条部门记录，如图 12-7 所示。将该文件保存为 department. csv。注意保存文件的格式为"CSV（逗号分隔）"。

A	B	C	D
1	财务部	北京	12345678
2	人力资源部	上海	22233344
3	销售部	北京市海淀区	88888888

图 12-7　Excel 表格数据

（1）使用 SQL Plus 以 C##WEBSTORE 身份连接到数据库。

（2）使用下面命令创建本练习使用的表 DEPARTMENTS。如果该表存在，略过此步骤。

```
create table department(
  department_id integer constraint dept_pkey primary key,
  department_name varchar2(20) not null,
  location varchar2(20),
  telephone varchar2(14)
);
```

（3）使用编辑器创建 DEPARTMENT.CTL 控制文件，内容如下。文件保存在
C:\Users\lenovo 目录中。

```
load data
infile 'department.csv'
badfile 'department.bad'
truncate
into table departments
fields terminated by ','
trailing nullcols
(department_id,department_name,location,telephone)
```

（4）在操作系统提示符下，运行如下的 SQL * Loader 命令。

```
C:\Users\lenovo> sqlldr userid = c##webstore/webstore control = department.ctl
```

（5）研究已经生成的 DEPARTMENT.LOG 日志文件内容。

（6）使用 SQL Plus，确认已经在 DEPARTMENTS 表中插入了数据。

```
SQL> select * from departments;
```

🔑 本章小结

本章主要讨论了以下内容：

- Oracle 数据库的备份和恢复，包括：物理备份和恢复、逻辑备份和恢复以及使用
  RMAN 工具备份和恢复。
- 使用 RMAN 工具备份和恢复是 Oracle 推荐的方法。快速恢复区是默认的备份存储
  区。数据库可以运行在非归档日志模式和归档日志模式。
- 在 RMAN 中备份使用 BACKUP 命令实现，可以备份整个数据库、控制文件、数据文
  件和归档日志文件。使用 RESTORE 命令还原数据库，使用 RECOVER 命令恢复
  数据库。
- 数据库的恢复可分为两大类：完整恢复（表示没有丢失数据）和不完整恢复（表示丢
  失了数据）。完整恢复是指将数据库恢复到发生故障的时间点，不丢失任何数据。
  不完整恢复是指将数据库恢复到发生故障前的某一个时间点，此时间点以后的所有
  改动将会丢失。
- Oracle 提供的 Data Pump 工具（称为数据泵）实现数据库的导出和导入，实现逻辑备
  份和逻辑恢复功能。使用 SQL * Loader 工具将外部数据（文本或 Excel）加载到
  Oracle 数据库中。

习题与实践

一、填空题

1. Oracle 数据库的运行模式有归档模式和非归档模式两种,Oracle 数据库默认为_____,数据库管理员可以执行_____语句将数据库的运行模式设置为归档模式。

2. 快速恢复区是一个目标磁盘目录,它是与恢复相关的文件的默认位置。可以使用_____和_____两个实例参数对快速恢复区进行配置。

3. RMAN 可以生成三类备份:备份集、压缩备份集和_____。

4. 使用 RMAN 备份 USERS 和 EXAMPLE 表空间的命令是_____。

5. 要执行整个数据库或表空间导出,或要导出用户模式之外的模式或表,必须给执行导出的用户授予_____权限。

二、选择题

1. 可以写入快速恢复区的文件不包括(   )。
   A. 归档重做日志文件   B. 数据库闪回日志
   C. 恢复管理器的备份文件   D. 数据文件

2. 使用 RMAN 不能备份的文件类型是(   )。
   A. 归档日志文件   B. 重做日志文件   C. 数据文件   D. 控制文件

3. 下面(   )命令用于显示 RMAN 的配置参数信息。
   A. LIST   B. DISPLAY   C. SHOW   D. 都不是

4. 删除备份集使用的命令是(   )。
   A. LIST   B. REPROT   C. DELETE   D. CHANGE

5. 在 BACKUP 命令中指定 INCREMENTAL 选项,默认创建差异增量备份,如果要创建累积增量备份,还需要 BACKUP 命令中指定(   )选项。
   A. INCREMENTAL   B. LEVEL
   C. DIFFERENTIAL   D. CUMULATIVE

三、简答题

1. 简述配置数据库归档日志模式的步骤。

2. 使用 RMAN 能备份哪些数据库对象?

3. 什么是增量备份?级别 0 和级别 1 备份有什么不同?什么是差异增量备份和累积增量备份?

4. 使用数据泵(data pump)实用工具在数据库之间传输哪些类型的数据?

四、综合操作题

1. 使用 RMAN 实现 USERS 表空间的备份与恢复,请给出具体步骤。

2. 使用数据泵实用工具将 C##WEBSTORE 模式中的所有对象导出到指定目录中(如 D:\dump\webstore.dmp),然后删除 C##WEBSTORE 模式,再将导出的 webstore.dmp 导入到数据库中。

第13章

闪 回 技 术

CHAPTER **13**

为了防止由于数据库的介质故障而导致的数据丢失,可以使用备份和归档日志文件恢复数据库。但对用户人为造成的逻辑错误(比如提交了一个错误的事务)就很难恢复,因为对数据库而言,这种类型的错误不是错误。为此,Oracle 提供了多种闪回技术供用户恢复人为错误。

本章首先概述 Oracle 提供的各种闪回技术,然后重点讨论闪回查询、闪回表、闪回删除和闪回数据归档,最后介绍闪回数据库。

🔑 13.1　闪回技术概述

传统上,恢复数据库人为错误的方法是采用用户管理的备份和恢复技术,而闪回技术提供了从逻辑错误中恢复得更有效和更快的方法。多数情况下,使用这种技术恢复时数据库仍然联机并对用户可用。此外,闪回技术还可以选择性地复原某些对象。闪回技术可以分为以下几种。

- **闪回查询**(flashback query):查询过去某个时间点(TIMESTAMP)或者某个 SCN (系统更改号)值时表中的数据信息,包括闪回版本查询和闪回事务查询。
- **闪回表**(flashback table):用于恢复表中的数据,将表中数据恢复到指定的时间点或 SCN 上。
- **闪回删除**(flashback drop):将已经删除的表及其关联对象恢复到删除前的状态。该功能类似于操作系统的垃圾回收功能。
- **闪回数据归档**(flashback data archive):将数据表闪回到过去任何时间,比如,闪回到多年之前的某个时间。
- **闪回数据库**(flashback database):将数据库恢复到过去某个时间点或 SCN 时的状态,最终的结果就好像执行了不完整恢复。

🔑 13.2　闪回查询

闪回查询(flashback query)是利用还原段存储的信息查询过去某个时刻的数据库状态。工作原理是将查询指定的时间映射到一个系统更改号 SCN,当查询找到自从该 SCN 以来更改的块,它将转到还原段提取此更改所需的还原数据。

要实现闪回查询,必须将初始化参数 UNDO_MANAGEMENT 设置为 AUTO,这是此参数的默认值。初始化参数 UNDO_RETENTION 决定了能往前闪回查询的最大时间(默认 900s),值越大可以往前闪回查询的最大时间越长,但占用的磁盘空间也越大。

【例 13.1】　使用下面命令可以查看 UNDO 开头的参数值,关于这些参数值的设置请参阅 10.2.3 节内容。

```
SQL> column name format a30
SQL> column value format a25
SQL> select name, value from v$parameter where name like 'undo%';
NAME                           VALUE
----------------------         --------------
undo_management                AUTO
undo_tablespace                UNDOTBS1
undo_retention                 900
```

13.2.1　基本闪回查询

可以借助一条 SELECT 语句,将会话临时回退到过去,查询数据库表在之前某个时刻的状态。此功能可以用来查看在提交了一组事务之前的数据状态。

最基本的闪回查询是可以查询之前某一时刻的某个版本的表数据。查询语句的基本语法格式如下：

```
SELECT column_name [,...] FROM table_name
AS OF {SCN | TIMESTAMP} expression [WHERE condition];
```

语法说明如下：

- AS OF SCN：指定系统改变号；AS OF TIMESTAMP：指定时间戳。
- expression：指定一个值或表达式，用于表示时间戳或 SCN。

1. 基于 TIMESTAMP 的闪回查询

基于时间戳的闪回查询需要记录闪回的时间点。下面以 C## WEBSTORE 用户登录到数据库，使用下面的查询操作，返回当前的时间。

```
SQL> select to_char(sysdate, 'yyyy-mm-dd hh24:mi:ss') from dual;
TO_CHAR(SYSDATE,'YYYY-MM-DDHH24:MI:SS'
------------------------------------
2022-09-05 18:28:38
```

执行下列语句，从 ORDERS 表中删除 ORDER_ID 小于 3 的订单记录，并提交。再执行查询，结果只包含订单号大于或等于 3 的订单记录。

```
SQL> delete from orders where order_id < 3;    ←——| 模拟误操作
SQL> commit;
SQL> select * from orders;    ←——| 已不能查到订单号小于3的记录
```

执行下面的闪回查询语句，可以得到在指定时间戳之前的记录。

```
SQL> select * from orders as of timestamp    ←——| 可以查到订单号大于3的记录
2   to_timestamp('2022-09-05 18:28:38','yyyy-mm-dd hh24:mi:ss');
```

【提示】　使用上述方法可以查询指定时间戳之前的表记录。但如果要恢复那个时刻的表数据状态，可以把相差的记录插入到当前表中。

使用下面语句可以得到相差的记录。

```
SQL> select * from orders as of timestamp
  2   to_timestamp('2022-08-26 10:46:18','yyyy-mm-dd hh24:mi:ss')
  3   minus select * from orders;
```

2. 基于 SCN 的闪回查询

如果需要对多个有主外键约束的表进行闪回查询，使用 AS OF TIMESTAMP 方式可能会因为时间点不统一而造成数据恢复失败，使用 AS OF SCN 则能确保约束的一致性。下面是一个基于 SCN 的闪回查询示例。

以 SYSDBA 身份登录到系统，使用下面语句返回当前的 SCN 值。

```
SQL> select current_scn from v$database;
CURRENT_SCN
-----------
   6773900
```

以 C＃ WEBSTORE 身份登录到数据库，使用下面语句更新 EMPLOYEES 表的 salary 数据并提交。

```
SQL> select employee_name, birthdate, salary from employees
  2  where employee_id = 1005;
EMPLOYEE_NAME         BIRTHDATE          SALARY
-------------         ------------       ------------
欧阳清风              01 - 2 月 - 80      2800
SQL> update employees set salary = 5000 where employee_id = 1005;
SQL> commit;
```

使用下面语句查询 SCN 号为 6773900 时员工 1005 的工资信息。

```
SQL> select employee_name, salary from employees as of scn 6773900
2  where employee_id = 1005;
EMPLOYEE_NAME         BIRTHDATE          SALARY
-------------         ------------       ------------
欧阳清风              01 - 2 月 - 80      2800
```

可以看到，该查询的结果是 SCN 号为 6773900 时表中的数据。实际上，Oracle 在内部都是使用 SCN 的，即使指定的是 AS OF TIMESTAMP，Oracle 也会将其转换成 SCN。

13.2.2　闪回版本查询

表中的一行在它生命周期内可能多次改变，也就是可能有多个版本。**闪回版本查询**（flashback version query）允许查看一行所有提交的版本（不能查看未提交的版本），包括创建和结束每个版本的时间戳。另外，还可以查看创建任何版本的行的事务的标识符，然后可以将它用于闪回事务查询。这些信息可通过每个表的伪列来提供。伪列是由 Oracle 在内部附加到行上的列，一个常见的伪列是 ROWID，它是表的每一行的唯一标识符。与闪回相关的伪列包括：

- VERSIONS_STARTTIME，创建此版本行的时间戳。
- VERSIONS_ENDTIME，此版本的行失效的时间戳。
- VERSIONS_STARTSCN，通过 INSERT 或 UPDATE 创建此版本行的 SCN。
- VERSIONS_ENDSCN，通过 DELETE 或 UPDATE 使此版本的行失效的 SCN。
- VERSIONS_XID，创建此版本的行的事务的唯一标识符。
- VERSIONS_OPERATION，创建此版本的行的事务执行的操作，可以是 INSERT、UPDATE 或 DELETE。

【例 13.2】　为了查看伪列，必须在查询语句中包含 VERSIONS BETWEEN 关键字。假设向表中插入员工张大海，工资 4600，然后将工资修改为 5700，再修改为 6800。这样该员工记录就有多个版本。下面语句显示了员工号为 1008 行的所有版本。

```
select employee_id, employee_name, salary, versions_xid,
versions_startscn, versions_endscn, versions_operation
from employees versions between scn minvalue and maxvalue
where employee_id = 1008;
```

在 SQL Developer 中执行语句的输出结果如图 13-1 所示。

查询输出行的每个版本，它们按照存在时间的降序排列。最上面的版本是最新的。该

	EMPLOYEE_ID	EMPLOYEE_NAME	SALARY	VERSIONS_XID	VERSIONS_STARTSCN	VERSIONS_ENDSCN	VERSIONS_OPERATION
1	1008	张大海	6800	04000C00AD020000	1660120	(null)	U
2	1008	张大海	5700	05000800B6020000	1660114	1660120	U
3	1008	张大海	4600	08001000AA020000	1660101	1660114	I

图 13-1 查询行的不同版本

查询中在 VERSIONS BETWEEN 子句使用两个常量表示 SCN。MINVALUE 表示 Oracle 检索还原段中最早的信息,MAXVALUE 表示将作为当前的 SCN。

输出的最后一行表明员工 1008 是编号 08001000AA020000 的事务在 SCN 号为 1660101 上插入的(VERSIONS_OPERATION 列值为 I),该版本行的最后生存时间是 SCN 号 1660120,在该 SCN 上工资被修改为 6800,最后的列值为 U。

13.2.3 闪回事务查询

通过闪回版本查询,可以了解过去的某段时间内用户对某个表所做的改变。而当发现有错误操作时,闪回版本查询不能进行还原处理,这时可以使用**闪回事务查询**。

实现闪回事务查询,首先要了解 FLASHBACK_TRANSACTION_QUERY 视图,从该视图中可以获得事务的历史操作记录和还原语句(UNDO_SQL)。使用 DESCRIBE 命令可以查看该视图结构,它包含的字段如下所示。

- XID:事务标识。
- START_SCN:事务开始时的系统改变号。
- START_TIMESTAMP:事务开始时的时间戳。
- COMMIT_SCN:事务提交时的系统改变号。
- COMMIT_TIMESTAMP:事务提交时的时间戳。
- LOGON_USER:当前登录用户。
- UNDO_CHANGE:还原改变号。
- OPERATION:前滚操作,也就是事务所对应的操作。
- TABLE_NAME:表名。
- TABLE_OWNER:表的拥有者。
- ROW_ID:唯一的行标识。
- UNDO_SQL:用于还原的 SQL 语句。

使用闪回事务查询,可以了解某个表的历史操作,这个操作对应一个还原 SQL 语句,如果要还原这个操作,就可以执行这个 SQL 语句。

【例 13.3】 下面通过一个示例说明闪回事务查询的使用。

(1) 使用 SQL Plus,以 SYS 管理员身份登录到数据库,执行下面语句,为 C＃＃ WEBSTORE 用户授予 DBMS_FLASHBACK 包上的权限。

```
SQL> grant execute on dbms_flashback to c## webstore;
SQL> grant select any transaction to c## webstore;
```

(2) 使用 ALTER DATABASE 命令,启用对 DML 更改引用的列值和主键值的日志记录。

```
SQL> alter database add supplemental log data;
SQL> alter database add supplemental log data (primary key) columns;
```

注意，只有在执行上述命令之后，再执行 DML 操作才会在 FLASHBACK_ TRANSACTION_QUERY 视图中的 OPERATION 和 UNDO_SQL 列上添加相应的值。

（3）以 C##WEBSTORE 用户身份登录到 SQL Developer，创建一个 TEST 表，语句如下。

```sql
create table test(id number primary key, name varchar2(20));
```

（4）以事务的方式向 TEST 表中插入 2 条记录，然后删除 1 条记录。

```sql
insert into test values(101, '张三');
commit;
insert into test values(102, '李四');
commit;
delete from test where id = 101;
commit;
```

这里，执行每条 DML 语句后都执行 COMMIT 提交，实际是执行了 3 个事务。

（5）闪回事务查询，查询 FLASHBACK_TRANSACTION_QUERY 视图。

```sql
select table_name,operation, undo_sql
from flashback_transaction_query where table_name = 'TEST';
```

查询结果如图 13-2 所示。

	TABLE_NAME	OPERATION	UNDO_SQL
1	TEST	DELETE	insert into "WEBSTORE"."TEST"("ID","NAME") values ('101','张三');
2	TEST	INSERT	delete from "WEBSTORE"."TEST" where ROWID = 'AAAR6bAAHAAAAD3AAA';
3	TEST	INSERT	delete from "WEBSTORE"."TEST" where ROWID = 'AAAR6bAAHAAAAD3AAB';

图 13-2　FLASHBACK_TRANSACTION_QUERY 视图

上述结果记录了每个成功提交的事务，通过 UNDO_SQL 给出的语句可以做相反操作，将数据库的某个事务闪回。如果要恢复 DELETE 操作，则执行 UNDO_SQL 给出的 INSERT 语句就可以恢复被删除的操作。

13.3　闪回表

闪回表（flashback table）是将表中的数据恢复到过去的某个时间点（TIMESTAMP）或系统改变号（SCN）时的状态，并自动恢复索引、触发器和约束等属性。闪回表用于恢复表中的数据，可以在线进行闪回表操作。

与闪回表不同，闪回查询只是得到表在过去某个时间点上的快照，并不改变表的当前状态，而闪回表是将表与相关对象一起恢复到以前的某个时间点状态。

为了使用闪回表功能，必须满足下列条件：

- 用户具有 FLASHBACK ANY TABLE 系统权限，或者具有所操作表的 FLASHBACK 对象权限。
- 用户具有所操作表的 SELECT、INSERT、DELETE 和 ALTER 对象权限。
- 数据库采用还原表空间进行回滚信息的自动管理，合理设置 AUTO_RETENSION 参数值，保证指定的时间点或 SCN 对应信息保留在还原表空间中。
- 启动被操作表的 ROW MOVEMENT 特性，可以采用下列方式进行：

```sql
ALTER TABLE table_name ENABLE ROW MOVEMENT;
```

执行闪回表操作需要使用 FLASHBACK TABLE 语句,其语法格式如下:

```
FALSHBACK TABLE [schema.]table TO { {SCN | TIMESTAMP} expression}
    [ {ENABLE | DISABLE} TRIGGERS ] };
```

语法说明如下:

- SCN,系统改变号;TIMESTAMP,指定时间戳,包括年月日时分秒。可以使用 TIMESTAMP_TO_SCN 函数将时间戳转变为对应的 SCN。
- expression,指定一个值或表达式,用于表示时间戳或 SCN。
- ENABLE|DISABLE TRIGGERS,指定与表相关的触发器恢复后,默认是启用状态还是禁用状态。如果不指定则为禁用状态。

下面练习使用 FLASHBACK TABLE 语句执行闪回表操作。

实践练习 13-1　使用 FLASHBACK TABLE 执行闪回表操作

本练习中,首先创建 STUDENT 表并向其中插入一条记录,然后提交。之后删除表中记录并提交,然后使用 FLASHBACK TABLE 语句执行表闪回操作,将表闪回到记录删除之前的状态。

(1) 使用 SQL Plus 以 C##WEBSTORE 用户身份连接到数据库。使用命令创建表 STUDENT,然后向其中插入一条记录并提交。

```
SQL> create table student(id number, name varchar2(20));
SQL> insert into student values(20180101, '李小龙');
SQL> commit;
```

(2) 执行下面查询并记录当前时间,用于闪回表时使用。

```
SQL> select to_char(sysdate, 'yyyy-mm-dd hh24:mi:ss') from dual;
TO_CHAR(SYSDATE, 'YY
--------------------
2023-01-16  10:46:18
```

(3) 删除 STUDENT 表中的所有记录并提交。

```
SQL> delete from student;
SQL> commit;
```

(4) 在执行闪回表操作前,必须先启用表的行移动功能。使用下面语句启用 STUDENT 表的行移动功能。

```
SQL> alter table student enable row movement;
```

(5) 使用 FLASHBACK TABLE 命令,将 STUDENT 表中的数据闪回到步骤(2)查询出的时间点,如下所示:

```
SQL> flashback table student to timestamp
  2   to_timestamp('2020-01-16 10:46:18', 'yyyy-mm-dd hh24:mi:ss');
```

如果执行该语句返回"ORA-00439:未启用功能:Flashback Table"错误信息,原因之一是未启用行移动功能,另一个原因是你的 Oracle 不是企业版。使用 SELECT banner FROM V$VERSION 可以查看 Oracle 的版本。

(6) 查询 STUDENT 表中的数据,观察其数据是否闪回到 2020-01-16 10:46:18 时间点之前的状态。

```
SQL> select * from student;
    ID              NAME
------------    ----------
20240101           李小龙
```

表闪回经常涉及存在外键关系的表。在这种情况下,几乎不可避免的是闪回操作会因为违反约束而失败。为了避免此问题,Oracle 支持用一条命令闪回多个表,这将作为单个事务来执行,并且在最后检查约束。

【例 13.4】 在下面的示例中有两个表:EMP 和 DEPT。这两个表之间存在外键关系,即 EMP 表中的每个员工必定是 DEPT 表中某个部门的一个成员。

首先向 DEPT 表中插入一个部门,再向 EMP 表中插入一名员工并记录时间。

```
SQL> insert into dept values(50, '信息部', '北京');
SQL> insert into emp values(8000, '张大海', '系统分析员',7566, '27-12月-08', 50);
SQL> commit;
```

执行下面语句查询并记录当前 SCN,用于闪回表时使用。

```
SQL> select current_scn from v$database;
T CURRENT_SCN
------------
    10558652
```

接下来删除该部门和员工,注意应该首先删除员工记录以避免违反约束。

```
SQL> delete from emp where empno = 8000;
SQL> delete from dept where deptno = 50;
SQL> commit;
```

使用下面语句启用 EMP 和 DEP 表的行移动功能,如下:

```
SQL> alter table emp enable row movement;
SQL> alter table dept enable row movement;
```

现在尝试将表闪回到该部门和员工存在的时刻。注意:此时应该同时闪回 EMP 和 DEPT 表,否则将发生错误。

```
SQL> flashback table emp,dept to scn 10558652 ;
```

这样会成功闪回两张表。在一个事务中同时闪回了两张表,并且仅在该事务的结尾检查约束,此时数据在逻辑上是一致的。

【提示】 闪回表使用还原表空间的数据,所以只能闪回在 UNDO_RETENTION 参数指定时间范围内的数据,该参数指定了还原数据保留时间(单位:秒)。可以使用 ALTER SYSTEM 命令修改该参数值。

🔑 13.4　闪回删除

闪回删除(flashback drop)允许将之前删除(DROP)的表(但不是截断的表)恢复到刚好删除它之前的状态,同时还会恢复所有索引以及触发器和权限。主键和非空约束也会被恢复,但外键约束不能被恢复。

在 Oracle 中执行 DROP TABLE 命令时,系统并不将表真正删除,而是将表重命名,并存放到用户的回收站中。被删除的表使用 FLASHBACK TABLE 命令可以恢复。

要使用闪回删除功能,需要启用数据库的回收站,即将 RECYCLEBIN 参数设置为 ON。默认情况下,回收站已启用。使用下面命令可以查看回收站是否启用。

```
SQL> show parameter recyclebin;
NAME                      TYPE            VALUE
------------------        ------------    -----------
recyclebin                string          on
```

RECYCLEBIN 的值为 ON,表示回收站已启用,如果 RECYCLEBIN 的值为 OFF,可以通过 ALTER SYSTEM 语句进行修改。RECYCLEBIN 是静态参数,因此需要使用 SCOPE=SPFILE,并且修改在下次数据库启动才生效。

```
SQL> alter system set recyclebin = on scope = spfile;
```

13.4.1　执行闪回删除

要将被删除的表闪回,使用 FLASHBACK TABLE 命令,基本格式如下:

```
FLASHBACK TABLE table_name
TO BEFORE DROP [RENAME TO new_name];
```

这里,table_name 表示要闪回的表,如果在回收站中原表名唯一,则可以使用原表名,如果原表名不唯一,则应使用回收站中的表名。使用 RENAME TO 选项,可以闪回指定的表并重新命名。

【例 13.5】　下面代码在 C## WEBSTORE 模式中创建 STUDENT 表,插入一行记录并提交。之后,将表删除,然后再闪回。

```
SQL> create table student(id number, name varchar2(20));
SQL> insert into student values(20180101, '李小龙');
SQL> commit;
```

使用下面语句将表删除,然后再闪回。

```
SQL> drop table student;
SQL> select * from student;
SQL> show recyclebin;                               ←┤ 显示回收站中被删除表的信息
SQL> flashback table student to before drop;        ←┤ 闪回被删除的STUDENT表
SQL> select * from student;                         ←┤ 可以看到表被恢复
        ID          NAME
-----------     ----------
   20240101         李小龙
```

如果删除了表,然后又创建了具有相同名称的另一张表,并且随后也删除了它,那么在回收站中将有两张表。它们的原始名称相同,但具有不同的回收站名称。默认情况下,闪回删除命令总是恢复最新版本的表,但是,如果它不是你想要的版本,可以指定希望恢复的版本的回收站名称,而不是原先的名称。

```
SQL> drop table student;                    ←┤ 删除第一张STUDENT表
SQL> create table student(sno char(3),      ←┤ 创建第二张STUDENT表
```

```
  2 sname varchar2(20));
SQL > insert into student values('101', '张大海');
SQL > commit;
SQL > drop table student;        ←── 删除第二张STUDENT表
SQL > show recyclebin;           ←── 显示回收站中被删除表的信息
```

图 13-3 显示了当前回收站中的信息，其中有两张被删除的 STUDENT 表信息。

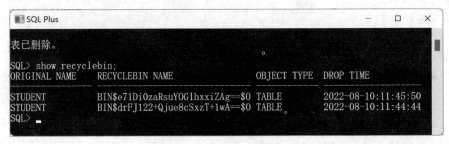

图 13-3　回收站中的信息

下面代码闪回第一次删除的 STUDENT 表，这应该使用回收站名称，并将其改名：

```
SQL > flashback table " BIN $ drFJ122 + Qjue8cSxzT + 1wA == $ 0" to before drop rename to
student2;
SQL > select * from student2;
      ID           NAME
----------- ----------
 20240101         李小龙
```

在此要强调两点：第一，闪回删除只能恢复用 DROP TABLE 删除的表，而不能恢复用 TRUNCATE 截断的表。第二，如果删除了一个用户，如下所示。

```
SQL > drop user c## webstore cascade;
```

使用闪回无法恢复 C## WEBSTORE 模式中的任何表。

13.4.2　管理回收站

回收站是存储被删除的对象的空间。Oracle 对回收站的管理是自动的，但有些情况下需要了解回收站的内容及它们占用的空间大小。

1. 查询回收站

每个用户都有他们自己的回收站，删除的表总是存储在他们自己的回收站中。要查看回收站中的内容，最简单的方法是使用 SHOW RECYCLEBIN 命令。

```
SQL > show recyclebin;
ORAGINAL NAME               RECYCLEBIN NAME              OBJECT TYPE     DROP TIME
------------- -------------------------- ------- ----------------
EMP            BIN $ 8dwuuPnFTZa5KUF/vANlDw == $ 0     TABLE     2022 - 11 - 28:18:36:55
STUDENT        BIN $ zu06JXZgSxavOuHXBhajavA == $ 0    TABLE     2022 - 11 - 28:18:33:44
STUDENT        BIN $ S4uV3J31QWiigYxl7 + 3w1w == $ 0   TABLE     2022 - 11 - 28:10:39:08
```

上面显示结果表明当前用户有三张删除的表被放到回收站中，显示的内容包括：原表名、回收站名称、对象类型和删除时间。

还可以通过查询数据字典 UER_RECYCLEBIN、DBA_RECYCLEBIN 视图获得被删除的表及其关联对象的信息。

```
SQL > select owner,original_name,type,droptime,can_undrop,space
  2    from dba_recyclebin;
```

一旦确定了回收站中删除的表的名称后,可以像其他任何表一样进行查询。但是,由于回收站中对象名使用了非标准字符,因此必须将名称包含在双引号内。

2．清除回收站中的对象

清除回收站中的对象需要使用 PURGE 命令,其语法格式如下:

```
PURGE {[TABLESPACE tablespace_name [USER user_name]]
    | [TABLE table_name | INDEX index_name]};
```

使用该命令可以清除回收站中被删除的表空间、用户、表和索引,默认选项为直接清空回收站。拥有 SYSDBA 权限的用户还可用 PURGE DBA_RECYLEBIN 命令清除 DBA 回收站中的所有对象。

如果在删除表时使用了 PURGE 短语,则表及其关联对象不被放入回收站,而是直接释放,空间被回收。命令的语法格式如下:

```
DROP TABLE table_name PURGE;
```

实践练习 13-2　通过 SQL Developer 使用闪回删除

在本练习中,首先在 C## WEBSTORE 模式中创建一张 PRODUCT 表,给它添加一个索引和一个约束,然后删除它,使用闪回删除恢复它。

(1) 使用 SQL Developer 以 C## WEBSTORE 用户身份连接到数据库。

(2) 创建一张带索引和约束的表 PRODUCT,并插入一行数据。

```
create table product(id char(3), name varchar2(10));
create index name_idx on product(name);    ←————| 创建一个索引
alter table product add (constraint u_name unique(name));  ←————| 添加唯一约束
insert into product values ('101', '小米 8 手机');
commit;
```

(3) 确认模式对象和约束内容。

```
select object_name, object_type from user_objects;
select constraint_name, constraint_type, table_name from user_constraints;
```

(4) 删除 product 表。

```
drop table product;
```

(5) 重新运行步骤(3)中的查询。注意,已从 USER_OBJECTS 中删除了对象,但采用系统生成名称的约束仍存在。

(6) 查询回收站以查看原始的名称到回收站名称的映射。

```
select original_name ,object_name, type from user_recyclebin;
```

注意:该视图并没有显示约束。

（7）执行下面查询，可以返回被删除表中的内容。这里的表名是回收站中 PRODUCT 表的名称。

```
select * from "BIN $ Wu23j24XSUGfGOzn7zV5Ng == $ 0";
```

注意：必须将表名称包含在引号内，以便系统正确解析非标准的字符。

（8）执行下面 INSERT 语句将返回错误。SQL 错误：ORA-38301：无法对回收站中的对象执行 DDL/DML。

```
insert into "BIN $ Wu23j24XSUGfGOzn7zV5Ng == $ 0" values('202', 'Lenovo 笔记本电脑');
```

这表明可以查询回收站中的内容，但不能对回收站中的对象执行 DDL 或 DML 操作。

（9）使用 FLASHBACK TABLE 命令闪回删除的表。

```
flashback table product to before drop;
```

（10）重新运行步骤（3）和步骤（6）中的查询。注意，索引和约束已保留了它们的回收站名称。

（11）将索引和约束重命名回原先的名称。在下面的示例中，替换用户自己的回收站名称。

```
alter index "BIN $ KEVqeAZJTKy42ekXPw2rsg == $ 0" rename to name_index;
alter table product rename constraint "BIN $ UOOjxVg5Q5em7gPoRSpi3w == $ 0" to u_name;
```

（12）通过重新运行步骤（10）中的查询来确认操作成功。

（13）执行下面语句删除 PRODUCT 表并且不允许恢复。

```
drop table product purge;
```

13.5　闪回数据归档

前面讨论的闪回技术的闪回能力都是有限的。可以配置闪回数据归档来实现将表闪回到过去的任何时间，比如若干年前的某个时间，这就是闪回数据归档。

13.5.1　创建与管理闪回数据归档区

闪回数据归档区，是指存储闪回数据归档的历史数据的区域，它是一个逻辑概念，其实质是从一个或多个表空间中分出来的一定空间。

1. 创建闪回数据归档区

一个数据库可以有多个闪回数据归档区，但最多只能有一个默认闪回数据归档区。各个闪回数据归档区都可以有自己的数据管理策略，例如都可以设置自己的数据保留时间等，互不影响。

虽然闪回数据归档区可以基于多个表空间，但是在创建时只能为其指定一个表空间，如果需要指定多个，可以在创建之后使用 ALTER 语句进行添加。创建与修改闪回数据归档区需要用户具有 FLASHBACK ARCHIVE ADMINISTER 系统权限。

创建闪回数据归档区的命令语法格式如下。

```
CREATE FLASHBACK ARCHIVE [DEFAULT] archive_name
TABLESPACE tablespace [QUOTA size K | M]
RETENTION retention_time;
```

语法说明如下。

- DEFAULT：指定创建默认的闪回数据归档区。要求用户具有 SYSDBA 权限。
- archive_name：闪回数据归档区的名称。
- TABLESPACE tablespace：为闪回数据归档区指定的表空间。
- QUOTA：在表空间中为闪回数据归档区分配的最大磁盘限额。缺省该选项，则为其分配的磁盘限额受表空间中磁盘限额的限制。
- RETENTION：为数据指定保留期限。单位可以是 day、month 和 year 等。

下面代码创建一个名为 storearch01 的闪回数据归档区。

```
create flashback archive default storearch01 tablespace archspace
quota 10g retention 5 years;
```

该命令包括 DEFAULT 关键字，表示它将用作所有表的归档。另外，也可以稍后设置默认的归档。QUOTA 子句表示归档在表空间中占用的空间。如果归档被填满，就可以在原有的表空间或另一个表空间中添加更多的空间。

2. 管理闪回数据归档区

对已经创建的闪回数据归档区，可以使用 ALTER FLASHBACK ARCHIVE 命令对其进行管理，可以将其设置为默认归档区、添加表空间、删除表空间、修改数据保留时间、修改磁盘限额大小、清除闪回归档区数据以及删除闪回数据归档区。

下面语句将 storearch01 设置为默认的闪回数据归档区。

```
alter flashback archive storearch01 set default;
```

下面语句为闪回数据归档区 storearch01 添加表空间 NEWSPACE。

```
alter flashback archive storearch01
add tablespace newspace quota 10m;
```

下面语句删除闪回数据归档区 storearch01 的表空间 NEWSPACE。

```
alter flashback archive storearch01 remove tablespace newspace;
```

修改闪回数据归档区 storearch01 中的数据保留期限为 20 天。

```
alter flashback archive storearch01 modify retention 20 day;
```

要清除闪回数据归档区中的数据，使用下面命令：

```
ALTER FLASHBACK ARCHIVE archive_name
PURGE {ALL | BEFORE {TIMESTAMP | SCN } expr}
```

其中，BEFORE TIMESTAMP 和 BEFORE SCN 表示删除指定时间点或 SCN 之前的数据，而 ALL 表示删除所有数据。

例如，删除闪回数据归档区 storearch01 中在 2019-10-07 15：10：22 之前的数据，语句如下：

```
alter flashback archive storearch01
```

```
purge before timestamp to_timestamp('2023 - 10 - 07 15:10:22', 'yyyy - mm - dd h24:mi:ss');
```

要删除闪回数据归档区,使用 DROP FLASHBACK ARCHIVE 命令。下面语句删除闪回数据归档区 storearch01。

```
drop flashback archive storearch01;
```

13.5.2　为表指定闪回数据归档区

为表指定闪回数据归档区,就是对表进行跟踪。为表指定闪回数据归档区有两种形式,一种是在创建表时指定,另一种是在创建表之后指定,这需要用户具有 FLASBACK ARCHIVE 对象权限。

在不需要时,也可以使用 ALTER TABLE 语句取消表的闪回数据归档区。

【注意】　为表指定闪回数据归档区后,将不允许对表执行 DDL 操作,例如删除表、增加或删除列、重命名等。

1. 在创建表时为表指定闪回数据归档区

在创建表时为表指定闪回数据归档区,需要在 CREATE TABLE 语句中使用 FLASHBACK ARCHIVE 子句。

```
create table student(id number, name varchar2(10))
flashback archive storearch01;
```

2. 为已存在的表指定闪回数据归档区

为已存在的表指定闪回数据归档区,需要执行 ALTER TABLE 语句修改表并指定 FLASHBACK ARCHIVE 子句。

假设存在 student 表,为其指定闪回数据归档区 storearch01,语句如下:

```
alter table student flashback archive storearch01;
```

在使用 FLASHBACK ARCHIVE 子句为已存在的表指定闪回数据归档区时,如果没有明确指定闪回数据归档区的名称,则表示使用默认闪回数据归档区,而如果数据库中没有默认闪回数据归档区,则返回错误。

3. 取消表的闪回数据归档区

为表指定闪回数据归档区后,对表的操作将受到限制,例如不允许删除表等。使用 ALTER TABLE 语句可以取消表的闪回数据归档区,其语法如下:

```
ALTER TABLE table_name NO FLASHBACK ARCHIVE;
```

前面为 STUDENT 表指定了闪回数据归档区,如果现在删除该表,Oracle 将返回错误,使用 ALTER TABLE 语句可取消 STUDENT 表的闪回数据归档区。

```
alter table student no flashback archive;
```

13.5.3　使用闪回数据归档

为表指定闪回数据归档区后,就可以借助于闪回数据归档区的数据检索表中的历史信息。下面语句使用闪回数据归档查询 STUDENT 表中的历史数据。

```
select * from student as of timestamp (systimestamp - interval '10'day);
```

该语句从闪回数据归档中查询 10 天前 STUDENT 表中的数据。

实践练习 13-3 创建闪回数据归档

在本练习中，以管理员身份连接到数据库。首先创建一个表空间，然后在表空间中创建一个闪回数据归档区，练习闪回数据归档操作。

（1）使用 SQL Plus 以管理员 SYS 的身份连接到数据库。

```
SQL> connect /as sysdba;
```

（2）创建一个供闪回数据归档使用的表空间。

```
SQL> create tablespace flashspace datafile
    'D:\app\lenovo\oradata\oracle\flashspace.dbf' size 100M reuse;
```

（3）在 FLASHSPACE 表空间中创建一个保留时间为 1 年的闪回数据归档 archive01。

```
SQL> create flashback archive archive01 tablespace flashspace retention 1 year;
```

（4）为 C## WEBSTORE 用户授予 DBA 角色，并授予其在 archive01 闪回归档上的 FLASHBACK ARCHIVE 对象权限。

```
SQL> grant dba to c## webstore;
SQL> grant flashback archive on archive01 to c## webstore;
```

（5）以 C## WEBSTORE 用户的身份连接到数据库，创建一个表并为该表启用闪回数据归档。

```
SQL> connect c## webstore/webstore;
SQL> create table emp as select employee_id,employee_name,salary from employees;
SQL> alter table emp flashback archive archive01;
```

（6）对跟踪的 EMP 表执行一些 DML 操作。

```
SQL> delete from emp where employee_id > 1002;
SQL> update emp set salary = 5000 where employee_id = 1001;
SQL> commit;
```

（7）使用标准的闪回查询语法对保护的表执行闪回查询，下面语句查询 EMP 表 2 分钟之前的状态。

```
SQL> select * from emp as of timestamp (systimestamp - interval '2'minute);
```

该查询应该返回 EMP 表 2 分钟之前的状态，即没有删除和修改 1001 记录的状态。

（8）使用下面语句对保护的表执行一些 DDL 命令。

```
SQL> drop table emp;
SQL> drop tablespace flashspace including contents and datafiles;
```

执行这些语句将返回与归档和保护的表有关的错误信息。

（9）取消 EMP 表上的闪回数据归档保护。

```
SQL> alter table emp no flashback archive;
```

(10) 删除闪回数据归档。

```
SQL> drop flashback archive archive01;
```

(11) 重新运行步骤(8)中的所有命令,现在可以删除 EMP 表和 FLASHSPACE 表空间。

🔑 13.6　闪回数据库

前面介绍的几种闪回技术针对的是单个的表、事务等。如果需要对数据库中的大量改动进行恢复,就需要使用闪回数据库技术。**闪回数据库**(flashback database)就是将数据库回退到过去某个时间点或 SCN 上,从而实现整个数据库的恢复。

13.6.1　配置闪回数据库

要想使用闪回数据库技术,需要对数据库进行一些配置。闪回数据库是依赖于闪回日志的,Oracle 提供了一组闪回日志,记录了数据库的前滚操作。

首先需要了解如下几个参数。

- db_recovery_file_dest:闪回日志的存放位置。
- db_recovery_file_dest_size:存放闪回日志的空间(即恢复区)的大小。
- db_flashback_retention_target:闪回数据的保留时间,其单位为分钟,默认值为 1440,即一天。

Oracle 数据库默认并没有启用闪回数据库功能。查询数据字典视图 V＄DATABASE 中的 FALSHBACK_ON 字段可以了解闪回数据库功能是否已经启用,查询该数据字典需要具有 SYSDBA 身份。如果 FLASHBACK_ON 字段值为 YES,表示已启用闪回数据库功能,为 NO 表示未启用。

```
SQL> select flashback_on from v＄database;
```

启用闪回数据库功能需要在装载(MOUNT)模式下使用如下命令:

```
ALTER DATABASE FALSHBACK ON | OFF;
```

实践练习 13-4　启用闪回数据库

本练习配置闪回数据库。首先配置数据库运行在归档日志模式,然后启用闪回数据库,具体步骤如下。

(1) 确保数据库处于归档日志模式。归档日志模式是启用闪回数据库的先决条件,通过 ARCHIVE LOG LIST 来确认此模式。

```
SQL> archive log list;
```

也可以查询 V＄DATABASE 视图命令确认数据库是否处于归档日志模式。

```
SQL> select log_mode from v＄database;
```

如果返回值为 NOARCHIVELOG 表明没有处于归档日志模式。要配置数据库归档日志模式请参阅 12.2.3 节。

（2）创建快速恢复区。快速恢复区是存放闪回日志的场所。除了设置快速恢复区目录并限制其大小外，不能施加其他控制。可以使用两个实例参数：DB_RECOVERY_FILE_DEST_SIZE 用于限制目录占用的最大空间量（单位是字节）。DB_RECOVERY_FILE_DEST 用于指定目的目录，该目录必须存在。使用下面命令设置这两个参数。

```
SQL> alter system
  2  set db_recovery_file_dest = 'd:\app\lenovo\fast_recovery_area';
SQL> alter system set db_recovery_file_dest_size = 8g;
```

（3）设置闪回日志保留时间。该时间通过 DB_FLASHBACK_RETENTION_TARGET 实例参数控制，单位是分钟，其默认值是 1440。闪回日志空间以循环的方式重用，新的数据将覆盖旧的数据。下面将闪回保留时间设置为 4 小时。

```
SQL> alter system set db_flashback_retention_target = 240;
```

（4）干净地关闭数据库并启动到装载模式。

```
SQL> shutdown immediate;
SQL> startup mount;
```

（5）在装载模式下，执行下面命令启用闪回日志记录。

```
SQL> alter database flashback on;
```

将启动恢复写入器进程 RVWR 并在 SGA 中分配闪回缓冲区。闪回恢复区是闪回数据库的先决条件，因为 RVWR 进程要将闪回日志写入该区域，所以在使用闪回数据库功能时，必须先配置闪回恢复区。

（6）打开数据库。

```
SQL> alter database open;
```

（7）检查闪回数据库功能是否已经启用。

```
SQL> select flashback_on from v$database;    ◄——| 应返回YES
```

查询结果应返回"YES"，说明闪回数据库功能已成功启用。从现在起将会启用从数据库缓冲区缓存到闪回缓冲区的数据块映像日志记录功能。

13.6.2 使用闪回数据库

闪回数据库功能启用后，就可以对数据库进行闪回操作了。使用闪回数据库有两种途径：SQL Plus 和 RMAN。不管选择使用哪种工具，基本步骤都是类似的：

（1）关闭数据库。

（2）启动数据库到装载模式。

（3）闪回到某个时间点、SCN 或日志切换序列号。

（4）使用 RESETLOGS 选项打开数据库。

1. 使用 SQL Plus 执行闪回

使用闪回数据库，用户需要具有 SYSDBA 权限。闪回数据库命令语法格式如下：

```
FLASHBACK DATABASE [database_name] [TO [BEFORE] SCN | TIMESTAMP expr];
```

database_name 为数据库名,默认为当前数据库。可以指定系统变更号(SCN)或者时间戳,使用 BEFORE 选项恢复到指定 SCN 或时间戳之前的状态。

2. 使用 RMAN 执行闪回

在恢复管理器 RMAN 中,也可以使用 FLASHBACK DATABASE 命令执行数据库闪回,有三种选择:可以闪回到某个时间点、闪回到 SCN 或闪回到切换序列号,如下所示。

```
RMAN > flashback database to time = to_date('2023 - 11 - 10 10:20:45', 'yyyy - mm - dd hh24:mi:
ss');
RMAN > flashback database to scn = 2728665;
RMAN > flashback database to sequence = 2123 thread = 1;
```

下面练习演示在 SQL Plus 中闪回数据库。

实践练习 13-5　使用闪回数据库

本练习首先启用数据库的闪回功能,然后将 C ## WEBSTORE 用户删除,模拟用户的一个错误,最后把数据库闪回到事务之前的状态。

(1) 在 SQL Plus 中以用户 SYSDBA 的身份登录连接数据库。

```
SQL > connect / as sysdba;
```

(2) 使用 ARCHIVE LOG LIST 命令,确保数据库处于归档日志模式。

```
SQL > archive log list;
```

(3) 启用闪回数据库功能。查询 V $ DATABASE 视图的 FLASHBACK_ON 字段,值为 YES 表示已启用闪回数据库功能。

```
SQL > select flashback_on from v $ database;
```

如果值为 NO,需在装载模式下使用 ALTER DATABASE FLASHBACK ON 命令将其设置为启用状态。

(4) 记录当前时间。

```
SQL > select to_char(sysdate, 'yyyy - mm - dd hh24:mi:ss') from dual;
TO_CHAR(SYSDATE, 'YYYY - MM - DDHH24:MI:SS'
----------------------------------------
2023 - 11 - 10 21:37:07
```

(5) 删除 C ## WEBSTORE 用户,模拟人为错误。这将连同用户模式中的数据库对象一并删除。

```
SQL > drop user c ## webstore cascade;
```

对于上述这种错误,使用闪回查询、闪回表、闪回删除等方法都不能将数据库恢复到 C ## WEBSTORE 模式被删除之前的状态,但可以使用闪回数据库来恢复。

(6) 首先使用 SHUTDOWN ABORT 将数据库关闭,将数据库启动到装载模式,将数据库闪回到之前的时刻。

```
SQL > shutdown abort;
ORACLE 例程已经关闭。
SQL > startup mount;
```

```
SQL > flashback database to timestamp
2 to_timestamp('2023 - 11 - 10 21:37:07', 'yyyy - mm - dd hh24:mi:ss');
闪回完成。
```

（7）使用 RESETLOGS 打开数据库。

```
SQL > alter database open resetlogs;
```

（8）以 C ## WEBSTORE 用户身份连接数据库。查询模式中的数据表，确认已经恢复 C ## WEBSTORE 及其模式对象。

```
SQL > connect c ## webstore/webstore;
SQL > select department_id,department_name from departments;
```

本章小结

本章主要讨论了以下内容：

- 闪回查询允许查询过去某个时刻的数据库信息。包括基本的闪回查询、闪回版本查询和闪回事务查询。
- 闪回表是将表中的数据恢复到过去的某个时间点（TIMESTAMP）或系统改变号（SCN）时的状态。
- 闪回删除允许将之前删除（DROP）的表（但不是截断的表）恢复到刚好删除它之前的状态。
- 闪回数据归档来实现将表闪回到过去的任何时间，比如若干年前的某个时间。
- 闪回数据库，是将数据库回退到过去某个时间点或 SCN 上，从而实现整个数据库的恢复。

习题与实践

一、填空题

1. 基本的闪回查询有两种，基于_____和基于_____。

2. 用户对表的所有修改操作都记录在_____中，这为表的闪回提供了数据恢复的基础。

3. 闪回表的操作会引起表中数据行的_____，因此，要使表可以闪回，必须启动被操作表的_____特性。

4. 要使用表闪回删除功能，需要启动数据库的回收站，即将_____参数设置为 ON。之后，当使用 DROP 命令删除表后，该表的信息会被记录到_____中，直到当它的空间不足或手动清空后彻底删除。

5. 如果在删除表的 DROP 命令中使用了_____短语，则表及其关联对象不被放入回收站，而是直接释放，空间被回收。

6. 要启用闪回数据库功能，应该使用_____命令。

二、选择题

1. 下面关于闪回查询,叙述错误的是(　　)。
    A. 闪回查询依赖于还原段中的数据
    B. 闪回应该回退的时间点可以是一个时间戳
    C. 闪回应该回退的时间点可以是 SCN 号
    D. 闪回查询将改变表中数据的状态
2. 当删除一个表时,哪些对象将进入回收站?(　　)
    A. 表上的授权　　　　　　　　　　B. 表和表上的索引
    C. 表上的所有约束　　　　　　　　D. 除外键约束外表上的所有约束
3. 当删除一个表后,如何访问表内的行?(　　)
    A. 使用 AS OF 语法查询表　　　　B. 使用 BEFORE DROP 语法查询表
    C. 使用回收站中的名称查询表　　　D. 在恢复它之前不能查询表
4. 闪回存在外键关系的两个表的最佳方法是(　　)。
    A. 先闪回子表,然后闪回父表　　　B. 先闪回父表,然后闪回子表
    C. 在一个操作中同时闪回两个表　　D. 这不能实现,闪回不保护外键约束
5. 下列闪回技术不依赖还原数据的是(　　)。
    A. 闪回查询　　　　B. 闪回表　　　　C. 闪回删除　　　　D. 闪回数据库

三、简答题

1. 要想使一个表恢复到过去某个时刻状态,通过闪回查询能够实现吗?
2. 为了使用闪回表功能,必须满足哪些条件?
3. 要启用闪回数据库功能,数据库应运行在什么模式下? 需要进行哪些配置?

第14章

多租户体系结构

多租户体系结构是从 Oracle 12c 开始新增的功能，它允许数据库管理员把多个数据库合并为一个。在多租户环境下可以实现对数据库更有效的管理。

本章将学习 Oracle 数据库的多租户体系结构，其中包括多租户结构的基本概念，连接 CDB 和 PDB，管理可插入数据库，多租户环境下用户与角色的管理。

🔑 14.1　多租户数据库体系结构

多租户(multitenant)可以给数据库的管理带来很多便捷(如数据库的移动),也能节省成本。

14.1.1　多租户概念

多租户最重要的两个概念是**容器数据库**(container database,CDB)和**可插入数据库**(pluggable database,PDB)。可插入数据库在外部容器数据库中创建。

容器(container)是多租户容器数据库(CDB)中的模式、对象和相关结构的集合。在CDB 中,每个容器都有唯一的 ID 和名称。

CDB 包括 0 个、1 个或多个客户创建的可插入数据库(PDB)和应用程序容器(application container)。PDB 是模式、模式对象和非模式对象的可移植集合,在 Oracle Net 客户机中作为单独的数据库出现。应用程序容器是一个可选的、用户创建的 CDB 组件,它存储一个或多个应用程序后端的数据和元数据。一个 CDB 包含 0 个或多个应用程序容器。

可以把 CDB 想象成一个大的容器,这个容器在物理上是一个整体,在这个容器中还有一些小的容器,这些小的容器就是可插入数据库 PDB,如图 14-1 所示。

每个 CDB 包含下面容器:

- 一个 CDB 根容器(简称为根)。CDB 根包含属于所有 PDB 的模式、模式对象和非模式对象的集合。根存储 Oracle 提供的元数据和公共用户(common user)。元数据的一个例子是 Oracle 提供的 PL/SQL 包的源代码。公共用户是每个容器中都存在的用户。

- 一个系统容器。**系统容器**(system container)包括根 CDB 和 CDB 中的所有 PDB。因此,系统容器是 CDB 本身的逻辑容器。

- 0 个或多个应用程序容器。**应用程序容器**(application container)只包含一个应用程序根,并且 PDB 插入到这个根。系统容器包含 CDB 根和 CDB 中的所有 PDB,而应用程序容器只包含插入到应用程序根的 PDB。应用程序根属于 CDB 根,不属于其他容器。

- 0 个或多个用户创建的 PDB。PDB 包含特定功能集所需的数据和代码。例如,PDB 可以支持特定的应用程序(如人力资源或销售应用程序)。在创建 CDB 时不存在 PDB。可以根据业务需求添加 PDB。一个 PDB 恰好属于 0 个或一个应用程序容器。如果一个 PDB 属于一个应用程序容器,那么它就是一个应用程序 PDB。例如,cust1_pdb 和 cust2_pdb 应用程序 PDB 可能属于 saas_sales_ac 应用程序容器,在这种情况下,它们不属于其他应用程序容器。应用程序种子是一个可选的应用程序 PDB,它充当用户创建的 PDB 模板,使用户能够快速创建新的应用程序 PDB。

- 一个**种子** PDB。种子 PDB 是一个系统提供的模板,CDB 可以使用它来创建新的 PDB。种子 PDB 被命名为 PDB\$SEED。不能在 PDB\$SEED 中添加或修改对象。一个 CDB 中有且只有一个 SEED。

这些组件中的每一个都被称为一个容器。因此,ROOT(根)是一个容器,SEED(种子)是一个容器,每个 PDB 是一个容器。

CDB 有一个管理员,每个 PDB 可专门存储某个应用的数据,如 SALESPDB 可以存放销售管理数据。每个 PDB 也有一个管理员。一个 CDB 可以不带应用程序容器,如图 14-1 所示。

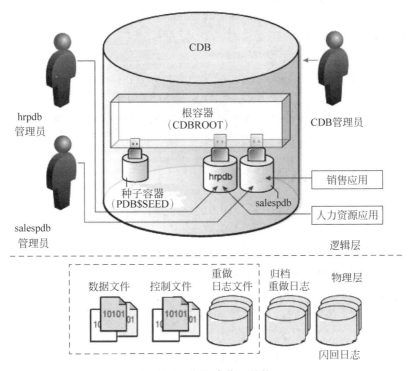

图 14-1 多租户体系结构

【例 14.1】 每个容器在 CDB 中都有一个唯一的 ID 和名称。下面查询列出了以 SYS 账户登录到根容器时,所有容器的容器 ID 和容器名。

```
SQL> select con_id, name from v$containers;
CON_ID      NAME
--------    -----------
1           CDB$ROOT
2           PDB$SEED
3           SALESPDB
```

视图 V$CONTAINERS 提供了每个容器的信息,包括容器 ID、容器名及打开状态等信息。从结果可以看到,当前 CDB 中包含 3 个容器;根容器 CDB$ROOT、种子容器 PDB$SEED 和可插入容器 SALESPDB。还可以使用 CDB_TABLESPACES、CDB_DATA_FILES、CDB_USERS 和 CDB_TABLES 等视图查询关于 CDB 的表空间、数据文件、用户以及表的信息。

14.1.2 CDB 和根容器

CDB 其实就是早期的非容器数据库,只是它被分成了几部分,每一部分(每个 PDB)都能作为一个整体(数据库)对外独立提供服务,就好像看到了多个以前的 Oracle 数据库。PDB 有点像模式,与模式最大的差别是,对外界来说,PDB 是一个独立的数据库。

根容器是管理共享资源的容器,其中主要的组件如下。

- 控制文件。控制文件属于 CDB,而不是 PDB。
- 实例 SGA 和后台进程。
- 还原表空间。每个 CDB 有一个活动的 UNDO 表空间。
- 重做日志文件。重做日志文件属于 CDB,而不是 PDB。
- 数据字典。
- 公共用户和角色。

根容器至少有四个表空间:SYSTEM、SYSAUX、UNDO 和 TEMP。根容器中包含可传播到 PDB 的公共用户和角色,提供每个 PDB 使用的对象,如 PL/SQL 包。对这些共享资源的操作只能通过一个连接到根容器的会话实现。

14.1.3　PDB:可插入数据库

可插入数据库 PDB 是一组由开发人员和最终用户使用的表空间和对象,就好像它是独立的数据库一样。

PDB 包含独立的 SYSTEM 表空间和 SYSAUX 表空间等,但是所有 PDB 共享 CDB 的控制文件、重做日志文件和 UNDO 表空间。各个 PDB 之间互访需要通过 DB Link 进行,就仿佛是多个数据库一样。

每一个 PDB 容器有唯一的容器 ID 和容器名。这些记录在控制文件中,通过视图 V＄PDBS 和 V＄CONTAINERS 可以查询。

可以使用种子容器创建一个 PDB,也可以用非 CDB 数据库创建一个新的 PDB,还可以把一个 PDB 克隆为新的 PDB,插入一个拔出的 PDB。

【提示】　可以使用 DBCA 创建和管理容器数据库和可插入数据库。

🔑 14.2　建立到 CDB 和 PDB 的连接

可以通过操作系统身份验证和公共用户 SYS 连接到 CDB。也可以使用服务名称连接到 CDB 或 CDB 中的一个 PDB。服务名称通过 EasyConnect 字符串引用或者在一个 tnsnames.ora 条目中引用。无论使用 SQL Plus 或 SQL Developer,这个方法都是一样的。

14.2.1　理解 CDB 和 PDB 服务名

在非 CDB 环境中,数据库实例会至少关联一个由监听器管理的服务。监听器可以管理非 CDB 和 PDB 服务的组合。假设数据库服务器有两个数据库:ORACLE 和 SALESPDB。ORACLE 是一个 CDB,SALESPDB 是一个可插入数据库,它们都是 Oracle 21c 版本数据库,可由一个监听器 LISTENER 管理。

CDB 中的每个容器都有自己的服务名称,CDB 默认的服务名称与 CDB 数据库名相同。对于每个 PDB,也创建一个新的服务,由默认监听器管理。可以使用 LSNRCTL 工具查看监听器状态,如图 14-2 所示。

图 14-2　查看监听器状态

14.2.2　连接到 CDB 和 PDB

根容器是唯一可以不通过数据库监听器连接的容器。连接到根容器的用户需要以操作系统身份验证。在命令提示符下执行 SQLPLUS/AS SYSDBA,以 SYSDBA 身份进行连接。

```
SQL > connect / as sysdba
SQL > show con_name;
CON_NAME
-----------------
CDB $ ROOT
```

上述结果表明,SYS 账户以 SYSDBA 身份连接到根容器 CDB $ ROOT。SYS 是一个公共用户,具有 SET CONTAINER 系统特权。连接到根容器后,还可以使用 ALTER SESSION 将会话切换到另一个容器。

```
SQL > alter session set container = salespdb;
SQL > show con_name;
CON_NAME
-----------------
SALESPDB
```

可以使用 EasyConnect 连接到 CDB 或 PDB 数据库,EasyConnect 连接字符串的格式如下:

< username >/< password >@< hostname >:< port_number >/< service_name >

【例 14.2】　假设容器数据库的服务名是 ORACLE,以公共用户 C ## WEBSTORE 身

份连接到容器数据库,可使用下面方法。

```
SQL> connect c##webstore/webstore@127.0.0.1:1521/oracle;
```

【例 14.3】 假设在 SALESPDB 中已创建 WEBSTORE 用户,要以用户 WEBSTORE 身份连接本地机服务器上名为 SALESPDB 的 PDB,可以先打开 PDB,然后使用下列命令连接:

```
SQL> alter pluggable database salespdb open;
SQL> connect webstore/webstore@127.0.0.1:1521/salespdb;
```

注意,这里并没有指出 CDB 的名称 ORACLE,PDB 服务名隐藏了 CDB 名。

🔑 14.3　CDB 的启动和关闭、PDB 的打开和关闭

CDB 最终是单个数据库实例,每个 PDB 都共享 CDB 实例的资源。CDB 实例类似于非 CDB 实例。在多租户环境中,CDB 和 PDB 共有五个可能状态:

- SHUTDOWN
- NOMOUNT
- MOUNT
- OPEN
- PDB OPEN

14.3.1　关闭 CDB 实例

连接到根容器时,可以用一个命令关闭 CDB 实例,并关闭所有的 PDB,就像关闭非 CDB 数据库实例一样。启动和关闭 CDB 数据库,用户需要以操作系统身份验证。

【例 14.4】 下面命令首先以 SYSDBA 身份连接到 CDB,然后使用 ALTER SESSION 切换到根容器,最后使用 SHUTDOWN 关闭 CDB 实例。

```
SQL> connect / as sysdba
SQL> alter session set container = cdb$root;
SQL> shutdown immediate;
数据库已经关闭。
已经卸载数据库。
ORACLE 例程已经关闭。
```

使用 IMMEDIATE,CDB 实例不等待未完成事务的提交或回滚,而是立即断开所有用户会话和 PDB 的连接。使用 TRANSACTIONAL 会等待所有未完成事务结束,然后断开所有会话,最后终止实例。

因为 CDB 是一个数据库实例,所以关闭 CDB 时,任何运行在 CDB 上的代码都会关闭或断开连接。这意味着在启动并打开 CDB 之前,PDB 不对用户开放。同样,关闭 CDB 实例时,PDB 也会关闭。

14.3.2　启动 CDB 实例

在数据库关闭状态下,可以执行 STARTUP NOMOUNT 启动 CDB 实例,同时打开

SPFILE 文件,创建内存结构和进程,但尚未打开控制文件。

```
SQL > startup nomount;
```

在 NOMOUNT 状态下,实例还没有关于 PDB 的信息,因此查询 V＄PDBS 中信息没有返回任何结果。

使用 ALTER DATABASE MOUNT 命令使 CDB 进入 MOUNT 状态,在该状态可以对数据库还原和恢复。

```
SQL > alter database mount;
```

CDB 进入 MOUNT 状态时会发生很多事情。此时不仅给 CDB 实例打开的控制文件,而且 CDB＄ROOT 和所有 PDB 都进入 MOUNT 状态。使用下列命令可以看到所有容器都处于 MOUNT 状态。

```
SQL > column name format a20
SQL > select con_id, name, open_mode from v＄containers;
CON_ID      NAME            OPEN_MODE
-------     ------------    --------------
1           CDB＄ROOT        MOUNTED
2           PDB＄SEED        MOUNTED
3           SALESPDB        MOUNTED
```

将 CDB 的状态改为 OPEN,这样根容器就可用于打开 PDB。根容器 CDB＄ROOT 是 OPEN 后,就可用于读写操作。

```
SQL > alter database oracle open;
SQL > select con_id, name, open_mode from v＄containers;
CON_ID      NAME            OPEN_MODE
-------     ------------    --------------
1           CDB＄ROOT        READ WRITE
2           PDB＄SEED        READ ONLY
3           SALESPDB        MOUNTED
```

注意,在 CDB 打开后,CDB＄ROOT 处于 READ WRITE 状态,可用于读写操作。此时种子容器 PDB＄SEED 也被打开,但它处于 READ ONLY 状态。此时,所有的 PDB 状态仍然是 MOUNTED 状态,要使用 PDB,必须单独打开它们。

上面按数据库启动过程打开数据库,当然也可以用 STARTUP 直接将数据库启动到 OPEN 状态,如下所示。

```
SQL > startup;
```

14.3.3 打开和关闭 PDB

一旦打开了 CDB 的根容器,就可以对 CDB 中的 PDB 进行操作,包括克隆 PDB,从种子中创建新的 PDB,拔出 PDB 或插入以前拔出的 PDB。

默认情况下,CDB 实例启动后,CDB 内所有的 PDB 都处于 MOUNT 状态。在以 SYSDBA 或 SYSOPER 身份连接时,可以使用 ALTER PLUGGABLE DATABASE 命令打开和关闭 PDB。如果在 PDB 内部连接,可以使用相同的命令,且可省略 PDB 名字。此外,使用 ALL 或 EXCEPT ALL 选项可以打开一个或多个 PDB。

1. 使用 ALTER PLUGGABLE DATABASE 命令

通过指定 PDB 名称，可以打开或关闭容器中任何的 PDB。还可以改变 PDB 的会话上下文，在该 PDB 上执行操作，而无须限定它。

【**例 14.5**】 使用 ALTER PLUGGABLE DATABASE 命令打开和关闭 PDB。下面例子是无论当前容器是什么，都可以显式地指定 PDB 的名字，打开和关闭任何 PDB。

```
SQL> alter pluggable database salespdb open;
SQL> alter pluggable database salespdb close;
```

下面命令以 READ ONLY 方式打开 PDB。

```
SQL> alter pluggable database salespdb open read only;
```

可以在会话级别设置默认的 PDB 名字，之后对 PDB 操作就可以省略 PDB 名字。

```
SQL> alter session set container = salespdb;
SQL> alter pluggable database close;
SQL> alter pluggable database open read write;
```

要把默认容器设置回根容器，在 ALTER SESSION 命令中使用 CONTAINER＝CDB＄ROOT 选项。

```
SQL> alter session set container = cdb$root;
```

2. 选择性地打开或关闭 PDB

如果 CDB 中有多个 PDB，且希望打开除一个 PDB 之外的所有 PDB。使用下列命令可以一次打开除 HRPDB 外所有的 PDB。

```
SQL> alter pluggable database all except hrpdb open;
```

如果想一次关闭所有的 PDB，使用下面语句。

```
SQL> alter pluggable database all close;
```

打开或关闭所有 PDB，会使根容器处于当前状态。在关闭 PDB 时还可以使用 IMMEDIATE 选项，这将回滚未提交的事务。如果未使用 IMMEDIATE 选项，系统将等待所有事务提交或回滚，PDB 才能被关闭。如果会话上下文在特定的 PDB 中，还可以使用 SHUTDOWN IMMEDIATE 语句关闭 PDB，但这并不影响其他 PDB，根容器实例也仍在运行。

14.4 管理可插入数据库

使用 Oracle 多租户体系结构的一个主要优势是：可以方便地创建、复制和重新分配可插入数据库。有以下 4 种技术创建可插入数据库。

- 从种子容器中创建一个新的 PDB。该方法创建的 PDB 只包含 SYSTEM、SYSAUX 和 TEMP 表空间。这通常用于新的应用程序实现。
- 从非 CDB 中创建一个新的 PDB。该方法使用一个现有的数据库（它必须是 12c 版

本的)，将它转换成一个 PDB，再插入 CDB 中。这通常是整合的一部分，且不可能再
转回非 CDB。

- 把一个 PDB 克隆为新的 PDB。该方法可以从产品 PDB 中创建测试或开发环境。
- 插入一个拔出的 PDB。PDB 可以从 CDB 中拔出，然后插入相同或不相同的 CDB。
这可以用于重新定位或升级 PDB。

14.4.1　使用 PDB＄SEED 创建新 PDB

每个容器数据库都有一个只读的种子容器 PDB＄SEED，用于快速创建一个新的可插
入数据库。可以使用 DBCA、SQL Developer 或 SQL Plus 创建可插入数据库。不管使用哪
种方法，系统都是使用 CREATE PLUGGABLE DATABASE 命令创建数据库，具体要执行
的操作如下所示：

- 将 PDB＄SEED 中的数据文件复制到新的 PDB 中。
- 创建本地版本的 SYSTEM、SYSAUX 和 TEMP 表空间。
- 初始化本地元数据目录。
- 创建公共用户(包括 SYS 和 SYSTEM)。
- 创建一个本地用户，授予当地 PDB_DBA 角色，这是 PDB 管理员，用于创建 PDB。
- 为 PDB 创建一个新的默认服务，用监听器注册。

实践练习 14-1　从种子中创建一个可插入数据库

在本练习中，将使用种子容器 PDB＄SEED 创建一个名为 SALESPDB 的可插入数
据库。

(1) 启动一个命令提示符窗口，以系统管理员 SYS 的身份连接到数据库。

C:\Users\lenovo＞sqlplus / as sysdba

(2) 使用下面语句可以查询当前数据库是否是容器数据库。

SQL＞select name, cdb from v＄database;

(3) 使用下面语句可以从 V＄CONTAINERS 中查询所有的容器数据库，其中有三个
容器：根容器、种子容器和自己创建的容器。

SQL＞select con_id, name, open_mode from v＄containers;

(4) 使用下面命令设置新建 PDB 文件的存放目录。注意，这里指定的目录必须存在。

SQL＞alter system set db_create_file_dest = 'd:\app\lenovo\oradata';

(5) 使用管理用户 HR_ADMIN，创建一个名为 HRPDB 的 PDB。

SQL＞create pluggable database hrpdb
　2　admin user hr_admin identified by hr;

语句用种子 PDB 创建一个名为 HRPDB 的可插入数据库，它的管理员账户为 HR_
ADMIN，口令为 hr。之后可以使用该账户和口令连接该 PDB。

(6) 使用下面语句查询 CBD 和 PDB 数据库信息。

SQL＞select con_id, name, open_mode from v＄containers;

```
SQL > select con_id, name, open_mode from v $ pdbs;
SQL > select con_id, pdb_id, pdb_name, status from cdb_pdbs;
SQL > select con_id, file_name from cdb_data_files;
SQL > select con_id, name from v $ datafile;
```

（7）打开新的 PDB。

```
SQL > alter pluggable database hrpdb open;
```

（8）以 hr_admin 身份连接到新的 PDB。

```
SQL > connect hr_admin/hr@127.0.0.1:1521/hrpdb;
```

14.4.2　克隆 PDB 创建新 PDB

如果需要一个与已有数据库类似的新数据库，可以克隆一个现有 PDB。新的 PDB 与原 PDB 相同，只有名字不同。可以在 SQL Plus 中使用命令克隆 PDB，也可以使用 SQL Developer 的 DBA 功能来克隆 PDB。

在 SQL Developer 中为容器数据库创建 DBA 连接（选择"查看"菜单的 DBA 命令），也可以创建、克隆、删除、插入和取消可插入数据库。右击要克隆的 HRPDB，在弹出的快捷菜单中选择"克隆 PDB"，打开如图 14-3 所示的对话框。

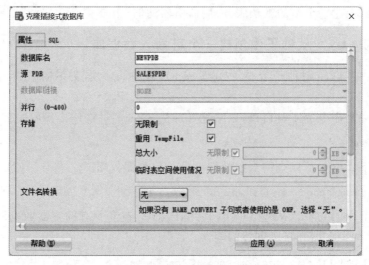

图 14-3　克隆插接式数据库

在"数据库名"文本框中输入 NEWPDB。SQL 选项卡显示了 SQL Developer 执行克隆数据库的命令，如下所示。

```
BEGIN
    EXECUTE IMMEDIATE 'CREATE PLUGGABLE DATABASE "NEWPDB" FROM "HRPDB"
    STORAGE UNLIMITED TEMPFILE REUSE
    FILE_NAME_CONVERT = NONE';
END;
```

实践练习 14-2　从现有 PDB 克隆一个可插入数据库

下面使用 CREATE PLUGGABLE 命令从 HRPDB 克隆一个 NEWPDB。

（1）使用 SQL Plus，以 SYSDBA 的身份连接到根容器。

```
SQL> connect / as sysdba;
SQL> show con_name
```

（2）克隆现有的 PDB 之前，必须关闭它，并以只读方式重新打开。

```
SQL> alter pluggable database hrpdb close immediate;
SQL> alter pluggable database hrpdb open read only;
SQL> select con_id, name, open_mode from v$containers;
```

（3）使用下面命令克隆 PDB。新创建的 PDB 处于 MOUNT 状态。

```
SQL> create pluggable database newpdb from hrpdb;
SQL> select con_id, name, open_mode from v$containers;
```

（4）以读写模式打开两个 PDB。

```
SQL> alter pluggable database newpdb open;
SQL> alter pluggable database hrpdb close;
SQL> alter pluggable database hrpdb open;
SQL> select con_id, name, open_mode from v$containers;
```

14.4.3 拔出、插入和删除 PDB

可以将一个 PDB 从 CDB 中拔出，将其移至同一或另一个服务器的另一个 CDB 中。可以只是拔出它，让它无法供用户使用，也可以拔出它并将它完全删除。

可以通过 DBCA 的"管理可插入数据库功能"拔出或删除 PDB，也可以使用 SQL Developer 的 DBA 连接拔出或删除 PDB，还可以使用 SQL Plus 命令。

实践练习 14-3 拔出、插入和删除 PDB

本练习将在 SQL Plus 中使用 ALTER PLUGGABLE DATABASE 命令从 CDB 中拔出 NEWPDB 数据库，然后再将其插入 CDB 中，最后练习将拔出的 PDB 删除。

（1）启动命令提示符，以 SYSDBA 的身份连接到 CDB。

```
C:\Users\lenovo> sqlplus / as sysdba
```

（2）在拔出 PDB 之前，必须先关闭它，然后使用 ALTER PLUGGABLE DATABASE 命令将它拔出，拔出的 PDB 生成一个 XML 文件，之后要将拔出的 PDB 插入到 CDB 时需要使用该文件。

```
SQL> alter pluggable database newpdb close;
SQL> alter pluggable database newpdb unplug into
  2  'd:\app\lenovo\oradata\newpdb.xml';
```

（3）在拔出 PDB 之后，还需要使用 DROP PLUGGABLE DATABASE 命令将它删除，但是为了以后将拔出的 PDB 再插入到原先的 CDB，应该保留数据文件，即使用 KEEP DATAFILES 选项，如果不保留数据文件，可以使用 INCLUDING DATAFILES 选项。

```
SQL> drop pluggable database newpdb keep datafiles;
```

（4）将之前拔出的 NEWPDB 再插入到 CDB 中，这里使用 CREATE PLUGGABLE DATABASE 命令，还需要指定 XML 文件，使用 NOCOPY 选项可以节省时间。

SQL > create pluggable database newpdb using 'd:\app\lenovo\oradata\newpdb.xml' nocopy;

（5）使用下面语句查询当前容器数据库信息，注意新创建的 PDB 状态是 MOUNTED。

SQL > select con_id, name, open_mode from v $ containers;

14.5　用户、角色和权限管理

在多租户数据库环境下，用户和角色可以在根容器中定义，此时的用户是公共用户，这些用户会传播到 CDB 和每个 PDB。也可以在 PDB 中定义用户和角色，此时是本地用户，只存在于该 PDB 中。公共和本地角色可以授予公共用户或本地用户。

14.5.1　公共用户和本地用户

在多租户环境中，有两种类型的用户：公共用户和本地用户。

公共用户可以连接到任意容器（包括 ROOT），只要在其中有 CREATE SESSION 权限。可以在 CDB 中创建公共用户，用户名必须以"C＃＃"开头，除非 COMMON_USER_PREFIX 实例参数已经修改了其默认值。注意，Oracle 提供的公共用户不带"C＃＃"前缀。公共用户在根容器和每个 PDB 中有相同的身份和密码。账户 SYS 和 SYSTEM 是公共用户，可以把任何容器设置为其默认的容器。

本地用户是在一个特定的 PDB 中创建，名字不能以"C＃＃"开头，本地用户只能在一个 PDB 内有效，不同的 PDB 却可以有相同名称的本地用户。

可以通过 DBA_USERS 和 CDB_USERS 视图查询用户信息。使用下面语句可以查看所有容器的公共用户和本地用户。

select con_id, username, common from cdb_users order by username, con_id;

COMMON 列的输出指明用户是公共用户（YES）还是本地用户（NO）。可以看到，有些用户存在于每个 PDB 中（除种子数据库之外），是公共用户，有些用户只存在于某个 PDB 中，是本地用户。

每个 PDB 有一个 DBA_USERS 视图，可以使用下面语句查询用户信息。

select username, common from dba_users;

DBA_USERS 视图没有 CON_ID 列。

14.5.2　在 CDB 中创建公共用户

在根容器（CDB $ ROOT）中只能创建公共用户，不能创建本地用户。默认情况下，公共用户名必须以"C＃＃"开头，以便于区分公共用户名和每个 PDB 中的本地用户名。使用 CREATE USER 命令创建公共用户，可以给命令添加 CONTAINER＝ALL 选项，使该用户可以访问所有 PDB。

实践练习 14-4　在 CDB 中创建公共用户，并为用户授予权限

本练习在容器数据库中创建一个公共用户，然后给该用户授予必要的权限。

（1）在命令提示符窗口以 SYSDBA 身份启动 SQL Plus,连接到启动数据库。

C:\Users\lenovo > sqlplus / as sysdba

（2）使用下面语句创建名为 C##CDBADMIN 的用户,指定默认表空间为 USERS,临时表空间为 TEMP,为该用户授予 DBA 权限,默认情况下其可以访问所有 PDB。

SQL > create user c##cdbadmin identified by oracle container = all;

（3）创建公共用户后,需要为其授予一定权限才能操作数据库。可以授予 DBA 权限,要连接数据库和切换数据库还需要授予 CREATE SESSION 权限和 SET CONTAINER 权限。

SQL > grant dba to c##cdbadmin;
SQL > grant create session, set container to c##cdbadmin;

（4）此时就可以使用新建用户连接了。使用下面命令以 C##CDBADMIN 身份连接到数据库,并切换到 HRPDB 数据库。

SQL > connect c##cdbadmin/oracle
SQL > alter session set container = hrpdb;

14.5.3　在 PDB 中创建本地用户

在 PDB 中创建用户也需要具有 CREATE USER 权限。首先打开并切换到 PDB 中,然后使用 CREATE USER 创建用户,之后给用户授予权限。

实践练习 14-5　在 PDB 中创建本地用户,并为用户授予权限

本练习在 SALESPDB 中创建本地用户,并为其授予一定权限,然后使用该用户身份连接到 PDB。

（1）从命令提示符窗口以 SYSDBA 身份启动 SQL Plus,连接到启动数据库。

C:\Users\lenovo > sqlplus / as sysdba

（2）打开可插入数据库 SALESPDB。

SQL > alter pluggable database salespdb open;

（3）将会话切换到 SALESPDB 可插入数据库,如下所示。

SQL > alter session set container = salespdb;

（4）使用 CREATE USER 命令创建一个本地用户 WEBSTORE,并为该用户授予相应的权限,其中 CREATE SESSION 权限用于连接数据库、RESOURCE 权限用于创建数据库对象,如下所示。

SQL > create user webstore identified by webstore;

（5）创建本地用户后需要为其授予 CREATE SESSION 权限才能登录到数据库,授予 RESOURCE 角色才能创建表等对象。

SQL > grant create session, restricted session, resource to webstore;

（6）在 USERS 表空间中为用户分配无限使用配额。

SQL > alter user webstore quota unlimited on users;

（7）以 WEBSTORE 身份连接到可插入数据库，如下所示。

```
SQL > connect webstore/webstore@localhost:1521/salespdb;
```

之后，本地用户就可以在自己的模式中创建和管理各种模式对象（如表、视图等）。

14.5.4　公共授权和本地授权

在多租户环境下，所授予的权限分为公共权限和本地权限。如果将所有容器的某种权限授予公共用户，这就是一个公共权限。在一个 PDB 中授予的权限就是本地权限，无论用户是本地的还是公共用户。

如果 C＃HRADMIN 公共用户需要在默认情况下访问所有 PDB，要使用 CONTAINER＝ALL 关键字，把权限授予 CDB 中所有当前和新的 PDB。

```
SQL > connect /as sysdba;
SQL > show con_name;
SQL > grant create session to c##hradmin container = all;
SQL > connect c##hradmin/hradmin@localhost:1521/xycdb;
```

与非 CDB 环境一样，使用 REVOKE 命令可以撤销用户和角色的特权。在多租户环境下，在使用 GRANT 和 REVOKE 时，通常要使用 CONTAINER 子句。下面是一些例子：
- CONTAINER＝HRPDB，权限只在 HRPDB 中有效。
- CONTAINER＝ALL，权限在所有当前和未来的 PDB 中有效。
- CONTAINER＝CURRENT，权限只在当前的容器中有效。

要使用 CONTAINER＝ALL 授予权限，授权人必须拥有 SET CONTAINER 权限和 GRANT ANY PRIVILEGE 系统权限。

14.5.5　管理公共角色和本地角色

在多租户环境中，角色也有两种类型：公共角色和本地角色。公共角色存在于所有容器中，可以方便支持一些跨容器的操作。用户可以创建公共角色，公共角色名也必须以 c＃或 C＃＃ 开头。Oracle 内置的角色都是公共的。本地角色只存在于单个 PDB 中，其所包含的角色和权限只能应用于它所在的容器。

【例 14.6】　创建一个公共角色 C＃＃HRDEV，然后在 HRPDB 中创建一个 APPDEV 用户并将 C＃＃HRDEV 角色授予 APPDEV 用户。

```
SQL > connect / as sysdba;
SQL > create role c##hrdev container = all;
SQL > alter session set container = hrpdb;
SQL > create user appdev identified by app;
SQL > grant c##hrdev to appdev;
```

该例子中，公共角色 C＃＃HRDEV 被授予 HRPDB 的一个本地用户 APPDEV。用户 APPDEV 将具有角色 C＃＃HRDEV 的所有权限，但只能用于 HRPDB。

实践练习 14-6　管理公共、本地用户和角色

本练习将演示如何在多租户环境下管理用户和角色。假定 CDB 名称是 ORACLE，可

插入数据库名分别为 HRPDB 和 SALESPDB。

（1）启动命令提示符，以 SYSDBA 的身份连接到 CDB。

```
C:\Users\lenovo> sqlplus / as sysdba
```

（2）使用下面语句查询系统所有用户，注意哪些是公共用户，哪些是本地用户。

```
SQL> select con_id,username,common,oracle_maintained
  2  from cdb_users order by 1,2;
```

（3）在根容器中创建本地用户 USER1、公共用户 C##USER1 和 C##USER2。注意，公共用户必须使用"C##"前缀。使用 SHOW PARAMETER COMMON_USER_PREFIX 可查看公共用户名前缀。

```
SQL> create user user1 identified by oracle;          ←──┤ 该语句发生错误
SQL> create user c##user1 identified by oracle;
SQL> create user c##user2 identified by oracle container = all;
```

（4）给公共用户 C##USER1 和 C##USER2 授予 DBA 角色。

```
SQL> grant dba to c##user1;
SQL> grant dba to c##user2 container = all;
```

（5）以新建的公共用户 C##USER1 身份连接到 ORACLE 数据库。

```
SQL> connect c##user1/oracle@oracle;
```

（6）以新建的公共用户 C##USER2 身份连接到 HRPDB。

```
SQL> connect c##user2/oracle@127.0.0.1:1521/hrpdb;
```

（7）在 HRPDB 中创建一个本地用户 LOCAL_USER，并连接到该用户。

```
SQL> create user local_user identified by local container = current;
SQL> grant dba to local_user;
SQL> connect local_user/local@127.0.0.1:1521/hrpdb;
```

（8）使用公共和本地角色。

```
SQL> connect system/oracle123@oracle;
SQL> select role,common,oracle_maintained,con_id
       from cdb_roles order by role;
```

（9）创建几个角色。注意，在根容器中，只能创建公共用户和角色，将 CONTAINER＝ALL 附加到 CREATE 语句上是可选的，CONTAINER＝CURRENT 是不允许的。在 PDB 中，只能创建本地用户和角色，将 CONTAINER＝CURRENT 附加到 CREATE 语句上是可选的，CONTAINER＝ALL 是不允许的。

```
SQL> create role myrole1 container = current;
SQL> create role c##myrole1 container = current;      ←──┤ 这两条语句失败
SQL> create role c##myrole1 container = all;          ←──┤ 正确
SQL> create role c##myrole2 container = all;
```

（10）将角色授予 C##USER2 用户。

```
SQL> grant c##myrole1 to c##user2 container = all;
SQL> grant c##myrole2 to c##user2 container = hrpdb;  ←──┤ 该语句失败
```

（11）以 SYSTEM 用户身份连接到 HRPDB，将角色 C＃＃ MYROLE2 授予 C＃＃ USER2 用户。

```
SQL> connect system/oracle123@127.0.0.1:1521/hrpdb;
SQL> grant c## myrole2 to c## user2 container = current;    ◀——┤ 授权成功
```

🔑 本章小结

本章主要讨论了以下内容：

- Oracle 多租户环境包含一个容器（CDB）和多个可插入数据库（PDB），可以在软件安装时创建 CDB，也可以使用 DBCA 管理 CDB。
- 使用 STARTUP 命令启动 CDB，CDB 的状态包括 SHUTDOWN、NOMOOUNT、MOUNT 和 OPEN 模式，使用 ALTER PLUGGABLE DATABASE 命令打开和关闭 PDB。
- 有多种方法创建 PDB，可以从 CDB 中拔出 PDB，也可以删除 PDB。
- 在多租户数据库环境下，可以在 CDB 中创建公共用户和公共角色，也可以在 PDB 中定义本地用户和本地角色。

🔑 习题与实践

一、填空题

1. 在多租户数据库系统中 CDB 表示＿＿＿＿＿＿，PDB 表示＿＿＿＿＿＿。
2. 一个容器数据库包含三种类型的容器，分别是：＿＿＿＿＿＿、＿＿＿＿＿＿ 和 ＿＿＿＿＿＿。
3. 在多租户环境中，有两种类型的用户：＿＿＿＿＿＿ 和 ＿＿＿＿＿＿。
4. CDB 中创建公共用户，用户名须以＿＿＿＿＿＿开头，它实际是在实例参数＿＿＿＿＿＿中设置的值。

二、选择题

1. 下面不能在系统容器的所有 PDB 中共享的数据库对象是（　　　）。
   - A. 还原表空间
   - B. 数据库全局名称
   - C. 控制文件
   - D. 联机重做日志文件
2. 以读写方式打开名为 HRPDB 的可插入数据库命令，下面正确的是（　　　）。
   - A. ALTER PLUGGABLE DATABASE HRPDB CLOSE
   - B. ALTER PLUGGABLE DATABASE HRPDB OPEN
   - C. ALTER PLUGGABLE DATABASE HRPDB OPEN READ ONLY
   - D. ALTER PLUGGABLE DATABASE HRPDB OPEN READ WRITE
3. 要将一个 PDB 从 CDB 中拔出，并要求以后可再插入此 CDB 或另一个 CDB，下面（　　　）两项是必须做的。

A. 在删除 PDB 之前,数据库必须用 Data Pump 导出

B. 容器必须有一个完整的 RMAN 备份

C. 必须先关闭 PDB

D. 必须用 PDB 的元数据创建一个 XML 文件

三、简答题

1. 简述创建可插入数据库的方法。

2. 简述使用 PDB＄SEED 创建新的 PDB 的具体步骤。

3. 在多租户环境中,CDB 和 PDB 共有哪几种状态?

4. 简述 CDB 的启动和关闭过程。

第15章

技能竞赛平台实例

本章结合一个电力系统营销人员服务技能竞赛项目的平台实例,讲述如何使用 Oracle 作为数据存储开发的一个 Web 应用。通过本章的学习,进一步掌握 Oracle 中各组件的使用,同时掌握 Java Web 应用开发的流程、方法与技术。

本章首先介绍电力系统营销人员服务技能竞赛项目平台应用实例的功能需求,然后介绍系统概要设计,接下来重点介绍组件设计与实现。本应用实例采用 MVC 模式进行实现,应用程序服务器是 Tomcat 9.0,数据库采用 Oracle 21c,集成开发环境使用 Eclipse 2021。

15.1 系统设计

电力营销人员服务技能竞赛是采用试题加技能竞赛的方式考核电力服务人员的业务能力。该系统之前每次举办都是由人工负责判卷与统计,极大降低了工作效率。营销人员供电服务技能竞赛平台可分为两部分:一是技能竞赛前台系统,二是后台管理系统。该技能竞赛系统是为某省供电有限公司营销人员提供上机考试服务,并进行自动评分,排序输出参赛者、团队成绩报表。该系统是有效地提高营销人员的动手能力、降低考试管理成本、提升考试公正性的一套网络应用系统。下面分别说明这两部分系统的功能需求与模块划分。

15.1.1 系统功能需求说明

1. 技能竞赛前台系统

竞赛者根据姓名与身份证号登录后,同时选择所答试题的类型(理论考试及听音打字),成功登录后可进行相应的考试。其中理论考试分为不定项考试、判断题考试及计算题考试,听音打字考试为在规定的时间内完成考试现场录音播放的打字内容录入。前台系统用例图如图 15-1 所示,当参赛者选择理论考试后,系统开始计时,理论考试的总时间为 90 分钟,参赛者根据需要可切换进行答题,倒计时结束后自动交卷。当参赛者选择听音打字后,参赛者登录系统后由监考教师在系统外控制播放录音内容,并提醒参赛选手单击"答题"按钮开始计时,时间为 3 分钟 20 秒。听音打字只放一遍,参赛者在下面的文本框中进行答题,倒计时结束后自动交卷,参赛者也可单击"交卷"按钮提前交卷。对于参赛者考试只能进行一次,若因机器故障或特殊情况,可进行二次登录,但需经过监考教师的批准,由监考教师输入正确的二次登录密码后方可继续进行考试。

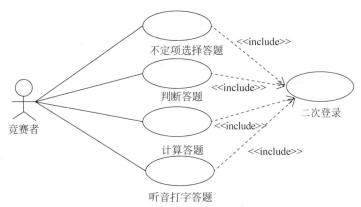

图 15-1 技能竞赛前台系统用例图

2. 后台管理系统

后台管理系统的登录人员分为三类:试题录入人员、评分人员及系统管理员。后台管理系统用例图如图 15-2 所示。

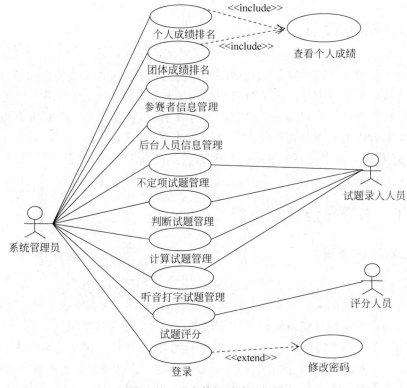

图 15-2　后台管理系统用例图

（1）试题录入人员。试题录入人员除具有登录、注销功能外,还具有各类试题的添加、删除、修改功能。

（2）评分人员。评分人员具有登录、注销功能外,还具有各类试题的评分及修正分值的功能。

（3）系统管理员。系统管理员具有试题录入人员及评分人员的功能外,还具有后台用户及竞赛者管理功能、查看竞赛者成绩排名功能。

（4）密码在数据库采用不可逆加密的方式进行存储。

（5）统计查询。按照个人总成绩以及团体总成绩进行统计分析和相关的汇总,并生成相应的结果报表,结果报表使用通用的 Excel 表。具体报表如下:

- 个人总成绩排名总表
- 个人成绩明细表
- 团体总成绩排名表

（6）系统评分。对于不定项、判断试题、计算以及听音打字部分试题,当考试结束,系统将自动记录各参赛者相应项目的得分,对于听音打字试题的评分可由后台管理系统中的评分人员进行手工核对与校验。

15.1.2　系统模块划分

1. 技能竞赛前台系统

参赛者登录成功后,进入竞赛系统主页面可以进行理论部分的考试和听音打字的考试。

该前台系统的模块划分如图 15-3 所示。

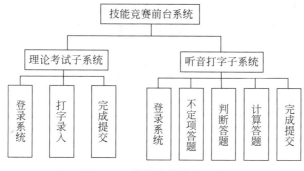

图 15-3　技能竞赛前台系统

2. 后台管理系统

后台管理员登录成功后,进入后台管理主页面(admin_index.jsp),可以对参赛者、试题、评分以及成绩排名等进行管理,后台管理系统的模块划分如图 15-4 所示。

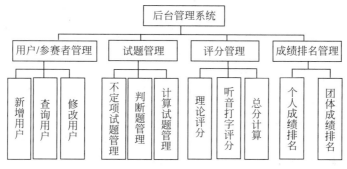

图 15-4　后台管理系统

🔑 15.2　数据库设计

系统的总体设计又被称为对全局问题的设计,主要包括对系统模块结构的设计,结合 15.1 节的需求分析,在总体设计时将对系统的功能进行总体设计。

系统是基于 J2EE 的 DAO 模式,采用的是 MVC(model-view-controller)模式。根据需求分析的结果,分为技能竞赛前台系统和后台数据管理系统。前台系统主要供考生进行考试,其主要功能包括:考生登录功能模块、选择题答题模块、判断题答题模块、填空题答题模块和听音打字模块。后台数据管理系统的主要功能是完成数据的维护,其主要功能包括:管理员登录模块、考生基本信息管理模块、各试题信息管理模块、各试题评分模块、管理员基本信息管理模块和成绩统计输出模块。

15.2.1　数据库概念结构设计

在进行需求分析和总体功能设计时,系统中的实体涉及考生、操作员、选择试题、判断试题、计算试题和听音打字试题以及考生选择题的答题记录，判断题的答题记录，计算题的答题记录和听音打字的答题记录。考虑对单表的操作压力，为此系统设计时将各种题型以及答题记录分开存放。根据系统需求设计及系统功能设计结果，系统中的 E-R 图如图 15-5 所示。

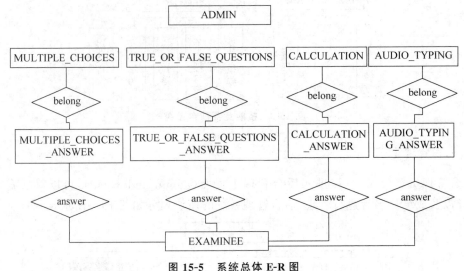

图 15-5　系统总体 E-R 图

这些表分别用来存储如下数据：

- EXAMINEE 表用于存储考生的基本信息。
- MULTIPLE_CHOICES 表用于不定项选择题题干相关信息。
- MULTIPLE_CHOICES_ANSWER 表用于存储考生选择题答题相关信息。
- TRUE_OR_FALSE_QUESTIONS 表用于存储判断题题干相关信息。
- TRUE_OR_FALSE_QUESTIONS_ANSWER 表用于存储考生判断题答题相关信息。
- CALCULATION 表用于存储计算试题题干信息。
- CALCULATION_ANSWER 表用于存储考生计算答题题干信息。
- AUDIO_TYPING 表用于听音打字试题题干信息。
- AUDIO_TYPING_ANSWER 表用于听音打字答题信息。
- ADMIN 表用于存储管理人员信息。

EXAMINEE 和 MULTIPLE_CHOICES_ANSWER 两个实体之间一对多联系，表示一个考生可有多个选择答题记录，MULTIPLE_CHOICES 到 MULTIPLE_CHOICES_ANSWER 两个实体存在的也是一对多联系，表示一题可被多个考生进行答题。其他几个实体的联系同理，即答题记录实体与考生及试题实体均存在一对多的联系。

15.2.2　数据库逻辑结构设计

根据实体-联系图需要设计 9 张数据表，如表 15-1～表 15-9 所示。为此首先我们创建名为"C♯♯JC_ADMIN"的用户及表空间，同时给该用户授予一定权限，如创建和修改表，索引，存储过程，序列的权限，无限表空间的权限等，然后使用该账户创建这些表及相关的索引。

表 15-1　考生表(EXAMINEE)

数 据 字 段	数据类型名	说　　　明
examinee_id	NUMBER	考生的唯一标识,自动增量,主键
name	VARCHAR2(20)	考生的姓名
id_card	CHAR(18)	考生的身份证号
sex	CHAR(3)	性别
unit	CHAR(30)	单位名称的编号
theory_begin_time	TIMESTAMP(6)	记录理论考试开始答题的时间
audio_typing_begin	TIMESTAMP(6)	记录听音打字开始答题的时间
theory_score	NUMBER(6,1)	记录该学生的理论成绩总和
audio_typing_score	NUMBER(6,1)	记录该学生的打字成绩总和
score_sum	NUMBER(6,1)	存储考生的总分

表 15-2　不定项选择题表(MULTIPLE-CHOICES)

数 据 字 段	数据类型名	说　　　明
multiple_choices_id	INTEGER	不定项选择题的唯一标识,自动增量,主键
title	VARCHAR2(500)	试题的题干
answer1	VARCHAR2(300)	试题的选项 A
answer2	VARCHAR2(300)	试题的选项 B
answer3	VARCHAR2(300)	试题的选项 C
answer4	VARCHAR2(300)	试题的选项 D
right_answer	VARCHAR2(10)	试题的标准答案
point	NUMBER(6,2)	该题的分值

表 15-3　判断题表(TRUE-OR-FALSE-QUESTIONS)

数 据 字 段	数据类型名	说　　　明
true _ or _ false _ questions _id	NUMBER	判断题的唯一标识,自动增量,主键
title	VARCHAR2(100)	试题的题干
right_answer	CHAR(1)	试题的标准答案
point	NUMBER(6,2)	该题的分值

表 15-4　计算题表(CALCULATION)

数 据 字 段	数据类型名	说　　　明
calculation_id	NUMBER	计算题的唯一标识,自动增量,主键
title	VARCHAR2(300)	试题的题干
right_answer	NUMBER(6,2)	试题的标准答案
point	NUMBER(6,2)	该题的分值

表 15-5　听音打字题表(AUDIO-TYPING)

数 据 字 段	数据类型名	说　　　明
audio_typing_id	NUMBER	听音打字题的唯一标识,自动增量,主键
title	VARCHAR2(100)	听音打字的内容
point	NUMBER(6,2)	该题的分值

表 15-6   不定项选择答题表(MULTIPLE-CHOICES-ANSWER)

数 据 字 段	数据类型名	说　明
id	NUMBER	不定项选择答题的唯一标识,自动增量,主键
examinee_id	NUMBER	考生的唯一标识,外键
multiple_choices_id	NUMBER	不定项选择题的标识,外键
answer	VARCHAR2(4)	考生的回答
score	NUMBER(6,2)	该题考生的得分

表 15-7   判断题表(TRUE-OR-FALSE-QUESTIONS-ANSWER)

数 据 字 段	数据类型名	说　明
id	NUMBER	判断答题的唯一标识,自动增量,主键
examinee_id	NUMBER	考生的唯一标识,外键
true_or_false_questions_id	NUMBER	判断题的标识,外键
answer	CHAR(2)	考生的回答
score	NUMBER(6,2)	该题的分值

表 15-8   计算题表(CALCULATION-ANSWER)

数 据 字 段	数据类型名	说　明
id	NUMBER	计算答题的唯一标识,自动增量,主键
examinee_id	NUMBER	考生的唯一标识,外键
calculation_id	NUMBER	计算题的唯一标识,外键
answer	NUMBER(6,2)	考生的回答
score	NUMBER(6,2)	该题的分值

表 15-9   听音打字题表(AUDIO-TYPING-ANSWER)

数 据 字 段	数据类型名	说　明
id	NUMBER	听音打字答题的唯一标识,自动增量,主键
examinee_id	NUMBER	考生的唯一标识,外键
audio_typing_id	NUMBER	听音打字题的唯一标识,自动增量,主键
answer	VARCHAR2(500)	考生听音打字的答题内容
score	NUMBER(6,2)	该题的分值

15.2.3　数据库实现

　　根据 15.2.2 小节的数据库的逻辑结构,在 Oracle 中进行实现,限于篇幅,创建数据库对象的代码请读者参考本书提供的源代码 jc.sql。

🔑 15.3　系统管理

15.3.1　导入相关的 jar 包

　　新建两个 Web 工程如前台为 jc,后台为 jcadmin,由于本系统采用了与 Oracle 连接,又因为 JSP 页面使用了 JSTL 标签,因此需要将 oracle8.jar、standard.jar、jstl.jar 文件复制到工程的\WEB-INF\lib 目录中。

15.3.2 页面组织

本系统由技能竞赛前台系统和后台管理系统组成,为了方便管理这两个页面分开进行了存放。同时在工程的根目录下存放 JSP、CSS、JavaScript 及图片。由于篇幅受限,本章只附上核心的代码。

1. 技能竞赛前台系统

参赛人员在浏览器的地址栏输入 http://localhost:8080/jc/login.jsp 访问登录页面,登录成功后进入理论答题主页面(theoryTest.jsp)或听音打字主页面(audioTypingTest.jsp)。

理论答题主页面 theoryTest.jsp 的核心代码如下:

```
< frameset rows = "85, * ,40" cols = " * " frameborder = "no" border = "0"
        framespacing = "0">
 < frame src = "top.html" name = "topFrame" scrolling = "no" noresize = "noresize"
        title = "topFrame" />
 < frameset rows = " * " cols = "150, * " framespacing = "0" frameborder = "no" border = "0">
  < frame src = "theoryTestLeft.jsp" name = "leftFrame" scrolling = "no"
        noresize = "noresize"  id = "leftFrame" title = "leftFrame"
        frameborder = "0"/>
 < frame src = "MultipleChoicesTest.do" name = "mainFrame" id = "mainFrame"
        title = "mainFrame" />
 </frameset >
 < frame src = "bottom.jsp" name = "bottomFrame" scrolling = "no"
    noresize = "noresize" /></frameset >
```

整个页面分为左右两部分,左侧视图 theoryTestLeft.jsp 核心代码如下:

```
$ {examinee.name },您好!  < br /> < br />
   离考试结束还剩:< br >< b >< font size = + 2 color = "red"
   id = "userIdMessage"></font ></b >
 < img src = "./image/left.gif">< a href = "MultipleChoicesTest.do"
        target = "mainFrame">< b >
 不定项题</b ></a >< br />
 < img src = "./image/left.gif">< a href = "TrueorFalseQuestionsTest.do"
        target = "mainFrame">< b >
 判 断 题</b ></a ></font >  < br />
   < img src = "./image/left.gif">< a href = "CalculcationTest.do"
        target = "mainFrame">< b >
 计 算 题</b ></a ></font >  < br />
   < input type = "button" name = "ok" onclick = "tjst()" value = "交卷"/>
```

右侧为答题区,MultipleChoicesTest.do 的核心代码如下:

```
ExamineeAnswerDao dao = new ExamineeAnswerDaoImpl();
HttpSession hs = request.getSession();
Examinee examinee = (Examinee) hs.getAttribute("examinee");
List < MultipleChoicesAnswer > multipleChoicesAnswers = dao
    .getAllExamineeMultipleChoicesAnswer(examinee.getExaminee_id());
int[] nums = (int[]) hs.getAttribute("nums");                //记录参赛选手答题的序号
```

```
if (nums == null || nums.length <= 0) {
  int n = 100, x;
  nums = new int[n];
  for (int i = 0; i < nums.length; i++) {
    x = (int)(Math.random() * n);                    //随机产生试题序号
    boolean flag = false;
    for (int j = 0; j < i; j++) {
      if (nums[j] == x) {
        flag = true;
        break;
      }
    }
    if (flag) {
      i--;
      continue;
    }
    nums[i] = x;
  }
  hs.setAttribute("nums",nums);
}
List<MultipleChoicesAnswer> multipleChoicesAnswers1
              = new ArrayList<MultipleChoicesAnswer>();
for(int i = 0;i < multipleChoicesAnswers.size();i++){
  MultipleChoicesAnswer multipleChoicesAnswer
              = multipleChoicesAnswers.get(nums[i]);
  multipleChoicesAnswers1.add(multipleChoicesAnswer);
}
request.setAttribute("multipleChoicesAnswers",
    multipleChoicesAnswers1);
request.getRequestDispatcher("multipleChoicesTest.jsp").forward(
    request, response);
```

理论考试主页面的运行效果如图 15-6 所示。

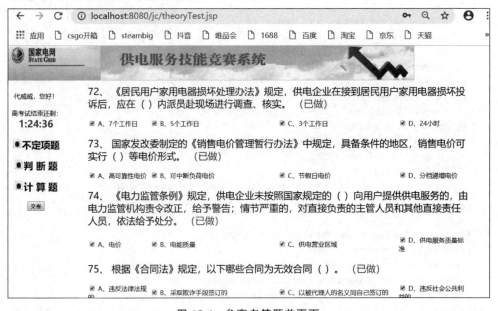

图 15-6　参赛者答题首页面

2．后台管理系统

后台各类管理员在浏览器地址栏输入 http://localhost：8080/jsadmin/login.jsp 登录后就可根据不同权限访问不同的功能模块。index.jsp 的核心代码如下所示：

```
< frameset rows = "83, * ,40" cols = " * " frameborder = "no" border = "0"
        framespacing = "0">
 < frame src = "top.html" name = "topFrame" scrolling = "no" noresize = "noresize"
     id = "topFrame" />
 < frameset rows = " * " cols = "160, * " framespacing = "0" frameborder = "no" border = "0">
 < frame src = "left.jsp" name = "leftFrame" scrolling = "no"
        noresize = "noresize"/>
 < c:if test = " $ {user.lx == 2 }">
 < frame src = "ExamineeManager.do" name = "mainFrame" id = "mainFrame"
        title = "mainFrame" />
 </c:if >
 < c:if test = " $ {user.lx == 3   }">
 < frame src = "MultipleChoicesManager.do" name = "mainFrame"/>
 </c:if >
 < c:if test = " $ {user.lx == 4   }">
 < frame src = "welcome.jsp" name = "mainFrame" id = "mainFrame"
        title = "mainFrame" />
 </c:if >
 </frameset >
 < frame src = "bottom.jsp" name = "bottomFrame" scrolling = "no"
         noresize = "noresize" /></frameset >
```

根据不同的类型赋予左侧不同的权限模块。

以超级管理员身份登录后的效果如图 15-7 所示。

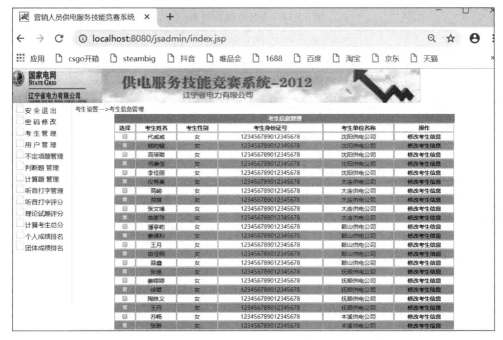

图 15-7 后台管理系统首页面

15.3.3 组件与 Servlet 管理

本系统的组件与包层次如图 15-8 所示。

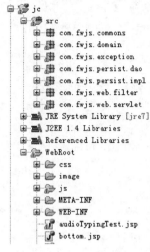

图 15-8 组件与包层次

15.4 组件设计

本系统的组件包括过滤器、实体模型、数据库连接组件。主要的程序包如表 15-10 所示。

表 15-10 系统主要程序包

包 名	作 用
com.fwjs.commons	commons 包中存放的是系统的工具类,包括连接数据库的工具类
com.fwjs.domain	domain 包中的是实现数据封装的实体模型 Beans
com.fwjs.exception	exception 包中是用于处理各异常的类
com.fwjs.persist	persist 包中有两个子包:dao 与 impl。有关持久层的接口类的声明在 dao 中,有关持久层具体实现的类在 impl 包中
com.fwjs.web	web 包中有两个子包:filter 与 servlet。filter 中有两个关于中文字符编码及登录过滤的过滤器。servlet 子包括系统中所有的 servlet 类

根据系统设计的结果,本系统采用 J2EE 技术规范的 DAO 模式进行实现,系统主要包括实体包(domain)、工具包(utils)、dao 包、impl 包及 web 包、类与接口设计如图 15-9 所示。

15.4.1 数据库连接

本系统前后台连接数据库采用局部数据源的方式,即在项目的/META-INF/下新建 context.xml 文件存放连接数据库。具体的内容如下:

```
<?xml version = "1.0" encoding = "UTF - 8"?>
< Context reloadable = "true">
```

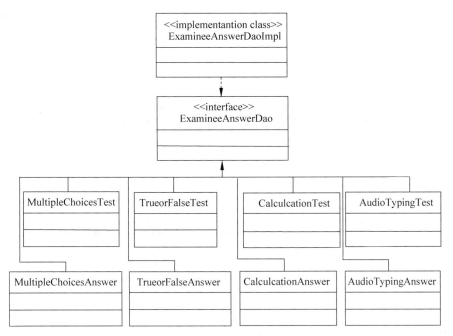

图 15-9　类与接口设计

```
< Resource
        name = "jdbc/testDB"
        type = "javax.sql.DataSource"
        maxTotal = "70"
        maxIdle = "5"
        driverClassName = "oracle.jdbc.driver.OracleDriver"
        url = "jdbc:oracle:thin:@localhost:1521:orcl"
        username = "c##jc_admin"
        password = "HUbin1977"
        maxWaitMillis = "5000"/>
</Context >
```

然后在 com.fwjs.commons 包下建立用于获取数据库的连接：

```
...
Connection conn = null;
Context initContext;
Context ctx = new InitialContext();
Context c = (Context) ctx.lookup("java:/comp/env");
DataSource ds = (DataSource) c.lookup("jdbc/testDB");
conn = ds.getConnection();
...
```

15.4.2　过滤器

本系统实现了两个过滤器：字符编码过滤器和登录验证过滤器。

1. 字符编码过滤器

通过字符编码过滤器可以解决当前项目下所有 Servlet 资源的中文乱码问题。一是

get/post 请求出现的中文乱码；二是 response 输出字符流出现的中文乱码问题。EncodingFilter.java 的核心代码如下：

```
public void doFilter(ServletRequest req, ServletResponse resp,
   FilterChain chain) throws IOException, ServletException {
   HttpServletRequest request = (HttpServletRequest) req;
   HttpServletResponse response = (HttpServletResponse) resp;
   request.setCharacterEncoding(encode);
   response.setCharacterEncoding(encode);
   chain.doFilter(req, resp);
}
```

2. 登录验证过滤器

登录验证过滤器用于验证用户是否有权限访问相应的页面，LoginFilter.java 的核心代码如下：

```
public void doFilter(ServletRequest req, ServletResponse resp,
     FilterChain chain) throws IOException, ServletException {
   HttpServletRequest request = (HttpServletRequest) req;
   HttpServletResponse response = (HttpServletResponse) resp;
   HttpSession session = request.getSession();
   String uri = request.getRequestURI();
   Examinee examinee = (Examinee) session.getAttribute("examinee");
   if ((examinee!= null)|| uri.indexOf("login.jsp") != −1||
     uri.indexOf("LoginCheck.do") != −1
     ||uri.indexOf("login_Error.jsp") != −1|| uri.indexOf("NoLogin.do") != −1)
   {
     //用户已登录或请求的 url 包括 login.jsp,login_Error.jsp、登录验证的 sevlet 名为
//LoginCheck.do 以及未登录的跳转 NoLogin.do 将放行,其他情况均视为未登录
     chain.doFilter(request, response);
   } else {
   response.sendRedirect("NoLogin.do");
   }
}
```

15.4.3　实体模型

实体模型即实体 Bean 用于存储在持久存储介质上的持久对象,在视图层(JSP)中提交的数据均封装为实体 Bean,然后在控制层(Servlet)将这些实体模型传递给业务层(Service),最后再由业务层将实体 Bean 传递给数据访问层(DAO);同样,在数据展示时,DAO 层将数据封装为实体 Bean 的形式传递给业务层,再由业务层将这些实体 Bean 经控制层传递给视图层进行显示。每个实体类均具有数据库中实体的属性,并具有 get 与 set 方法,在此限于篇幅,不再赘述。

15.5　前台参赛者系统实现

前台参赛者系统相关的 JSP、CSS、JS、图片、相关包结构、实体模型等各组件已在 15.4 节进行了介绍。这里以多选题答题为例详细描述系统核心的具体实现。

15.5.1　参赛者登录

参赛者输入身份证号及姓名并选择理论考试后,系统对所输入的信息进行验证。如果身份证号及姓名均正确,则成功登录系统,同时判断该参赛者是否已答过题,若已答过题则进入让管理员输入二次登录密码的页面,否则进入参赛首页面 index. jsp,系统自动在 Session 中保存参赛者信息并开始计时;如果参赛者身份证号或姓名有误则给出错误提示返回登录页面。

1. 视图实现

视图通过登录页面 login. jsp 和二次登录页面 loginAgain. jsp 实现,登录页面如图 15-10 所示。两个页面的代码请参阅本书提供的源代码。

图 15-10　参赛者登录页面

2. 控制器实现

登录的控制器对应的类名为 LoginCheck,urlPatterns 是"/LoginCheck. do",该控制器获取请求后,将视图中的信息先进行有效性验证,然后调用 Persist 层 ExamineeDao 中的 examineeExistsByName 方法,判断该参赛者是否存在,若存在,则进一步用 loginByNameandIDCard 方法判断参赛者姓名与身份证号是否正确。若不正确给出错误提示并返回;若正确则进一步根据参赛者选择的考试类型,同时判断参赛者答题的开始时间,若存在该答题时间则判断为二次登录,跳转到 loginAgain. jsp,否则更新答题时间并开始计时进入答题首页 theoryTest. jsp。

LoginCheck. java 的核心代码如下:

```
...
if (userName == null || userName.length() <= 0) {
  request.setAttribute("error", "姓名不能为空!");
  request.getRequestDispatcher("login.jsp")
    .forward(request, response);
  return;
}
userName = userName.trim();
if (idCard == null || idCard.length() <= 0
   || !(idCard.trim().length() == 15 || idCard.trim().length() == 18)) {
  request.setAttribute("error", "身份证号不能为空且应是 15 或 18 位!");
  request.setAttribute("userName", userName);
  request.setAttribute("userPassword", idCard);
  request.getRequestDispatcher("login.jsp")
    .forward(request, response);
  return;
}
if (kind == null || kind.length() <= 0 || kind.equals("1")) {
  request.setAttribute("error", "请先选择题型!");
  request.setAttribute("userName", userName);
  request.setAttribute("userPassword", idCard);
  request.getRequestDispatcher("login.jsp")
    .forward(request, response);
  return;
}
ExamineeDao dao = new ExamineeDaoImpl();
HttpSession hs = request.getSession();              // 登录次数超过一次,提示用户需输入密码
idCard = idCard.trim();
Boolean user_exists_flag = dao.examineeExistsByName(userName);
if (!user_exists_flag) {
  request.setAttribute("error", "姓名错误!");
  request.getRequestDispatcher("login.jsp")
    .forward(request, response);
  return;
} else {
  Examinee examinee = dao.loginByNameandIDCard(userName, idCard);
  if (examinee != null) {
   synchronized(hs){
   hs.setAttribute("examinee", examinee);
   }
   if (examinee.getTheory_begin_time() != null && kind.equals("2")) {
    request.setAttribute("error", "你已经进行了理论部分的考试!");
    request.getRequestDispatcher("loginAgain.jsp?kind=" + kind).forward(
      request, response);
    return;
   }
   if (examinee.getTyping_begin_time() != null && kind.equals("3") ) {
    request.setAttribute("error", "你已经进行了听音打字考试!");
    request.getRequestDispatcher("loginAgain.jsp?kind=" + kind).forward(
      request, response);
    return;
   }
   switch (Integer.valueOf(kind)) {
   case 2:
    dao.updateExamineeTheoryBeginTime(examinee);
    response.sendRedirect("theoryTest.jsp");
```

```
    break;         // 理论考试
    case 3:
      dao.updateAudioTypingBeginTime(examinee);
      response.sendRedirect("audioTypingTest.jsp");
      break;       // 听音打字
      }
    return;
  } else {
    request.setAttribute("error", "身份证号错误!");
    request.getRequestDispatcher("login.jsp").forward(request,
      response);
    return;
  }
 }
...
```

15.5.2　不定项选择答题

参赛者成功登录后首先进入的就是不定项选择答题,该模块主要功能为记录参赛者的答题情况。若该参赛者是首次单击即为添加答题记录,否则为修改答题记录,当参赛者将所有选项均取消选择时,则为删除答题记录。

1. 视图实现

不定项选择答题页面 multipleChoicesTest.jsp 上方显示各试题编号,以不同颜色区分该题是否已答。单击不同的试题 ID 即可快速定位到该题的标签。以 ajax 方式与 Servlet 通信,区分该试题是否已答,multipleChoicesTest.jsp 的核心代码如下:

```
< script language = "javascript">
var req;
function sendData(input_id, input_name, input_checked) {
  var idField = document.getElementById(input_id);
  var tmp = 'F';     //参赛者单击是取消了本选项时记录值为 F,选中时为 T
  if(input_checked){
    tmp = 'T';
  }
  var myDate = new Date();          //加上时间参数防止浏览器缓存导致 ajax 请求不执行
  var url = "MultipleChoicesAnswerSaveAnswer.do?time = "
  + myDate.getTime() + "&answerx = " + input_name + tmp + escape(idField.value);
  if (window.XMLHttpRequest) {
   req = new XMLHttpRequest();
  } else if (window.ActiveXObject) {
   req = new ActiveXObject("Microsoft.XMLHTTP");
  }
  req.open("GET", url, true);
  req.onreadystatechange = callback;
  req.send("answerx = " + input_name + tmp + escape(idField.value));
}
function callback() {
  if (req.readyState == 4) {
    if (req.status == 200) {
      parseMessage();
```

```
        }
      }
   }
function parseMessage() {
   //接收后台返回的数据
   var message = req.responseXML.getElementsByTagName("data");
   var str = new Array();
   if(message.length >= 1){              //解析返回的数据
      for(var i = 0;i < message.length;i++){
         str[i] = message[i].firstChild.data;
      }
   }else{
      str[0] = message.length;
   }
   if(str[1] == 0){                      //单击处理后该题仍有选中的选项
      var if_finished = document.getElementById("di" + str[0]);
      if_finished.innerHTML = "(已做)"; if_finished.color = "green";
      var mindtmp = document.getElementById("mind" + str[0]);
      mindtmp.color = "green";
   }else{                                //单击处理后该题所有的选项均被取消了
      var if_finished = document.getElementById("di" + str[1]);
      if_finished.innerHTML = "(未做)"; if_finished.color = "red";
      var mindtmp = document.getElementById("mind" + str[1]);
      mindtmp.color = "red";
   }
}
</script >...
< form action = "MultipleChoicesAnswerSaveAnswer.do" method = "post" name = "form1"
   id = "form1">
   < table width = "90 % " align = "center" cellpadding = "0" cellspacing = "1"
         border = 0 >
   < tr >  < th colspan = "4" class = "title1">不定项选择考试  </th>  </tr>
   < tr >  < td colspan = "4">
   < c:forEach items = " $ {multipleChoicesAnswers}"
        var = "multipleChoicesAnswer1" varStatus = "i">
   < c:set var = "answer1" value = " $ {multipleChoicesAnswer1.answer}"/>
    < c:if test = " $ { empty answer1}">
    < a href =
      " # $ {multipleChoicesAnswer1.multipleChoices.multiple_choices_id }">
    < font id = "mind $ {multipleChoicesAnswer1
          .multipleChoices.multiple_choices_id}"
   color = "red" > $ {i.count }</font ></a >     </c:if >
   < c:if test = " $ {not empty answer1}">
   < a href =
      " # $ {multipleChoicesAnswer1.multipleChoices.multiple_choices_id }">
    < font id = "mind $ {multipleChoicesAnswer1
          .multipleChoices.multiple_choices_id }"
      color = "green"> $ {i.count }</font ></a >    </c:if >
   </c:forEach >    </td>  </tr >
   < c:forEach items = " $ {multipleChoicesAnswers}"
        var = "multipleChoicesAnswer" varStatus = "i">
   < c:set var = "answer" value = " $ {multipleChoicesAnswer.answer}"/>
    < tr >
     < td colspan = "4">     < div align = "left" style = "font - size: x - large" id =
```

```
        "${multipleChoicesAnswer.multipleChoices.multiple_choices_id }">
            ${i.count }, ${multipleChoicesAnswer.multipleChoices.title}
    <c:if test = "${ empty answer }">
     < font color = "red" id =
    "di${multipleChoicesAnswer.multipleChoices.multiple_choices_id }">
     (未做)</font>            </c:if>
    <c:if test = "${not empty answer}">      < font color = "green" id =
     "di${multipleChoicesAnswer.multipleChoices.multiple_choices_id}" >
     (已做)</font>   </c:if>  </div>   </td>  </tr>
    <tr>   <td>   <div align = "left">   <c:if test = "${fn:contains(answer,'A') &&
      not empty answer }">
    <c:set var = "check" value = "checked"></c:set>   </c:if>
    <c:if test = "${empty answer}">      <c:set var = "check" value = ""></c:set>
     </c:if>
    < input type = "checkbox" name = "A" ${check}
      id = "A${multipleChoicesAnswer.multipleChoices.multiple_choices_id }"
  value = "A${multipleChoicesAnswer.multipleChoices.multiple_choices_id }"
      onClick = "sendData(this.id,this.name,this.checked)" />

    A、${multipleChoicesAnswer.multipleChoices.answer1}
</div>  </td>   <td>
< div align = "left">
  <c:if test = "${fn:contains(answer,'B') && not empty answer }">
  <c:set var = "checkb" value = "checked"></c:set>   </c:if>
<c:if test = "${empty answer}">   <c:set var = "checkb" value = ""></c:set>
</c:if>
< input type = "checkbox" name = "B" ${checkb }
  id = "B${multipleChoicesAnswer.multipleChoices.multiple_choices_id }"
value = "B${multipleChoicesAnswer.multipleChoices.multiple_choices_id }"
 onClick = "sendData(this.id,this.name,this.checked)" />
...
```

2. 控制器实现

该控制器的类名为 MultipleChoicesAnswerSaveAnswer. java。将视图中的答题信息进行分析,然后将参赛者的答题记录通过 ExamineeAnswerDao. java 进行添加答题、修改答题或删除答题的操作,再通过文本的方式返回给视图。

MultipleChoicesAnswerSaveAnswer. java 的核心代码如下:

```
...
String answerx = request.getParameter("answerx");
  if (answerx != null) {
   String answer1 = answerx.substring(0, 1);      // 选项 abcd 中的哪个
   String answer = answerx.substring(1, 2);       // 该选项选中了为 T,未选中为 F
   String st_id = answerx.substring(3);           // 试题 id
   int multipleChoicesId;
   HttpSession hs = request.getSession();
   Examinee examinee;
   synchronized (hs) {
    examinee = (Examinee) hs.getAttribute("examinee");
   }
   int flag = 0;                      // 是否该题选项全都删除完了,0 代表没有,否则返回试题 id
   ExamineeAnswerDao examineeAnswerDao = new ExamineeAnswerDaoImpl();
```

```
multipleChoicesId = Integer.parseInt(st_id);
String user_old_answer = examineeAnswerDao
  .getExamineeMultipleChoicesAnswer(
    examinee.getExaminee_id(), multipleChoicesId);
if (user_old_answer == null) {              // 用户之前未做过该题
 examineeAnswerDao.addExamineeMultipleChoicesAnswer(examinee
 .getExaminee_id(), multipleChoicesId, answer1
 .toUpperCase());
} else {
 if (user_old_answer.indexOf(answer1.toUpperCase()) != -1
   && answer.equals("F")) {
   // 参赛者之前的答题记录中含有该选项,且本次是取消选择
   flag = examineeAnswerDao
     .removeExamineeMultipleChoicesAnswer(examinee
       .getExaminee_id(), multipleChoicesId,
       answer1.toUpperCase());
  } else if (user_old_answer.indexOf(answer1.toUpperCase()) == -1
    && answer.equals("T")) {
    // 参赛者之前的答题记录中含有该选项,且本次进行了选择
    String user_new_answer = user_old_answer == null ? ""
      : user_old_answer + answer1.toUpperCase();
    char[] user_answer = user_new_answer.toCharArray();
    Arrays.sort(user_answer);               // 排序 ABCD
    user_new_answer = "";
    for (int i = 0; i < user_answer.length; i++)
     user_new_answer += user_answer[i];     // 重新构建新的答题记录
    examineeAnswerDao.addExamineeMultipleChoicesAnswer(examinee
      .getExaminee_id(), multipleChoicesId,
      user_new_answer);
   }
  }
  StringBuffer sb = new StringBuffer("<message>");
  response.setContentType("text/xml");
  response.setHeader("Cache-Control", "no-cache");
  sb.append("<data>" + st_id + "</data><data>" + flag + "</data>");
  sb.append("</message>");
  PrintWriter out = response.getWriter();
  out.write(sb.toString());
  out.close();
 }
  ...
```

参赛者不定项选择答题页面如图 15-11 所示。

考虑到考生答题时操作数据库的同步问题,本系统将插入与更新答题表的操作均写在存储过程中,因此系统在创建数据库表之后需要以此创建与调试如下存储过程：插入与更新不定项选择题答题记录的存储过程（MULTIPLE_CHOICES_ANSWER_PROC）、删除不定项选择题答题记录的存储过程（REMOVE_MULTIPLE_CHOICES_ANSWER_PROC）。当考生在前台不定项选择题答题时,单选相应的选项,将考生的选择进行保存,下面创建这个不定项选择答题时添加的存储过程 insert_or_update_multiple_choices_answer,语句如下：

```
create or replace procedure MULTIPLE_CHOICES_ANSWER_PROC(examineeId in number,
    multipleChoicesId in number,myAnswer in varchar) is cnt number(3);
```

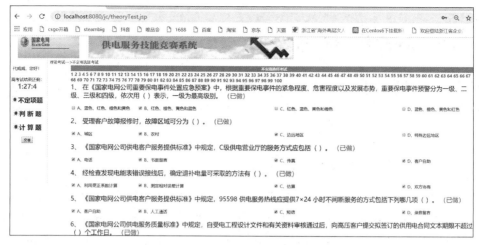

图 15-11　参赛者不定项选择答题页面

```
begin
  select count( * ) into cnt from multiple_choices_answer
    where examinee_id = examineeId and
  multiple_choices_id = multipleChoicesId and answer is not null;
  if cnt = 0 then                            //该参赛者该试题还无答题记录
  insert into multiple_choices_answer
  ( id, examinee_id, multiple_choices_id, answer)
  values(multiple_choices_answer_seq. nextval,examineeId,multipleChoicesId, myanswer);
  commit;
  else  update multiple_choices_answer   set answer = myanswer
       where examinee_id = examineeId
    and multiple_choices_id = multipleChoicesId ; //已做过本试题则更新答案
  commit;
  end if;
end MULTIPLE_CHOICES_ANSWER_PROC;
```

当考生在进行不定项选择答题过程中取消选中某选项后,系统判断是否已将所选的选项全部取消选择,若未全部取消则 flag 返回 0,否则返回本试题的 id,调用如下存储过程:

```
create or replace procedure DEL_MUL_CHOICES_ANSWER_PROC(examineeId in number,
    multipleChoicesId in number,myanswer in varchar,flag out number)
   is   cnt varchar2(4);
begin
  flag: = 0;                                  //本题的选项是否均已全部取消选择,
  update multiple_choices_answer set answer = replace(answer,myanswer, '')
    where examinee_id = examineeId and multiple_choices_id = multipleChoicesId;
  commit;
  select answer into cnt from multiple_choices_answer
    where examinee_id = examineeId and
    multiple_choices_id = multipleChoicesId;
  if cnt is null then                         //本试题未进行任何选择
  flag: = multipleChoicesId;
  delete from multiple_choices_answer where examinee_id = examineeId and
    multiple_choices_id = multipleChoicesId;
  commit;
  end if;
end del_mul_choices_answer_proc;
```

🔑 15.6 后台管理系统实现

后台管理系统的功能主要是维护数据,数据主要包括参赛者基本信息、试题信息、操作人员基本信息、评分、排名等。后台管理系统的包结构与前台一样。下面以不定项选择试题管理为例进行论述。

15.6.1 不定项选择试题管理

管理员或试题录入人员成功登录后,进入后台管理系统的主页面(multipleChoicesManager.jsp)如图 15-12 所示。单击页面下方的"添加新试题"按钮可进行添加试题操作,进入不定项选择试题添加页面(multipleChoicesAppend.jsp),选中试题前方的复选框并单击"删除试题"即可将所选试题进行删除(MultipleChoicesDelete.java),单击某试题后方的超链接"修改试题"即可对该试题进行修改(MultipleChoicesEdit.java)。操作成功后最终均将跳转到不定项选择管理首页。

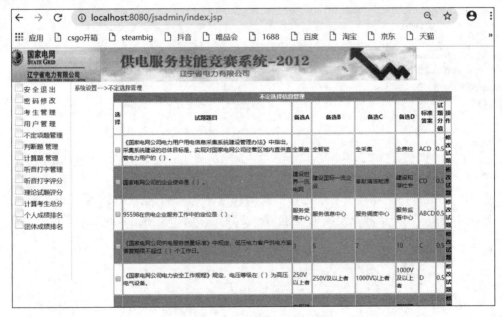

图 15-12 不定项选择管理页面

1. 视图实现

不定项选择试题管理页面视图文件 multipleChoicesManager.jsp 的核心代码如下:
```
...
< form action = "" method = "post" name = "form1" id = "form1">
    < table width = "80 %" align = "center" cellpadding = "0" cellspacing = "1">
        < tr>  < th colspan = "14" class = "title1">  不定选择信息管理  </th>  </tr>
        < tr>  < th class = "table1"  选择  </th>   < th class = "table1"  试题题目  </th>
        < th class = "table1">  备选 A  </th>   < th class = "table1">备选 B</th>
        < th class = "table1">备选 C</th>     < th class = "table1">备选 D  </th>
```

```
< th class = "table1">标准答案</th>    < th class = "table1">试题分值</th>
 < th clas = "table1">操作</th>    </tr >
< c:forEach var = "multipleChoice" items = " $ {multipleChoices}" varStatus = "i">
 < tr bgcolor = " $ {color }">
  < td class = "table1">   < input type = "checkbox" name = "multiple_choices_id"
   value = " $ {multipleChoice.multiple_choices_id }" />   </td>
  < td class = "table1">   < div align = "left">    $ {multipleChoice.title }
 </div >   </td>
  < td class = "table1">   < div align = "left">      $ {multipleChoice. answer1 }
 </div >   </td>
  < td class = "table1">   < div align = "left">    $ {multipleChoice. answer2 }
 </div >   </td>
  < td class = "table1">    < div align = "left">    $ {multipleChoice. answer3 }
 </div >   </td>
  < td class = "table1">    < div align = "left">    $ {multipleChoice. answer4 }
 </div >    </td>
  < td class = "table1">   < div align = "left">    $ {multipleChoice. right_answer }
 </div >   </td>
  < td class = "table1">   < div align = "left">    $ {multipleChoice. point }
 </div >   </td>
  < td class = "table1">   < div align = "center">
     < a href = "MultipleChoicesEdit.do?
 multiple_choice_id = $ {multipleChoice.multiple_choices_id }">修改试题 </a>
   </div ></td>
  </tr >   </c:forEach>
 < tr >  < td colspan = "8">  < label >
   < input type = "button" onclick = "selectAllCheckbox()" value = "全选"/>
    < input type = "button" name = "button2" id = "button2"
    onclick = "tjst()" value = "添加新试题" />
   < input type = "button" name = "button" id = "button"
    onclick = "return checkit();" value = "删除试题" />   </label >
   < div align = "right">   共 $ {count }题   </div >
 </td >  </tr >  </table >
</form >
```

2．控制器实现

获取不定项选择试题列表的 Servlet 类是 MultipleChoicesManager. java，它的 @WebServlet 注解的 urlPattern 属性值为 MultipleChoicesManager. do。将通过业务层 MultipleChoicesDao 访问数据库，获取已录入的所有不定项选择试题，同时将不定项选择试题信息封装成实体 Bean 进行返回，然后再将该 List 返回给 JSP 进行试题数据的显示。 MultipleChoicesManager. java 的核心代码如下：

```
...
TestQuestionsDao dao = new TestQuestionsDaoImpl();
List < MultipleChoices >  multipleChoices = new ArrayList < MultipleChoices >();
multipleChoices = dao. getAllMultipleChoices();
request. setAttribute("multipleChoices", multipleChoices);
request. getRequestDispatcher("multipleChoicesManager. jsp")
        . forward(request, response);
...
```

15.6.2　不定项选择试题添加

管理员或试题录入人员在不定项选择试题管理中单击底部的"添加新试题"时,将使用 JavaScript 调出不定项试题添加表单,multipleChoicesAppend.jsp 的运行结果如图 15-13 所示。

图 15-13　不定项选择添加页面

1.视图实现

在试题添加视图中,将让管理员录入试题题目、备选答案、标准答案及该试题的分值, multipleChoicesAppend.jsp 的核心代码如下:

```
...
< form id = "form1" name = "form1" method = "post" action = "MultipleChoicesSave.do">
  < table  border = "0" align = "center" cellpadding = "0"  cellspacing = "1">
   < tr >  < td class = "title1">  试题题目  </td ><td class = "table1">
   < textarea rows = "6" name = "title" cols = 40 id = "title">$ {title }</textarea >
   </td>  </tr>
   < tr >  < td class = "title1">  备选 A  </td>
    < td class = "table1">  < input type = "text" size = 50 id = "answer1"
      name = "answer1" value = "$ {answer1 }"/>  </td>  </tr>
   < tr >  < td class = "title1">  备选 B  </td>
   < td class = "table1">  < input type = "text" size = 50 id = "answer2" name = "answer2"
     value = "$ {answer2 }"/>  </td>  </tr>
   < tr >  < td class = "title1">  备选 C  </td>
   < td class = "table1">  < input type = "text" size = 50 id = "answer3"
     name = "answer3" value = "$ {answer3 }"/>  </td>  </tr>
   < tr >  < td class = "title1">  备选 D  </td>
   < td class = "table1">  < input type = "text" size = 50 id = "answer4" name = "answer4"
    value = "$ {answer4 }"/>  </td>  </tr>
    < tr >  < td class = "title1">  标准答案  </td>
    < td class = "table1">  < input type = "text" size = 50 id = "right_answer"
        name = "right_answer"  value = "$ {right_answer }"/>  </td>  </tr>
     < tr >  < td class = "title1">  试题分值  </td>
```

```
       < td class = "table1">   < input type = "text" size = 50 id = "point" name = "point"
           value = " $ {point }"/>
       </td>   </tr>   <tr>   < td colspan = "2">   < div align = "center">
        < button type = "button" id = "button2"
             onclick = "multipleChoicesAdd();">  保存试题   </button >
       </div>   </td>   </tr>
      </table >
    </form >
    ...
```

2. 控制器实现

在视图层添加试题后将表单提交给 Servlet 类名 MultipleChoicesSave. java。视图层先经前台的 JavaScript 对不定项选择试题的各数据项非空以及格式校验后,再由该控制器进行检验,校验有问题则给出错误提示并返回,否则该控制器将调用持久层 TestQuestionsDao 中的 multipleChoiceExistsByTitle 方法判断所录入的标题是否已在数据库中,若已有则给出错误提示并返回,否则封装后跳转到试题管理列表 MultipleChoicesManager. do。该控制器 MultipleChoicesSave. java 的核心代码如下:

```
...
MultipleChoices multipleChoice = new MultipleChoices();
multipleChoice. setTitle(title);
multipleChoice. setAnswer1(answer1);
multipleChoice. setAnswer2(answer2);
multipleChoice. setAnswer3(answer3);
multipleChoice. setAnswer4(answer4);
multipleChoice. setRight_answer(rightAnswerStr. toUpperCase());
multipleChoice. setPoint(Float. parseFloat(pointStr));
dao. multipleChoicesAdd(multipleChoice);
response. sendRedirect("MultipleChoicesManager. do");
...
```

15.6.3 不定项选择试题删除

管理员或试题录入人员在不定项选择试题管理页面 multipleChoicesManager. jsp 中选择需要删除的试题后,单击“删除试题”按钮,调用控制器的类名为 MultipleChoicesDelete. java,该控制器的核心代码如下:

```
...
String[ ] multipleChoicesIds =
        request. getParameterValues("multiple_choices_id");
  if(multipleChoicesIds!= null){
  for (int i = 0; i < multipleChoicesIds. length; i++) {
   if (multipleChoicesIds[i] != null) {
    multipleChoicesId = Integer. parseInt(multipleChoicesIds[i]);
    TestQuestionsDao dao = new TestQuestionsDaoImpl();
    dao. multipleChoicesDeleteById(multipleChoicesId);
   }
  }
}
...
```

🔑 本章小结

　　本章讲述了电力系统营销人员服务技能竞赛项目的设计与实现。通过本章的学习，读者不仅进一步熟悉了 Oracle 的表、用户、存储过程、序列等的使用，同时还可以进一步掌握基于 Web 的应用系统开发所需的需求分析、数据库设计、系统设计、系统实现所需的数据源、过滤器、DAO 设计模式等各种常用组件的设计与具体实现方法。

附录　SQL Plus 常用命令

SQL Plus 是 Oracle 提供的一款数据库管理工具,DBA 和数据库开发人员都可使用。该工具提供了大量的命令完成数据库操作。本附录主要介绍 SQL Plus 的一些常用命令和有关选项。

附表 1 给出了 SQL Plus 常用的编辑命令,附表 2 给出了常用的文件操作命令,附表 3 是 COLUMN 命令的格式化选项,附表 4 给出了 SQL Plus 常用的 SET 命令。

附表 1　SQL Plus 常用的编辑命令

命　令　名	功　　　能
A[PPEND]　text	把指定的文本添加到行尾,该命令可简写为 A
C[HANGE] /old /new	把一条旧的记录项修改为新的记录项,该命令可简写为 C。例如,C /<>/= 将语句中的不等号改为等号
C[HANGE] /old /	删除当前行中指定的 old 文本
CL[EAR] SCREEN	清除当前的屏幕显示
CL[EAR] BUFF[ER]	用于清除缓冲区,可简写为 CL BUFF
DEL [n *]	单独使用删除当前行,与 * 配合使用删除指定行。例如,DEL 3 *,将删除第 3 行
L[IST]	列出缓冲区的内容,该命令可简写为 L
L[IST] m n	列出 m 行到 n 行的内容
R[UN]或/	运行缓冲区中保存的 SQL 语句,也可以使用/运行
EXIT 或 QUIT	退出 SQL Plus
SHOW USER	显示当前连接的用户
SHOW SGA	显示 SGA(系统全局区)内存的大小
SHOW ERRORS	显示详细的错误信息
SHOW PARAMETERS param_name	显示指定的数据库参数值
SHOW ALL	显示所有系统变量值
HELP command_name	获得某个命令的帮助
ED[IT]	将缓冲区的内容复制到一个名为 afiedt. buf 的临时文件中,然后启动操作系统的默认编辑器打开该文件。在退出编辑器时,所编辑文件的内容将被复制到 SQL Plus 缓冲区

附表 2　SQL Plus 常用的文件操作命令

命　令　名	功　　　能
EDIT filename	与 EDIT 命令相同,但是可以指定要编辑的文件,使用 filename 参数指定文件名
SAV[E] filename [{REPLACE｜APPEND}]	将 SQL Plus 缓冲区的内容保存到由 filename 指定的文件中。APPEND 选项将缓冲区内容追加到现有文件之后,REPLACE 选项将用缓冲区内容覆盖现有文件
GET filename	将 filename 指定的文件内容读入 SQL Plus 缓冲区中
STA[RT] filename	将指定的文件内容读入 SQL Plus 缓冲区中,然后运行缓冲区中的内容
@ filename	与 START 命令相同

续表

命 令 名	功 能
SPO[OL] filename	将 SQL Plus 的输出结果复制到 filename 指定的文件中。复制从 SPOOL 命令后开始，到 SPOOL OFF 命令结束
SPO[OL] OFF	停止将 SQL Plus 的输出结果复制到 filename 指定的文件中，并关闭该文件

附表 3 COLUMN 命令的格式化选项

选 项	说 明
FOR[MAT] format	将列或别名的显示格式设置为由 format 字符串指定的格式。format 字符串可以使用很多格式化参数，可以指定的参数取决于该列中保存的数据： • 如果列中包含字符，可以使用 An 对字符进行格式化，其中 n 指定字符的宽度。例如，A12 是将宽度设置为 12 个字符 • 如果列中包含数字，可以使用数字格式。例如，$99.99 设置的格式是：一个美元符号，后跟两个数字，然后是一个小数点和另外两个数字 • 如果列中包含日期，可以给出日期格式。例如，MM-DD-YYYY 设置的格式是：两位数字的月份(MM)、两位数字的日期(DD)和四位数字的年份(YYYY)
HEA[DING] heading	将列或别名标题中的文本设置为 heading 字符串
JUS[TIFY] [{LEFT | CENTER | RIGHT}]	将列标题输出设置为左对齐、居中对齐或右对齐
WRA[PPED]	在输出结果中将一个字符串的末尾换行显示。该选项可能导致单个单词跨越多行显示
WOR[D_WRAPPED]	与 WRAPPED 选项类似，不同之处在于单个单词不会跨越两行
CLE[AR]	清除列的任何格式化设置，将格式设置回默认值
CLEAR BUFFER	用于清除缓冲区，可简写为 CL BUFF

附表 4 SQL Plus 常用的 SET 命令

命 令 名	功 能
SET AUTO[COMMIT] {ON|OFF}	设置当前会话是否对数据的修改自动提交
SET ECHO {ON|OFF}	设置当使用 START 命令执行 SQL 脚本时，是否显示脚本中正执行的 SQL 语句
SET HEA[DING] {ON|OFF}	设置是否显示列标题
SET LIN[ESIZE] {80|n}	设置一行可容纳的字符数，如果一行的内容大于可容纳的字符数，则折行显示
SET PAGES[IZE] {24|n}	设置一页显示的行数，如果设置为 0，则所有的输出内容为一页且不显示列标题
SET SERVEROUT[PUT] {ON|OFF}	设置是否用 DBMS_OUTPUT.PUTLINE 将输出信息显示在屏幕上
SET TIMING {ON|OFF}	设置是否显示每条 SQL 语句执行使用的时间
SET WRAP {ON|OFF}	输出行大于屏幕宽度时，为 SET WRAP ON 时，多余的字符另起一行显示，为 SET WRAP OFF 时，多余的字符被截断

【提示】 除 SQL Plus 工具外，Oracle 还提供一个 SQLcl 命令行工具，它的功能更强大，使用更方便。读者可以到 https://www.oracle.com/database/technologies/appdev/sqlcl.html 下载。将下载到的 ZIP 文件解压，解压缩后的 sqlcl/bin/sql.exe 是执行文件。将该路径添加到 PATH 环境变量中，该工具要求系统安装 Java 8 或以上版本。

参 考 文 献

[1] 王珊,萨师煊.数据库系统概论[M].5 版.北京:高等教育出版社,2014.

[2] John Watson,Roopesh Ramklass,Bob Bryla.OCA/OCP 认证考试指南全册[M].3 版.郭俊凤,译.北京:清华大学出版社,2016.

[3] 董志鹏,董荣军.Oracle 11g 数据库应用简明教程[M].北京:清华大学出版社,2018.

[4] Jason Price.精通 Oracle Database 12c SQL&PL/SQL 编程[M].3 版.卢涛,译.北京:清华大学出版社,2015.

[5] 姚媛,苏玉.Oracle Database 12c 应用与开发教程[M].北京:清华大学出版社,2016.

[6] Steve Bobrowski.Oracle 8i for Windows NT 实用指南[M].钟鸣,张文,译.北京:机械工业出版社,2000.

[7] 林树泽,卢芬,惠荣勤.Oracle 12c 数据库 DBA 入门指南[M].北京:清华大学出版社,2015.

[8] Ian Abramson,Michael Abbey,Michael J.Corey.Oracle Database 11g 初学者指南[M].窦朝晖,译.北京:清华大学出版社,2010.

图书资源支持

感谢您一直以来对清华版图书的支持和爱护。为了配合本书的使用,本书提供配套的资源,有需求的读者请扫描下方的"书圈"微信公众号二维码,在图书专区下载,也可以拨打电话或发送电子邮件咨询。

如果您在使用本书的过程中遇到了什么问题,或者有相关图书出版计划,也请您发邮件告诉我们,以便我们更好地为您服务。

我们的联系方式:

清华大学出版社计算机与信息分社网站:https://www.shuimushuhui.com/

地 址:北京市海淀区双清路学研大厦 A 座 714

邮 编:100084

电 话:010-83470236 010-83470237

客服邮箱:2301891038@qq.com

QQ:2301891038(请写明您的单位和姓名)

资源下载:关注公众号"书圈"下载配套资源。

资源下载、样书申请

书 圈

图书案例

清华计算机学堂

观看课程直播